机器人学译丛

尤金·卡根（Eugene Kagan）
[以]　尼尔·什瓦布（Nir Shvalb）　编著
伊拉德·本-加尔（Irad Ben-Gal）

喻俊志　译

自主移动机器人与多机器人系统

运动规划、通信和集群

AUTONOMOUS MOBILE ROBOTS AND MULTI-ROBOT SYSTEMS

MOTION-PLANNING, COMMUNICATION, AND SWARMING

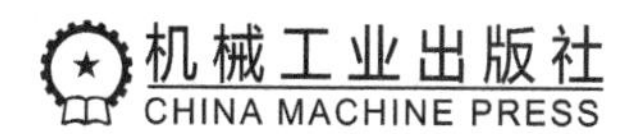

图书在版编目（CIP）数据

自主移动机器人与多机器人系统：运动规划、通信和集群 /（以）尤金·卡根（Eugene Kagan），（以）尼尔·什瓦布（Nir Shvalb），（以）伊拉德·本-加尔（Irad Ben-Gal）编著；喻俊志译. -- 北京：机械工业出版社，2021.7（2024.2 重印）
（机器人学译丛）
书名原文：Autonomous Mobile Robots and Multi-Robot Systems: Motion-Planning, Communication, and Swarming
ISBN 978-7-111-68743-6

I. ①自… II. ①尤… ②尼… ③伊… ④喻… III. ①移动式机器人 IV. ①TP242

中国版本图书馆 CIP 数据核字（2021）第 142773 号

北京市版权局著作权合同登记 图字 01-2020-4454 号。

本书为移动机器人的运动规划、通信与集群提供了理论与实践指导，以及可以直接使用的算法。书中首先介绍了在具有机器人位置和速度的完整信息的全局坐标系中有关导航和运动规划的模型和算法；接着讨论势场中的运动，势场由机器人期望和认知的环境状态定义；然后研究了机器人在未知环境中的运动以及利用感测信息进行环境建图的相应任务；最后考虑了二维和三维多机器人系统和集群动力学。

本书不仅可作为普通高等院校信息科学、自动化、机电工程及相关专业的教科书，也可为移动机器人和多机器人系统相关领域的研究人员或技术人员提供指导。

出版发行：机械工业出版社（北京市西城区百万庄大街 22 号 邮政编码：100037）
责任编辑：王 颖 张梦玲　　责任校对：殷 虹
印 刷：固安县铭成印刷有限公司　　版 次：2024 年 2 月第 1 版第 2 次印刷
开 本：185mm × 260mm 1/16　　印 张：15.75
书 号：ISBN 978-7-111-68743-6　　定 价：99.00 元

客服电话：（010）88361066 88379833 68326294

贡献者名单

Irad Ben-Gal 教授
工业工程与管理系
特拉维夫大学
以色列

Michael Ben Chaim 博士
机械工程与机电一体化系
阿里尔大学
以色列

Boaz Ben-Moshe 教授
计算机科学系
阿里尔大学
以色列

Shlomi Hacohen 博士
机械工程与机电一体化系
阿里尔大学
以色列

Eugene Kagan 博士
工业工程与管理系
阿里尔大学
以色列

Eugene Khmelnitsky 教授
工业工程与管理系
特拉维夫大学
以色列

Simon Lineykin 博士
机械工程与机电一体化系
阿里尔大学
以色列

Oded Medina 博士
机械工程与机电一体化系
阿里尔大学
以色列

Alexander Novoselsky 博士
地球和行星科学系
魏兹曼科学研究所
以色列

Nir Shvalb 教授
机械工程与机电一体化系
阿里尔大学
以色列

Shraga Shoval 博士
机械工程与机电一体化系
阿里尔大学
以色列

Roi Yozevitch 博士
计算机科学系
阿里尔大学
以色列

译　者　序

当前，人工智能技术的发展如火如荼，得到了全球的广泛关注，并逐渐成为新产业、新业态、新模式的孵化器和助推器。作为人工智能的杰出代表和重要应用领域，机器人的研究与发展备受关注。机器人技术的蓬勃发展不仅反映了人类对智能科技发展的不懈追求，而且为多领域多场景应用提供了沃土。作为机器人技术的重要分支，移动机器人技术已在物流仓储、智能家电、餐饮服务、设备巡检等应用场景中大显身手。移动机器人的发展已步入一个黄金时期，无论是在产业规模还是产品销量上，都有着非常强劲的发展势头。由此一来，对于所有的移动机器人从业者、研究者来说，拥有一本系统介绍移动机器人的书籍变得尤为重要。

移动机器人是一项集环境感知、动态决策与规划、行为控制与执行等功能于一体的综合性应用技术，在工业领域和日常生活当中都有着非常重要的意义。世界上第一台能够移动的机器人 Shakey 首次全面地应用人工智能技术时，因受限于当时的计算机速度，需要花费数小时的时间感知环境和规划路径。如今，随着机器人性能的不断完善，移动机器人向更智能、更自主的方向不断发展。移动机器人的应用范围也大大扩展，不仅在工业、农业、医疗、服务等行业中得到广泛的应用，而且在城市安全、国防和空间探测等领域中的有害与危险场合也得到很好的应用。

本书由机器人领域专家 Eugene Kagan 博士、Nir Shvalb 教授和 Irad Ben-Gal 教授合著，为移动机器人的运动规划、通信与集群提供了理论与实践指导。本书内容完整，结构合理，层次分明，逻辑性强。主要内容涵盖移动机器人的运动规划、环境感知、定位导航、能量效率、集群运动，以及相应的算法、数值实例和仿真，是一本移动机器人领域不可多得的理论学习和实践指南。本书不仅可作为普通高等院校信息科学、自动化、机电工程及相关专业的教科书，也可为移动机器人和多机器人系统相关领域的研究人员或技术人员提供指导。

本书由北京大学喻俊志教授主持翻译并校正。特别感谢课题组的吴正兴、仝茹、王健、孟岩、张鹏飞、孔诗涵、董会杰、周子烨、鲁岳、闫帅铮、戴时捷、邱常林等给予的大力支持和帮助！由于译者的时间和水平所限，书中难免存在疏漏与不足之处，恳请广大专家和读者不吝赐教。

译者
2021 年 6 月 16 日

在著名的演讲"The question concerning technology"[一]中，Martin Heidegger认为：

> 技术是一种揭示性的方法。当我们注意到了这一点后，技术本质上所涉及的另一个领域将完全向我们敞开，这个领域是揭示真理的领域。

当然，机器人技术也不例外。虽然机器人技术是数学抽象的物质实现，但机器人，特别是移动机器人和移动机器人系统，蕴含着我们对运动的想象。

人类曾尝试创造自动执行某些任务的工具，这一行为最早可以追溯到古希腊的哲学家和古埃及的发明家。在中世纪以及之后的新时代，模仿人类和动物的移动设备丰富了这些装置，在此期间，人类也完成了第一次搭建飞行器的尝试。当然，随着蒸汽机、汽油机和电动机的发明，这些装置变得更加复杂。尽管这些装置中最简单的都能显示出现代机械的所有特征，但在现代化意义上，它们都不能被看作机器人[二]。

机器人技术的现代史始于20世纪40年代末，当时在核制造业中使用了机械臂。Bernard Roth[三]在书中提到：

> 第一次学术活动始于1961年H. A. Ernst在麻省理工学院的论文。他使用一个装有触摸传感器的从臂，在计算机控制下使其运行。他的想法是利用触摸传感器传来的信息引导从臂的运动。

也许，这种使用传感信息的想法为机器人技术奠定了基础，同时，这种信息反馈将机器人和其他自动化工具或装置区分开来。例如，Vladimir Lumelsky[四]给出的机器人的定义如下：

> 机器人是一种能够在非结构化环境中对周围环境有目的地做出反应的自动或半自动机器。

出于实际需要，本书遵循这个定义。

本书的重点是，在考虑移动机器人的空间位置、通信和传感能力所提供的可用信息的情况下，进行移动机器人的定位和运动规划。本书首先介绍了在具有机器人位置和速度的完整信息的全局坐标系中有关导航和运动规划的模型和算法；接着讨论势场中的运动，势场由机器人期望和认知的环境状态定义；然后研究了机器人在未知环境中的运动以及利用感测信息进行环境建图的相应任务；最后考虑了二维和三维多机器人系统和集群动力学。

本书为移动机器人的导航提供了理论与实践指导，以及可以直接使用的算法。这些算法和指导可以在实验室中直接实现，也可作为进一步研究的起点和解决工程任务的基础。作为一本教科书，本书旨在为应用数学和工程类专业的本科生和研究生提供移动机器人方

[一] Heidegger, M. (1954). The question concerning technology. *Technology and Values: Essential Readings*. 99 113；引自Heidegger, M. (1977). *The Question Concerning Technology and Other Essays*. New York and London: Garland Publishing, Inc.

[二] 机器人是指可以像人类一样完成人类工作的机器，这是捷克作家Karel Capek在1921年创作的作品R. U. R. (*Rossum's Universal Robots*)中提出的。

[三] Siciliano, B., Khatib, O. (Eds.) (2008). *Springer Handbook of Robotics*. Springer: Berlin.

[四] Lumelsky, V. (2006). *Sensing, Intelligence, Motion. How Robots and Humans Move in an Unstructured World*. Wiley-Interscience: Hoboken, NJ.

面的教材支持。本书的结构是按照一学期的课程计划展开的，包括完整的理论素材和算法解决方案。作为一本研究读物，本书旨在为移动机器人的不同研究方向提供一个起点，并作为移动机器人领域的指南。作为一本实践指南，本书自成体系，内容包括现成的算法、数值实例和仿真，这些可以直接在简单和先进的移动机器人上实现，也可用于处理考虑了机器人可用信息和传感能力的不同任务。

我们希望本书可以指引读者以多种不同的方式了解移动机器人系统，也希望本书可以为非结构化环境中移动机器人导航领域的进一步发展提供启示。

Eugene Kagan
Nir Shvalb
Irad Ben-Gal
以色列 特拉维夫大学

致 谢

本书的编写灵感来自2013年以色列的拉马特甘申卡尔学院Vladimir Lumelsky教授的简短课程。非常感谢Lumelsky教授带来的这份灵感，以及他的奠定本书的基本思想。

本书的出版得到了许多人的帮助，这些人影响了笔者对移动机器人系统的理解，并且对移动机器人算法和项目做出了贡献。特别感谢Boaz Golany教授、Zvi Shiller教授、Hava Siegelmann教授、Nahum Kogan (ז"ל)博士、Alexander Rybalov博士和Sergey Khodorov先生，与他们进行的多次讨论，给了笔者很多启发。

当然，我们的学生也是不可或缺的，感谢Rottem Botton、Rakia Cohen、Hadas Danan、Shirli Dari、Dikla El-Ani、Liad Eshkar、Chen Estrugo、Gal Goren、Idan Hammer、Moshe Israel、Mor Kaiser、Stav Klauzner、Sharon Makmal、Yohai Maron、Harel Mashiah、Noa Moran、Elad Mizrahi、Eynat Naiman、Alon Rapoport、Amir Ron、Eynat Rubin、Emmanuel Salmona、Alon Sela、Michal Shor、Jennie Steshenko、Tal Toibin、Dafna Zamir和Hodaya Ziv。感谢他们所有人的务实工作，以及提问、评论和想法。

配套资源

本书提供以下配套资源[⊖]：

- 有关 Kilobots 导航的 C 代码
- 有关 Lego NXT 机器人导航的 C 和 C++代码
- 本书仿真和图表使用的 MATLAB 代码

⊖ 相关源码内容也可去 www.cmpreading.com 上搜索 & 下载。

目　录

绪　　论

Eugene Kagan，Nir Shvalb 和 Irad Ben-Gal

1.1　机器人的早期历史

机器人历史最早可以追溯到公元前4世纪。世界上已知的第一个机器人是由Tarentum[㊀]的古希腊数学家Archytas设计的机器鸟“鸽子”。该机器鸟的主要材质为木头，采用蒸汽作为动力。一个半世纪以后，公元前250年，来自亚历山大的古希腊物理学家Ctesibius设计了另一个机器“漏壶”，通俗地称为水钟。从此以后，古代机械装置的主要驱动原理开始成形。大约在同一时间(公元前150—前100)，模拟计算装置开始用于天文事件的精确计算。当时制作的Antikythera发条装置由至少30个青铜齿轮相互啮合组成。在当代初期，希腊数学家和工程师Heron(约公元10—70)在*Pneumatics*[㊁](Hero of Alexandria 2009)和*Automata*书中描述了很多与发条装置类似的机构，也介绍了很多自己的发明，包括火箭推进引擎“Aeoliple”[㊂]和风动力机构。这些书预言了一千多年后自动化机械工具的发展，甚至包括Leonardo da Vinci(1452—1519)的发明。

人们通常认为土耳其迪亚巴克尔市的Artuqid宫[㊃]的数学家、发明家、工程师Al-Jazari(1136—1206)首先改变了古希腊机器人的范式。他在*Book of Knowledge of Ingenious Mechanical Devices*中介绍了很多新型自动化机械装置(Al-Jazari 1974)，包括一艘具有4个自动乐师的音乐船。该音乐船上演奏的节奏和旋律都能通过改变琴栓和凸轮的配置重新编程。如果忽略编程的本质，那么这个音乐船可以视为高阶可编程设备的原型，包括具有数控及可编程机械臂的设备。

随着机械学的发展，特别是18世纪机械手表技术的发展，自动化装置变得更加精确和稳定，并具有了相对自由度。当时机器人技术的最重要发明是采用打孔卡片实现编程的自动织布机。1801年，它由法国纺织商Joseph Marie Charles(即Joseph Jacquard(1752—1834))制作而成。该自动织布机被称为第一个全面可编程机器设备。20年之后的1822年，英国数学家和工程师Charles Babbage(1791—1871)将打孔卡片编程原理应用于第一台可编程计算机“差分机”上。与此同时，其合作者洛夫莱斯伯爵夫人Augusta Ada King(即Ada Lovelace(1815—1852))提出了第一个机械计算算法[㊄]，后来她被公认为第一个计算机程序员。

㊀ 意大利南部城镇，当时是希腊殖民地塔拉斯(Taras)。

㊁ 自动机(automata，希腊语中为automatos)一词是荷马在*Iliad*中提出的，其字面意思是“自动行动”。

㊂ 也就是风和空气之神的球。

㊃ 当时统治安纳托利亚(Anatolia)东部和兹拉(Jazira)的Artuqid王朝(在土耳其语中为“Artuklu”)的居住地。

㊄ 算法这个词是波斯乌兹别克的数学家和天文学家Al Khwarizmi(约780—850)的音译，他在*Compendious Book on Calculation by Completion and Balancing*中提出了求解线性方程和二次方程的形式化方法，并认识到解不存在和零值之间的区别。

在自动化技术发展的同时，蒸汽机在18～19世纪得到了极大的改进㊀。其中的关键事件是苏格兰工程师James Watt(1736—1819)在1781年为蒸汽机申请了专利。与已有蒸汽机不同，Watt的蒸汽机可以实现连续的旋转运动，为蒸汽动力的广泛应用奠定了基础。此外，在1788年，Watt设计了第一个自动调节器或减速器，也称为离心调速器，它通过机械反馈控制来保持运动速度。在1868年，英国物理学家James Clerk Maxwell(1831—1879)在给英国皇家的报告“On governors”(Maxwell 1868)中提出了自动控制理论，涉及保持机器稳定运行的方法。这些理论和Jacquard的可编程操作原理共同奠定了现代机器人技术的基础。

电的发明使电动机取代了机械和热力发动机，并使自动化技术迅速发展。甚至在1898年，塞尔维亚裔美国发明家Nikola Tesla(1856—1943)证明了遥控的可能性。然而，直到20世纪中叶自动机器的主要原理仍然以继承Heron、Jacquard和Maxwell的发明为主，并没有其他改变。直到Isaac Asimov的*Runaround*(1942年)和*I，Robot*(1950年)出版，自动机器的主要原理才开始真正改变，自动化开始变得复杂起来。

1.2　自主机器人

1945年，在研制数字电子计算机时，John von Neumann(1903—1957)起草了“First Draft of a Report on the EDVAC”(von Neumann 1945)㊁。在这份报告中，他提出了现在被称为冯·诺依曼架构或者普林斯顿架构的计算机模型，该模型见图1-1。

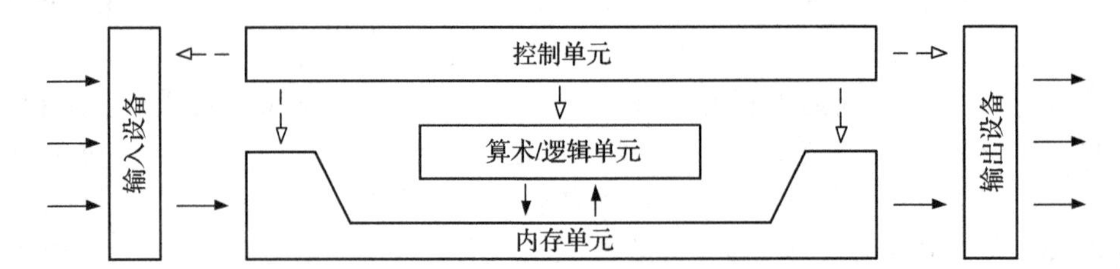

图1-1　数字计算机的冯·诺依曼架构

在该模型中，计算由算术/逻辑单元根据指令和数据来执行，数据通过输入设备接收并存储在内存单元中，计算结果通过输出设备传递给用户，控制单元同步计算机中各个部分的活动。后来，另一种模型——哈佛架构出现了，它将指令和数据存储在单独的内存单元中。

在最初的模型中，假设输入设备能够接收数字或者其他信息，即“可以由人类直接产生信息(由同类型的键产生光脉冲实现打字、打孔、拍摄，以及以类似方式磁化金属带或金属丝等)”，同时输出设备能够传输“可能只有数字的信息”(von Neumann 1945，P7)。

随着计算机技术的发展，计算机的功能得到了大幅改善，尤其是各类传感工具和驱动工具出现后，输入输出设备的形式开始变得多样，并不局限于数字量，而是能够接收计算机的内部状态和外部环境信息，还能传输非数值信息或者起动计算机内部和外部的一些特定设备。现在，获取内部状态信息的传感器通常被称为内部传感器，而获取外部环境状态信息的传感器被称为外部传感器(Bekey 2005)。

㊀ 1606年，西班牙发明家Jeronimo de Ayanz y Beaumont(1553—1613)为第一台蒸汽机申请了专利，1698年，英国工程师Thomas Savery(1650—1715)获得了一个商业版本的带有蒸汽泵的蒸汽机专利。

㊁ EDVAC是电子离散变量自动计算机的缩写。

通常，内部传感器和内部执行器是共同工作的，它们通过反馈控制系统改变内部状态，使其尽可能接近运行的稳定状态。举个简单的例子，内部传感器就像一只温度计，监控着处理器的温度，当处理器温度超过一定阈值之后就会启动冷却器进行降温。比较复杂的例子是反馈控制中的性能管理器。它本身也是一个程序，当内存占用超过允许的百分比时就会启动数据交换。1948 年，Norbert Wiener(1894—1969)的 *Cybernetics* 出版。它通过慢反馈控制保持系统稳定状态，这个特性被称为动态平衡，如今这一特性被认为是自动化装置设计的基本原则[㊀]。

除了面向用户的麦克风和摄像头外，典型的计算机不会配备特定的外部传感器，也不会配备外部执行器。带有执行器的计算机可以被视为计算机数字控制设备(数控设备)或者可控制机械臂，而同时配备外部传感器和外部执行器的计算机只有在机器人中才会出现。基于冯·诺依曼模型的数字计算机的机器人设计方案如图 1-2 所示。

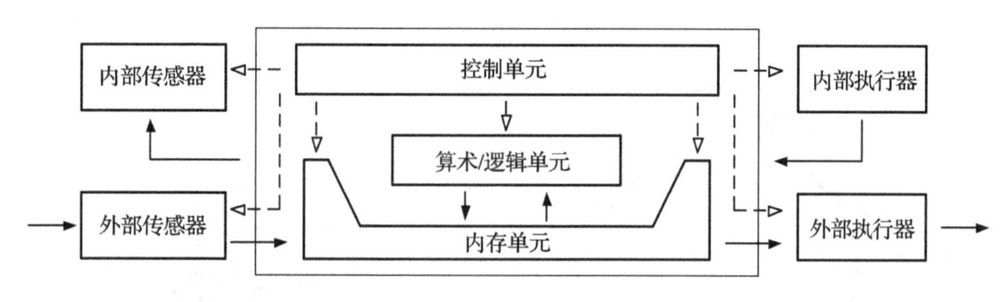

图 1-2　基于冯·诺依曼的机器人架构

显然，上述机器人架构和计算机架构之间的唯一区别是内部传感器和外部传感器，以及内部执行器和外部执行器是否存在。内部传感器和内部执行器保证机器人的稳定运行或动态平衡，而外部传感器和外部执行器(如轮、机械臂)则使得机器人能够根据感知信息和程序任务改变自身在环境中的位置或者环境。另外，Lumelsky 强调“对传感数据有所反应是机器人的关键”(Lumelsky 2006，P15)。

上面提到的传感器和执行器的作用包含以下性质(Brooks 1991，P1227)：

- 情境性：机器人处在情境中——它们不处理抽象的描述，而是处理直接影响系统行为的环境的“此地”和“此时”。
- 具体性：机器人是个实体并直接和环境产生交互——它们的动作是环境动态的一部分，并能够对机器人自身的传感信息进行实时反馈。

后来，涌现原则进一步扩充了这两个性质(Arkin 1998，P27)[㊁]。

- 涌现：智能来源于机器人智能体与环境的相互作用，不是智能体自身和环境单独的属性，而是二者相互作用的结果。

第三个性质直接将机器人系统和纯计算机系统分离开来。作为实体，计算机具有自身的参数和局限，但是计算机的这些性质及其所处的物理位置并不会影响计算本身。相比之下，在机器人技术中，机器人的物理特性、位置和环境与控制器或内置计算机的计算能力具有同等甚至更高的重要性。

㊀ 除了文献(Norbert Wiener 1948)，计算机架构的类似原理在 Wiener 小组发给 Vannevar Bush 博士的报告中也得到了阐述。

㊁ 该原则遵循控制论和仿生系统的常规思想，并出现在 Michael Testlin(1973)的研究中。

在过去的几十年里，这3个性质一直处于总纲的地位，并发展出基于行为的方法(Arkin 1998)。该方法将控制论的主要思想引入机器人技术中，并采用生物灵感设计机器人(出于这种方法的一般甚至哲学考虑，见著作(Clark 1997))。

根据任务的目的和条件，机器人会装备不同的传感器和执行器。内部传感器和内部执行器作为一个整体单元保证机器人的稳定运行，同时机器人装备的外部传感器和外部执行器决定了机器人类型及其运动规划的方法。

第一类机器人通常称为固定基座机械臂(Choest et al. 2005)，应用于高度结构化的空间(如工业生产线和库房)，其运动可看作限制在由周围环境定义的全局或世界笛卡儿坐标系内，坐标系的原点在机器人的基座上(Lumelsky 2006)。这类机器人的运动发生在手臂或者手臂末端，主要的外部执行器是安装于手臂关节中的电动机，用于改变连杆之间的角度。此类机器人的结构如图1-3a所示。

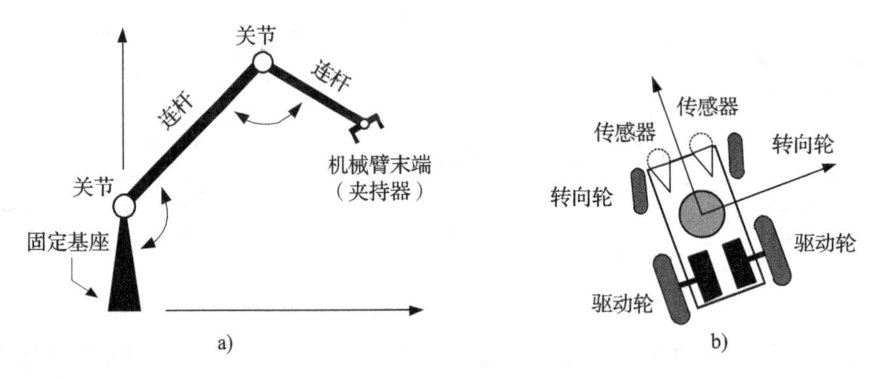

图1-3　a) 固定基座机械臂；b) 移动机器人

第二类机器人是移动机器人，运动在非结构化或未知环境(如未知地形或随机变化的环境)中。在这类机器人中，需要建立机器人的本体笛卡儿坐标系，它主要解决系统的原点相对于所处环境的运动规划问题。机器人的主要外部执行器是电动机，根据外部传感器获得的信息决定机器人在环境中的运动。此类机器人的结构如图1-3b所示。

当然，上述的机器人分类方式并不唯一。例如，在手术机器人中，固定基座机械臂能够在非结构化及变化的环境中工作，根据环境条件和机器人自身的约束完成运动规划。同时，移动机器人也能够应用于高度结构化的环境中，它们的运动轨迹不依赖于传感器信息，如无人地面车(Unmanned Ground Vehicle，UGV)通常按预先设定的路线图运动。然而，自动化设备在非结构化环境中的工作能力通常被看作机器人的关键能力，并引出了如下关于机器人的实用性定义(Lumelsky 2006，P15)：

> 机器人是一种能够在非结构化环境中对周围环境做出有目的运动的自动或半自动机器。

从20世纪60年代开始，人们设计制造了许多不同类型的数控设备、工业级固定基座机械臂(关于此类机器人的详细描述，请参阅书籍(Asfahl 1985；Selig 1992))等和移动机器人(相关概述请参阅书籍(Arkin 1998；Bekey 2005；Choest et al. 2005；Dudek，Jenkin 2010；Siegwart，Nourbakhsh and Scaramuzza，2011)等，书籍(Dudek and Jenkin 2010)中还提及了小说和电影中出现的移动机器人)。当下大多数类型的机器人的详细信息在Siciliano和Khatib的著作(2008)中均有介绍。

1.3 机械臂

第一台遥控机械臂为主从控制机械臂 Mk. 8(MSM-8)。它由美国研究中心实验室于1945年为美国氩国家实验室开发，用于转移放射性物质。在工作时，主操作员在一个房间中控制位于另一个房间的从机械臂，并通过玻璃窗直接观察来控制机械臂的动作。该机械臂的发明促进了多种远程控制机械臂的发展，这涉及工业和外科机器人、军事无人车和无人飞行器、月球和火星探测器等。在大多数情况下，这些设备的控制和管理都是通过无线电或者视频流来实现的，但是其远程控制的思想仍然和 Mk. 8 相同。

在1945年，美国发明家 George Charles Devol(1912—2011)申请了"程序化物品转移"(于1961年发布)专利，后来该专利被定义为通用自动化，其表述如下(Devol 1961)：

> 通用自动化也被表示为 unimation，是一个能够准确描述物品转移这一发明产物的术语，能够用在工厂和仓库中来帮助人类操作员，在一定程度上也能够和商务机器一样用作办公室辅助工具。

在该专利中，对程序化物品转移功能进行了如下详细描述(Devol 1961)：

> ……该物品转移设备的末端(其形式为钳口、吸盘或者其他类似的物品处理工具)通过程序控制器控制机械动力源实现一定距离和方向的位移，从而实现移动……
>
> ……通过这个概念可知，转移设备控制末端(……)同时改变位置检测器或者定位装置的状态，系统通过反馈回路将位置检测器的检测结果与程序控制器中的设定进行比较，直到末端位置检测器检测到的位置和设定位置重合或者匹配。

两年之后，unimation 一词成为了第一家机器人制造公司 Unimation Inc. 的名字，该公司由美国工程师 Joseph F. Engelberger(生于1925年)于1965年创立。其生产的第一台机器人 Unimation 在1960年出售给通用汽车公司，并于1961年完成安装，用于转移热金属零件。

在1958年，Claude Shannon 和 Marvin Minsky 提出了制造由数字计算机控制的机械臂的想法。这项工作分配给了香农当时在麻省理工学院的博士生 Arnold Ernst。他在1961年完成了这项研究，制造了 MH-1 机械臂。Ernst 的博士论文摘要(Ernst 1961，P2)如下：

> 在人类社会中，几乎每一处都会用到数字计算机。人们将物理问题转换为数学问题，由程序员向机器提供所有需要的信息，然后人们将得到的结果翻译并应用于现实世界。在这项研究中，不再将数字计算机作为人类思维计算过程的执行工具，而是希望数字计算机能够直接处理我们所关心的现实世界中的问题，从感知世界开始，最终在世界中完成有目的的任务。

在 Ernst 的 MH-1 机械臂中，机械臂夹持器的不同部位装有二值触觉传感器，在夹持器的内部也装有压力传感器。触觉传感器用于指示夹持器和环境中障碍物的接触、夹持器与目标物体的接触等必要信息；压力传感器用于指示物体的大小。使用特定编程语言进行编程的数字控制器对机械臂的动作进行控制，机械臂的动作定义在全局笛卡儿坐标系中，触觉传感器和压力传感器为控制器提供环境信息。

根据上述定义，MH-1 是世界上第一个真正意义上的机器人。随后出现的固定基座机械臂和移动机器人都继承了 MH-1 的特性和潜在的思想。然而，在固定基座机械臂和移动机器人的研究与开发中所遇到的问题和应用的方法却有很大的不同。在任意给定时刻，机械臂可以实现的运动可能是有限的并且传感器也可以获得完整的信息，这使其可以在全局欧几里得空间中从给定起点开始进行运动规划。最坏的情况是，环境中障碍物位置的先验知识不足会导致信息缺失，运动规划将会变得更加困难。而对于移动机器人来说，很难建立有确定原点的笛卡儿坐标系，机器人的运动规划需要在关于感知信息的相对坐标上进行。

1.4 移动机器人

在某种意义上，第一个远程控制的自主移动机器人装置出现在19世纪70年代。该装置——自行式线控鱼雷快艇——结合了自动调节机器的特性和人类控制的特性，既能够在海洋中保持稳定，又能够向敌方舰艇航行方向导航。前面已经提到，在1889年，Nicola Tesla发明了无线遥控鱼雷；在1917年，英国工程师Archibald Montgomery Low(1888—1956)展示了第一架无线电遥控飞机，随后出现了无线电遥控火箭。这些发明都推动了遥控无人驾驶飞机和无人机的进一步发展。

后来，在1912年，美国工程师John Hays Hammond Jr.(1888—1965)和Benjamin Franklin Miessner(1890—1976)设计了第一台真正意义上的移动机器人。1919年，Miessner在其论文(1919)中介绍了称为“电动狗”的机器人的构造过程。该机器人能够只通过感知信息在环境中行动，改变自身位置。在对机器人的描述中，Miessner写道(Miessner 1919，P376)：

> 该电动狗由一个长约3ft(1ft＝0.3048m)、宽1.5ft、高约1ft的长方体盒子组成。该盒子包含了所有的仪器和机构，并装有3个轮子。其中2个轮子与1个驱动电动机相连接；第三个轮子安装在尾部，其轴承可以在水平面上旋转以实现转向，就像婴儿车的前轮。其前端有两个大的玻璃镜片，中间有一个突出的鼻子状的隔板，看上去很像一双大眼睛。

该移动机器人所涉及的电子和机械装置实现了机器人通过转向轮向光源方向转向的功能。Miessner对这一功能的描述如下(Miessner 1919，P376)：

> 如果打开小型闪光灯，机器会立即启动。如果突然关闭或者移开闪光灯，机器也会立即停止。如果保持灯静止并直接打光在电动狗的身上，它会慢慢移动，直到自己进入光线下面，以避免光线直接照射在玻璃眼睛上面。机器人停止运动时，机器人的驱动电动机也会停止工作。如果有人将光源照向电动狗的眼睛，并在房间里四处走动，它会立即做出反应，跟随移动的灯光四处移动。电动狗每转动一次位于尾部的方向轮，就会发出响亮的金属碰撞声。

20年后，英国神经生理学家William Walter(1910—1977)在1950年发表的论文“An Electromechanical Animal”(Walter 1950a，b)以及随后的两篇论文“An imitation of life”(Walter 1950a，b)和“A machine that learns”(Walter 1950a，b)中提出了另一种实现跟随光源的移动机器人。这项研究的主要目的是验证模拟“通过机电系统来研究大脑的某些功能从而得到类神经电的最远传输距离”的可能性(Walter 1950a，b，P208)。

Walter对其机器人的描述如下(Walter 1950a，b，P43)：

> 我们给它们起了一个仿生学的名字，叫作Machine speculatrix，因为它们体现了大多数动物都具有的探索性和投机性的行为。我们主要研究的机器像一种小动物，它有光滑的外壳，在突出的脖子上有一只眼睛(用来扫描周围的光线刺激)，鉴于它的外形，我们称之为“陆龟”，或者乌龟。其中的“亚当”和“夏娃”被称为Elmer和Elsie，取自以下术语的首字母——电动机械机器人、光敏、有着

稳定的内部和外部状态(ELectro MEchanical Robots，Light-Sensitive，with Internal and External stability)。Elmer 和 Elsie 并不像我们的大脑一样有十万个细胞，它只有两个功能部件：作为两个感觉器官的两个微型无线电发射管，一个用来感知光线，另一个用来感知接触信号；还有两个电动机作为执行器，一个用来爬行，另一个用来控制方向。

机器人的控制电路设计为：在没有光源刺激的情况下，机器人不断探索环境，其驱动器推动着机器人不断前进；在有光源刺激的情况下，机器人朝着光的方向移动。然而，因为机器人在寻找光源的时候光电传感器会转动，所以机器人在探索环境时运动轨迹是摆线。在使用两个机器人的实验中，每个机器人上都配备了灯，其运动是高度不可预测的，看起来就像生物的行为(Walter 1950a，b)。在以后的版本中(Walter 1950a，b)，机器人将被赋予仿巴甫洛夫刺激-反应机制中最简单的学习能力，这使得机器人的行为与动物最简单的行为密切对应。

1984 年，意大利裔奥地利神经学家 Valentino Braitenberg(1926—2011)在 Walter 控制论的基础上沿用了 Hammond 和 Miessner 的“电动狗”想法，重新考虑了装有两个光电传感器的轮式移动机器人中电动机的不同联结方式。在介绍这一被称为 Braitenberg 车的机器人时，他写道(Braitenberg 1984，P2)：

如果单独讨论内部结构非常简单的机器，从机械和电气工程的角度来看，这些机器实际上太简单了，并没有什么意思。但是当我们把这些机器或者小车看作自然环境中的动物时，就会变得非常有趣。

在最简单的无控制结构中，传感器和电动机可能有两种不同的联结方式。直接联结时，左边的传感器和左边的电动机相连，右边的传感器和右边的电动机相连；交叉联结时，左边的传感器和右边的电动机相连，右边的传感器和左边的电动机相连。Braitenberg 车在两种联结方式下表现出的两种不同行为可以被解释为避光性(直接联结)和趋光性(交叉联结)，如图 1-4 所示(图来源于(Braitenberg 1984))。

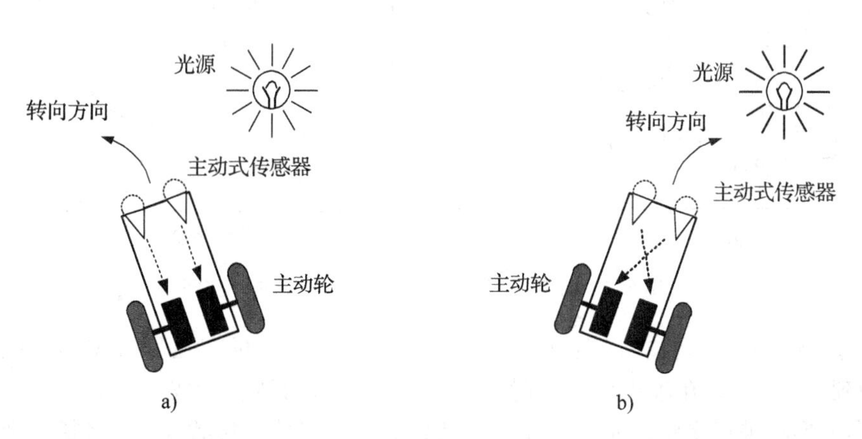

图 1-4　Braitenberg 车的“避光性”和“趋光性”

在直接联结中，如果左边传感器接收到较强的信号，则导致右转，如果右边传感器接收到较强的信号，则导致左转。相反，在交叉联结中，如果左边传感器接收到较强的信号，则导致机器人左转，如果右边的传感器接收到较强的信号，则导致机器人右转。当然，额外的控制和传感器的应用且同机器人间进行合作可以实现更复杂的行为，并且都可以用心理学上的术语进行解释(Braitenberg 1984)。

从 Walter 的 Elmer 和 Elsie 机器人开始，移动机器人朝着几个不同的方向发展，对应着移动机器人的不同功能。比如，机器人运动能力的提高催生了有腿机器人和类人机器人；先进的传感技术和相应模式识别技术的实现使得车载摄像机能够用于环境探索及处理不同情境下采集的图像视频等；在自动调节技术和控制方法进一步发展的基础上，人们可以制造家用服务机器人，如扫地机器人和割草机器人；另外，相关技术也可以研制用于月球和火星探测的半自主移动机器人。若要简要了解移动机器人的分类，可以参考文献(Arkin 1998；Bekey 2005；Siegwart，Nourbakhsh and Scaramuzza 2011)，Foran(2015)介绍了移动机器人的发展历史。

当然，在大多数现代移动机器人中，机载可编程控制器已被用于控制，其与机械臂控制的可编程控制器的原理相同，不同的是控制器控制的不是机械臂的运动而是机器人在环境中的运动。在这种情况下，机器人的运动规划中需要确定机器人在环境中的运动路径或者轨迹，使机器人避免与障碍物或其他目标碰撞并完成预定的任务。另外，笛卡儿坐标系下的全局欧氏空间通常被认为是物理空间，移动机器人的物理空间和构型空间的关系不同于两者在固定基座机器人中的关系。注意，机器人的路径通常被定义为机器人构型空间中的位置序列或曲线序列，而轨迹则被定义为带有机器人速度的路径(Choset et al. 2015；Medina，Ben-Moshe and Shvalb 2013；Shiler 2015)。

一般来讲，移动机器人的运动规划需要完成几个不同的任务。经典任务是规划一条从初始点或者出发点 x_{init} 到目标点或者终止点 x_{fin} 的路径，同时要避免与环境中的障碍物发生碰撞。如果障碍物的位置、形状和大小已知，则该问题称为搬钢琴问题(Choset et al. 2015；Lumelsky 2006)。搬钢琴问题如图 1-5 所示。

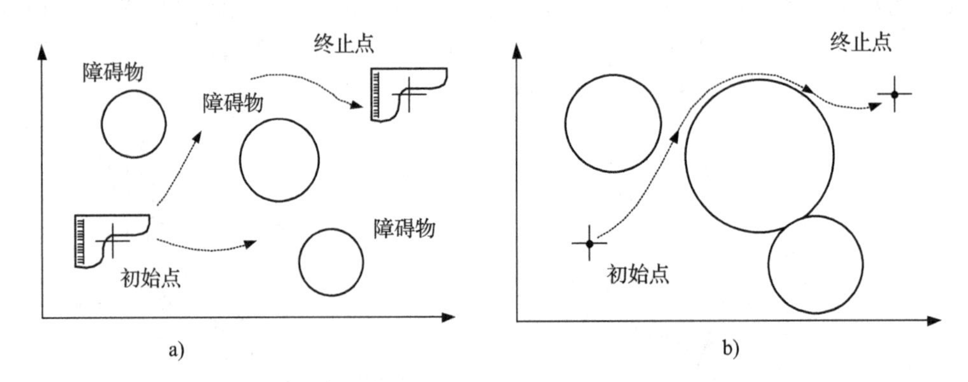

图 1-5　搬钢琴问题。a)物理空间；b)构型空间

在该问题中，一个具有复杂形状的物体(钢琴)需要穿过存在障碍物的空间，从位置 x_{init} 运动到位置 x_{fin}。在解决该问题时，首先将被转移物体收缩成一个点，障碍物根据物体的大小和形状进行膨胀。如果存在一条从位置 x_{init} 转移到位置 x_{fin} 的路径，则定义该路径为可行路径。

搬钢琴问题是在环境已知的全局坐标系中进行运动规划的问题。这种运动规划可以离线执行，如果存在满足需求的路径，机器人在运动过程中不需要使用任何传感器的在线信息就可以跟随路径。相反，如果障碍物的位置和形状未知，则需要根据机器人的传感信息进行在线路径规划。解决该问题的最基本算法是 Bug 算法。这个算法对机器人进行了一系列假设，包括机器人装备的传感器能够检测到障碍物(障碍物的位置和距离)，并且传感器能够检测到远处的目标点，此外，机器人的控制器具有存储路径中间点的存储器和计算距离的处理器。

在移动障碍物的路径规划中，问题变得更加复杂。根据具体的任务，综合可用的信息和传感器，可以用来解决这一问题的方法有势函数法(Shahidi，Shayma and Krishnaprasad 1991；Koditschek and Rimon 1990；Hacohhen，Shraga and Shvalb 2014)和动态轨迹规划法(Fiorini and Shiller 1998；Shiller and Gwo 1991；Shiller et al. 2013；Shiler 2016)。

在上述问题中，目标是为机器人规划一条从起始点到终止点的路径。任务中需要解决的另一些问题是在移动机器人时如何实现对目标周围的领域进行扫描或尽可能覆盖大范围的领域。一般来说，这类任务遵循搜索和觅食问题的框架(Viswanathan et al. 2011；Kagan and Ben-Gal 2015)。然而，在具体实施中，如扫地机器人和割草机器人的实际运动可能与最初的规划有很大区别。

最后，飞行器和水下机器人的运动规划问题更为复杂。在这类机器人中，避障问题变得没那么重要，主要困难体现在机器人在物理空间中的定位上。在最简单的情况下，当机器人可以和一个中央单元进行通信时，机器人的定位问题可以通过全局坐标系解决(Tsourdos，White and Shanmugavel 2011)。然而，如果机器人完全自主行动，则定位是基于局部环境和相对坐标的，由机器人使用的特定的地图算法和对周围环境的感知信息来实现机器人定位。

传感器获得的周围环境信息既包括环境本身的信息，也包括和移动机器人一起行动的其他单元、机器人和人的信息。在很多情况下，一些智能体也被认为是环境要素，机器人也需要避免和这些智能体发生碰撞。在近几十年里，移动机器人集群、交互和协作问题引起了不同领域内的研究人员的浓厚兴趣(Weiss 1999)。

1.5 多机器人系统和集群机器人

从形式上讲，一组合作执行任务的机器人可以被称为多机器人系统(Dudek and Jenkin 2010)。从这个定义来看，包含多个机械臂和 CNC 设备的生产线可以被认为是一个多机器人系统。在这个系统中，每个机器人或者机器分别完成一个确定的任务，它们完成的工作组合实现最终的任务产品。相比之下，对于移动机器人，多机器人合作有所不同。在移动机器人集群系统中，移动机器人比生产线上使用的机械臂简单得多，然而，因为多机器人系统的构型空间被嵌入一个高维的环境空间中，所以集群移动机器人的运动规划在计算上变得更加困难(详见 Ghrist 2010)。

在大多数情况下，假设集群中的所有机器人都具有相同的感知能力和功能，它们的设计和程序能够根据当前的任务创建临时的组，并像动物社会一样共同行动(Sumpter 2010)。受生物的启发，这种移动机器人系统被称为集群机器人系统(Hamann 2010；Trianni 2008)。

第一个体现集群机器人系统基本性质的移动机器人系统是 Walter 制造的装有灯和光电传感器的机器龟 Elmer 和 Elsie(Walter 1950a，b，1951)。然而，在 20 世纪 80 年代，“集群机器人”这一术语出现以后，集群机器人系统引起了人们更大的兴趣。Gerardo Beni 这样写道(Beni 2005，P1～2)：

> 我们和Jing Wang在Ⅱ Ciocco会议[⊖]中发表了一篇短文。当时的讨论非常热烈，我记得Alex Meystel说“蜂窝机器人”是一个非常有趣的概念，但名字不是很吸引人，我们需要找一个更加流行的词来描述“这种‘集群’”。我也觉得“蜂窝机器人”这个词不是很吸引人，况且这个词已经被Fukuda用过了……无论如何，在想到描述“蜂窝机器人”更合适的词之前，我没有在名字上大费周章，只是简单地使用了Alex偶然间提到的“集群”这个词。

Beni强调了使用这个术语的原因(Beni 2005，P2)：

> 事实上我们接触的集群机器人并不仅是一个“小组”，它所具有的一些特殊性质是在昆虫集群中发现的，比如说分散控制、非同步性、简单并且相似的成员。

正因为这样，集群机器人系统目前被认为是多智能体系统和生物社会研究的框架，特别是昆虫、鱼类和鸟类。在这一框架中，被广泛接受的智能体的定义如下(Wooldridge 1999，P29)：

> 智能体是位于某种环境中的计算机系统，它能够在环境中自主行动来实现设定的目标。

显然，如果这个“环境”是“物理环境”，并且假设机器人的动作可以改变环境的状态或者机器人的位置，那么这个定义和前面Brooks提出的机器人的特性有直接的联系。所以有(Sahin 2005，P12)：

> 集群机器人系统是研究如何通过设计大量相对简单的智能体的物理实体，来实现智能体之间和智能体与环境之间的交互以产生集体行为。

多机器人系统和机器人集群在不同任务执行中具有非常诱人的优势(Yogeswaran and Ponnambalam 2010)，特别是集群成员的等价性和并发性，多机器人系统和单一机器人系统相比具有以下特点：

- *并发性*。通过并行执行子任务，可以更快地完成可分解任务。
- *鲁棒性*。对单个机器人或者小机器人组具有更高的容错性。
- *灵活性*。更容易适应不同的应用和任务。

然而，为了实现集群机器人系统的上述优势，我们必须解决一些在固定基座机器人和移动机器人中不必考虑的问题——特别是机器人集群作为整体进行活动时的一些问题，如智能体之间的通信问题、冲突的避免以及分工问题。此外，对于机器人系统中常见的优化和控制问题，集群机器人系统更需要不同的解决方法(Bayindir and Sahin 2007)。

幸运的是，对于自然界集群(例如，蚁群、鱼群、鸟群和陆生动物的集群(McElreath and Boyd 2007；Hollddobler and Wilson 2009；Gordon 2010；Sumpter 2010))现象的研究给予了机器人集群众多启发。这些研究促进了集群智能(Wiess 1999；Kennedy，Eberhaet and Shi 2001；Panigrahi，Shi and Lim 2011)、集群优化(Dorigo and Stutzle 2004；Passino 2005)和仿生机器人(MaFarland and Bösser 1993；Bekey 2005)的研究。相关研究的进展和成果发表在诸多仿真和自适应行为会议(从动物到动物自治体，1991—2012)、集群智能会议(ANTS，1998～2014)和分布式自主机器人系统专题讨论会(分布式自主机器人系统，1992—2013)上，并被整理成了详细的手册(Kernbach 2013)。Trianni(2008)和Ha-

---

⊖ The NATO Advanced Workshop on Highly Redundant Sensing in Robotic Systems，II，Ciocco，Italy，June 1998. 上述论文是Beni和Jing Wang发表的(1990)。

mann(2010)在著作中阐述了该领域的重要概念，而 Clark(1997，2003)则对主要思想进行了通俗的阐述。

移动机器人在集群中执行的基本任务是和其他个体协同运动并保持集群的可分辨性。美国计算机图像学家 Craig Reynolds 提出的行为模型为解决这一问题提供了有效方法。他在 1987 年制订了 3 条著名的规则来模拟集群行为[⊖](Reynolds 1987，P31)：

1)避免碰撞(简称避碰)。避免和附近的个体发生碰撞。

2)速度匹配。尽量和附近的个体匹配速度。

3)集群中心。尽量靠近附近的个体。

具体描述如下(Reynolds 1987，P26)：

> 集群泛指一组物体表现出一种极化、无碰撞的聚合运动。这种集群被称为和鸟类相似的"类鸟"行为，虽然这一行为也出现在鱼群等其他群组中，但是仍被称为"boids"。

Reynolds 在书中对这些规则进行了如下阐述(Reynolds 1987，P31)：

> 静态的避免碰撞和动态的速度匹配是互补的，这两部分共同确保鸟群中的成员可以自由地在拥挤的鸟群内部飞行而不发生碰撞……
>
> 集群中心的存在使得集群中的个体存在向集群中心靠近的趋势。因为每一个个体对环境都有一个局部的感知，"集群中心"实际上是指附近集群个体的中心，可使个体朝着更接近中心个体的方向飞行。

上述 Reynolds 规则对维持集群的整体性和实现协同运动的突出优势提供了最简单的解决办法，这就是信息的获取(Sumpter 2010)。集群机器人之间的信息交换主要有两种方式(Iocchi，Nardi and Salerno 2001)：

> 1)信息通过特定的通信协议在智能体之间直接通信。
>
> 2)信息通过改变环境状态和感知环境状态的变化间接通信。

在第二条中，由此产生的集体行为被称为共识主动性(Grasse 1959)。这些行为被认为是系统的一个特征，更确切地讲，是(Hamann 2010，P9)：

> 具有共识主动性的系统存在改变环境同时对环境变化做出反应的过程。

显然，这一定义与 Brooks 提出的机器人特性和 Ernst 关于机器人干预现实世界和对环境变化做出反应的理论直接相关。

根据通用的分类方法(Iocchi，Nardi and Salerno 2010)，移动集群机器人动力学被认为是合作活动。在合作活动中，机器人能够知道其他机器人的行为，受其他机器人行为的影响并通过和其他机器人共同行动来影响其他机器人。在分散控制策略中，每个机器人根据获得的其他机器人的活动信息自主地决策自己的行为。Yan、Jouandeau 和 Cherif 详细论述了协作和控制方法以及相关的任务和运动规划(2013)。

集群中移动机器人的分散控制和自主活动常常导致自组织现象，即形成有序的时空结构。这种现象的基本思想首次出现在前面提到的 Wiener 的 *Cybernetics*[⊜] 和 von Neumann 的 *Theory of Self-Reproducing Automata*(1966)中。英国数学家和计算机科学家艾伦·图灵(1912—1954)在其开创性论文"The Chemical basis of Morphogensis"(Turing 1952)中

⊖ 如今，这些规则也被称为分离性、对齐性和内聚性(详见文献(Gazi and Passion 2011))。

⊜ 1961 年由麻省理工学院出版社出版。

提出了研究模式形成的一般数学框架，描述了在智能体相互作用的介质中形成宏观空间结构的动力学模型。1977年，德国物理学家Hermann Haken(生于1927年)著作的*Synergetics*(Kaken 1977)和俄罗斯裔比利时化学家Ilya Prigogine(1917—2003)牵头著作的*Self-Organization in Non-Equilibrium Systems*(Prigogine and Nicolis 1977)实现了自组织研究的新突破。

该方法应用在集群机器人中形成了集群动力学的进化模型(Trianni 2008；Hamann 2010)，这一模型可以用作活动粒子集群行为的一般模型(Schweitzer 2003)和移动机器人集群的集群优化(Gazi and Passion 2011)。在这个研究方向上具有里程碑意义的项目有：跟随梯度场的ALICE机器人(Garnier et al. 2013)，由1024个KBot机器人组成的自组装机器人(Rubenstein，Cornejo and Nagpal 2014)和由100个KBot机器人实现的群体决策(Valentini，Hamann and Dorigo 2014)。

Trianni(2008)和Hamann(2010)综述了集群机器人的历史和方法。Navarro和Matia(2012)及Tan和Zheng(2013)在论文中介绍了集群机器人项目。Shi et al.(2012)介绍了一些关于软件仿真平台的有用信息。Kernbach(2013)全面综述了多机器人系统的研究和相关成果。

1.6 本书的宗旨和结构

本书的主要目的是为移动机器人研究提供理论基础、实践指导和现成的导航算法。这些内容可以直接应用于实验室，还可以作为深入研究的起点和解决工程任务的基础。本书的主旨在于以下三点。

作为一本教科书，本书可作为应用数学和工程类学科中本科生和研究生的移动机器人课程教材。本书适用于一学期的课程安排，提供了完整的理论材料和算法的解决方案，可以用于实验室中的进一步培训和学生项目。

作为一本研究用书，本书旨在为移动机器人导航的不同研究方向提供起点，同时可作为该领域的研究指南。基于此目的，本书按照(感知—智能—运动)的顺序进行编排，并在移动机器人导航和移动机器人系统中加以实现。

作为一本实用指南，本书含有丰富的应用知识，包括现成的算法、数值实例和仿真，可以直接用在简单及先进的移动机器人系统中，并用于处理各种与机器人信息和感知相关的任务。

本书包括4个主要部分。第一部分讨论了在已知机器人位置和速度的全局坐标系下实现机器人导航和运动规划的模型和算法。其中，采用经典运动学和动力学知识定义机器人的运动，涉及地面车辆和海上船舶的二维运动以及空中、水下航行器的三维运动。运动规划采用离线路径规划技术，同时需要基本的传感器信息。

第二部分介绍了机器人在势场中的运动。该势场是通过机器人的期望、先验知识和环境的状态定义的。在这一部分中，根据周围环境的感知信息规划机器人的运动，并在局部坐标系(二维或三维空间)中指定机器人的运动，其中局部坐标系是相对于其他机器人的坐标或环境中某些参考坐标定义的。

第三部分介绍了机器人在未知环境中的运动，以及利用感知信息进行环境地图构建任务。如果机器人的全局坐标已知，则可采用局部感知信息实现避障算法，同时构建全局环境地图。相反，机器人则利用相对坐标完成地图构建，并利用局部地图拼接成全局地图。

第四部分介绍了多机器人系统及其在二维和三维空间中的集群动力学，包括在全局坐标系和局部坐标系中通信方式分别为直接通信和间接通信的运动模型。该部分主要关注机器人集体行为中出现的特殊问题和现象，即机器人之间的通信、聚集、避碰、合作与分工、同构及异构群组和大型系统的自组织行为。

为方便起见，本书共分为 14 章(包括绪论和结论)，每章分别介绍了移动机器人运动规划领域的一个问题，涉及相关理论的讲解，并针对具体模型提出了现成的算法、数值实例和仿真，它们可以用于课堂教学、实验室训练和解决实际的工程问题。

参考文献

ANTS (1998–2014). *Proceedings of International Conference on (Ant Colony Optimization and) Swarm Intelligence*. Berlin: Springer-Verlag.

Arkin, R.C. (1998). *Behavior-Based Robotics*. Cambridge, MA: The MIT Press.

Asfahl, C.R. (1985). *Robots and Manufactury Automation*. New York: Wiley.

Asimov, I. (1950). *I, Robot*. New York: Gnome Press.

Bayindir, L. and Sahin, E. (2007). A review of studies in swarm robotics. *Turkish Journal of Electrical Engineering* 15 (2): 115–147.

Bekey, G.A. (2005). *Autonomous Robots. From Biological Inspiration to Implementation and Control*. Cambridge, MA: The MIT Press.

Beni, G. (2005). From swarm intelligence to swarm robotics. In: *Swarm Robotics. Lecture Notes in Computer Science*, vol. 3342 (ed. E. Sahin and W.M. Spears), 1–9. Berlin: Springer.

Beni, G. and Wang, J. (1990). Self-organizing sensory systems. In: *Proceedings of NATO Advanced Workshop on Highly Redundant Sensing in Robotic Systems, Il Cioco, Italy (June 1988)*, 251–262. Berlin: Springer.

Braitenberg, V. (1984). *Vehicles: Experiments in Synthetic Psychology*. Cambridge, MA: The MIT Press.

Brooks, R.A. (1991). New approaches to robotics. *Science* 253 (5025): 1227–1232.

Choset, H., Lynch, K., Hutchinson, S. et al. (2005). *Principles of Robot Motion: Theory, Algorithms, and Implementation*. Cambridge, MA: Bradford Books/The MIT Press.

Clark, A. (1997). *Being There: Putting Brain, Body and World Together Again*. Cambridge, MA: The MIT Press.

Clark, A. (2003). *Natural-Born Cyborgs – Minds, Technologies, and the Future of Human Intelligence*. Oxford: Oxford University Press.

Devol, G. C. (1961). *Patent No. US 2988237 A. USA*.

Distributed Autonomous Robotic Systems (1992–2013). *Proceedings of International Symposia*. Berlin: Springer.

Dorigo, M. and Stutzle, T. (2004). *Ant Colony Optimization*. Cambridge, MA: The MIT Press/A Bradford Book.

Dudek, G. and Jenkin, M. (2010). *Computational Principles of Mobile Robotics*, 2e. New York: Cambridge University Press.

Ernst, H. A. (1961). *MH-1, A Computer-Operated Mechanical Hand*. D.Sc. Thesis, Massachusetts Institute of Technology, Dept. Electrical Engineering, Cambridge, MA.

Fiorini, P. and Shiller, Z. (1998). Motion planning in dynamic environments using velocity obstacles. *International Journal of Robotics Research* 17 (7): 760–772.

Foran, R. (2015). *Robotics: From Automatons to the Roomba*. Edina, MN: Abdo Publishing.

From Animals to Animats (1991–2012). *Proceedings of International Conference on Simulation and Adaptive Behavior*. Bradford Books/MIT Press/Springer.

Garnier, S., Combe, M., Jost, C., and Theraulaz, G. (2013). Do ants need to estimate the geometrical properties of trail bifurcations to find an efficient route? A swarm robotics test bed. *PLoS Computational Biology* 9 (3): e1002903.

Gazi, V. and Passino, K.M. (2011). *Swarm Stability and Optimization*. Berlin: Springer.
Ghrist, R. (2010). *Configuration Spaces, Braids, and Robotics, Lecture Notes Series*, vol. 19, 263–304. Institute of Mathematical Sciences. National University of Singapore.
Gordon, D.M. (2010). *Ant Encounters: Interaction Networks and Colony Behavior*. Princeton: Princeton University Press.
Grasse, P.-P. (1959). La reconstruction du nid et less coordinations interindividuelles chez bellicositermes natalensis et cubitermes sp. la theorie de la stigmergie: essai d'interpretation du comportement des termites constructeurs. *Insectes Sociaux* 41–83.
Hacohen, S., Shraga, S., and Shvalb, N. (2014). Motion-planning in dynamic uncertain environment using probability navigation function. In: *IEEE 28th Convention of Electrical and Electronics Engineers in Israel*. Eilat: IEEE.
Haken, H. (1977). *Synergetics: An Introduction. Nonequilibrium Phase transitions and Self-Organization in Physics, Chemistry and Biology*. Berlin: Springer-Verlag.
Hamann, H. (2010). *Space-Time Continuous Models of Swarm Robotic Systems: Supporting Global-to-Local Programming*. Berlin: Springer.
Hero of Alexandria (2009). *The Pheumatics* (trans. B. Woodcroft). CreateSpace.
Holldobler, B. and Wilson, E.O. (2009). *The Superorganism: The Beauty, Elegance, and Strangeness of Insect Societies*. New York: W. W. Norton & Company.
Iocchi, L., Nardi, D., and Salerno, M. (2001). Reactivity and diliberation: a survey on multi-robot systems. In: *Balancing Reactivity and Social Diliberation in Multi-Agent Systems. From RoboCup to Real-World Applications* (ed. M. Hannebauer, J. Wendler and E. Pagello), 9–32. Berlin: Springer.
al-Jazari, I.a.-R. (1974). *The Book of Knowledge of Ingenious Devices* (trans. D. R. Hill). Dordrecht/Holland: D. Reidel.
Kagan, E. and Ben-Gal, I. (2015). *Search and Foraging. Individual Motion and Swarm Dynamics*. Boca Raton, FL: Chapman Hall/CRC/Taylor & Francis.
Kennedy, J., Eberhart, R.C., and Shi, Y. (2001). *Swarm Intelligence*. San Francisco: Morgan Kaufmann.
Kernbach, S. (ed.) (2013). *Handbook of Collective Robotics: Fundamentals and Challenges*. Boca Raton: CRC Press/Taylor & Francis.
Koditschek, D.E. and Rimon, E. (1990). Robot navigation functions on manifolds with boundary. *Advances in Applied Mathematics* 11 (4): 412–442.
Lumelsky, V.J. (2006). *Sensing, Intelligence, Motion. How the Robots and Humans Move in an Unstructured World*. Hoboken, NJ: Wiley.
Maxwell, J.C. (1868). On governors. *Proceedings of the Royal Society of London* 16: 270–283.
McElreath, R. and Boyd, R. (2007). *Mathematical Models of Social Evolution: A Guide for the Perplexed*. Chicago: The University of Chicago Press.
McFarland, D. and Bösser, T. (1993). *Intelligent Behavior in Animals and Robots*. Cambridge, Massachusetts: The MIT Press.
Medina, O., Taitz, A., Ben Moshe, B., and Shvalb, N. (2013). C-space compression for robots motion planning. *International Journal of Advanced Robotic Systems* 10 (1): 6.
Miessner, B.F. (1919). The electric dog. *Scientific American Supplement (2267)* 376: 6.
Navarro, I. and Matia, F. (2012). An introduction to swarm robotics. *ISRN Robotics 2013* 1–10.
von Neumann, J. (1945). *First Draft of a Report on the EDVAC*. University of Pennsylvania, Moore School of Electrical Engineering. Contract No. W-670-ORD-4926 between the US Army Ordnance Department and the Univeristy of Pennsylvania.
von Neumann, J. (1966). *Theory of Self-Reproducing Automata* (ed. A.W. Burks). Champaign: University of Illinois Press.
Panigrahi, B.K., Shi, Y., and Lim, M.-H. (eds.) (2011). *Handbook of Swarm Intelligence: Concepts, Principles and Applications*. Berlin: Springer-Verlag.

Passino, K.M. (2005). *Biomimicry for Optimization, Control, and Automation*. London: Springer.
Prigogine, I. and Nicolis, G. (1977). *Self-Organization in Non-Equilibrium Systems: From Dissipative Structures to Order through Fluctuations*. New York: John Wiley & Sons.
Reynolds, C.W. (1987). Flocks, herds, and schools: a distributed behavioral model. *Computer Graphics Graphics 2.1 (ACM SIGGRAPH'87 Conference Proceedings)* 4: 25–35.
Rubenstein, M., Cornejo, A., and Nagpal, R. (2014). Programmable self-assembly in a thousand-robot swarm. *Science* 345 (6198): 795–799.
Sahin, E. (2005). Swarm robotics: from sources of inspiration to domains of application. In: *Swarm Robotics, Lecture Notes in Computer Science*, vol. 3342 (ed. E. Sahin and W.M. Spears), 10–20. Berlin: Springer.
Schweitzer, F. (2003). *Brownian Agents and Active Particles. Collective Dynamics in the Natural and Social Sciences*. Berlin: Springer.
Selig, J.M. (1992). *Introductory Robotics. Hertfordshire*. UK: Prentice Hall.
Shahidi, R., Shayman, M., and Krishnaprasad, P.S. (1991). Mobile robot navigation using potential functions. In: *IEEE International Conference on Robotics and Automation*, 2047–2053. Sacramento, CA.
Shi, Z., Tu, J., Qiao, Z. et al. (2012). A survey of swarm robotics system. In: *Advances in Swarm Intelligence. Lecture Notes in Computer Science*, vol. 7331 (ed. Y. Tan, Y. Shi and Z. Ji), 564–572. Berlin: Springer.
Shiler, Z. (2015). Off-line vs. on-line trajectory planning. In: *Motion and Operation Planning of Robotic System. Mechanisms and Machine Science*, vol. 29 (ed. G. Carbone and F. Gomez-Barvo), 29–62. Switzerland: Springer International.
Shiller, Z. and Gwo, Y.-R. (1991). Dynamic motion planning of autonomous vehicles. *IEEE Transactions on Robotics and Automation* 7 (2): 241–249.
Shiller, Z., Sharma, S., Stern, I., and Stern, A. (2013). Online obstacle avoidance at high speeds. *International Journal of Robotics Research* 32 (9–10): 1030–1047.
Siciliano, B. and Khatib, O. (eds.) (2008). *Springer Handbook of Robotics*. Berlin: Springer.
Siegwart, R., Nourbakhsh, I.R., and Scaramuzza, D. (2011). *Introduction to Autonomous Mobile Robots*, 2e. Cambridge, MA: The MIT Press.
Sumpter, D.J. (2010). *Collective Animal Behaviour*. Princeton: Princeton University Press.
Tan, Y. and Zheng, Z.-y. (2013). Research advance in swarm robotics. *Defence Technology* 9: 18–39.
Trianni, V. (2008). *Evolutionary Swarm Robotics: Evolving Self-Organising Behaviors in Groups of Autonomous Robots*. Berlin: Springer-Verlag.
Tsetlin, M.L. (1973). *Automaton Theory and Modeling of Biological Systems*. New York: Academic Press.
Tsourdos, A., White, B.A., and Shanmugavel, M. (2011). *Cooperative Path Planning of Unmanned Aerial Vehicles. Chichester*. UK: Wiley.
Turing, A.M. (1952). The chemical basis of morphogenesis. *Philosophical Transactions of the Royal Society of London, Series B* 237: 37–72.
Valentini, G., Hamann, H., and Dorigo, M. (2014). *Self-Organized Collective Decision-Making: The Weighted Voter Model*. IRIDIA, Institut de Recherches Interdisciplinaires et de Developpements en Intelligence Artificielle. Bruxelles: IRIDIA - Technical Report TR/IRIDIA/2014–005.
Viswanathan, G.M., da Luz, M.G., Raposo, E.P., and Stanley, H.E. (2011). *The Physics of Foraging*. Cambridge: Cambridge University Press.
Walter, G.W. (1950a). An electromechanical animal. *Dialectica* 4: 42–49.
Walter, G.W. (1950b). An imitation of life. *Scientific American* 182 (5): 42–45.
Walter, G.W. (1951). A machine that learns. *Scientific American* 185 (2): 60–63.
Weiss, G. (ed.) (1999). *Multiagent Systems. A Modern Approach to Distributed Artificial Intelligence*. Cambridge, MA: The MIT Press.

Wiener, N. (1948). *Cybernetics: Or Control and Communication in the Animal and the Machine*. Paris: Herman & Cie.

Wooldridge, M. (1999). Intelligent agents. In: *Multiagent Systems. A Modern Approach to Distributed Artificial Intelligence* (ed. G. Weiss), 27–78. Cambridge, MA: The MIT Press.

Yan, Z., Jouandeau, N., and Cherif, A.A. (2013). A survey and analysis of multi-robot coordination. *International Journal of Advanced Robotic Systems* 10 (399): 2013.

Yogeswaran, M. and Ponnambalam, S.G. (2010). Swarm robotics: an extensive research review. In: *Advanced Knowledge Application in Practice* (ed. I. Fuerstner), 259–278. Rijeka: InTech.

全局坐标系下的运动规划

Oded Medina 和 Nir Shvalb

2.1 动机

在任务执行过程中，机器人可能会频繁地改变构型，并利用传感器收集环境信息。机器人的构型改变不是很容易。为了避障，从初始构型到目标构型机器人通常并不沿直线前行，而是执行复杂的机动运动。这时机器人需要获得详细的环境信息。例如，在机器人足球比赛(如 RoboCup 比赛、小型联赛)中，环境信息由全局摄像头从赛场上方获取。又例如，超冗余机器人的运动是项复杂任务，特别是在障碍物附近运动时。

“运动规划”是指计算从初始构型 c_s 到目标构型 c_g 策略的算法。

目前已有许多运动规划算法(例如，用于机械臂和移动机器人避障的运动规划，见 Canny 1988；Laumond，Sekhavat and Lamiraux 1998)。其中部分算法是确定的(即它们假设所有的信息都是准确已知的或可计算的)，而有些是随机的(在某种程度上是已知的)。这些算法通常可以分为三大类：势场法、基于网格的算法和基于采样的算法。下面将举例说明每一种算法，但这只是沧海一粟，因为现在仍然对运动规划问题进行着深入的研究。

2.2 符号表示

本节定义一些与构型、工作空间以及权重函数相关的关键术语。

2.2.1 构型空间

移动机器人具有独立的位置和方位。一个装置可以有不同的构型，这些构型定义为所有部件的姿态集合。在数学上，我们把构型定义为最小有序的参数集，这些参数定义了机器人的姿态。

因此，平面运动的物体具有 3 个重要的参数：重心的坐标和方位角。而空间运动的物体，需要考虑 6 个参数，物体重心的 3 个坐标和与物体的偏航、俯仰和横滚轴相对应的 3 个角度(见第 3 章)。

现在考虑一个平面串联机器人，它由两个转动关节连接而成。这种机器人的构型空间是$(\theta_1,\theta_2)\in[0,2\pi]\times(0,2\pi)$向量的集合。在某些情况下，构型空间还应该赋予一个度量标准来定义两个构型之间的距离。这里假设一个关节可以无碰撞地连续活动，这在文献中被标记为两个圆的乘积 $T^2=S^1\times S^1$，是一个二维环面。现在，我们使用一个扩展的例子——一个七连杆机器人，它的末端连接到地面，如图 2-1a 所示。

因为这个装置的任何构型都可以用它的六自由度集合来表示，所以构型空间是一个六维环面 T^6。实际上，很容易考虑到执行机构的限制，例如，$-\frac{\pi}{2}<\theta_i<\frac{\pi}{2}(i=1,\cdots,6)$。

因此，在这种情况下，构型空间被简化为6维立方体 $C=I^6$。对于空间对象，例如四旋翼(见图2-1b)，构型空间是 $C=\mathbb{R}^3\times SO(3)$，其中 $\mathbb{R}^3$ 是重心坐标，SO(3)对应由偏航、俯仰和横滚轴创建的代数结构。

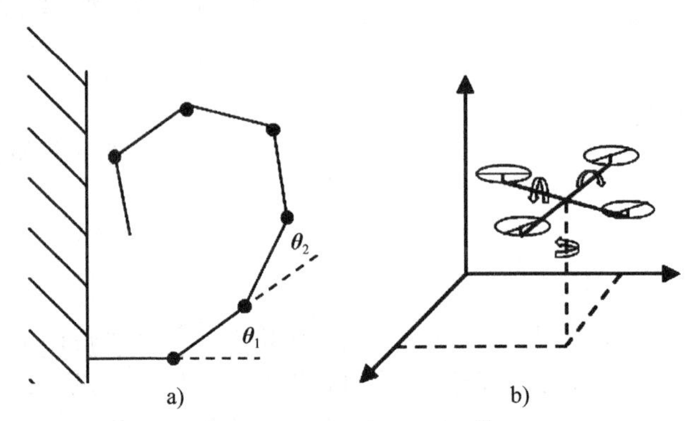

图2-1　a)六自由度平面机器人。每一个构型 $\vec{\boldsymbol{\theta}}\in C$ 均由 $\vec{\boldsymbol{\theta}}=(\boldsymbol{\theta}_1,\cdots,\boldsymbol{\theta}_6)$ 表示；b)四旋翼机器人。每一个构型 $\vec{\boldsymbol{c}}\in C$ 均由 $\vec{\boldsymbol{c}}=(\boldsymbol{x},\boldsymbol{y},\boldsymbol{z},\boldsymbol{\theta}_1,\boldsymbol{\theta}_2,\boldsymbol{\theta}_3)$ 表示

注意，一个 C 空间可能有多个连通区域。例如，连杆长度为(1，0.5，1.75，2)的四连杆机构(机器人)的构型空间等于两个不相交的圆。对于移动机器人，C 空间可能有多个连通区域(例如，当无法从一个位置到达另一个位置时)。然而，在某些情况下，在讨论运动规划时，可以选择单个连通区域，并仅在其上应用运动规划方案(Shvalb、Shoham and Blanc 2007)。

2.2.2　工作空间

机器人的工作空间定义为它可以到达的几何点集，例如，平面移动机器人操作的二维空间。而对于机械臂来说，工作空间通常被看作末端执行器可以到达的一组点。图2-1a所示的机器人工作空间是一个平面圆盘，其半径等于以较低关节为中心的6个连杆长度之和。在实际操作时，机器人应避免与工作空间内的障碍物发生碰撞。从而，子空间 $C_{\text{free}}\subset C$ 可定义为一组无障碍构型。

2.2.3　权重函数

C_{free} 有时会与权重函数(在文献中称为代价函数)耦合。权重函数可以是能量函数、高度函数或到目标构型的距离函数。通过连接两种构型的路径对代价函数进行积分，可得到机动代价。通常，机器人在物理层面上被限制在一个给定的权重函数内。在这种情况下，超过这个范围的构型可以视为 C 空间障碍。运动规划是计算从初始构型 c_s 到目标构型 c_g 并考虑避碰路径的动作。

为了更直观地理解运动规划问题，读者可以参考图2-2a。图中描绘了一个串联(攀爬)平面机器人，其末端固定在地面上。图2-2b展示了一个圆形的平面移动平台。在这两个例子中，可以在初始构型和目标构型之间设置障碍，这样从 c_s 到 c_g 的运动就不能在 C 空间中以直线方式进行了。

对于平面机械臂而言，除了要避开工作空间中的障碍物，还要避免自碰撞，即避免其刚性连杆之间的相互碰撞。为了讨论方便，我们只确保末端执行器避碰，同时假设电动机转矩是有限的。因为电动机的底座承载了机器人的大部分质量，所以为了安全起见，我们

限制了底座关节的转矩。为了使机器人与最大转矩构型保持安全距离，我们在 C 空间中定义了新的障碍作为等值面，它的转矩等于临界(最大)转矩。

a)

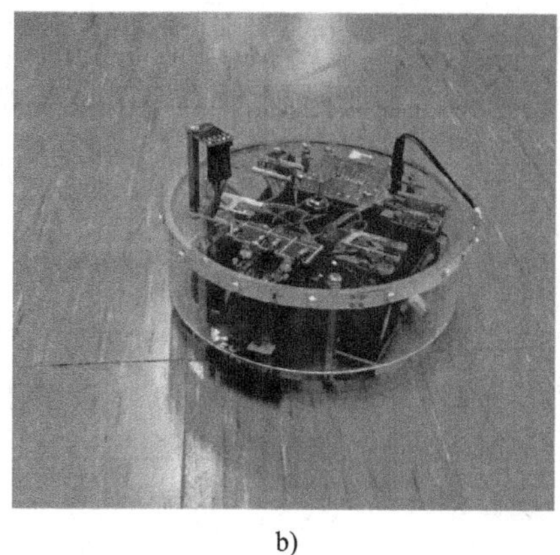

b)

图 2-2 两个移动机器人。a)串联(攀爬)平面机器人。它的目标是越过一个垂直的墙，同时避免碰撞障碍物、与墙的碰撞及自碰撞；b)该移动平面机器人的目标是在平面上移动，以到达目标构型，同时避开平面上的障碍物

图 2-3 所示为示例机器人的 C 空间。平面机械臂具有两个流形：一个表示机器人与工作空间中物理障碍物碰撞的构型边界，另一个表示已经定义的转矩阈值。

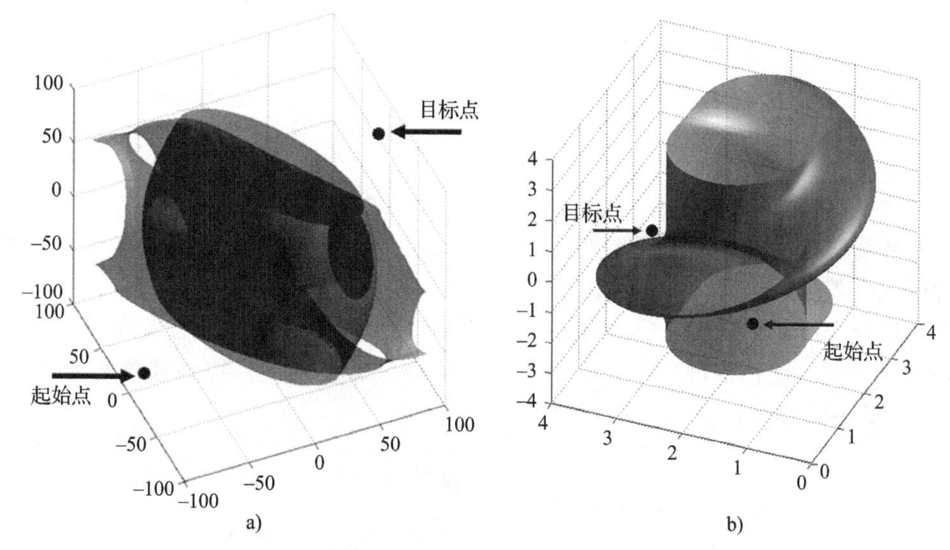

图 2-3 三自由度平面机械臂和移动平台的 C 空间及相关障碍。流形是嵌入 C 中的工作空间物理障碍和转矩阈值

2.3 已知构型空间的运动规划

现有运动规划算法可以分为三大类：势场法、基于网格的算法和基于采样的算法。

2.3.1 势场法

考虑一个二维空间的简单情况，初始构型和目标构型中间有一个圆形的障碍。为了解

决此运动规划问题，会直观地想到将一个负电荷粒子固定在目标构型 c_g 处，同时在 c_s 处放置一个正电荷粒子。代表机器人的正电荷粒子最初位于 c_s 处。机器人会被 c_s 排斥，并被 c_g 吸引。按照同样的思路，我们可以在障碍物的中心放置另一个带正电荷的粒子。这样，c_s 就可以沿着两个势场的梯度方向移动，从而在被目标构型吸引的同时避开障碍物。

现有一对带电粒子 q_1、q_2，距离为 r，产生的静电势能为 $\Phi=k\frac{q_1q_2}{r}$（k 为常数），粒子间的相互作用力是 $\nabla\Phi=k\frac{q_1q_2}{r^2}$。当然，运动规划可以采用不同的势函数。请注意，由于障碍物可能具有不同的几何形状，因此简单的解决方案是采用一组带电粒子对其进行建模。虽然障碍物周围的合成场与实际障碍物边界有所偏离的情况并不少见，但在合理的情况下，这样是可以的。

算法 2-1　势场法伪代码

定义：

Obs_i 为第 i 个障碍物的中心坐标

k_i 为第 i 个障碍物的力系数

ε 为与 c_g 的目标距离

c_k 为当前状态（构型）

定义 $f(a,b):=\frac{a-b}{|a-b|^2}$

While $|c_k=c_g|<\varepsilon$ do

设置 $v_k=f(c_k,c_g)+\sum k_i f(c_k,\mathrm{Obs}_i)$

执行运动 $c_{k+1}=c_k+v_k$

End while

虽然势场法很简单，不需要预先计算（除了固定带电粒子），但主要缺点是在力消失后会出现令人不满意的构型。在这种构型下，运动规划器可能不是确定的（鞍点），而在某些情况下，机器人可能完全停止（局部极小值）（见图 2-4）。例如，当机器人周围有多个障碍物时，可能会发生这种情况（参见图 2-5）。为了避免这个问题，应该选择合适的势函数（Kim and Khosla 1992）。

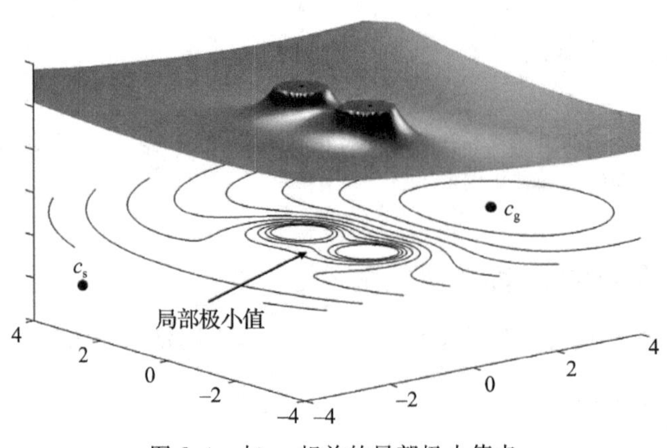

图 2-4　与 c_g 相关的局部极小值点

调和函数 f 满足拉普拉斯方程 $\Delta f=\nabla^2 f=0$（当海森矩阵的迹不存在时），因此在区域内到达局部极小值是不可能的。换句话说，在区域 $\Omega\subset\mathbb{R}^n$ 内满足拉普拉斯方程的函数 f 只会在区域 Ω 的边界 $\partial\Omega$ 上达到其最小值和最大值。在这个区域内，f 的任何其他临界点都必须是鞍点。我们可以采用叠加原理，它满足拉普拉斯方程的线性性质。如果 f_1 和 f_2 是调和的，那么这些函数的任何线性组合也是调和的（即它是拉普拉斯方程的一个解）。

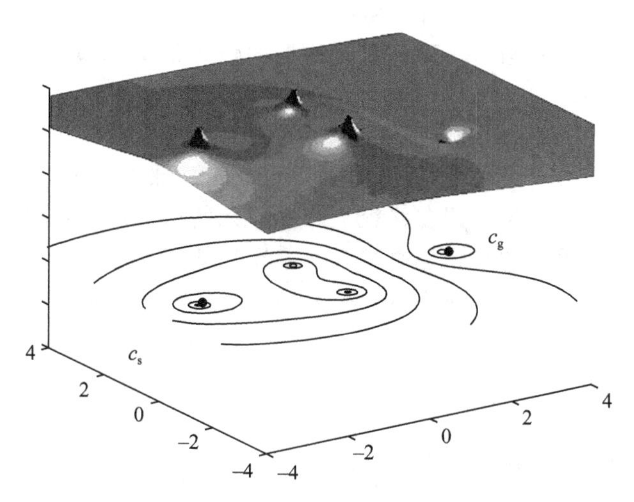

图 2-5　谐波势场，c_s 处为最大值，c_g 处为最小值

2.3.2　基于网格的算法

大多数装置是连续驱动的（但离散驱动的机器人也在研究）。基于网格的算法将首先对空间采样以创建一个离散的空间 C。每个构型都被相邻构型包围，其确切定义可能有所不同，例如，可以考虑笛卡儿邻域（包括对角邻域等）。最简单的定义只包括笛卡儿邻域，例如，每个构型都被 $2d$ 个相邻构型包围，其中 d 为空间维数。

为解决运动规划问题，考虑图 2-6 所示的二维离散空间 C。现在要找到从 c_s 到 c_g 的最短路径，并避开路上的所有障碍（黑色格子）。最简单的算法是广度优先搜索（Breadth-First-Search，BFS），它首先用“1”标记围绕 c_s 的构型，然后用“2”标记与这 8 个单元格相邻的构型，以此类推（见图 2-7）。

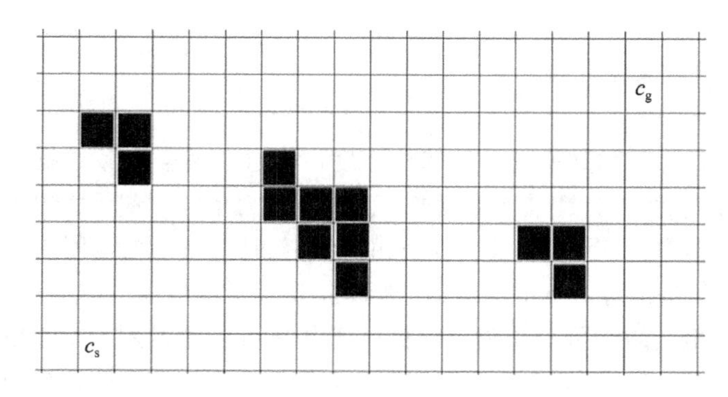

图 2-6　二维离散化的 C 空间。障碍由黑色格子表示

2	2	2	2	2	
2	1	1	1	2	
2	1	c_s	1	2	
2	1	1	1	2	
2	2	2	2	2	

图 2-7　标记从 c_s 到 c_g 的构型

这个过程一直持续到目标构型 c_g。从 c_s 到 c_g 的最短路径采用从 c_g 回溯到 c_s 的方式获得。具体方法为：在每步回溯时，都将前进到一个比当前构型更小的构型单元。这样通常会生成几条路径。值得注意的是，这个算法需要存储所有标记的构型。保存的数据量(很大程度上)取决于构型空间维数及(线性)分辨率，因此对于高维空间 C，该算法是不实用的。

A* 算法解决了此类问题。A*（读作 A 星)算法采用不同的标记方法，该方法只对更有可能是路径的构型 c_k 进行标记，并且由函数 $f=h+g$ 给出，其中 g 表示初始构型 c_s 到当前构型的距离，而 h 表示当前构型到目标构型的估计距离(通常作为到 c_g 的欧氏距离，忽略障碍)。

A* 算法包含两个列表：OPEN 列表 OL(Open List)表示当前正在检查的节点集合，CLOSE 列表 CL(Close List)是已经检查过的节点集合。此外，为了构建最终路径，每个节点都配备了它的父节点信息，即在路径上相邻单元的信息，并且更接近起点(如果路径最终会经过这里)。A* 最后的步骤是通过追踪父节点来构建从 c_g 回到 c_s 的路径。

算法 2-2　A* 算法的伪代码

```
初始化 OPEN 列表为 OL
初始化 CLOSE 列表为 CL
标记当前节点 c 和父节点的 g、f 值：c.g,c.f,c.parent
将初始构型 c_s 放入 OL
设置 c_s.f 为 0
While  OL 不为空列表时 do
    从 OL 列表中挑选 f 值最小的节点 q(q∈OL)
    将 q 从 OL 列表中取出，放入 CL 列表中
    如果 q 是目标节点，则执行 return
    检查 q 节点所有的邻近节点 n_i
if n_i 是障碍节点，或者已经存在于 CL 列表中，那么跳到下一个邻近节点。
    计算 n_i 节点的 g，f 并赋值给 g_temp，f_temp
    if n_i.g > g_temp
        更新 n_i.g = g_temp，n_i.f = f_temp
        设置 n_i.parent = q
    将 n_i 添加至 OL 列表中
End while
通过追踪父节点来构建从 c_g 回到 c_s 的路径
```

为使构型空间的运动更加平滑，应该增加所划分的网格密度，但这显然会导致数据量增加。而且 C 空间的数据量随构型空间的维数呈指数增长。例如，对于图 2-1a 所示的串联机器人，如果考虑每个关节的分辨率为 5°，即使每个单元的存储空间仅为 8 位，则构型空间的数据量将有超过 2 GB 的计算机数据。为了克服这个问题，可以考虑对数据进行压缩。权重函数通常是平滑的，它们相应的熵可以认为是低的。于是，可以通过用 JPEG 格式压缩图像的方式压缩构型空间支持的权重函数。在运动规划过程中，可以根据运动规划计算的需要，对 C 空间的不同扇区进行解压缩(Medina，Taitz，Moshe and Shvalb 2013)。

另一种解决方案是只存储一小部分节点(而不是整个网格)，这种方法称为基于采样的算法。

2.3.3 基于采样的算法

基于采样的算法的基本思想是，通过几个中间构型(通常是随机采样(Kavraki and Latombe 1998))，建立 c_s 和 c_g 间的路线图。我们首先在 C_{free} 中随机抽样 N 个构型(参见图 2-9a)。每两种构型之间都要检查其连接性，例如可以通过计算连接它们的直线是否完全位于 C_{free} 中来获得。也可使用势场法(Koren and Borenstein 1991)进行连接检查，这可能会生成一条弯曲的路径。第三种方法是沿着障碍物的边界前行，而不是沿着直线前进(参见 Shvalb，Moshe and Medina 2013，参见图 2-8)。无论如何，对于每对连接都要计算从一个构型移动到另一个构型的代价。这通常是通过集成一个预定义的权重函数(例如，所需的功(Borgstrom et al. 2008)、路径长度(Ismail、Sheta and al-weshah 2008)和最大转矩(Shvalb、Moshe and Medina 2013)等)来完成，从而生成了一个加权抽象(见图 2-9b)。该算法在对构型 c_s 到构型 c_g 的图进行路径搜索时，会使总路径代价最小。

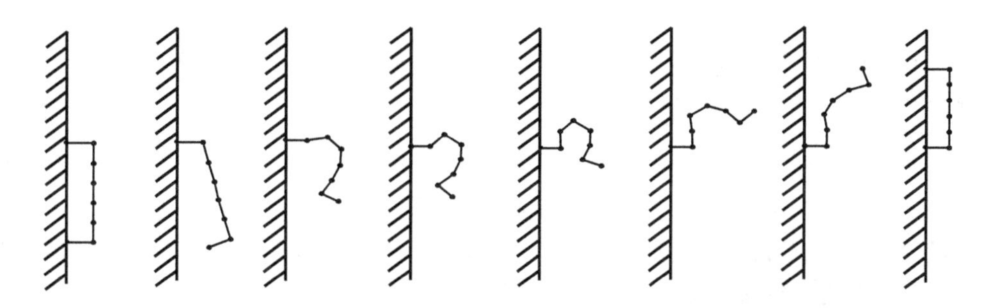

图 2-8 利用 CPRM 算法实现六自由度攀爬机器人的机动路线。机器人避免了那些超过预先设定最大功耗的构型。此外，该机器人还避免了与墙壁的碰撞，以及自碰撞(即两个连杆的碰撞)

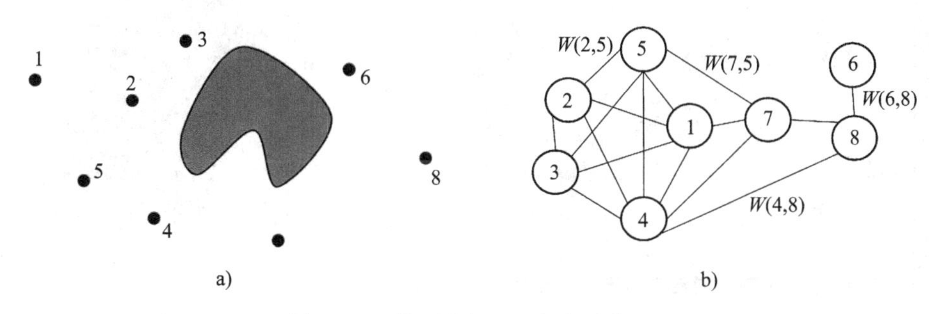

图 2-9 a)构型空间；b)加权连接图

构型 c_s 和 c_g 可以在路线图构建阶段作为路径点进行添加，或者在计算路线图后作为新的路径点进行添加。这样，路线图只计算一次，并用于所有的 c_s 和 c_g。

寻找路径是图论中著名的问题。最常见的算法是 Dijkstra 算法(1959)，它在算法 2-3 的伪代码中进行了描述。

算法 2-3　Dijkstra 算法伪代码

创建一个顶点集 $v_i \in V$

标记 $\mathrm{dist}(v_i)$ 表示从 c_s 到 v_i 的距离

标记 $v_i.\ parent$ 表示 v_i 的父节点

设置 $\mathrm{dist}(c_s)=0$

对于 $v_i \neq c_s$，**设置** $\mathrm{dist}(v_i)=\infty$

While V 不为空时 do

　　从 V 中**挑选**出满足 $\mathrm{dist}(u)=\min\{\mathrm{dist}(V)\}$ 的 u

　　从 V 中**去除** u

　　对 u 的每一个邻近点 v_i，

　　　　计算 $\mathrm{temp}=\mathrm{dist}(u)+\mathrm{cost}(u, v_i)$

　　　　if $\mathrm{temp} > \mathrm{dist}(u)$

　　　　　　$\mathrm{dist}(v_i)=\mathrm{temp}$

　　　　　　$v_i.\ parent=u$

　　　　End if

　　End for

End while

返回 dist，*parent*

图 2-8 和图 2-10 给出了结合基于采样的算法与 Dijkstra 图搜索算法的实例。在图 2-10 中，假设移动平台有万向轮，这说明它既可以在平面内独立运动，也可以改变方向。鉴于工作空间中障碍物较密集，基于采样的算法是一种合理的选择。

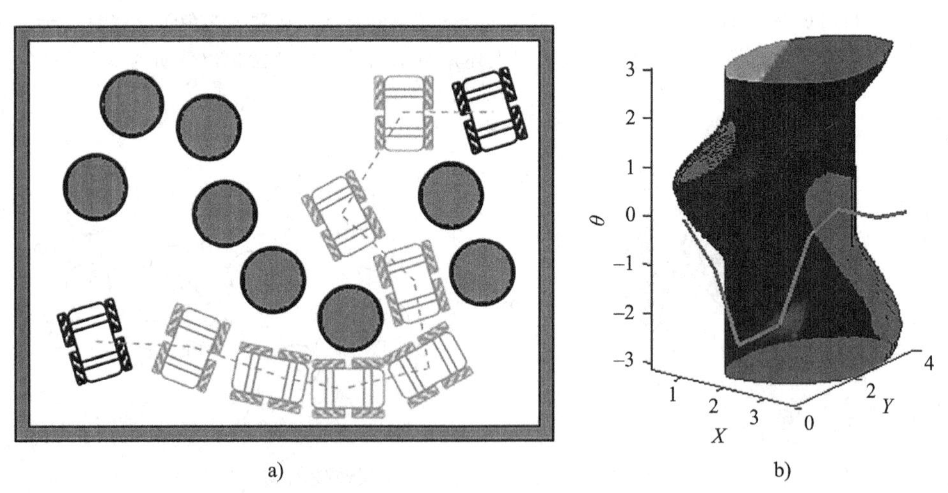

图 2-10　平面移动机器人的概率路线图运动规划。a)工作空间中的分散障碍物和矩形边界障碍物；b)构型空间的最终路径

2.4　已知部分构型空间的运动规划

一般来讲，机器人可用的信息是运动过程中利用传感器收集的数据，传感器包括惯性测量单元(Inertial Measurement Unit，IMU)传感器、视觉或距离传感器(如摄像头、声呐

和红外传感器)及位置传感器(如 GPS 或光流)。这些传感器通常融合使用以实现更高的准确性(Moravec 1988; Morer et al. 2016; Xiao, Boyd and Lall 2005)。而对于大多数实际的运动规划问题,通常没有足够的时间或信息进行预计算。当障碍物的位置和形状未知时,问题就出现了(例如那些需要识别行人、车辆和路牌的自动驾驶车辆)。此外,障碍也可能是动态的。对于此类情况的处理通常采用局部规划器,而非全局。

假设一个机器人在灾区寻找幸存者。在这种情况下,除了环境未知外,运动方向也不确定,即 c_g 是未知的(如 Kagan et al. 2014; Chernikhovsky et al. 2012)。对于这类问题,需要收集周围环境的传感信息并做出决策,这通常需要启发式方法(Masehian and Sedighizadeh 2007; Kondo 1991; Kuffner, Lavalle 2000)。下面将介绍适用于平面空间 C 的最基本方案(Lumelsky and Stepanov 1986)。

2.4.1 BUG0

在 C_{free} 中,运动被设定为朝向 c_g 的直线。如果机器人遇到障碍物,则继续沿着障碍物边界运动,转弯方向(左/右)是随机的或预先设定好的。此时,机器人继续前进,直到当前构型和目标构型之间的线段与障碍物停止相交。然后,机器人沿着朝向 c_g 的直线进行运动。由于机器人遇到障碍物时运动方向的选择并不明智,因此这种方法的收敛性是不确定的。图 2-11 描述了这种算法的可能结果。其中,图 2-11a 显示了成功避障的有效迂回路径,图 2-11b 显示了可能出现的不良结果。

由于障碍物的边界切线是一维空间的(即机器人只有两个选择,向左或向右),因此,在平面规划问题上应用该算法较为简单。当空间 C 是三维或更高维时,运动方向的可能性是无限的。此时,可以采用通用的梯度下降法来使机器人移动到障碍物的边界。

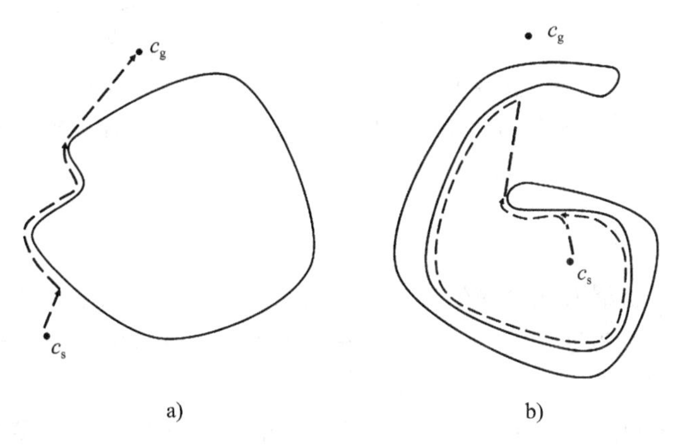

图 2-11 BUG0 算法。a)算法收敛到 c_g 的情况; b)应用 BUG0 可能导致循环的情况(如果选择图中描述的方向)

我们首先在空间 C 中定义一个映射: Obs: $C \rightarrow \mathbb{R}$。具体含义是对每个构型 $c \in C$,计算到第 i 个障碍物的距离。在 C_{free} 中运动时,算法沿 $\overrightarrow{c_g - c_k}$ 方向前进,其中 c_k 为当前构型。当到达障碍物 i 时,计算出与障碍物在 c_k 处垂直的障碍物梯度向量 $\nabla \text{Obs}_i(c_k)$。接着计算 $\text{null}(\nabla \text{Obs}_i(c_k))$,即 c_k 处 Obs_i 的切空间。然后沿着 $\overrightarrow{c_g - c_k}$ 在 $\text{null}(\nabla \text{Obs}_i(c_k))$ 的投影方向以小步长运动。这个过程一直持续直到 $\overrightarrow{c_g - c_k}^{\text{T}} \nabla \text{Obs}_i(c_k) > 0$,即连接当前构型和目标构型的线段与障碍物停止相交时。接着继续沿直线朝 c_g 方向运动。显然,该算法依

赖障碍物的凸几何形状。在某些情况下，即使在多维空间中，它也能表现良好，快速解决问题(Medina，Shapiro and Shvalb 2016；Chernikhovsky et al. 2012)。

2.4.2 BUG1

如果机器人在 C_{free} 内部，则 BUG1 算法与上述算法相似。用 C_{obs} 表示机器人遇到障碍物时的构型。该算法围绕障碍物寻找到 c_g 的最小距离的位置。接下来，机器人返回到最接近 c_g 的位置，并沿直线走向 c_g。

2.4.3 BUG2

这个算法与 BUG1 的不同之处在于，它遇到障碍物时所做的决策。当机器人到达 C_{free} 时，它画一条朝向 c_g 的直线 l，接着围绕障碍物运动，直到再次遇到 l。然后，沿着直线 l 朝 c_g 运动，如图 2-12b 所示。

至此，我们介绍了全局坐标下的运动规划问题。当然，还有其他各种各样的算法，它们要么扩展了上述介绍的算法，要么从其他角度解决了运动规划问题。部分算法将在接下来的章节中进行介绍，其他可参考列出的参考文献。

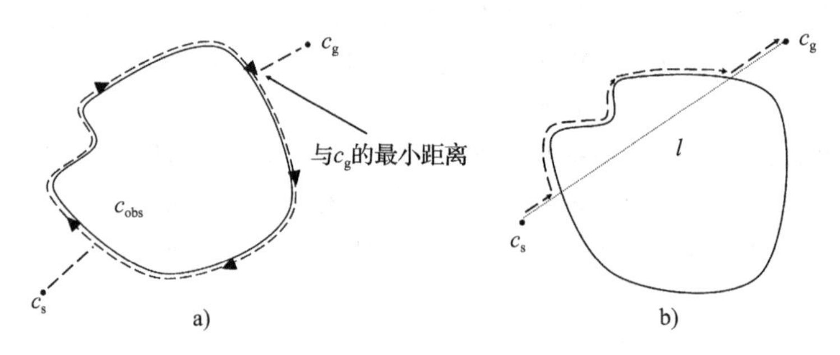

图 2-12 a)BUG1 算法。该算法围绕障碍物寻找最小距离的位置。在返回到最小距离位置后，沿直线朝 c_g 方向运动；b)阐述 BUG2 算法。机器人绕着障碍物走一圈，直到它遇到直线 l。然后机器人沿直线向 c_g 前进

2.5 小结

本章介绍了移动机器人在全局坐标系下的运动规划的基本概念。特别讨论了被广泛接受的构型空间的概念及符号表示。阐述了两种情况下的运动规划方案：完全已知构型空间和部分已知构型空间。

1)针对完全已知构型空间的运动规划问题，介绍了 3 种算法：(1)势场法，它定义并使用了区域内的某些人工函数；(2)基于网格的算法，它假设区域被划分为有限数量的单元，然后采用 A* 算法进行路径规划；(3)基于采样的算法，它使用中间构型进行路径规划。

2)针对部分已知构型空间的运动规划问题，假设机器人在开始运动时不知道障碍物的存在，而且只有在距离足够近时才会部分地感知到障碍物。对于这类问题，本章介绍了 3 种同类算法：BUG0、BUG1 和 BUG2。

这些算法形成了机器人运动规划的基础，并被广泛应用于移动机器人和处理自主智能体的其他任务。后面章节介绍的大多数方法将扩展这些算法，以解决更复杂的运动规划和机器人集群导航问题。

参考文献

Borgstrom, P., Singh, A., Jordan, B. et al. (2008). Energy-based path planning for a novel cabled robotic system. In: *IEEE/RSJ International Conference on Intelligent Robots and Systems, 2008. IROS 2008*, 1745–1751. Institute of Electrical and Electronics Engineers (IEEE).

Canny, J. (1988). *The Complexity of Robot Motion Planning*. Cambridge, MA: MIT press.

Chernikhovsky, G., Kagan, E., Goren, G., and Ben-Gal, I. (2012). Path planning for sea vessel search using wideband sonar. In: *2012 IEEE 27th Convention of Electrical & Electronics Engineers in Israel (IEEEI)*, 1–4. Institute of Electrical and Electronics Engineers (IEEE).

Dijkstra, E. (1959). A note on two problems in connexion with graphs. *Numerische Mathematik* 1: 269–271.

Ismail, A., Sheta, A., and Al-Weshah, M. (2008). A mobile robot path planning using genetic algorithm in static environment. *Journal of Computer Science* 4 (4): 341–344.

Kagan, E., Rybalov, A., Sela, A. et al. (2014). Probabilistic control and swarm dynamics in mobile robots and ants. In: *Biologically-Inspired Techniques for Knowledge Discovery and Data Mining* (ed. E. Kagan, A. Rybalov, A. Sela, et al.), 11–47. IGI Global.

Kavraki, L., and Latombe, J.-C. (1998). Probabilistic roadmaps for robot path planning.

Kim, J.-O. and Khosla, P. (1992). Real-time obstacle avoidance using harmonic potential functions. *IEEE Transactions on Robotics and Automation* 8 (3): 338–349.

Kondo, K. (1991). Motion planning with six degrees of freedom by multistrategic bidirectional heuristic free-space enumeration. *IEEE Transactions on Robotics and Automation* 7 (3): 267–277.

Koren, Y. and Borenstein, J. (1991). Potential field methods and their inherent limitations for mobile robot navigation. In: *Proceedings of the 1991 IEEE International Conference on Robotics and Automation, 1991*, 1398–1404. IEEE.

Kuffner, J. and LaValle, S. (2000). RRT-connect: an efficient approach to single-query path planning. In: *Proceedings of the ICRA'00. IEEE International Conference on Robotics and Automation, 2000*, vol. 2, 995–1001. IEEE.

Laumond, J.-P., Sekhavat, S., and Lamiraux, F. (1998). Guidelines in nonholonomic motion planning for mobile robots. In: *Robot Motion Planning and Control* (ed. J.-P. Laumond, S. Sekhavat and F. Lamiraux), 1–53. Berlin, Heidelberg: Springer.

Lumelsky, V. and Stepanov, A. (1986). Dynamic path planning for a mobile automaton with limited information on the environment. *IEEE Transactions on Automatic Control* 31 (11): 1058–1063.

Masehian, E. and Sedighizadeh, D. (2007). Classic and heuristic approaches in robot motion planning-a chronological review. *World Academy of Science, Engineering and Technology* 29 (1): 101–106.

Medina, O., Taitz, A., Moshe, B., and Shvalb, N. (2013). C-space compression for robots motion planning. *International Journal of Advanced Robotic Systems* 10 (1): 6.

Medina, O., Shapiro, A., and Shvalb, N. (2016). Kinematics for an actuated flexible n-manifold. *Journal of Mechanisms and Robotics* 8 (2): 021009.

Moravec, H. (1988). Sensor fusion in certainty grids for mobile robots. *AI Magazine* 9 (2): 61.

Morer, R., Hacohen, S., Ben-Moshe, B. et al. (2016). *IEEE International Conference on the Improved GNSS Velocity Estimation Using Sensor Fusion. Science of Electrical Engineering (ICSEE)*, 1–5. Institute of Electrical and Electronics Engineers (IEEE).

Shvalb, N., Shoham, M., and Blanc, D. (2007). The configuration space of a parallel polygonal mechanism. *JP Journal of Geometry and Topology* December 17: 1–21.

Shvalb, N., Moshe, B., and Medina, O. (2013). A real-time motion planning algorithm for a hyper-redundant set of mechanisms. *Robotica* 31 (8): 1327–1335.

Xiao, L., Boyd, S., and Lall, S. (2005). A scheme for robust distributed sensor fusion based on average consensus. In: *Fourth International Symposium on Information Processing in Sensor Networks, 2005. IPSN 2005*, 63–70. Sringer-Verlag.

第3章

Autonomous Mobile Robots and Multi-Robot Systems

基础感知

Simon Lineykin

传感器是机器人采集与处理内/外部信息的必要部件。外部信息包括温度、光照条件、障碍距离、磁场强度等；内部信息包括电动机电流、轮转速、电池电压、机械臂位置等。传感器的类型多种多样，其较好的划分方法可参照 Tönshoff et al. (2008)、Dudek and Jenkin et al. (2011)以及 Siegwart et al. (2011)文献中的方法。本章主要介绍机器人领域常用的传感器。

3.1 传感器基本方案

机器人开发人员将传感元件和传感单元称作传感器。传感单元应用于机器人领域的测量、预警以及过程控制；而传感元件作为传感单元的主要部件，负责把控制变量(压力、温度、流量、浓度、频率、速度、位移、电压、电流等)转化为相应信号(电气、光学、气动等)，参照 Zumbahlen(2007)所著文献中的内容。由于电气信号最便于信息的处理和数字化，因此大多数传感元件都采用电气信号作为输出。

传感元件阵列有时用于提供电气输出信号，这种方式在奇异和普通传感器中都很常见。2012 年，Jahns 等人较好地阐述了磁电传感器中的传感元件阵列。该传感器由一对机械耦合的磁致伸缩和压电传感元件组成。待测磁场会引起磁致伸缩元件的机械变形，进而导致与之相连的压电元件产生应变并生成电场，从而以电压的形式被测量。

任何传感单元都包括一个或多个传感元件、信号调制电路和模-数转换器。这种传感器称为电子传感器。图 3-1 展示了电子传感器的结构原理。值得注意的是，市场上不仅提供了完整的测量单元，还提供了独立的电气元件，从而允许开发者按照特定用途组装高性价比的传感单元。在下一节，将具体讨论传感单元中的每一个传感元件。

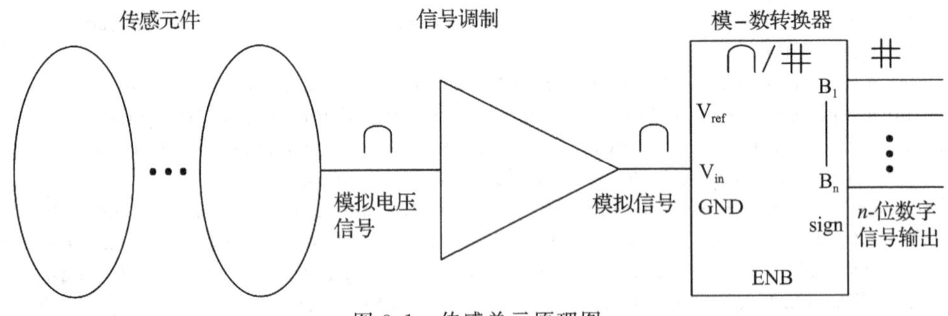

图 3-1 传感单元原理图

信号调制电路包括不同类型的放大器、滤波器、积分器和微分器、频率-电压转换器、相位-电压转换器、平均-直流(Direct Current，DC)和均方根-直流电压转换器、比较器、施密特触发器、锁存器或触发器(Flip-Flop，FF)存储单元等(Zumbahlen 2007)。信号调制电路的一些例子将在以后的章节中讨论。信号调制的目的是避免不必要的噪声和干扰，并放大模拟信号，使其振幅与模-数转换器的输入电压范围相匹配，以提供与测量值相对应的清晰信号。

模-数转换器(Analog-to-Digital Converter，ADC)是根据所需的分辨率、速度和价格来选择的。显然，位深度和处理速度的提升会增加 ADC 和整个产品的成本。在某些情况下，1bit 的深度就足够了。这种位深度在报警传感器中很常见，因为此类传感器只需要将工作模式从一个切换到另一个。过热传感器和碰撞传感器就是典型的例子。在这种情况下，不需要特殊的 ADC。单比特数字信号可由逻辑门或比较器构成。

所处理的测量信号可以是模拟的，也可以是数字的。数字信号处理更加方便和简单。然而，有时使用模拟信号处理更容易。频率-电压转换和之后的数字化就是一个例子，稍后通过光传播延迟时间的测量的示例来说明。这种亚纳秒级的延迟很难仅使用超高速处理器进行数字处理。然而，这一过程却可以很容易地以模拟方式完成，由此产生的低频信号可以通过基本的 ADC 实现数字化。

3.2 障碍传感器(安全保险杆)

安全保险杆是最基本和最常用的传感器之一(Dudek and Jenkin 2010)。安全保险杆主要用于显示是否已达到移动区域的边界，从而避免朝此方向继续移动。这种传感器拥有机械输入和电子输出，其分辨率是 1bit。一个机器人可以配备一个或多个安全保险杆传感器。然而该传感器的低分辨率使其不足以估计碰撞力、防止碰撞或确定障碍物的性质。

图 3-2 描述了安全保险杆传感器常用的安装方法。如图 3-2a 所示，单个安全保险杆传感器通常安装在机器人前缘的运动轴线上。如图 3-2b 所示，一组这样的传感器可以在其运动方向上沿前缘分布。在最后一种情况下(见图 3-2c)，机器人被设计成向多个方向移动，此时安全保险杆传感器应该放置在每个可能的运动轴方向上，或者分布在相关的边缘。在机器人的前缘安装两个或多个传感器，可以收集障碍物位置相对于行进方向的额外信息。

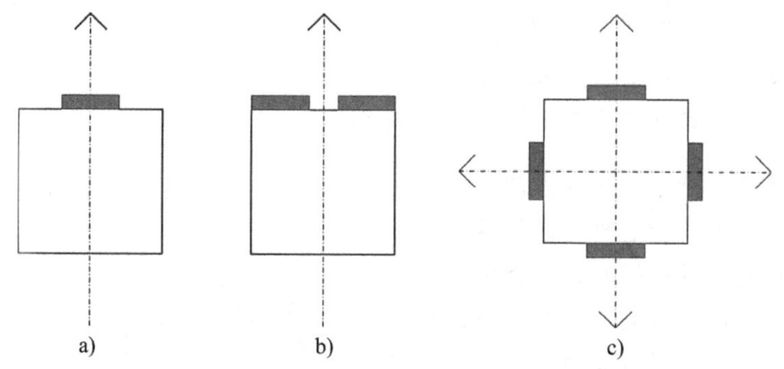

图 3-2 安全保险杆(灰色矩形)的典型安装方法。a)单个安装在机器人前缘的运动轴线上；b)多个传感器沿前缘分布；c)机器人能够在多轴移动的情况下沿每个运动轴线安装传感器

安全保险杆传感器由机械、电气或光电部分组成。机械部分(本身叫作安全保险杆)是参与碰撞的部分，并因此得到偏移或弹性变形。这种传感器有几种常见的拓扑结构，如图 3-3～图 3-5 所示。

传感器的机械部分必须足够大，以承受任何机械冲击。同时，机械部分的质量必须比机器人的质量小。否则，它会影响机器人的动态，并在碰撞时间和注册时间之间引入不必要的延迟。机械部分是发生位移或弹性变形的位置，会打开微动开关按钮或中断光束。

机器人与障碍物停止接触以后，弹簧或内置的弹性部件便会试图将安全保险杆恢复到原始位置。

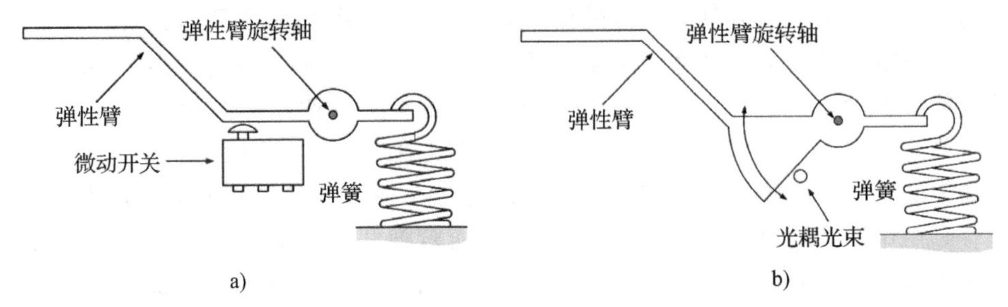

图 3-3　安全保险杆的基本机械结构。a)带微动开关；b)带反射光耦

如图 3-3 所示，简单的障碍物传感器常用于小质量微型机器人和迷你机器人。该传感器常包括一个绕轴旋转的轻质弹性臂。在图 3-3a 展示的情形中，弹簧将弹性臂固定在末端位置，一旦弹性臂的自由端接触到障碍物，弹性臂便绕轴旋转，从而按下微动开关的按钮。而在图 3-3b 所示的另一种情形中，安全保险杆配备了一个光学开关，而不是微动开关。下面将讨论这两种开关的优缺点。

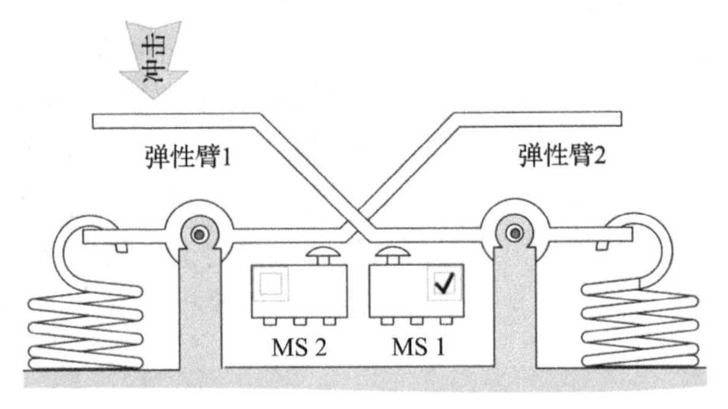

图 3-4　双安全保险杆传感器的示例。二者平行安装于机器人前缘。左侧的碰撞会使得弹性臂 1 绕轴转动从而激活微动开关 MS 1。反之，右侧的碰撞会通过弹性臂 2 激活 MS 2

图 3-4 展示了在机器人运动方向上沿前缘布置多个传感器的例子。在这种布置形式下，位于运动轴线之外的障碍物仅激活一个相应的传感器。该图显示了在行驶方向左前方出现障碍物的情况。在这种情形下，只有微动开关 MS 1 通过弹性臂 1 被激活。与此相反，当障碍物出现在行驶轨迹的右前方时，MS 2 将被激活。当障碍物处于行驶正前方时，两个开关都将被激活。

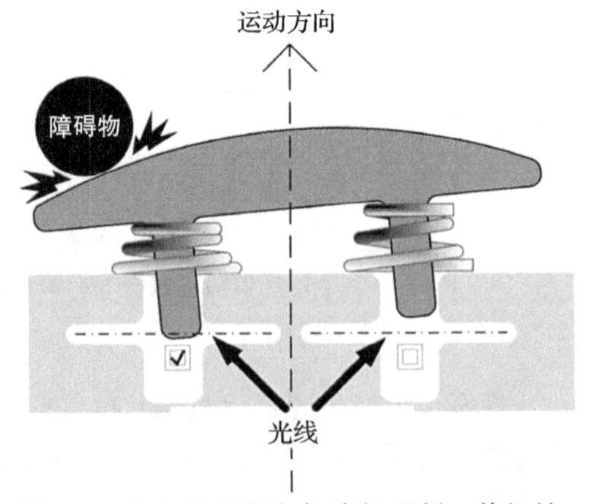

图 3-5　光电机械安全保险杆示例。其机械安全保险杆可进行平移与旋转，因而首先打断障碍物一侧的光线

图 3-5 所示的拓扑结构更常用于大中型机器人，扫地机器人就是一个很好的例子，可参照 Hasan 和 Reza(2014)。大型机械安全保险杆更适合承受冲击，而省去的机械枢轴则有助于提高可靠性。机械安全保险杆因遭受碰撞平移到槽

中，打断(或反射)光束。图 3-5 所示的修改能够同时提供平移运动和有限的旋转运动。因此，具有这种拓扑结构的传感器作为两个传感器安装在前缘。与之前的情况一样，该传感器能够指示是否接触到障碍物，并大致指出相对于行进方向的障碍物方向，从而记录碰撞事件以及障碍物相对于运动轴线的方向。图 3-5 中的例子表明，在非对称碰撞的情况下，安全保险杆会进行额外的旋转，导致其中一束光线比另一束更早被打断。这种方案也可以通过微动开关来实现。

尽管与整个系统的质量相比，安全保险杆的质量可以忽略不计且惯性动力学也可以不用考虑，然而在碰到障碍物时安全保险杆传感器仍然不会立即做出反应。安全保险杆的机械部分存在一定的反弹。这就意味着，在激活碰撞警报之前，机械部分便已经产生了有限的位移 ΔX。这一数值有助于避免轻微机械振动的影响以及轻量障碍物的冲击，确保机器人可以不间断地移动。但它会导致碰撞时刻与信号触发时刻之间有一定的时间延迟 Δt，表示为：

$$\Delta t = \frac{\Delta X}{v} \tag{3-1}$$

式中，v 是机器人接触障碍物时的速度。

系统的机电或光电部分将安全保险杆的机械位移转换为模拟电信号，随后转换为数字形式，其输出分辨率仅为 1bit。

微动开关有两个位置：“闭”和“开”。在“闭”位置，其端子之间的电阻 R_{on} 几乎为零。在“开”位置，电阻 R_{on} 可视为无限大。微动开关主要分为两类：常闭和常开。常闭开关持续短路，按下按钮时断开。常开开关则以相反的模式工作，持续断路直到按下按钮。

一个辅助电阻连同一个开关构成应用广泛的半桥方案(Horowitz and Hill 1989)。图 3-6 给出了开关电路 4 种可能的连接拓扑。若辅助电阻位于半桥电路的高电位侧，则称为上拉电阻(见图 3-6b、d)；否则称为下拉电阻，如图 3-6a、c 所示。

图 3-6 中的每个电路都有一种电压逻辑状态：输出处的高电平(H)或低电平(L)，对应开关的状态。假设逻辑 H 等于电源电压 V_{CC}，逻辑 L 为公共接地电位(0V)。

开关是一种机械装置，因内置弹簧和大量铜触点的存在，具有动力学特性。具体实例可参照 Crisp 所著文献(2000)。换向时，开关的动触头与静触头相碰，导致一种称为触点弹跳的振动。这会在短时间内引起一系列的快速通断，直到触点结束弹跳，停止在闭合位置。如图 3-7 所示，弹跳时间很短，但数字电路会将这种杂散脉冲识别为附加的开关动作。

有很多方法可以避免触点弹跳的影响。最好的方法是使用锁存元件(也称为异步 RS 触发器)使触点弹跳不相关(Crisp 2000)。

简单触发器由两个与非门(NAND)逻辑门组成，如图 3-8 所示。当两个输入都被设置为逻辑高(H)时，与非门具有逻辑低(L)。因此，当 $\overline{S} \neq \overline{R}$ 时，$Q \neq \overline{Q}$(参考图 3-8 中的表格)。这些状态称为*设置*和*重置*。当 $\overline{S}=\overline{R}=\text{H}$ 时，产生*锁存*或*存储*状态。此时，Q 和 $\overline{Q}$ 的值不会改变。触发器会“冻结”数值的变化，直到下一次设置或重置操作。从逻辑上看，禁止状态是要避免的。在这种情况下，$Q=\overline{Q}=\text{H}$，这样的值不能存储在存储器中。因为无论何时，锁存状态都紧跟在禁止状态之后，将输出的逻辑值置于任意的设置或重置位置并进行存储。

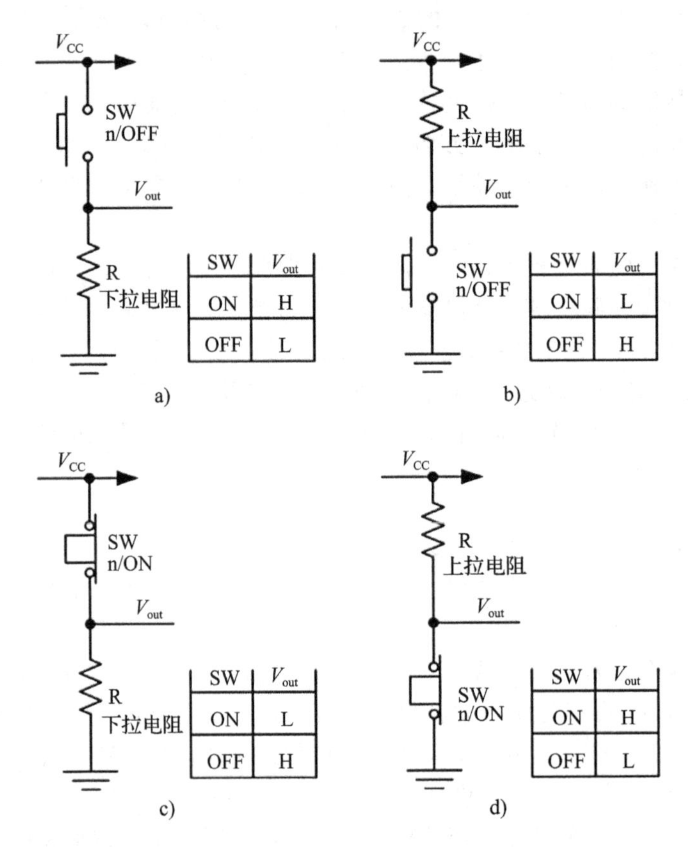

图 3-6　微动开关连接可能的变体。a)带下拉电阻的常开开关；b)带上拉电阻的常闭开关；c)带下拉电阻的常闭开关；d)带上拉电阻的常开开关。V_{CC}是电源电压，H 和 L 是高(V_{CC})和低(地)电压的逻辑值

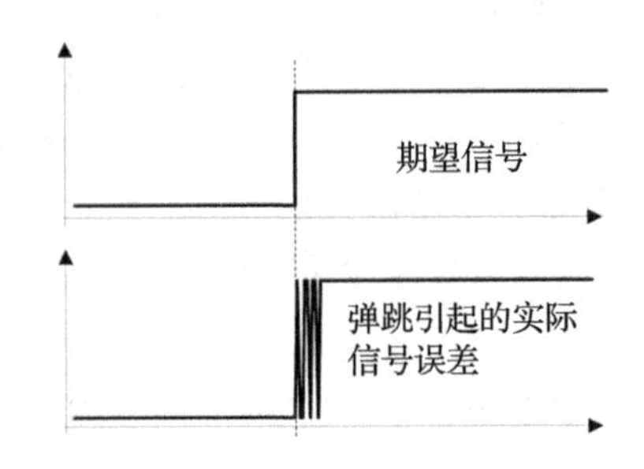

图 3-7　典型的触点弹跳尖峰

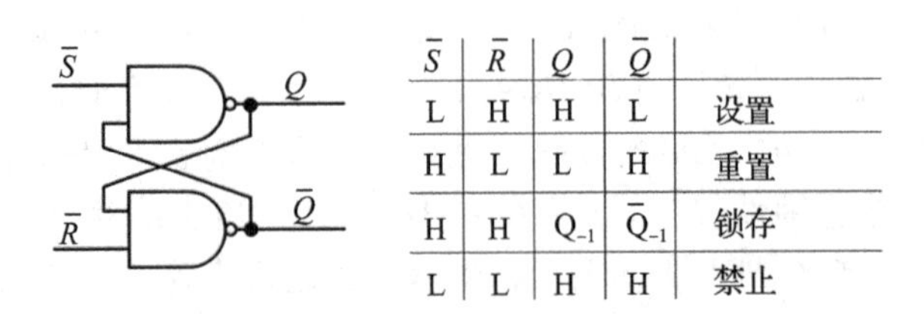

$\bar{S}$	$\bar{R}$	Q	$\bar{Q}$	
L	H	H	L	设置
H	L	L	H	重置
H	H	Q_{-1}	$\bar{Q}_{-1}$	锁存
L	L	H	H	禁止

图 3-8　$\overline{RS}$ 触发器的拓扑与状态表

$\overline{RS}$ 触发器($\overline{RS}$-Flip-Flop，RSFF)对于避免触点弹跳效应非常有效。图 3-9 展示了使用

锁存器和双动开关来提供干净脉冲的实用方法。双动“先断后合”开关处于正常位置时，将重置 $\bar{R}$ 接地(L)，并将 $\bar{S}$ 接 V_{CC}(H)。这是 RSFF 的重置状态。当按钮被激活时，开关过程按如下顺序进行：首先，通过将 $\bar{R}$ 与地断开来设置为逻辑 H，参考图 3-9 中时域图的 a—b 段。从而将 RSFF 设置为“存储”状态。在此期间，Q 和 $\bar{Q}$ 都不会改变。接下来，b 时刻，开关短接使 $\bar{S}$ 接地，如图 3-9 所示。这是设置状态，并且输出 Q 将一直处于逻辑 H，直到下一次重置。c—d 段又是一次锁存。在此状态下，由于触点弹跳而产生的任何额外脉冲都将被忽略。d 时刻，锁存器变为重置状态，开关过程结束。使用“先断后合”开关而不是“先合后断”开关很重要，因为这样可以确保在转换期间(图 3-9 中的时刻 $a \sim b$ 和时刻 $c \sim d$)，两个输入都处于逻辑 H 而不是均为逻辑 L 的禁止状态。

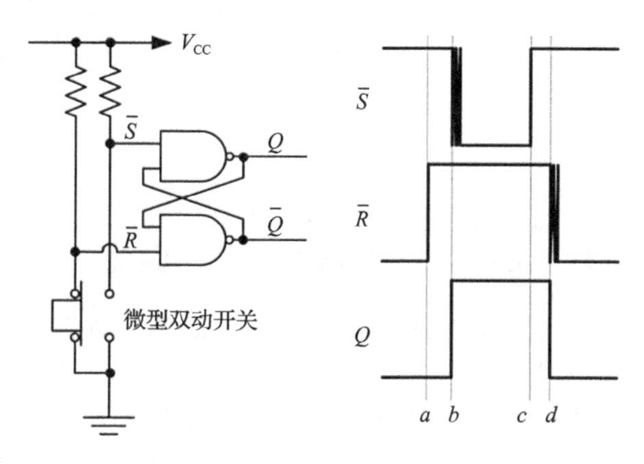

图 3-9　双动“先断后合”无弹跳开关和双与非逻辑锁存电路的基本方案。Q(输出)的波形演示了此电路可清除触点弹跳

使用光耦代替微动开关，由于它缺少机械触点，因此也能解决由此引起的触点弹跳问题。此外，缺少机械接触大大提高了系统的可靠性和使用寿命。其中，光耦并不限制或阻止安全保险杆的运动(Marston 1998 and 1999)。光耦的两种主要配置(开槽和反射)如图 3-10 所示，并显示了它们的工作原理。反射光耦的工作原理如图 3-10a 所示，其可能的实现如图 3-10b 所示。图 3-10c 则描绘了开槽光耦的方案。这两种方案都包括一对光敏晶体管和 LED。光束由 LED 发出并激活光敏晶体管。对于反射光耦，光束从外部反射面反射。若为开槽光耦，则直接照射。光敏晶体管起着开关的作用，开关通过光照激活，而不是按钮。因此，这些连接的拓扑结构与微动开关的相同，如图 3-6 所示。在图 3-10 中，当发射极(E)接地时，上拉电阻器 R_2 会与光敏晶体管的集电极(C)相连接。输出电压为集电极的电压。LED 一直亮着，其电流为：

$$I_{LED} = \frac{V_{CC} - V_D}{R_1} \tag{3-2}$$

式中，V_{CC}是电源电压；V_D 是 LED 的内置电压，取决于发射波长。对于红外 LED，V_D 约为 1.5～1.6 V。

当上拉(或下拉)电阻选择正确时，输出的模拟电压值随光照变化而变化，因此数字信号可以仅由比较器产生。比较器是典型的放大器，它由一对输入端和一个输出端组成。比较器的增益接近无穷大，并且会放大输入端之间的电压差。实际上，输入端的电压不可能完全相等，即便是输入电压之间很小的差异也会导致比较器饱和，因此，输出端的电压始终等于其正负电源的电压值。在数字电路中，比较器的上饱和值由电源电压 V_{CC} 决定，下饱和值通常是地电位(0V)。实际上，比较器通常用作“开路集电极”或“开路漏极”。在这种情况下，比较器的输出端必须额外增加上拉电阻。

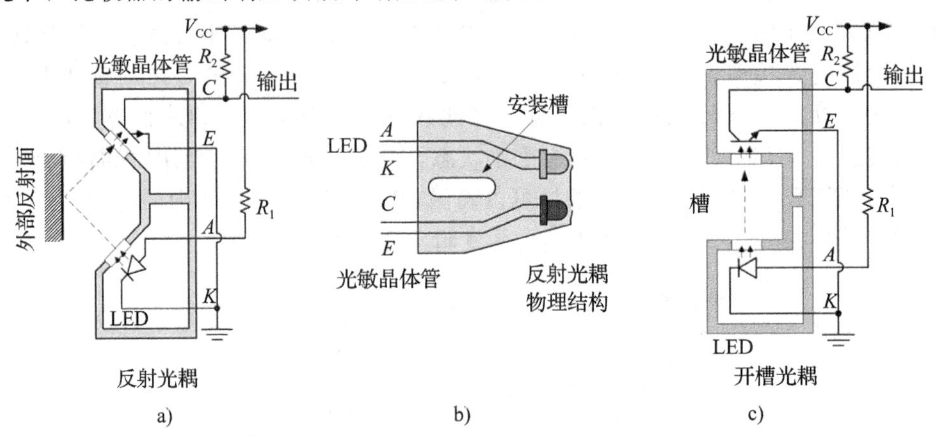

图 3-10 常见光耦拓扑。a)反射光耦；b)反射光耦的物理实现；c)开槽光耦。A、K、E、C 分别表示 LED 的正负极和光敏晶体管的发射极、集电极

图 3-11 展示了光敏传感器连接的 4 种基本拓扑结构：图 3-11a 所示的上拉拓扑结构，其电阻连接在电源与同相比较器之间；图 3-11b 所示的上拉拓扑结构，其电阻连接在电源与反相比较器之间；图 3-11c 所示的下拉拓扑结构，有一个下拉电阻和同相比较器；图 3-11d 所示的下拉拓扑结构，有一个下拉电阻和反相比较器。比较器将光敏元件上的电压值与参考电压值进行比较。参考电压通常选取光敏元件上“亮”和“暗”电压值的平均值。如果光敏元件上的电压低于参考值，则反相比较器输出逻辑“1”，否则输出逻辑“0”。相反，当光敏元件上的电压高于参考值时，同相比较器输出逻辑“1”。光敏电阻、导电模式下的光敏二极管或最常见的光敏晶体管均可用作该系统的感光元件。

光电开关无机械触点，因此无触点弹跳。然而，此时又出现了另一个严重的问题，那便是光学噪声和干扰。光敏传感器受太阳辐射、人工照明以及不可见光谱的严重影响。尽管影响程度较小，但热噪声和电子干扰也会影响输出信号。图 3-12a 显示了同相比较器对噪声输入信号的响应。在主信号电平变化期间(在我们的例子中，是从低电压到高电压)，噪声导致信号曲线在上下两个方向上重复穿过参考电压所对应的虚线。因此，噪声使比较器输出多个脉冲，而不是期望的逻辑电平变化。

避免比较器输出端因噪声而产生脉动的常用方法是使用滞回比较器，也称为施密特触发器(Crisp 2000)。施密特触发器不使用固定的参考电压 V_{REF}。当输入信号从低变化到高时，使用参考值 V_{TH} 代替 V_{REF}；当输入信号从高变化到低时，使用第二参考值 V_{TL} 代替 V_{REF}。V_{TL} 的值低于 V_{TH}。图 3-13 给出了有滞回的同相和反相比较器的输入输出特性。

图 3-12b 给出了滞回比较器的运行示例。图中显示了主输入信号由低到高的变化，并给出了相应的输入噪声。在这种情况下，使用 V_{TH} 作为参考电压。噪声信号穿过参考电压 V_{TH} 所对应的曲线。此时，比较器将其状态从低变为高，然后使用参考值 V_{TL}。如果 V_{TH} 与 V_{TL} 之差(噪声裕度)大于噪声峰峰值的一半，则噪声不能导致比较器的反向开关。同样，当主信号从高变低时，参考值保持 V_{TL}，直到噪声信号达到该值，然后比较器切换，参考值变回 V_{TH}。

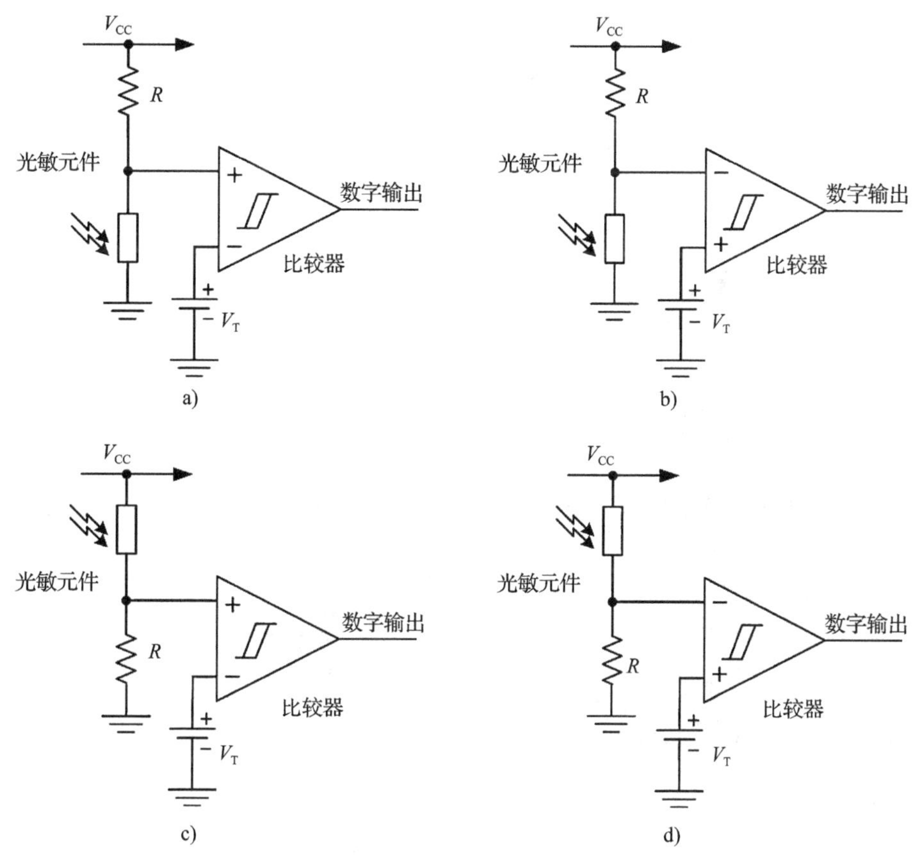

图 3-11 光敏传感器连接的 4 种基本拓扑结构。a)上拉拓扑结构，其电阻与同相比较器和电源相连；b)上拉拓扑结构，其电阻与电源和反相比较器相连；c)下拉拓扑结构，其电阻接地，并带有一个同相比较器；d)下拉拓扑结构，其电阻接地，带有一个反相比较器

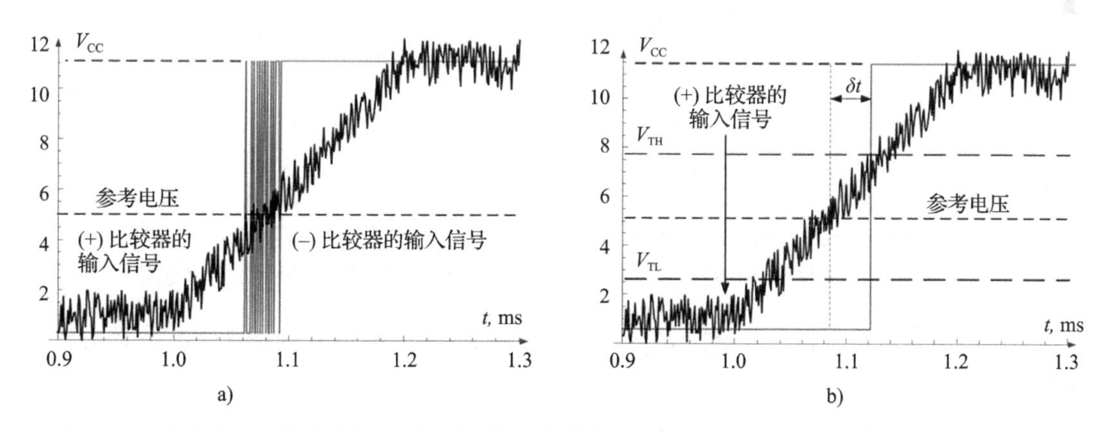

图 3-12 输入信号为噪声(黑色曲线)时同相比较器的数字输出(灰色曲线)。a)无滞回；b)有滞回

V_{TL}和V_{TH}的值必须根据比较器的状态自动交替。有一些数字设备包含施密特触发器。但通常情况下，设计者必须使用比较器芯片和电阻自己搭建施密特触发器。施密特触发器的标准方案如图 3-14 所示。

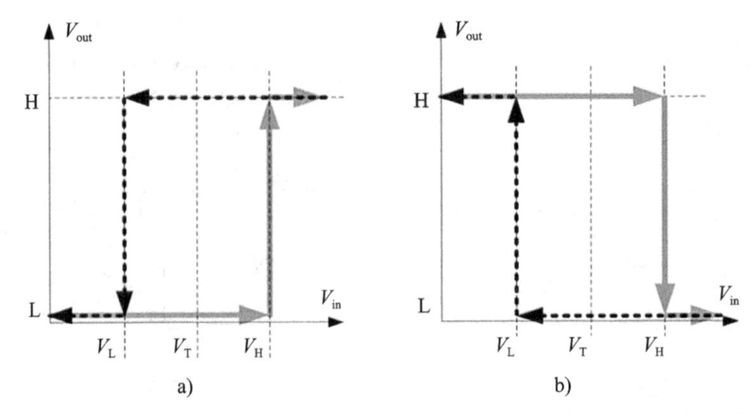

图 3-13 滞回比较器的输入输出特性。a)同相；b)反相。灰色直线对应于输入信号从低到高的向上变化，黑色虚线对应向下变化

以下分析可用于计算电阻值。分别考虑了同相和反相的情况。

$$V_{\mathrm{T}} = V_{\mathrm{CC}} \frac{R_2}{R_2 + R_1} \tag{3-3}$$

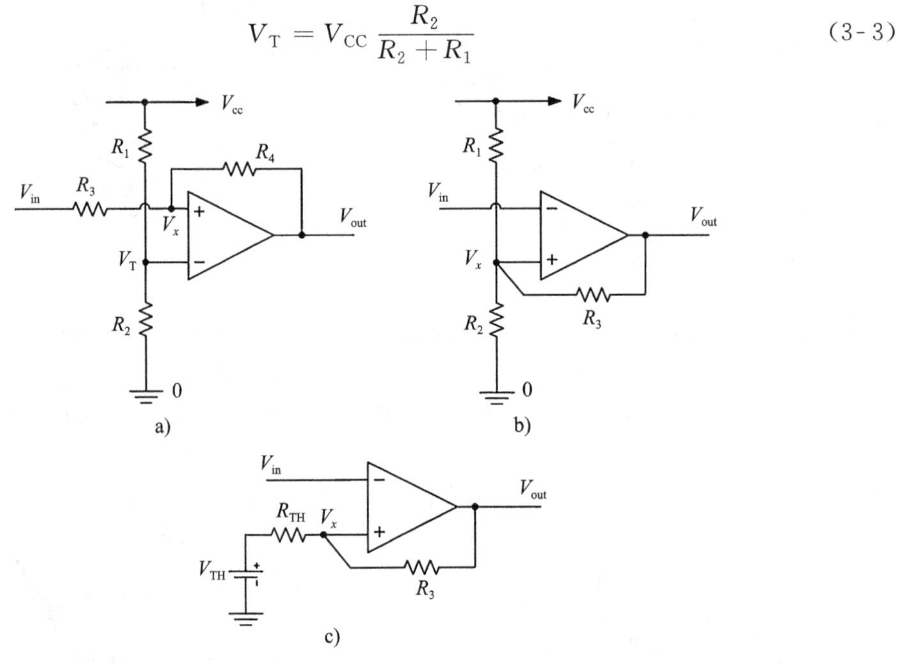

图 3-14 a)同相滞回施密特触发比较器；b)反相滞回施密特触发比较器；c)图 b 的等价戴维南形式。在集电极开路或漏极比较器开路的情况下，应在输出端增加上拉电阻

1)同相施密特触发器。分压器 R_1 和 R_2 设置阈值电压 V_{T}。让我们从 V_{out} 为低的情况开始。

$$V_x = V_{\mathrm{in}} \frac{R_4}{R_4 + R_3} \tag{3-4}$$

一旦 $V_{\mathrm{T}}=V_x$，比较器便会翻转状态，$V_{\mathrm{in}}=V_{\mathrm{TH}}$，所以：

$$V_{\mathrm{T}} = V_{\mathrm{TH}} \frac{R_4}{R_4 + R_3} \tag{3-5}$$

$$V_{\mathrm{TH}} = V_{\mathrm{T}} \frac{R_4 + R_3}{R_4} = V_{\mathrm{T}}\left(1 + \frac{R_3}{R_4}\right) \tag{3-6}$$

相反的情形下，V_{out}为高，V_{in}也同样为高或为V_{CC}，所以通过电压叠加有：

$$V_x = V_{in}\frac{R_4}{R_4+R_3} + V_{CC}\frac{R_3}{R_4+R_3} \tag{3-7}$$

之前的例子中，$V_T=V_x$为临界值。当前情况下，$V_{in}=V_{TL}$。

$$V_T = V_{TL}\frac{R_4}{R_4+R_3} + V_{CC}\frac{R_3}{R_4+R_3} \tag{3-8}$$

$$\begin{aligned} V_{TL} &= \left(V_T - V_{CC}\frac{R_3}{R_4+R_3}\right)\frac{R_4+R_3}{R_4} = V_T\left(1+\frac{R_3}{R_4}\right) - V_{CC}\frac{R_3}{R_4} \\ &= V_T + \frac{R_3}{R_4}(V_T - V_{CC}) \end{aligned} \tag{3-9}$$

在更一般的情形下，$V_T=V_{CC}/2$，因此：

$$V_{TH} = \frac{V_{CC}}{2}\left(1+\frac{R_3}{R_4}\right) \tag{3-10}$$

$$V_{TL} = \frac{V_{CC}}{2}\left(1-\frac{R_3}{R_4}\right) \tag{3-11}$$

2)反相施密特触发器。让我们通过戴维南等式V_{TH}、R_{TH}来改变分压器R_1和R_2，如图3-14c所示(Boylestad 2010)。

$$V_{TH} = \frac{R_2}{R_2+R_1} \tag{3-12}$$

$$R_{TH} = \frac{R_1R_2}{R_1+R_2} \tag{3-13}$$

现在，我们重复上一个案例中在反相比较器下所进行的分析。第一状态：输入低，因此，输出为高。

$$V_x = V_{TH}\frac{R_3}{R_{TH}+R_3} + V_{CC}\frac{R_{TH}}{R_{TH}+R_3} \tag{3-14}$$

$$\begin{aligned} V_{TH} &= V_{TH}\frac{R_3}{R_{TH}+R_3} + V_{CC}\frac{R_{TH}}{R_{TH}+R_3} = V_{TH}\left(1-\frac{R_{TH}}{R_{TH}+R_3}\right) + V_{CC}\frac{R_{TH}}{R_{TH}+R_3} \\ &= V_{TH} + \frac{R_{TH}}{R_{TH}+R_3}(V_{CC}-V_{TH}) \end{aligned} \tag{3-15}$$

第二状态：输入高并且输出为低。

$$V_x = V_{TH}\frac{R_3}{R_{TH}+R_3} \tag{3-16}$$

$$V_{TL} = V_{TH}\frac{R_3}{R_{TH}+R_3} = V_{TH}\left(1-\frac{R_{TH}}{R_{TH}+R_3}\right) \tag{3-17}$$

更一般的情形下，$V_T=V_{CC}/2$，因此$R_1=R_2=R$，$R_{TH}=R/2$。

$$V_{TH} = \frac{V_{CC}}{2}\left(1+\frac{R}{R+2R_3}\right) \tag{3-18}$$

$$V_{TL} = \frac{V_{CC}}{2}\left(1-\frac{R}{R+2R_3}\right) \tag{3-19}$$

图3-15展示了一个附加的滞回逻辑缓冲器示例。该逻辑缓冲器由两个逻辑反相器和电阻组装而成，并且具有施密特触发功能。

与之前的电路一样，辅助电阻设置滞后电平。当逻辑反相器的阈值电压为$V_{CC}/2$时，可以得到施密特触发器的V_{TL}和V_{TH}值。

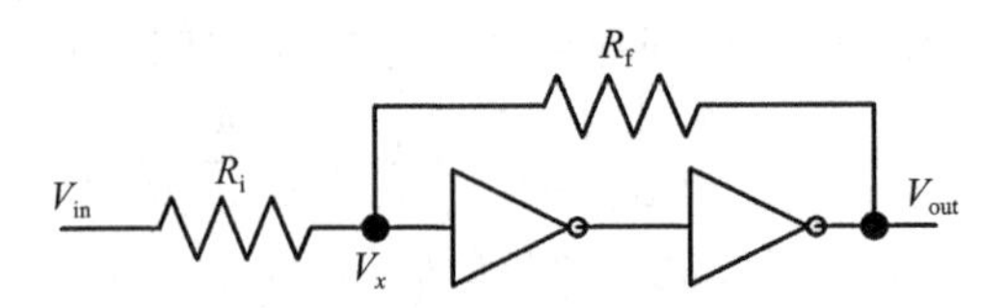

图 3-15　由两个反相器和电阻组成的滞回逻辑缓冲器示例

在此情形下，V_{in}为低，因此 V_{out}为低(大约为 0 V)。

$$V_x = V_{in} \frac{R_f}{R_i + R_f} \tag{3-20}$$

正如之前的分析，当 V_x 为 $V_{CC}/2$ 时，V_{in}等于 V_{TH}。

$$\frac{V_{CC}}{2} = V_{TH} \frac{R_f}{R_i + R_f} \tag{3-21}$$

$$V_{TH} = \frac{V_{CC}}{2}\left(1 + \frac{R_i}{R_f}\right) \tag{3-22}$$

与此相反，当 V_{in}为高时，V_{out}也为高(大约为 V_{CC})。因此：

$$V_x = V_{in} \frac{R_f}{R_i + R_f} + V_{CC} \frac{R_i}{R_i + R_f} \tag{3-23}$$

在这种情况下，当 V_x 为 $V_{CC}/2$ 时，V_{in}等于 V_{TL}。

$$\frac{V_{CC}}{2} = V_{TL} \frac{R_f}{R_i + R_f} + V_{CC} \frac{R_i}{R_i + R_f} \tag{3-24}$$

$$V_{TL} = \frac{V_{CC}}{2}\left(1 - \frac{R_i}{R_f}\right) \tag{3-25}$$

以上电路非常有用，因为逻辑门十分常用并且不需要比较器集成电路。

3.3　里程计传感器

里程计传感器记录机器人从指定起点出发的路线长度(Borenstein，Everett and Feng 1996)。在机器人领域，里程计传感器是记录路线长度的编码器。它既不考虑路线的曲率，也不考虑路线起点的绝对方向，只记录从运动起点到特定点的路线长度。里程计的作用类似于车辆里程仪。

里程计将行驶距离转换成相对应的二进制数字编码，是一种机电光学系统。最常见的一类里程计是装有光学编码器的车轮。利用机器人自身或额外增设的车轮，测量其走过的路程，并执行编码器的功能。有时用额外的车轮来测量距离比较方便。车轮不打滑是很重要的。此外，车轮必须尽可能靠近运动轴线。否则，当按曲线行驶时，远离运动轴线的车轮将会行驶不同的距离。机器人里程计与车辆里程仪的分辨率不同。移动机器人中，典型的分辨率是厘米甚至是毫米级。

车轮旋转一周，其中心走过的距离等于：

$$L_1 = 2\pi R \tag{3-26}$$

式中，R 代表车轮外径。

为了提高分辨率，应该计算车轮转数的一部分，而不是完整的转数。因此，定义 Θ_n 为 2π 角的 n 等份，其对应车轮旋转所行驶的距离为：

$$\Delta L = 2\frac{\pi}{n}R = \Theta_n R \tag{3-27}$$

而由 N 个 n 对应的车轮旋转部分所组成的全部行驶距离为：

$$L = N\Delta L = N\Theta_n R \tag{3-28}$$

因此，里程计必须记录每次由 Θ_n 决定的旋转角度的增量，并计算增量的总数。与此增量数相对应的二进制数便是里程计的输出。

许多不同类型的光学编码器均可用于里程计。最简单的光学编码器是斩波器，如图 3-16 所示。斩波器包含一个与车轮同轴安装的冲槽圆盘，冲槽的数量决定里程计的分辨率。式(3-28)中的 N 等于冲槽数。不同的斩波器可能包含 1 到数千个冲槽。圆盘的角位移等于车轮的角位移。一旦圆盘的槽离开光耦的光轴，光耦的光束就会被打断。光束中断便会导致光耦输出电压脉冲。光耦的信号调制与脉冲形成电路与之前讲过的类似。

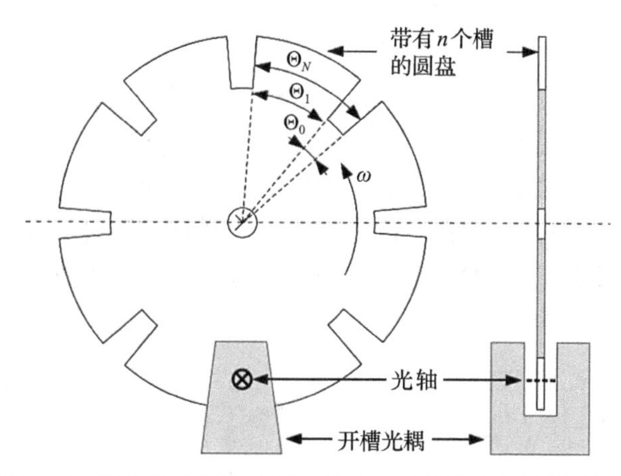

图 3-16　光学斩波器的正面和侧面，里程计的光学机械部分

由于车轮(以及冲槽圆盘)的连续旋转，电输出光耦会产生脉冲序列，如图 3-17 所示。每次到来的脉冲都意味着车轮已经转过了完整旋转周期的 n 小份，角度为 Θ_n。

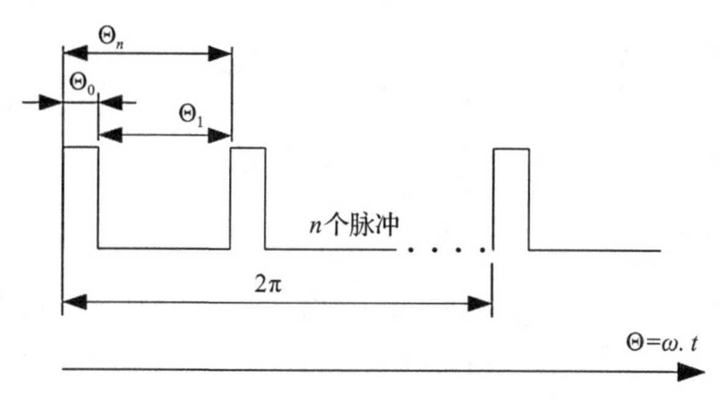

图 3-17　里程计光耦输出的数字脉冲串

为了计算自运动起始产生的脉冲总数，我们需要使用二进制计数器电路(Crisp 2000)。图 3-18 展示了简单的上/下串联二进制计数器电路。

该方案使用 JK 触发器(JK-Flip-Flop，JKFF)，其中数据输入 J 和 K 都被设置为逻辑 1。这种连接形式将 JKFF 转换为翻转触发器(Toggle-Flip-Flop，TFF)。TFF 将在时钟信号输入的下降沿(从高到低的转换)进行“翻转”。当输入的上/下被设置为逻辑 0 时，除第一个外其余每个 TFF 的“时钟”输入都等于前一个 TFF 的输出值 Q。反之，当上/下输入设置为逻辑 1 时，除第一个外其余每个 TFF 的“时钟”输入都等于前一个 TFF 的输出值 $\bar{Q}$。第一个 TFF 的时钟输入是要计数的脉冲序列。显然，这个方案可以通过添加更多的触发器进行扩展，以包含更多的位数。

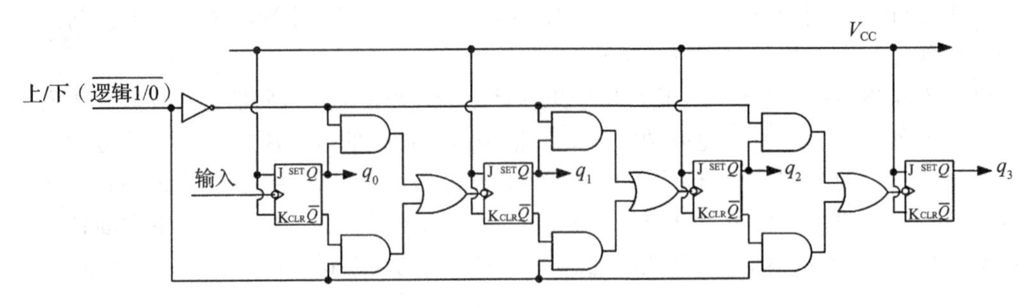

图 3-18 使用 JK 触发器的 4 位串联二进制计数器

图 3-19 和图 3-20 展示了图 3-18 所示方案的信号波形。图 3-19 对应于“向上”计数的情况。在这种情况下，$\overline{Q}$ 的波形是不相关的。为了读取二进制输出，必须重新组织输出 $q_0 \sim q_2$ 的顺序，以获得 q_0 处的最低有效位(Least Significant Bit，LSB)和 q_2 处的最高有效位(Most Significant Bit，MSB)。它们被排列成二进制数。在向上计数的情况下，每个输入脉冲都将二进制输出增加 1，直至达到给定位深度的最大可能值。在这个值之后，电路从零开始重新计数。

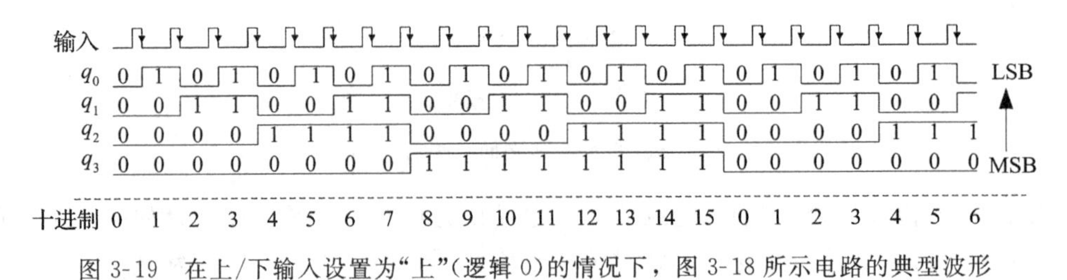

图 3-19 在上/下输入设置为“上”(逻辑 0)的情况下，图 3-18 所示电路的典型波形

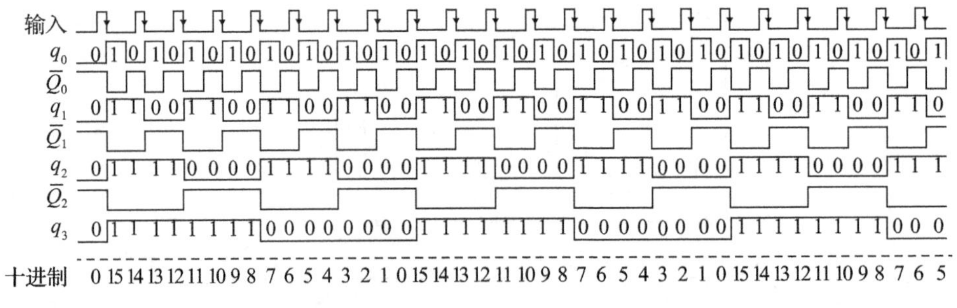

图 3-20 在上/下输入设置为“下”(逻辑 1)的情况下，图 3-17 所示电路的典型波形

图 3-20 显示了相同电路的波形，但上/下输入设置为“下”(逻辑 1)。除第一个触发器外，每个触发器的时钟输入都是前一个触发器的输出值 Q。可以看到，输出位 $q_0 \sim q_2$ 的波形构成了二进制数。

上/下位的值可以由控制机器人的微控制器来设置。当车轮改变旋转方向时，位值必须改变。然而，编码器常配备额外的装置用来自动检测车轮的旋转方向，并改变计数器的方向。该装置涉及辅助光学对的使用，该辅助光学对按以下方式安装：当主光耦的光轴(称为 A)打开时，辅助光耦(称为 B)的光轴部分闭合。图 3-21a 描绘了这种装置。这种布置形式确保光耦 A 与 B 的输出信号的相位相对偏移 90°。当车轮正向旋转时，信号 A 的相位领先，如图 3-21a 所示。一旦旋转方向发生改变，A 与 B 的波形顺序也随之改变。

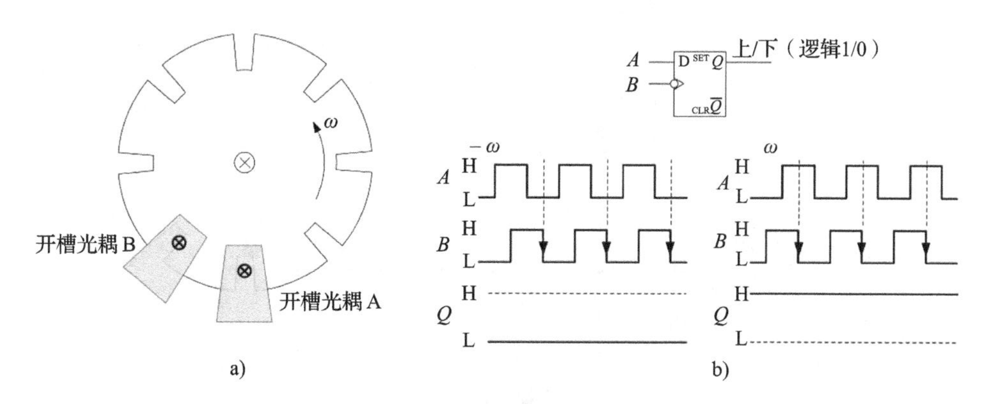

图 3-21 使用辅助光耦和 D 触发器来检测车轮的旋转方向。a)机电连接方案；b)正向旋转(ω)和反向旋转($-\omega$)的波形

在这种情况下，D 触发器(D-Flip-Flop，DFF)可以用作超前/滞后检测器(见图 3-21a)。当 DFF clk 端的脉冲序列 B 在其输入 D 上领先 A 序列时，DFF 保持在“设置”位置，其输出 Q 保持为逻辑 1。与此相反，当信号 A 领先时，DFF 保持在“重置”位置，其输出 Q 为逻辑 0。因此，当光耦 A 和 B 连接到 DFF 的输入端 D 和 $\overline{\text{clk}}$，且输出 Q 依次连接到计数器的“上/下”输入端时，DFF 可以设置计数器的上/下方向。

3.4 距离传感器

距离传感器也称为测距仪，使机器人能够探测其运动路径上的障碍物(Borenstein, Everett and Feng 1996)。不同于安全保险杆只有碰撞时才会触发提醒，距离传感器可以在碰撞前就提醒机器人路径上存在障碍物。这可以让机器人有时间安全地绕过障碍物。这类传感器可用于确定与物体的距离。它可以用作确定机器人路径上是否存在物体的设备。为了增加感应范围，该传感器可以安装在转台上以进行旋转。机器人领域中最有用的是激光和超声波测距仪。

激光测距仪的主要类型有飞行时间(Time-of-Flight，ToF)、相移、三角定位和干涉。干涉测距仪是光学测距中精度最高的一种：它的精度高达毫米级，但测量范围很小，因此它没有用于机器人领域，在此不再赘述。

这里我们考虑距离传感器中几种基本类型的工作原理。

3.4.1 飞行时间测距仪

飞行时间(ToF)测距仪由光学部分、光电传感器、电子信号调制系统、脉冲整形电路、延迟-电压转换器和具有高分辨率的模拟-数字信号转换器组成(Siciliano and Khatib 2016)。ToF 测距仪的光学部分如图 3-22 所示。激光器向目标发射光线。光线从目标反射回到起点。因此，光线在仪器与目标间经过了双倍的路程。光以有限的速度在空气中传播，因此，一束光从发射到接收有一段时间间隔。

ToF 的计算如下：

$$\text{ToF} = 2\frac{L}{c_a} \tag{3-29}$$

式中，c_a 为光在空气中的传播速度；L 为与目标的距离。因此，距离 L 可由式(3-29)推导得到。

$$L=\frac{\mathrm{ToF}}{2}c_a \tag{3-30}$$

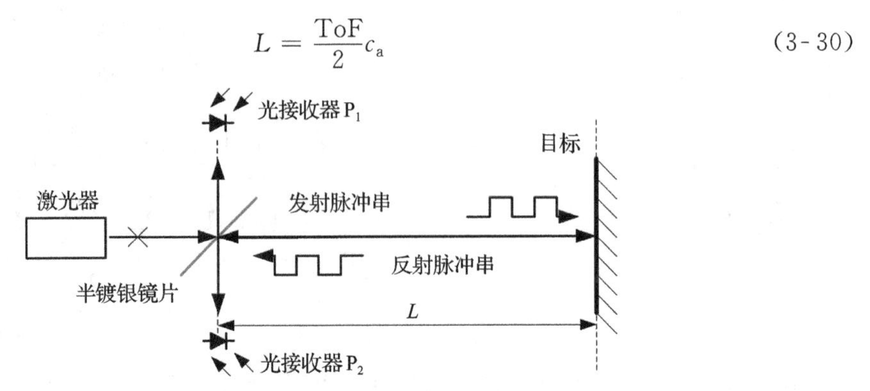

图 3-22 激光器向目标发射的光脉冲被反射回来，半镀银镜片将前向光线的一部分分离到光接收器 P_1，并将后向光线转换到光接收器 P_2

工作在光电模式下的带有电流放大器的光敏二极管最常用于光注册，见图 3-23a。激光束的光子在光敏二极管的连接处引导电流。电流进一步被跨阻抗放大器放大。这种类型的放大器可以将输入电流转换为输出电压，并且可以利用快速运算放大器来实现，如图 3-23 所示。

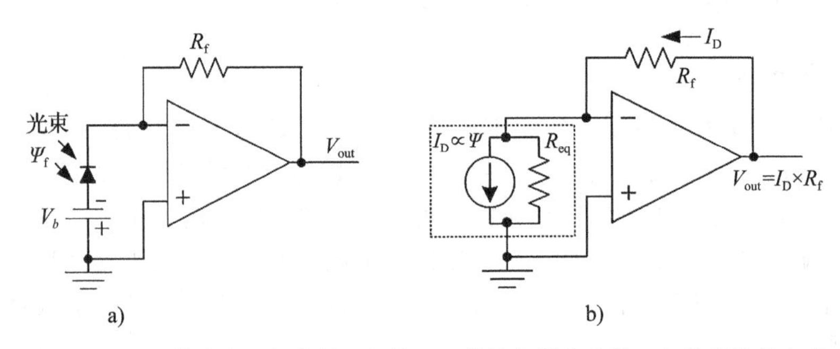

图 3-23 光接收器。a)带放大器的光敏二极管；b)带放大器的光敏二极管的等效电路。Ψ 是发光强度。二极管的电流 I_D 与 Ψ 成正比。R_{eq}是光敏二极管等效电路的寄生并联电阻

运算放大器是一种测量输入端(+)(−)间电压降的装置，并以开环增益 A_{ol}放大结果。假设理想运放的 A_{ol}是无穷大的，当然这种假设与实际情况也相差不远。在许多情况下，数亿的放大增益可以假定为无穷大。因此，运放不能工作在开环线性模式下。只有使用负反馈才能实现线性工作模式和有限放大倍数。如同任何具有 1 个到多个运算放大器的线性电路一样，为解释电流放大器的原理，我们可以使用描述理想放大器原理的两个“黄金法则”(Horowitz and Hill 1989)。

第一条法则来自这样一个假设，即运放的(+)(−)输入端处的电压测量电路具有几乎理想化的无限大电阻。因此，第一条法则被称为“输入端无电流流入/流出”。

第二条黄金法则是“虚零法则”。它指出“当运算放大器以线性模式工作时，其输入端之间的电压降为零”。输入信号乘以无限增益得到一个有限值，这意味着输入信号非常小。与电路中的所有信号相比，它小到可以忽略，也就是说，几乎为零。虚零法则也可以表述如下：“线性范围内负反馈运算放大器输出端的电压值与输入端保持相等”。

运用这两条法则，可以很容易地分析图 3-23b 中的跨阻抗放大器，其中光敏二极管被其等效电路所取代。(+)端接地，因此其电位为零，(−)端电位也为零。R_{eq} 的压降为零，因此没有电流流过该电阻。这也意味着要记住第一条黄金法则，即全部的光电流 I_D 都流过反馈电阻 R_f。因此，输出电压为：

$$V_{out} = R_f I_D \tag{3-31}$$

图 3-24 描述了飞行时间测距仪一种可能的电气方案。光检测电路的两个相等的分支能够同时记录发射光和反射光。光敏二极管的电流被相同的电流放大器放大。来自放大器的模拟信号经施密特触发器电路形成脉冲。发射脉冲和反射脉冲之间的延迟可以通过异或逻辑门来检测。异或门的输出是时间 T_{on} 的一系列短脉冲(T_{on} 是实际的飞行时间)。与目标距离越远，异或门输出的时间 T_{on} 就越大。

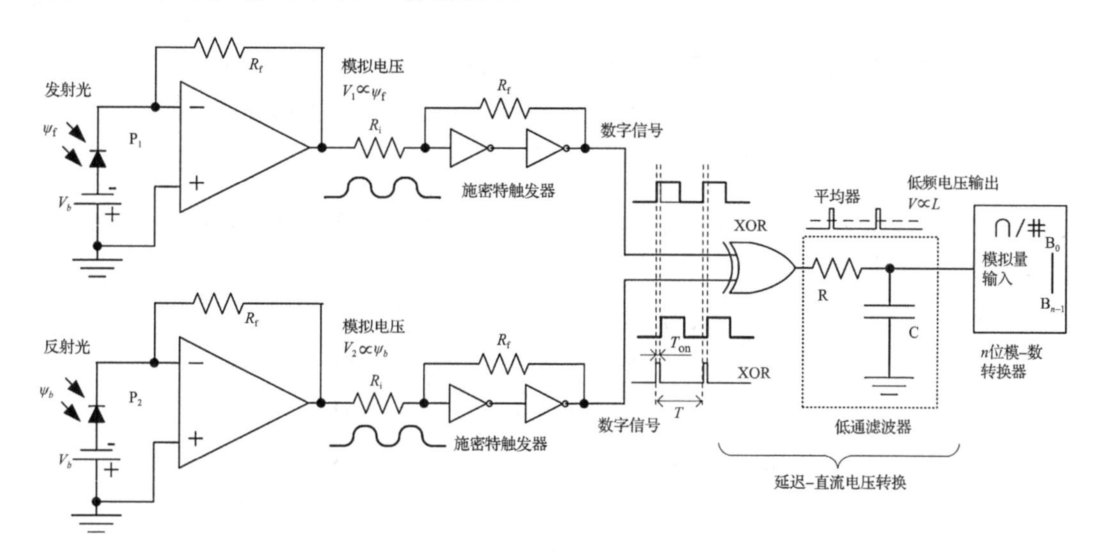

图 3-24 飞行时间激光测距仪的一种可能的电气方案

应该记住的是，即使是在很长的距离下，飞行时间也是很短的，大约只有几百纳秒。使用数字电子元器件以高分辨率记录这些间隔是非常困难且昂贵的。此时便需要模拟电子元器件的帮助了。激光器以恒定周期 T 发射光脉冲。这意味着，取决于测量距离宽度的脉冲 T_{on} 以恒定周期 T 进行重复。使用这种脉冲序列的平均值可以得到如下的直流电压值：

$$V_{DC} = \frac{T_{on}}{T} V_{CC} \tag{3-32}$$

使用一阶或高阶的低通滤波器(LPF)容易获得整个周期的平均电压值。如果 LPF 的带宽至少比频率 $1/T$ 低两个数量级，则纹波与信号的比值就会很低。高分辨率的 ADC 可以将产生的直流电压数字化。

由于两个光检测、放大和处理分支是相同的，每个元件的信号传播延迟(t_{pd})会被补偿因而无关紧要。然而，完全相同的元件是不存在的。不同芯片的信号传播时间略有不同，这种差异决定了该方法的分辨率。总的来讲，不平衡信号在两个分支中的传播时间会不小于 1ns。假设空气中的光速等于真空中的光速(大约 3×10^8 m/s)，我们可以估计测量距离的分辨率为：

$$L_{1ns} = \frac{1\times10^{-9}}{2} \times 3 \times 10^8 \left[\frac{s \cdot m}{s}\right] = 0.15m = 15cm \tag{3-33}$$

由此可见，ToF激光测距仪的分辨率相对较低，其电路也相当昂贵。然而，它非常适合几百米到几公里的长距离测量，而且运行速度非常快(Siciliano and Khatib 2016)。

3.4.2　相移测距仪

相移测距仪相比ToF测距仪具有更高的分辨率，它的工作范围从厘米到几十米不等，但比之前的方法慢。相移激光测距仪系统的光学方案与上述ToF测距仪的方案类似。与之前一样，激光器将光线照射到目标，此时光线强度是由频率为f_m的调制信号调制得到的。但是要注意，激光器的载流子频率应保持恒定。调制频率通常低于500MHz。调制波的空间长度为：

$$\lambda=\frac{c_a}{f_m} \tag{3-34}$$

式中，c_a为光在空气中的传播速度。其工作原理如图3-25所示。

光源和目标之间的双倍距离包括N(整数)个波长以及调制信号的部分波长。

$$L=\frac{\lambda N+\Delta\lambda}{2}=\frac{\lambda}{2}\left(N+\frac{\varphi}{2\pi}\right)=\frac{c_a}{2f_m}\left(N+\frac{\varphi}{2\pi}\right) \tag{3-35}$$

式中，φ为反射信号的相移，可以通过多种方式精确测量。整数N无法直接测量，需要求解系统方程来得到。

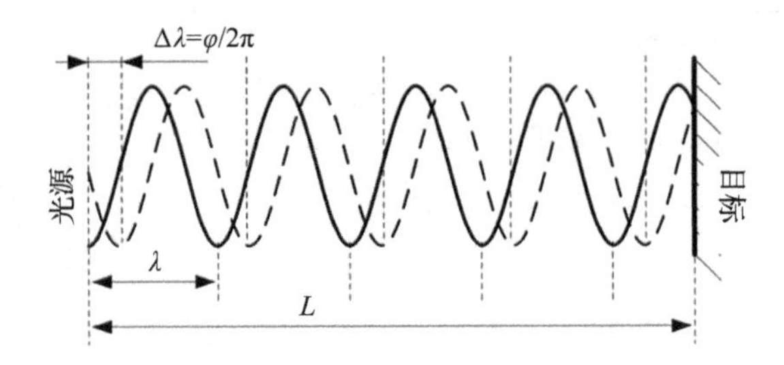

图3-25　激光器发射的调制信号(实心曲线)和反射信号包络示意图。L为光源到目标的距离，λ为包络的波长，$\Delta\lambda$是波长的一部分。φ是反射波相对于发射波在原点的相移

数字相位检测是常用的相移检测方法之一。如图3-26所示，在简单的异步RS触发器的R和S端输入相同频率的方波，其输出Q便会返回脉冲串。脉冲的宽度与两信号间的相移成比例。

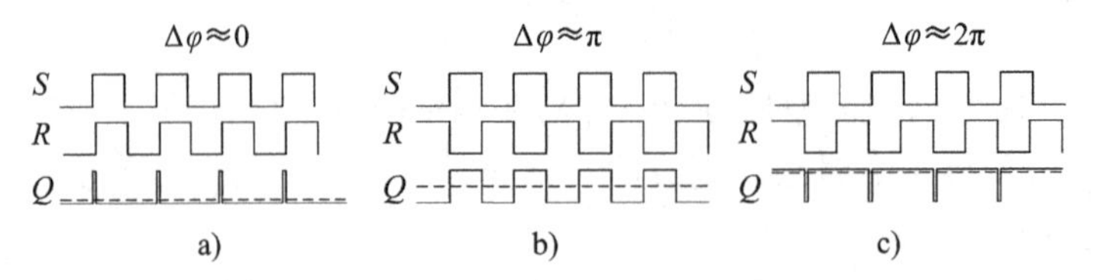

图3-26　采用异步RS触发器的相移检测。R和S被重置并设置为对应的输入。Q是触发器的输出。虚线表示输入信号之间不同相移的平均电压水平

如图3-26所示，输出信号的高频项可以通过低通滤波器滤除。因此，低频(或DC)平均信号将与触发器输入间的相移成比例。图3-26a、b、c展示了一些相移特性。0 rad相移会产生0 V的平均电压；π rad相移产生的平均电压为$\frac{1}{2}V_{CC}$；2π rad相移产生的平均电压

为 V_{CC}。全 V_{avg} 与相移函数如图 3-27 所示。

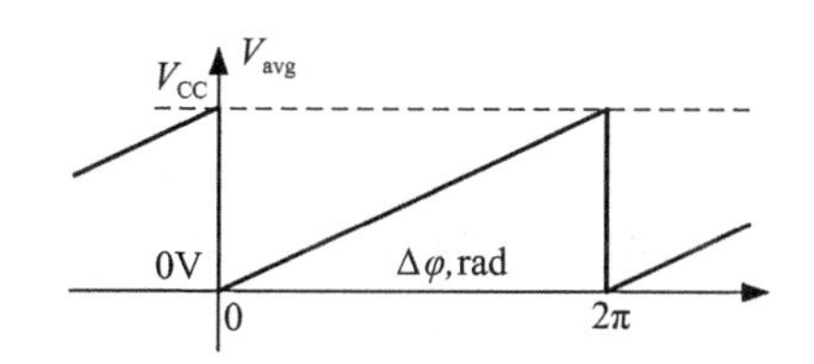

图 3-27 RSFF 的输出 Q 的平均电压在输入信号间相移的变化

相移激光测距仪的电气方案如图 3-28 所示。调制信号（当前情况下为正弦形式）用调制频率 f_m 来改变激光的振幅。光电探测器将反射调幅信号的振幅转换成电压。这个过程称为包络检测。反射信号的包络具有与调制信号相同的频率（f_m）。对于检测到的包络信号相对于调制信号的相移，要通过施密特触发器将两个信号转换成方波并将方波馈送给 SRFF 输入来得到。会滤除触发器输出 Q 的高频分量，这会返回一个与相移 φ 成正比的直流电压。模-数转换器会以高分辨率将该直流电压数字化。

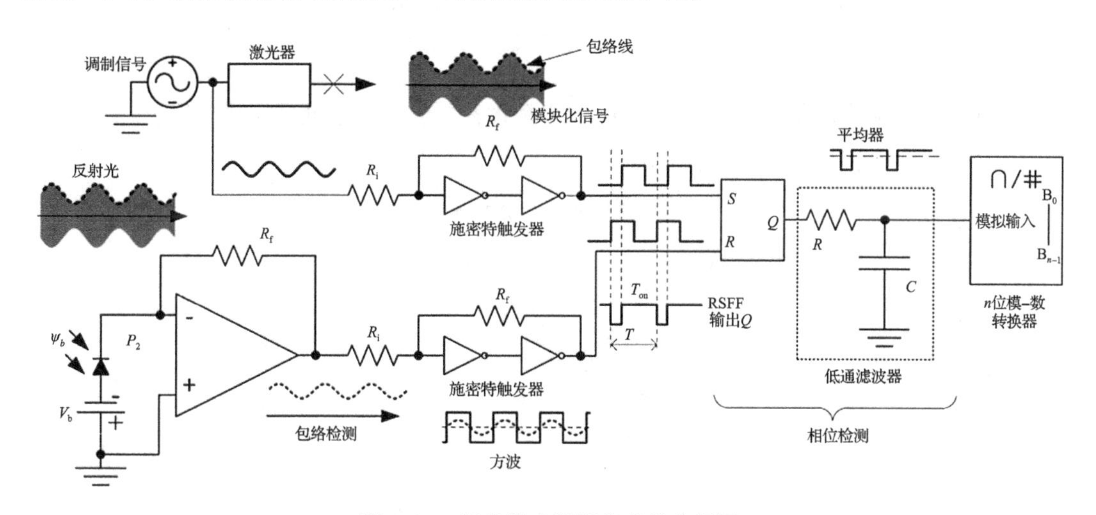

图 3-28 相移激光测距仪的简化框图

现在，检测到相移之后，返回到式(3-35)。式中有两个未知变量：φ 和 N。变量 φ 可以被精确测量，而数字 N 不能，只能计算。有多种近似方法可计算 N，最常用的方法是使用两个调制频率 f_{m1} 和 f_{m2}。因此有：

$$L=\frac{c_a}{2f_{m1}}\left(N_1+\frac{\varphi_1}{2\pi}\right)=\frac{c_a}{2f_{m2}}\left(N_2+\frac{\varphi_2}{2\pi}\right) \tag{3-36}$$

如果 f_{m1} 与 f_{m2} 接近，则：

$$N_1=N_2=N \tag{3-37}$$

在这种情况下，式(3-36)中的 N 可以被消掉。

$$L=\frac{c_a}{4\pi}\frac{\varphi_1-\varphi_2}{f_{m1}-f_{m2}} \tag{3-38}$$

N 可以计算为：

$$N=\frac{f_{m2}\varphi_2-f_{m1}\varphi_1}{2\pi(f_{m1}-f_{m2})} \tag{3-39}$$

这种方法具有很好的精度，但由于较长的平均积分时间与处理时间，它比较慢，不太适合实时测量和扫描。

3.4.3 三角测距仪

三角测距仪采用线性图像传感器。它是由同类型的光电传感器组成的一维阵列，通常为电荷耦合器件(Charge-Coupled Device，CCD)(Siciliano and Khatib 2016)。现代CCD像素阵列包括高达千万个微米大小的像素。三角测距仪的基本方案如图3-29所示，其中使用针孔来形象地表示透镜。在实际设计中，透镜用来提高聚光能力并减小系统的机械尺寸。然而，针孔和透镜的工作原理是相同的。通过针孔，光电探测装置的每个像素只能看到激光指示器射线轴线上的一个点。

因此，像素0仅"知道"点L_{max}的情况，像素n仅记录L_{min}处的亮度值。阵列中其他像素可以看到L_{min}～L_{max}之间的点。可视范围如图3-29所示：当目标物体打断范围R内的激光指示器的光束时，目标表面上的激光点将被记录，对应于指示器轴线上距离为L的像素i。因此，距离L的计算如下：

$$L = L_{min} + \frac{L_{max} - L_{min}}{n} i \tag{3-40}$$

这种方法对于小范围的测量非常有用。它精度高，虽然不快但是很便宜。

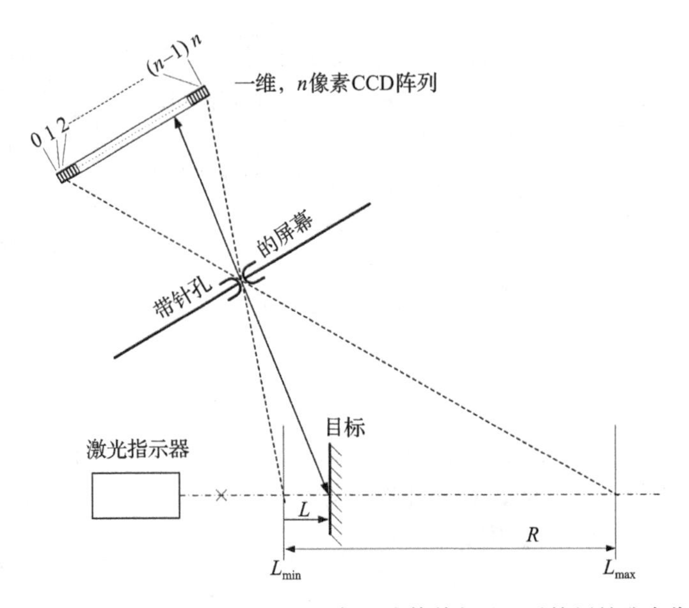

图3-29 以三角方法发现L处的目标。为简单起见，透镜用针孔来代替

3.4.4 超声波测距仪

超声波测距仪利用超声波的传播来探测机器人路径上的障碍物(Marston 1998；Siciliano and Khatib 2016)。传感器的声音发射器(扬声器)发出40 kHz的超声波脉冲，脉冲在反射表面反弹声音至接收器(听筒)。然后，利用声波返回传感器所需的时间，从而可以计算到物体的距离。安全保险杆只有在发生碰撞时才会提醒，不同于此，超声波测距仪在碰撞之前便会提醒路径上有障碍物。超声波测距仪可以用来确定数米范围内的物体距离。

超声波测距仪的概念与 ToF 激光测距仪十分相近。在 20℃的干燥空气中，声速为 343.2 m/s。周围空气的温度每提高 1℃，声速会提高约 0.6 m/s。湿度对声速的影响很小但是也可以测量(使其增加约 0.1%～0.6%)。因此，1 ms 的飞行时间相当于 0.34 cm 的距离。

图 3-30 给出了超声波测距仪的框图。输入端 a 触发脉冲发生器，产生超声频率的脉冲序列 b，并将 RSFF 的输出 Q 设置为逻辑“1”。标准情况为 8 个 40 kHz 的脉冲。功率放大器用这一信号来驱动超声波发射器，发射器便产生短的啁啾声。这一声音在空气中传播，当物体出现在测距仪范围内时，声音就会从物体上返回。随后，接收器将物体的回波转换成电压，放大器进一步增加电压(c)的幅值。电压(c)会与参考电压(d)比较，如果收到回声，比较器便会将其输出(e)的状态改为逻辑“1”。这一操作会重置 RSFF 触发器，使得(f)变为逻辑“0”。RSFF 打开的时间对应于声音传播到物体并返回的时间(到物体的距离加倍)。

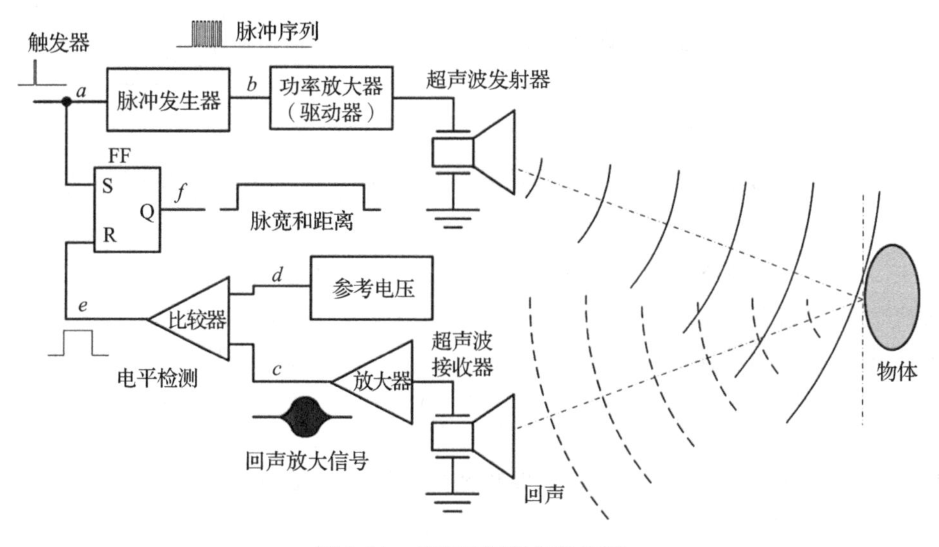

图 3-30 超声波测距仪的框图

与激光束不同，空气中的声音几乎以球形向前传播。这便解释了为什么发射器和接收器没有被同轴放置。发射器和接收器之间应该存在一定的距离，以避免接收器受到直接来自发射器的杂乱信号的影响，这一信号会通过机械部件和印制电路板(Printed Circuit Board，PCB)传播。声波传播的问题在于，声波信号的振幅随距离呈指数衰减，它没有激光那样的强度。图 3-31 显示了图 3-30 中比较器输入端(c)处不同形式的信号。C_1 的波形是由杂散信号导致的，且杂散信号与超声波信号 C_1 的脉冲是同时产生的。C_2 信号的振幅低于 C_1 信号的，是近距离物体反射的结果。C_3 是从远距离物体反射回的信号电压振幅。这种振幅间的不等(对应于不同的信号传播时间)证明了设计一个参考电压发生器(见图中虚线)的必要性。如图 3-30 所示，该参考电压发生器在第二比较器的输入端(d)处提供参考电压。

与 RSFF 的输出(f)相连的 C-R 电路解决了这个问题。C-R 电路的瞬态是一个呈指数衰减的信号，它随着时间常数 $\tau=RC$ 从 V_{CC}减小到零。因此电压 d 随时间变化如下：

$$V_{ref}=V_{CC}e^{-\frac{t}{\tau}} \tag{3-41}$$

见图 3-32。

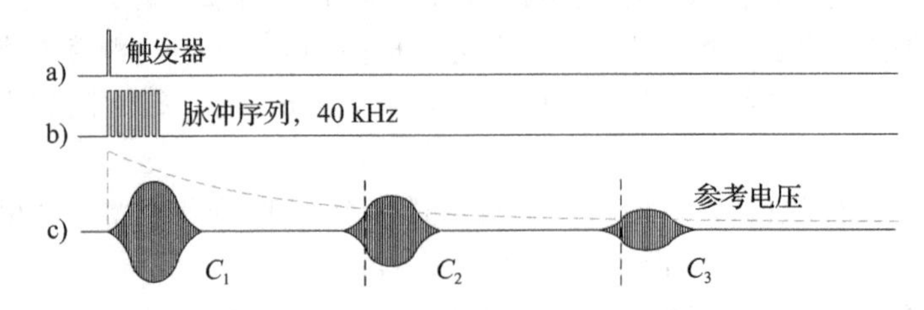

图 3-31 超声波测距仪的主要波形：a)触发器；b)脉冲序列被转换成声波；c)接收到的回波被转换成电压并放大。C_1 是穿过各机械连接的杂散信号，C_2 是近距离物体的回波，C_3 是远距离物体的回波

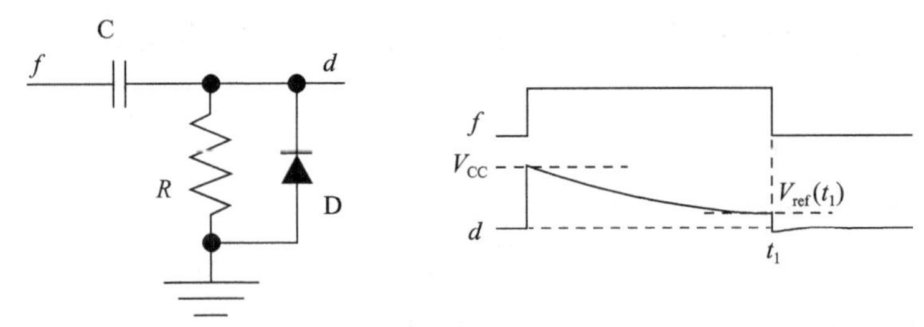

图 3-32 C-R 电路及其输入(f)和输出(d)的波形。在换向的 t_1 时刻，二极管阻止了电压的负脉冲，并将电容器快速放电

因此，图 3-30 中的所有波形如图 3-33 所示。T 是触发器的周期，T_{on}是声音传到物体并返回的时间，T_{on}与 T 的比值是输出脉冲(f)的占空比(它与声音的传播时间成正比，与物体距离成正比)。由于输出(f)处的平均电压 $V_{f_{avg}}$ 与 V_{CC}相关，因此 T_{on}与 T 也相关。

$$T_{on} = T \times \frac{V_{f_{avg}}}{V_{CC}} \tag{3-42}$$

双倍长度 L(以厘米为单位)可以由 T_{on}(以微秒为单位)推导而来。

$$L[\mathrm{cm}] = T_{on}[\mu\mathrm{s}] \times \frac{0.034\left[\frac{\mathrm{cm}}{\mu\mathrm{s}}\right]}{2} \tag{3-43}$$

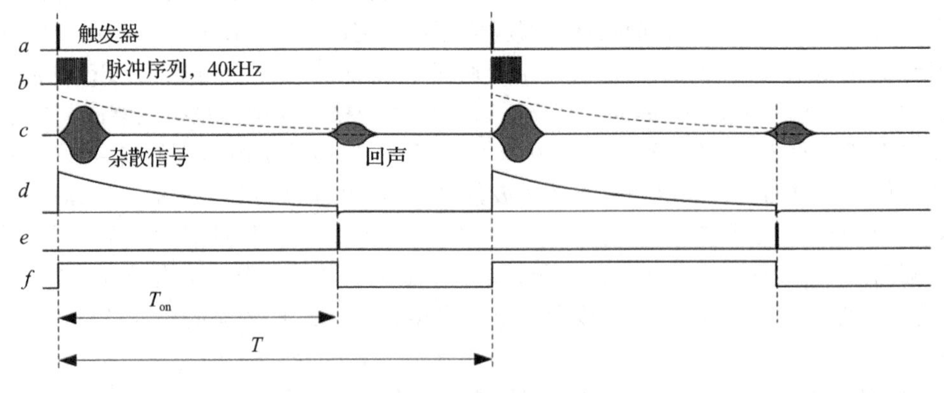

图 3-33 图 3-30 所示系统的波形图

到这个传感器为止，我们完成了对基础感知方法的介绍。当然，机器人还可以配备其

他类型的传感器，例如，摄像机及相应的图像视频处理程序，或者感知特定数据的传感器。有关这些传感器的信息可参考适当的文献，关于传感器详情以及文献来源请参阅 Borenstein、Everett 和 Feng 所著的书(1996)。

3.5 小结

本章探究了移动机器人所使用的传感器的基本类型。本章从各类传感器基本方案(见 3.1 节)出发，针对不同类型的数据，介绍了具体的实现方法。

1)安全保险杆(见 3.2 节)是最基本、最常用的障碍传感器。按照最基本的配置，它是一个简单的开关，当机器人遇到障碍物时被按下。在更复杂的配置中，该传感器还包括光学组件和合理的数据分析电路。

2)里程计传感器(见 3.3 节)用于测量机器人特别是移动机器人所需的轨迹长度。按照最简单的配置，此传感器包含光学机械部分和电路部分，前者将长度单元编码为二进制序列，后者将这些序列转换为格式化数据。

3)本章介绍了不同类型的距离传感器(见 3.4 节)。从基于反射光原理的光学测距仪(飞行时间和相移激光测距仪)开始，接着介绍了最流行的利用超声波反射特性的超声波测距仪。

当然，以上所指出的 3 种基本传感器并未涵盖移动机器人中所有的传感器类型。特别地，机器人还可以配备通用麦克风和摄像头(配以适当的软件)或便于在特定环境中活动的特定传感器。

参考文献

Borenstein, J., Everett, H.R., and Feng, L. (1996). Where am I? Sensors and methods for mobile robot positioning. *University of Michigan* 119 (120): 27.

Boylestad, R.L. (2010). *Introductory Circuit Analysis*. Upper Saddle River, NJ: Prentice Hall Press.

Crisp, J. (2000). *Introduction to Digital Systems*. Amsterdam: Elsevier.

Dudek, G. and Jenkin, M. (2010). *Computational Principles of Mobile Robotics*. Cambridge: Cambridge University Press.

Hasan, K.M. and Reza, K.J. (2014). Path planning algorithm development for autonomous vacuum cleaner robots. In: *2014 International Conference on Informatics, Electronics & Vision (ICIEV)*, 1–6. IEEE.

Horowitz, P. and Hill, W. (1989). *The Art of Electronics*. Cambridge: Cambridge University Press.

Jahns, R., Greve, H., Woltermann, E. et al. (2012). Sensitivity enhancement of magnetoelectric sensors through frequency-conversion. *Sensors and Actuators A: Physical* 183: 16–21.

Marston, R.M. (1998). *Security Electronics Circuits Manual*. Oxford and Boston: Newnes.

Marston, R.M. (1999). *Optoelectronics Circuits Manual*. Oxford: Butterworth-Heinemann.

Siciliano, B. and Khatib, O. (eds.) (2016). *Springer Handbook of Robotics*. Berlin: Springer.

Siegwart, R., Nourbakhsh, I.R., Scaramuzza, D., and Arkin, R.C. (2011). *Introduction to Autonomous Mobile Robots*. Cambridge, MA: MIT Press.

Tönshoff, H.K., Inasaki, I., Gassmann, O. et al. (2008). *Sensors Applications*. Wiley-VCH Verlag GmbH & Co. KGaA.

Zumbahlen, H. (2007). *Basic Linear Design*, 8–21. Norwood, MA: Analog Devices.

全局坐标系下的运动表示

Nir Shvalb 和 Shlomi Hacohen

本章介绍全局坐标系下机器人的运动模型(包括二维及三维)，它可用于推算机器人本体相对于坐标系原点的位置和速度的完整信息。当然，这些信息也可由全局定位系统或者悬挂摄像头提供。特别地，本章介绍了构型空间(configuration space)、坐标系变换、转弯半径、瞬时速度中心、旋转以及转移矩阵等相关概念。

4.1 移动机器人模型

4.1.1 轮式移动机器人

地面轮式机器人的种类繁多，如图 4-1a～f 所示，大致可分为以下几类：

- 汽车型(car-like vehicle)
- 双轮车型(bi-wheeled vehicle)
- 履带车型(tracked vehicle)
- 全向轮型(omni-wheeled vehicle)
- Hilare 型(Hilare-type vehicle)

汽车型运载工具(机器人)具有 3 个或 3 个以上的轮子，至少有一个转向轴。其中，驱动轮(应是标准的)只能沿着直线路径滚动。不同的汽车型机器人设计的主要区别在于转向轴的选择(通常为前轮转向(如图 4-1a 所示)，以及驱动轮的选择(包括前轮驱动(front drive)以及后轮驱动(rear drive))。

以前轮转向的汽车型机器人为例，如图 4-2 所示，为了避免车辆在转向过程中打滑，前部内侧车轮(图中右侧车轮)的转角应该大于外侧车轮的，这种方式在文献中称为阿克曼转向(Ackermann steering)。这种几何结构可以通过不同的设计方式实现，而其中一些设计方式会使车辆只有有限的转角。此类车辆的控制方案在很大程度上取决于转向结构的设计，本书在此不进行过多讨论。

备注 在设计汽车型机器人时，选择前轮驱动或后轮驱动的主要考虑因素包括空间效率(因此也包括能源效率)；牵引力(例如在加速时，前轮所产生的牵引力较小，因此为了获得大的牵引力最好采用后轮驱动)；是否需要驱动轴。这部分内容超出了本节的覆盖范围，更多详细内容可以参考 Happian Smith(2001)。

双轮车型(如图 4-1b 所示)类似于自行车，具有狭窄的横截面以及优异的机动性，因此被用于某些特殊应用中。然而，为了保持车辆平衡，必须进行连续控制，因此会消耗大量的计算资源和能源(参见 Murayama and Yamakita 所著文献(2007)，利用倒立摆作为车辆的平衡器)。通常，双轮车型较少出现，因此这里不进行过多讨论。

履带车型(如图 4-1c 所示)可进行精确的直线运动，适用于不平坦地形，在越野场景中被广泛使用。此外，这类机器人体积很大(Ahmad, Polotski and Hurteau 2000)，通常采用打滑转向。相较于其他驱动机构，其特点是转向能效低。值得注意的是，由于打滑现象，这种转向机动涉及了复杂的地面-履带间的相互作用问题，这目前仍是一个有待研究的地面力学课题。因此，在规划实际控制方案之前，需要进行大量的实验，才能对此类机器人进行正确的建模和控制。

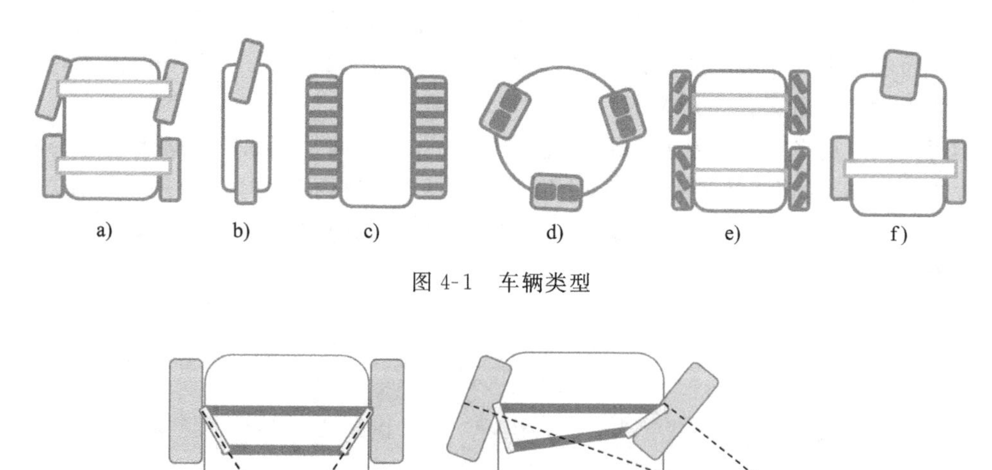

图 4-1　车辆类型

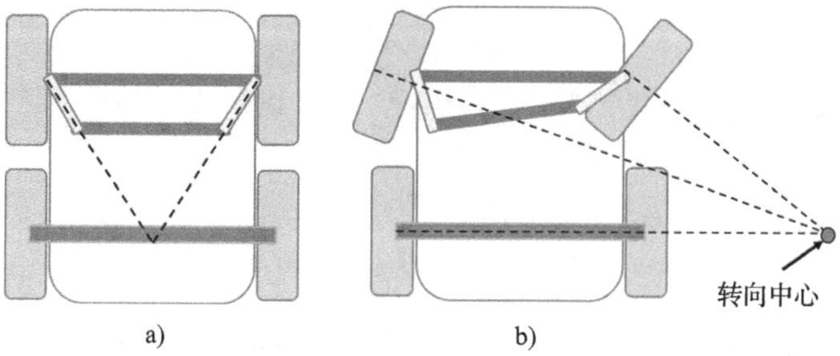

图 4-2　阿克曼转向几何结构

全向轮型可以在平面上实现全方位的平移，其中侧向平移是通过使用特殊设计的轮子来实现的，这些轮子在沿车轮旋转轴方向移动时不会产生滑移。通常有两类车轮，如下所示。

1)全向轮(Omni-wheels or poly-wheel)，这类轮子的圆周上的滚轴垂直于车轮的旋转轴。其实现全向平移的方式为，按照非平行方式放置两个车轮(如图 4-1d 所示)，并控制轮子以不同的转速比旋转。此外，利用其不会打滑的特性(Griffin and Allardo 1994)，这种轮子也可以用于增强的 Hilare 型机器人(见下文)。

2)麦克纳姆轮或瑞典轮(Mecanum wheels or Swedish wheel)(如图 4-1e 所示)的圆周上有一组以固定角度放置的滚轴，滚轴的旋转轴线与车轮平面成 45°角，并且与车轮旋转轴成 45°角。两个平行的麦克纳姆轮以相反的旋转速度进行旋转就可以实现侧向平移。

4.1.2　空中移动机器人

近年来，由于电子设备的不断改进、小型化以及成本的降低，空中移动机器人在军事和民用领域中的应用受到越来越多研究人员的关注。例如，惯性测量单元(Inertial Measurement Unit, IMU)以及摄像头等传感器的体积变得更小，价格更便宜；高性能微处理器以及微型计算机的性能越来越好；电池、通信设备等也变得更易获得。一般来说，飞行器(aircraft)可分为重于空气以及轻于空气两类(也有文献分为有动力飞行器(motorized aircraft)和无动力飞行器(nonmotorized aircraft))。下面列举了一些飞行器类型：

- 固定翼飞行器，包括有动力型及无动力型，一般重于空气。
- 旋翼类飞行器(rotors-based aircraft)，一般是有动力且重于空气的。
- 齐柏林硬式飞艇(zeppelin)、软式飞艇(blimp)以及气球艇(balloon)，都是有动力且轻于空气的。

下面是关于它们的详细介绍。

1)固定翼飞行器是无人飞行任务中最为常用的飞行器。原因是其机理简单，能耗低。这类飞行器可以携带较重的任务载荷，控制和运动学都相对简单。此外，由于机翼的形状和面积，固定翼飞行器可以滑行。因此，这类飞行器可以是有动力的，也可以是无动力的，在能源效率方面具有巨大优势。

然而，固定翼飞行器需要长跑道，以及宽广的作业空间。例如，一架飞机掉头需要的空间大约为其翼展的10倍。因此，这种机器人在城市和室内环境中的应用十分有限。

通常，作用在固定翼飞行器上的力包括水平方向上的阻力和推力，以及垂直方向上的升力和重力(见图4-3a)。

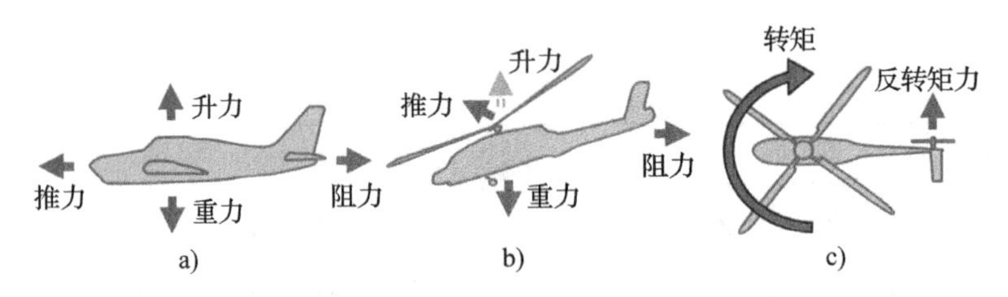

图4-3　飞行器上的作用力

固定翼飞行器的控制输入包括两个：一是主电动机功率，其通过改变推力的大小来调整水平速度；二是飞行器的姿态，它可通过改变方向舵、升降舵和副翼的方向(即改变机翼和尾翼的外形)来调整。通过改变飞行器的姿态，可间接改变推力矢量的方向，从而改变直线加速度。

2)旋翼类飞行器通常是有动力的，因此其能源消耗非常大。但是，旋翼类飞行器可实现的机动动作比固定翼飞行器复杂得多。垂直起飞、悬停以及倒飞等能力使得旋翼类飞行器在室内和城市环境的应用中具有巨大优势。

以一架常规直升机为例，其具备一个主旋翼(propeller)以及一个反转矩尾桨。除了推力方向由主旋翼姿态决定外(见图4-3b)，其他受力均与固定翼飞行器相同。此外，主旋翼还会产生一个垂直于到旋翼平面的转矩，为了平衡该转矩，必须使用尾桨。尾桨的方向与主旋翼垂直，这样由它产生的力乘以力臂可得到相反的转矩(见图4-3c)。此外，还有一种抵抗该转矩的方式，即通过引入同轴旋翼将一个旋翼叠在另一个旋翼的上方，并且二者以相反方向旋转。

控制直升机需要3个输入，即主旋翼的姿态、速度以及尾桨速度。前两项控制推力的方向和大小，最后一项控制飞行器的旋转加速度。

3)齐柏林硬式飞艇、软式飞艇以及气球艇的结构各不相同。齐柏林硬式飞艇具有刚性结构，其结构由柔性外壳包裹实心梁构成。在该飞艇中，具有升力的气体被分隔在多个气室内。该结构使这种飞艇能够运载很重的载荷，而一般的软式飞艇是非刚性结构的，主要通过升力气体的压力来保持外形不变。

飞艇的高度是通过改变气体密度来控制的。垂直机动是由飞艇底部的螺旋桨实现的，而姿态改变则通过调整垂直翼和水平翼实现。

气球艇利用热空气来升空，并由飞行员控制气球升降以借助大气流实现水平运动。

本节简要介绍了轮式和空中移动机器人，未涉及船舶机器人的内容(Fahimi 2008)。而更多其他类型的机器人同样也超出了本节的讨论范围(例如，Salomon 2012；Shvalb 2013；Schroer and Robert T. et al. 2004)，因此没有进一步介绍。

4.2　Hilare 型移动机器人的运动学与控制

如前所述，地面移动机器人中最为常见的是 Hilare 型机器人(也被称为差速驱动机器人)(见图 4-1f)。这种机器人有两个独立的电动机，并由每个车轮的转速(和方向)进行控制。一般来说，可以假设其在运动过程中，车轮和地板之间不会打滑。

4.2.1　Hilare 型移动机器人的前向运动学

考虑一个半径为 r 的车轮，车轮从 0°开始旋转到角度 α。假设轮子在平面上不发生打滑，可知车轮将向前移动 $r\times\alpha$。同理，如果车轮以恒定角速度 ω 旋转，则其线速度为 $r\times\omega$。

现在，考查轮子转动时机器人走过的路径。假设左轮没有转动($\omega_1=0$)并且右轮有恒定的转动速度 ω_r。由于机器人是一个刚体，机器人的身体将相对于左轮中心改变其方向。因此，机器人上除了旋转基准点外的所有点都将改变它们的位置(参见图 4-4a，并与图 4-4b 比较)。这个旋转基准点是左轮中心，因为两个轮子之间的距离是固定的，所以右轮将沿圆弧运动。机器人转过的角度与弧长成正比。为了找到初始朝向和最终朝向之间的夹角，可以写出以下微分方程：

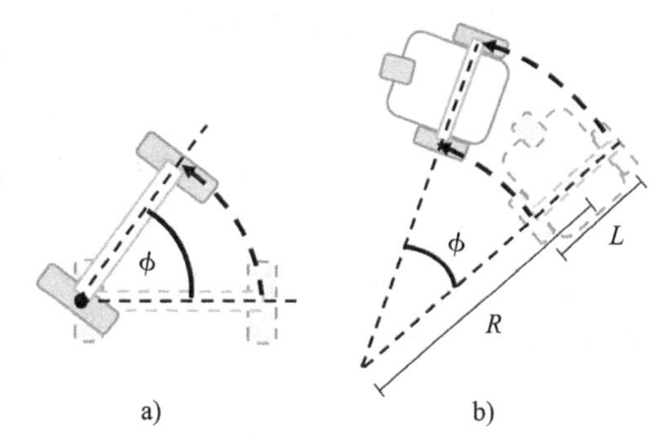

图 4-4　a)以左轮为中心的转向；b)围绕任意一点的转向

$$\frac{\mathrm{d}\phi}{\mathrm{d}t}=\frac{r\omega_r}{L}$$

式中，r 是轮子半径。假设运动开始于 $t=0$ 且 $\phi(0)=0$。对上式积分可得：

$$\phi(t)=\frac{r\omega_r}{L}t \tag{4-1}$$

加上初始角度，新的机器人朝向为：

$$\theta(t)=\frac{\pi}{2}-\phi(t)$$

假设左轮也有一个很小的旋转速度，则旋转基准点也会发生移动。然而，根据前文的描述可知，机器人的方向也会相对于右轮中心发生变化。当左右轮同时运动时，唯一可使两个轮子处于同一方向并且保持相对距离不变的方式就是两个轮子具有共同的旋转基准点，例如，机器人沿着半径为 R 的圆弧运动。这时机器人的旋转角度类似于式(4-1)，如下：

$$\phi(t)=\frac{r}{L}(\omega_r-\omega_l)t$$

通常，人们对于机器人在全局坐标系中的位置感兴趣。为了方便起见，这里选取后轮轴中心的位置代表机器人所在位置(注意，不是机器人质心(见图4-5))。

当两个轮子的速度恒定时，机器人将按圆周曲线运动。如果轮速给定，即可确定机器人在全局坐标系中的位置，这就是所谓的前向运动学(forward kinematics)。现在，参考图4-5，可构建前向运动学。

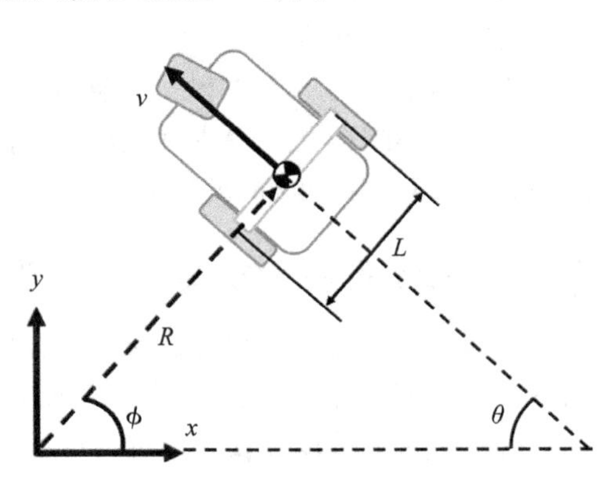

图4-5　Hilare型移动机器人前向运动学的参数说明

给定机器人轮速分别为ω_r和ω_l，可得：

$$\omega_l = \dot{\phi}\left(R - \frac{L}{2}\right);\ \omega_r = \dot{\phi}\left(R + \frac{L}{2}\right) \quad (4\text{-}2)$$

两式相减，可得：

$$\omega_r - \omega_l = \dot{\phi}\frac{r}{L} \Rightarrow \dot{\phi} = \frac{r}{L}(\omega_r - \omega_l) \quad (4\text{-}3)$$

将上式代回式(4-2)，可得：

$$R = L\frac{(\omega_r + \omega_l)}{2(\omega_r - \omega_l)} \quad (4\text{-}4)$$

机器人在本体坐标系下的速度表示为v(见图4-5)，切向速度为：

$$v = \dot{\phi}R = \frac{r}{2}(\omega_r + \omega_l)$$

最后，回到全局坐标系，机器人的速度可表示为：

$$\dot{x} = -vS_\phi;\ \dot{y} = vC_\phi$$

为了求取机器人位置，假设速度恒定，方程可根据时间进行积分。实际上，可使用离散方式计算积分。

$$\begin{bmatrix} x_{k+1} \\ y_{k+1} \end{bmatrix} = \begin{bmatrix} x_k \\ y_k \end{bmatrix} + v\Delta t\begin{bmatrix} -\sin(\phi_k) \\ \cos(\phi_k) \end{bmatrix}$$

式中，Δt为采样时间，机器人的方向角ϕ_k为：

$$\phi_{k+1} = \phi_k + \frac{r\Delta t}{L}(\omega_r - \omega_l)$$

注意，在非恒定速度下，可以使用小的时间增量，以便使速度恒定这个假设成立。

4.2.2　Hilare型移动机器人的速度控制

本小节将介绍一些策略以求解机器人在跟踪路径时需要的轮速。

假设机器人位于给定位置和朝向，目标点位于距当前位置一定距离的某位置，运动区域内没有障碍物。前往目标点的最简单的方法包括两步。第一步，原地改变朝向，不平移。第二步，沿直线奔向目标，此时，$\omega_r = \omega_l = \frac{1}{r}v_d$，其中$v_d$为期望速度。对于第一步的转向，仅需以大小相同方向相反的速度旋转两个轮子就可以实现。代入式(4-4)，可得：

$$\omega_l = -\omega_r = \frac{L}{2r}\dot{\phi}_d$$

式中，$\dot{\phi}_d$是期望的方向角变化率。

然而，这种运动方案虽然简单，但机器人必须在每次需要改变方向时停止运动。此外，该方法需要机器人在方向和速度上发生急剧变化。

更平滑的运动可以通过在移动过程中改变方向来实现：

$$\omega_r(t)=\frac{1}{r}\left(u_d(t)+\frac{L}{2}\dot{\phi}_d(t)\right);\ \omega_l(t)=\frac{1}{r}\left(u_d(t)-\frac{L}{2}\dot{\phi}_d(t)\right)$$

通常，在先转向后行驶(turn-then-travel)方案中，最终路径明显较短，但运动不平滑；而在边行驶边转向(turn-while-traveling)方案中，路径是一条平滑曲线。

为了展示二者的区别，最简单的例子就是对于一段圆弧路径的速度控制(如图 4-6 所示)，其半径可由方向角 ϕ 和距离 d 计算得到：

$$R=\frac{d}{2\sin\beta}$$

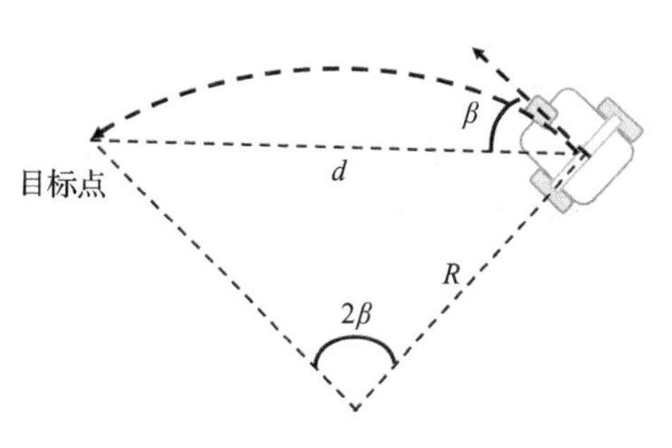

图 4-6　圆弧曲线的速度控制

4.2.3　轨迹跟踪

很多应用中需要机器人跟踪给定的路径。目前已有很多相关的路径规划算法，但这不是本节所要讨论的，本节的挑战是控制机器人走完一条与期望路径偏差最小的路径。之所以会有偏差，是因为机器人无法完成完美跟踪所需的所有动作。一般来说，由于 Hilare 型移动机器人可以在不改变位置的情况下改变方向(见 4.2.2 节中的“先转向后行驶”策略)，因此它们在轨迹跟踪任务中具有优势。因为路径是在全局坐标系中给出的，所以相对于机器人的相对方向角 ϕ，直接给出关于绝对方向角 θ 的运动方程更方便。这里将使用的运动学方程如下：

$$\dot{x}=v(t)\cos(\theta(t));\ \dot{y}=v(t)\sin(\theta(t))$$

假设期望路径为 $x_d(t)$、$y_d(t)$，并且其对时间的导数分别为 $\dot{x}_d(t)$、$\dot{y}_d(t)$。同时假设轮子不打滑，则期望的方向角为：

$$\theta_d(t)=\arctan\left(\frac{\dot{y}_d}{\dot{x}_d}\right)$$

为了简化运动学模型，可以改变机器人的控制输入和构型状态的描述方式。描述机器人构型空间的向量被称为状态向量(states-vector)，也可以称为状态。新的机器人状态可由下式表示：

$$z_1=x$$
$$z_2=T_\theta$$
$$z_3=y$$

将期望轨迹用新定义的机器人状态表示：

$$z_1^d=x_d$$
$$z_2^d=\tan\theta_d=\frac{\dot{y}_d}{\dot{x}_d}$$
$$z_3^d=y_d$$

把新的控制输入 u_1、u_2 定义为 z_1、z_2 的导数，可得：

$$u_1=\dot{z}_1 v\cos\theta$$
$$u_2=\dot{z}_2=\dot{\theta}(1+\tan^2\theta) \tag{4-5}$$

另外，z_3 的导数为 $\dot{z}_3=\dot{y}=v\sin\theta=v\cos\theta\tan\theta=u_1u_2$。因此，期望的控制输入为：

$$u_1^{\mathrm{d}}=\dot{x}_{\mathrm{d}}$$

$$u_2^{\mathrm{d}}=\dot{z}_2^{\mathrm{d}}=\frac{d}{\mathrm{d}t\left(\dfrac{\dot{y}_{\mathrm{d}}}{\dot{x}_{\mathrm{d}}}\right)}$$

为了实现闭环控制(可参考任意一本基础控制理论的书籍，比如 Ogata(2001))，这里定义跟踪误差为 $\tilde{z}_{\mathrm{i}}=z_{\mathrm{i}}^{\mathrm{d}}-z_{\mathrm{i}}$，输入误差为 $\tilde{u}_{\mathrm{i}}=u_{\mathrm{i}}^{\mathrm{d}}-u_{\mathrm{i}}$(即期望值与实际值的差值)。状态误差的导数可由式(4-6)表示：

$$\begin{aligned}\dot{\tilde{z}}_1&=\dot{z}_1^{\mathrm{d}}-\dot{z}_1=\tilde{u}_1\\ \dot{\tilde{z}}_2&=\dot{z}_2^{\mathrm{d}}-\dot{z}_2=\tilde{u}_2\\ \dot{\tilde{z}}_3&=\dot{z}_3^{\mathrm{d}}-\dot{z}_3=\tilde{u}_1^{\mathrm{d}}z_2^{\mathrm{d}}-u_1z_2=-\tilde{u}_1\tilde{z}_2+u_1^{\mathrm{d}}\tilde{z}_2+\tilde{u}_1z_2^{\mathrm{d}}\end{aligned}\tag{4-6}$$

假设跟踪误差很小，则所有被标记为～的量都很小，且由于 $\tilde{u}_1\tilde{z}_2$ 是二阶量，因此它可以被忽略。

因此，线性控制律可以写作式(4-7)，其中利用矩阵乘法表达了当前的机器人构型(状态)与期望控制信号的关系。类似地，状态转移方程(4-8)定义了每个时间步下机器人状态的演化规律。可知，如果状态转移矩阵的所有特征值都具有负实部，那么这样一个系统将不断逼近期望路径(即为有限跟踪误差)。因此，为了获得稳定的系统，控制律被定义为：

$$\begin{bmatrix}\tilde{u}_1\\ \tilde{u}_2\end{bmatrix}=\begin{bmatrix}k_1&0&0\\ 0&k_2&\dfrac{k_3}{u_1^{\mathrm{d}}}\end{bmatrix}\begin{bmatrix}\tilde{z}_1\\ \tilde{z}_2\\ \tilde{z}_3\end{bmatrix}\tag{4-7}$$

式中，k_1、k_2、k_3 为控制器增益(实数)。将上述控制律代入式(4-6)，得到如下线性闭环系统：

$$\begin{bmatrix}\dot{\tilde{z}}_1\\ \dot{\tilde{z}}_2\\ \dot{\tilde{z}}_3\end{bmatrix}=\begin{bmatrix}k_1&0&0\\ 0&k_2&\dfrac{k_3}{u_1^{\mathrm{d}}}\\ k_1z_1^{\mathrm{d}}&u_1^{\mathrm{d}}&0\end{bmatrix}\begin{bmatrix}\tilde{z}_1\\ \tilde{z}_2\\ \tilde{z}_3\end{bmatrix}\tag{4-8}$$

为了保证系统稳定，式(4-8)中的矩阵特征值必须有负实部。特征值可表示为：

$$\lambda_{1,2,3}=k_1,\frac{k_2\pm\sqrt{k_2^2-4k_3}}{2}$$

分析上述各个解，可知控制器增益必须满足 $k_1<0$ 以及 $k_2<0$，系统才能稳定。请注意，虽然系统是时间依赖的(由于 u_1^{d} 随时间改变)，但其稳定性并不取决于 u_1^{d}，因此该线性近似是渐近稳定的。

根据 $u_i=u_i^{\mathrm{d}}-\tilde{u}_i$ 以及式(4-5)，可以写出：

$$v=\frac{r}{2}(\omega_{\mathrm{r}}-\omega_{\mathrm{l}})$$

$$v=\frac{r}{2}(\omega_{\mathrm{R}}-\omega_{\mathrm{L}})$$

$$\dot{\theta}=\frac{r}{2L}(\omega_{\mathrm{R}}-\omega_{\mathrm{L}})$$

并且有

$$\omega_{\mathrm{R}}=\frac{1}{r}(v+L\dot{\theta})=(u_1^{\mathrm{d}}-\tilde{u}_1)\left(\frac{1}{C_\theta}+\frac{L}{1+\tan^2\theta}\right)$$

$$\omega_{\mathrm{L}}=\frac{1}{r}(v-L\dot{\theta})=(u_1^{\mathrm{d}}-\tilde{u}_1)\left(\frac{1}{C_\theta}-\frac{L}{1+\tan^2\theta}\right)$$

4.3 四旋翼移动机器人的运动学与控制

四旋翼(quadrotor)的主要优点是结构简单，性能优异。四旋翼最重要的功能之一就是能够从任意构型向任意方向移动。四旋翼具有 6 个自由度，但只有 4 个控制输入，这也在控制上带来了巨大挑战。

本节的结构安排如下：首先简要介绍四旋翼运动学，其次提出一个简单的比例微分(Proportional-Derivative，PD)控制器以实现四旋翼的稳定，最后介绍轨迹跟踪控制方案。

4.3.1 四旋翼移动机器人的动力学

假设四旋翼结构对称，这意味着 4 个电动机与四旋翼质心的距离相等。此外，假设 4 组机械臂互相垂直。如图 4-7 所示，这里定义了两个坐标系：

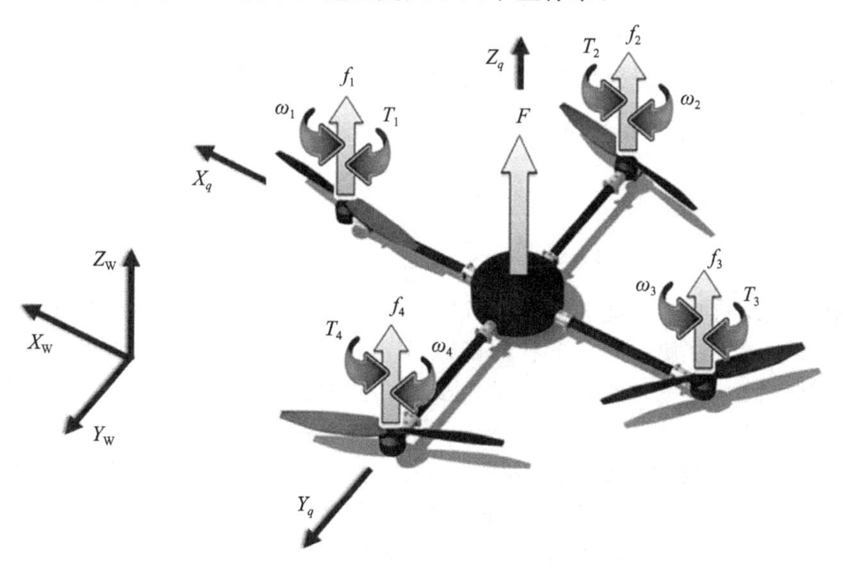

图 4-7　作用于四旋翼的力与转矩

- 体坐标系(body coordinate)，其原点位于四旋翼质心，Z_q 轴朝上，X_q 与 Y_q 轴与机械臂对齐。
- 世界坐标系(world coordinate)由 X_W、Y_W、Z_W 定义。

对称性假设和四旋翼坐标系的选择意味着惯量矩阵为对角线形式：

$$\boldsymbol{I}_q=\begin{bmatrix}I_{xx} & 0 & 0\\ 0 & I_{yy} & 0\\ 0 & 0 & I_{zz}\end{bmatrix}$$

四旋翼的构型空间可被定义为 6 个参数，其中 3 个是质心位置(X_W,Y_W,Z_W)，另外 3 个为四旋翼相对于世界坐标系的姿态。滚转角 ϕ 定义了沿 X_W 轴的旋转角度，俯仰角 θ 定

义了沿 Y_W 轴的旋转角度，偏航角 ψ 定义了沿 Z_W 轴的旋转角度。

请注意，当四旋翼姿态与 (X_W, Y_W, Z_W) 相差较大时，这对于旋转的理解可能不直观。因此，四旋翼的构型向量被定义为：

$$\boldsymbol{q} = [x, y, z, \theta, \phi, \psi]^{\mathrm{T}}$$

此外，速度被定义为该向量对时间的微分，即质心线速度与四旋翼角速度为：$\dot{\boldsymbol{q}} = [\dot{x}, \dot{y}, \dot{z}, \dot{\theta}, \dot{\phi}, \dot{\psi}]^{\mathrm{T}}$。

控制输入为电动机转子的角速度(表示为 $\{\omega_i\}_{i=1..4}$)，此外，第 i 个电动机转子的转矩表示为 T_i。注意，所述转矩与电动机转子角速度 ω_i 的方向相反。为了便于理解，读者可以想象一个游泳者浸入水中，双臂对齐，当其向后摆动左臂同时向前摆动右臂时，将体验到相反方向的转矩。

第 i 个电动机转子的升力作用在转子中心，定义为 f_i。此外，作用于质心的总升力表示为 F。

4.3.2　螺旋桨的力与转矩

如前所述，力和转矩是由转子的角速度引起的。假设有一个简单的模型，其转子产生的升力与角速度的平方成正比。因此，升力表示为：

$$f_i = \rho d^4 C_{\mathrm{T}} \omega_i^2 \triangleq C_1 \omega_i^2$$

式中，ρ 为空气密度；d 为螺旋桨直径；推力系数 C_{T} 为螺旋桨推进比(advanced ratio)的函数为 $J = \frac{V}{\omega_{\mathrm{d}}}$(其中 V 为飞机速度)。详细内容可参考 Kimberlin 书中(2003)的第6章。

推力的方向指向 Z_q，并且4个转子的总推力为：

$$F = \sum_{i=1}^{4} f_i$$

每个转子围绕自身轴线施加的转矩与角速度的平方成正比，其中比例系数 b 是空气密度和螺旋桨半径以及螺旋桨几何形状的函数(Kimberlin 2003)。除此之外，还应添加第二项，以表示带动螺旋桨本身所需的转矩。因此，总的转矩为：

$$T_i = \rho d^5 C_{\mathrm{Q}} \omega_i^2 + I_{\mathrm{r}} \dot{\omega}_i \tag{4-9}$$

式中，I_{r} 为螺旋桨的极惯性矩；C_{Q} 为转矩系数，其取决于 J、空气性质以及螺旋桨形状。因此，X_q 与 Y_q 轴上的总转矩为转子升力乘以机械臂长度 L。Z_q 轴上的总转矩为所有 T_i 的总和。为了简化模型，假设 I_{r} 足够小，因此式(4-9)的第二项可以忽略不计。因此可得：

$$T_i = C_2 \omega_i^2$$

最终，关于四旋翼所受推力与转矩的关系总结如下：

$$\begin{bmatrix} F \\ M_p \\ M_q \\ M_{\mathrm{r}} \end{bmatrix} = \begin{bmatrix} C_1 & C_1 & C_1 & C_1 \\ 0 & -LC_1 & 0 & LC_1 \\ -LC_1 & 0 & LC_1 & 0 \\ C_2 & -C_2 & C_2 & -C_2 \end{bmatrix} \begin{bmatrix} \omega_1^2 \\ \omega_2^2 \\ \omega_3^2 \\ \omega_4^2 \end{bmatrix} \tag{4-10}$$

式中，F 为总推力；M_p 为沿 X_q 的转矩；M_q 为沿 Y_q 的转矩；M_{r} 为沿 Z_q 的转矩。

4.3.3　姿态变换

由于某些计算在体坐标系下进行会比较简单，而某些计算又必须在世界坐标系(惯性系)下进行，因此需要一种坐标变换。这种变换的逻辑是将坐标系进行三次旋转，围绕每一根轴旋转一次。围绕 Z_W 轴的旋转表示为：

$$\boldsymbol{R}_Z(\psi)=\begin{bmatrix}C_\psi & S_\psi & 0\\ -S_\psi & C_\psi & 0\\ 0 & 0 & 1\end{bmatrix}$$

围绕 Y_W 和 X_W 轴的旋转分别表示为：

$$\boldsymbol{R}_Y(\theta)=\begin{bmatrix}C_\theta & 0 & -S_\theta\\ 0 & 1 & 0\\ S_\theta & 0 & C_\theta\end{bmatrix};\quad \boldsymbol{R}_X(\phi)=\begin{bmatrix}1 & 0 & 0\\ 0 & C_\phi & S_\phi\\ 0 & -S_\phi & C_\phi\end{bmatrix}$$

因此，描述四旋翼在世界坐标系下姿态的旋转矩阵可以通过连乘上述矩阵获得：

$$\boldsymbol{R}=\boldsymbol{R}_Z(\psi)\boldsymbol{R}_Y(\theta)\boldsymbol{R}_X(\phi)=\begin{bmatrix}C_\theta C_\psi & S_\theta S_\phi C_\psi-C_\phi S_\psi & S_\theta C_\phi C_\psi+S_\phi S_\psi\\ C_\theta S_\psi & S_\theta S_\phi S_\psi+C_\phi C_\psi & S_\theta C_\phi S_\psi-S_\phi C_\psi\\ -S_\theta & C_\theta S_\phi & C_\theta C_\phi\end{bmatrix}$$

接下来，旋转矩阵 $\boldsymbol{R}$ 的时间导数为：

$$\dot{\boldsymbol{R}}=\boldsymbol{\Omega}_{[\dot{\phi},\dot{\theta},\dot{\psi}]}\boldsymbol{R}$$

式中，

$$\boldsymbol{\Omega}_{[\dot{\phi},\dot{\theta},\dot{\psi}]}\triangleq\begin{bmatrix}0 & -\dot{\psi} & \dot{\theta}\\ \dot{\psi} & 0 & \dot{\phi}\\ -\dot{\theta} & \dot{\phi} & 0\end{bmatrix}$$

为了建立运动学，需要先建立从四旋翼坐标系到惯性系(世界坐标系)的角速度变换关系。因此，将旋转矩阵对时间进行微分。

$$\begin{aligned}\dot{\boldsymbol{R}}=&\boldsymbol{\Omega}_{[\dot{\phi},0,0]}\boldsymbol{R}_Z(\psi)\boldsymbol{R}_Y(\theta)\boldsymbol{R}_X(\phi)+\boldsymbol{R}_Z(\psi)\{\boldsymbol{\Omega}\}_{[0,\dot{\theta},0]}\boldsymbol{R}_Y(\theta)\boldsymbol{R}_X(\phi)+\\&\boldsymbol{R}_Z(\psi)\boldsymbol{R}_Y(\theta)\boldsymbol{\Omega}_{[0,0,\dot{\psi}]}\boldsymbol{R}_X(\phi)\end{aligned}$$

另一方面，$\boldsymbol{R}$ 也可以通过角速度$[p,q,r]$在四旋翼体坐标系下进行表示。因此，可以进行微分。

$$\dot{\boldsymbol{R}}=\boldsymbol{\Omega}_{[p,q,r]}\boldsymbol{R}$$

通过等价和简化，建立了如下的关系：

$$\begin{bmatrix}p\\ q\\ r\end{bmatrix}=\boldsymbol{R}(\phi)\boldsymbol{R}(\theta)\begin{bmatrix}0\\ 0\\ \dot{\psi}\end{bmatrix}+\boldsymbol{R}(\phi)\begin{bmatrix}0\\ \dot{\theta}\\ 0\end{bmatrix}+\begin{bmatrix}\dot{\phi}\\ 0\\ 0\end{bmatrix}$$

读者应该注意到，四旋翼在惯性系下的姿态变化可以由一个非正交向量来描述，所以该变换是非平凡的(nontrivial)。

直观地说，我们也可以通过考虑构成 $\boldsymbol{R}$ 的连续旋转运动来理解这个结论，假设有很小的角度变化(即考虑 $\delta\phi$ 而不是 $\dot{\phi}$)，并且考查这个角度变化对最终旋转向量的影响。注意，$\delta\psi$ 还产生了两个间接的旋转，$\delta\theta$ 产生了一个，而 $\delta\phi$ 没有产生额外的旋转。

这个变换可表示为：

$$\begin{bmatrix}p\\ q\\ r\end{bmatrix}=\begin{bmatrix}1 & 0 & -S_\theta\\ 0 & C_\phi & C_\theta S_\phi\\ 0 & -S_\phi & C_\theta C_\phi\end{bmatrix}\begin{bmatrix}\dot{\phi}\\ \dot{\theta}\\ \dot{\psi}\end{bmatrix}$$

以及：

$$\begin{bmatrix}\dot{\phi}\\\dot{\theta}\\\dot{\psi}\end{bmatrix}=\begin{bmatrix}1 & S_{\phi}T_{\theta} & C_{\phi}T_{\theta}\\0 & C_{\phi} & -S_{\phi}\\0 & S_{\phi}/C_{\theta} & C_{\phi}/C_{\theta}\end{bmatrix}\begin{bmatrix}p\\q\\r\end{bmatrix}$$

接下来，本章将会使用以下符号：

$$\boldsymbol{\Theta}=\begin{bmatrix}p\\q\\r\end{bmatrix},\dot{\boldsymbol{\Phi}}=\begin{bmatrix}\dot{\phi}\\\dot{\theta}\\\dot{\psi}\end{bmatrix},\boldsymbol{W}=\begin{bmatrix}1 & 0 & -S_{\theta}\\0 & C_{\phi} & C_{\theta}S_{\phi}\\0 & -S_{\phi} & C_{\theta}C_{\phi}\end{bmatrix}$$

上述变换可以写作：

$$\boldsymbol{\Theta}=\boldsymbol{W}\dot{\boldsymbol{\Phi}} \tag{4-11}$$

4.3.4 四旋翼动力学模型

为了设计控制器，需要建立一个动力学数学模型，即关于力和转矩的微分方程。完整的力方程可以表达在惯性坐标系下，其中包括螺旋桨施加的力、阻力和重力：

$$\begin{bmatrix}\ddot{x}\\\ddot{y}\\\ddot{z}\end{bmatrix}=\frac{1}{m}\boldsymbol{R}\begin{bmatrix}0\\0\\F\end{bmatrix}-\frac{1}{m}\begin{bmatrix}c_x\dot{x}\\c_y\dot{y}\\c_z\dot{z}\end{bmatrix}-\begin{bmatrix}0\\0\\g\end{bmatrix}=\frac{F}{m}\begin{bmatrix}S_{\theta}C_{\phi}C_{\psi}+S_{\phi}S_{\psi}\\S_{\theta}C_{\phi}S_{\psi}-S_{\phi}C_{\psi}\\C_{\theta}C_{\phi}\end{bmatrix}-\frac{1}{m}\begin{bmatrix}c_x\dot{x}\\c_y\dot{y}\\c_z\dot{z}\end{bmatrix}-\begin{bmatrix}0\\0\\g\end{bmatrix} \tag{4-12}$$

式中，c_x、c_y、c_z 都是阻力系数。其他的空气动力学效应通常被忽略，所以这里也没有考虑。

欧拉方程是描述四旋翼姿态变换的微分方程，这是对 $\boldsymbol{\Theta}$ 和四旋翼坐标系 X_q、Y_q、Z_q 进行微分获得的：

$$\boldsymbol{I}_q\ddot{\boldsymbol{\Theta}}+\boldsymbol{\Theta}\times(\boldsymbol{I}_q\dot{\boldsymbol{\Theta}})=\boldsymbol{M}-\boldsymbol{M}_{\mathrm{gyr}}$$

式中，M 为螺旋桨施加的转矩；$\boldsymbol{I}_q$ 代表四旋翼的惯量矩阵。

$$\boldsymbol{I}_q=\begin{bmatrix}I_{xx} & 0 & 0\\0 & I_{yy} & 0\\0 & 0 & I_{zz}\end{bmatrix}$$

此外，M_{gyr} 为回转转矩(gyroscopic moment)(在文献中有时被错误地称为回转力，gyroscopic force)，这个转矩使得桨叶旋转轴保持朝向 Z_q 方向。

$$\boldsymbol{M}_{\mathrm{gyr}}=\boldsymbol{I}_{\mathrm{r}}\boldsymbol{\Theta}\times[0,0,1]^{\mathrm{T}}(\omega_1-\omega_2+\omega_3-\omega_4)$$

这里，$\boldsymbol{I}_{\mathrm{r}}$ 为转子的转动惯量，因此代入上式，可以得到转矩方程为：

$$\ddot{\boldsymbol{\Theta}}=\boldsymbol{I}_q\begin{bmatrix}-qr\\pr\\0\end{bmatrix}+\boldsymbol{I}_q^{-1}\begin{bmatrix}\boldsymbol{M}_p\\\boldsymbol{M}_q\\\frac{1}{2}\boldsymbol{M}_r\end{bmatrix}-\boldsymbol{I}_{\mathrm{r}}\boldsymbol{I}_q^{-1}\begin{bmatrix}q\\-p\\0\end{bmatrix}(\omega_1-\omega_2+\omega_3-\omega_4) \tag{4-13}$$

对式(4-11)求微分，得到惯性系下的角加速度为：

$$\ddot{\boldsymbol{\Phi}}=\frac{\mathrm{d}}{\mathrm{d}t}(\boldsymbol{W}^{-1}\dot{\boldsymbol{\Theta}})=\frac{\mathrm{d}}{\mathrm{d}t}(\boldsymbol{W}^{-1})\dot{\boldsymbol{\Theta}}+\boldsymbol{W}^{-1}\ddot{\boldsymbol{\Theta}} \tag{4-14}$$

请注意，运动方程式(4-12)忽略了空气动力学效应的影响，而有向推力设置了 Γ 的二阶导数(加速度)。

4.3.5 简化动力学模型

根据上文的描述，动力学模型已由式(4-12)以及式(4-13)给出，但仍然比较复杂。

对于大多数任务而言，只需运用简化模型即可。在式(4-12)中，可以假设速度(第二项)相对于推力(第一项)很小。因此，阻力可以忽略不计，精度上也不会有太大损失。根据式(4-12)，可得到近似的力方程：

$$\begin{bmatrix}\ddot{x}\\\ddot{y}\\\ddot{z}\end{bmatrix}=\frac{1}{m}\boldsymbol{R}\begin{bmatrix}0\\0\\F\end{bmatrix}-\begin{bmatrix}0\\0\\g\end{bmatrix} \tag{4-15}$$

进一步地，在小角速度的假设下，式(4-13)中的二阶项 qr 和 pr 也可以被忽略，并且由于 $\boldsymbol{I}_{\mathrm{r}} \ll \boldsymbol{I}_{xx}$，式(4-13)可以近似为：

$$\ddot{\boldsymbol{\Theta}}=\boldsymbol{I}_q^{-1}\boldsymbol{M} \tag{4-16}$$

将式(4-14)代入式(4-16)，再次忽略角速度，得出式(4-17)：

$$\boldsymbol{M}=\boldsymbol{I}_q\boldsymbol{W}\ddot{\boldsymbol{\Phi}} \tag{4-17}$$

上式为近似的转矩方程。

备注 请注意，此近似方程仅可用于控制器开发(即将控制器应用到实际四旋翼时)。而编写控制/动力学仿真程序时，应使用完整版本，即使用关于线性加速度的式(4-12)和角加速度的式(4-13)和式(4-14)。

4.3.6 四旋翼的轨迹跟踪控制

对于很多空中应用，四旋翼需要跟踪预定轨迹。如前所述，四旋翼的一个主要优点就是能够在几乎任何构型下实现各类机动动作。

由于比例-积分-微分(Proportional-Integral-Derivative，PID)控制器易于实现以及调参，因此它成了最常用的控制器。其控制信号的计算方式为：

$$u(t)=k_{\mathrm{P}}e(t)+k_{\mathrm{I}}\int_0^t e(\tau)\mathrm{d}\tau+k_{\mathrm{D}}\dot{e}(t)$$

式中，k_{P}、k_{I} 和 k_{D} 为控制器增益。通常，比例部分的增益 k_{P} 用于减小跟踪误差以及调节收敛时间；增大 k_{P} 可缩短收敛时间。积分增益 k_{I} 用于减小稳态误差。微分增益 k_{D} 则与误差变化率相关。

轨迹跟踪的目的是使机器人到达预定轨迹上的一系列路径点。注意，没必要精确地穿过每个路径点。此外，积分控制部分对于常值误差很敏感(例如，机器人以常值误差跟随一条与目标轨迹相平行的轨迹)，会尽可能将其最小化。反之，比例控制和微分控制对这种误差不敏感。当不关心这类误差时，最好使用 PD 控制器。

根据之前描述的动力学模型，四旋翼的构型空间可以被定义为向量 $\boldsymbol{q}=[x,y,z,\theta,\phi,\psi]^{\mathrm{T}}$。待跟踪的轨迹可以定义为期望路径点的集合 $\Gamma_i \in R^3$ ($i\in\{0,1,\cdots,N\}$)。此外，定义一个单位向量 $\boldsymbol{n}$，其方向与路径点 Γ_i 和 Γ_{i+1} 连成的线段正交，并且向量起点位于四旋翼质心。定义当前四旋翼的位置为 $\Gamma(t)=[x,y,z]^{\mathrm{T}}$。图 4-8 给出了这些符号。

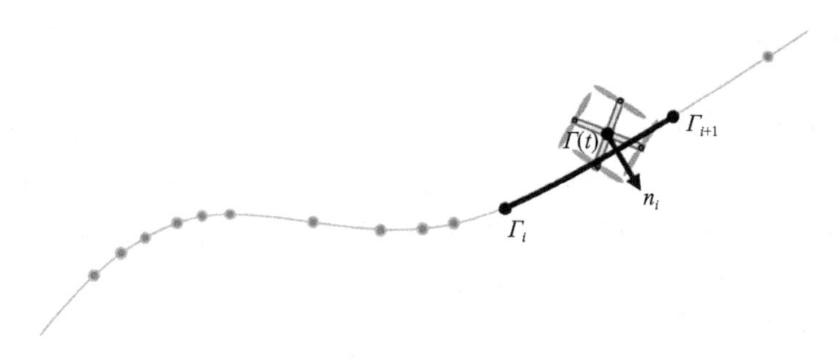

图 4-8　四旋翼构型(当前位置为 $\Gamma(t)=[x,y,z]^{\mathrm{T}}$)

控制器的目标是减少四旋翼位置与路径点的跟踪误差。下一个待跟踪路径点的选取基于如下简单标准：

当 $\boldsymbol{n}$ 通过 Γ_{i+1} 时，增加 i，并将 $\Gamma_{\mathrm{d}}=\Gamma_{i+1}$ 作为新的待跟踪路径点。

跟踪误差的定义如下：

$$e_{\Gamma}=\Gamma_{\mathrm{d}}-\Gamma(t) \tag{4-18}$$

除了控制四旋翼朝向目标方向之外，还必须改变四旋翼的姿态，以适应与该方向相对应的推力。因此，控制器的结构设计为双环控制。外环控制四旋翼位置，而内环则负责调整四旋翼姿态(见图 4-9)。

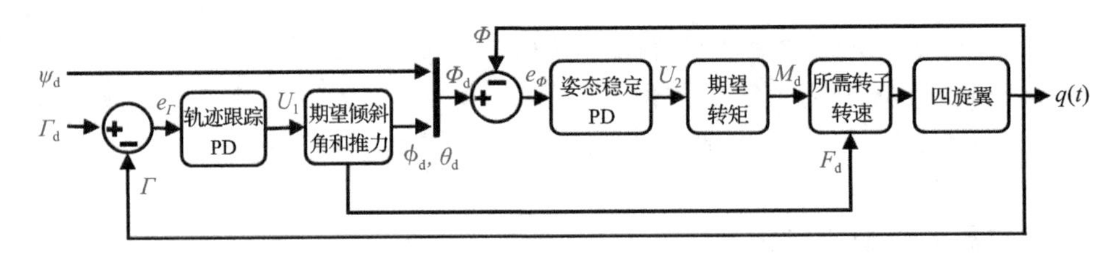

图 4-9　轨迹跟踪双环控制。控制框图的具体实现在本章后半部分进行描述

外环的输入为四旋翼的线加速度。根据 Zuo(2010)可知，带控制增益的 PD 控制律由正定矩阵 $\boldsymbol{K}_{\mathrm{P}}^{\Gamma}$ 和 $\boldsymbol{K}_{\mathrm{D}}^{\Gamma}$ 给出：

$$\ddot{e}_{\Gamma}+\boldsymbol{K}_{\mathrm{D}}^{\Gamma}\dot{e}_{\Gamma}+\boldsymbol{K}_{\mathrm{P}}^{\Gamma}e_{\Gamma}=0$$

定义虚拟控制输入为 $\boldsymbol{U}_1=\ddot{\boldsymbol{\Gamma}}=[u_1,u_2,u_3]^{\mathrm{T}}$。因此，式(4-15)可以被写作：

$$\boldsymbol{U}_1=\frac{1}{m}\boldsymbol{R}\begin{bmatrix}0\\0\\F\end{bmatrix}-\begin{bmatrix}0\\0\\g\end{bmatrix} \tag{4-19}$$

即对于任意旋转矩阵有 $\boldsymbol{R}^{-1}=\boldsymbol{R}^{\mathrm{T}}$，有

$$\boldsymbol{R}^{\mathrm{T}}\begin{bmatrix}u_1\\u_2\\u_3+g\end{bmatrix}=\frac{1}{m}\begin{bmatrix}0\\0\\F\end{bmatrix}$$

为了求 $\boldsymbol{U}_1$(假设 $\boldsymbol{\Gamma}_{\mathrm{d}}=0$)：

$$\boldsymbol{U}_1=\boldsymbol{K}_{\mathrm{D}}^{\Gamma}(\dot{\boldsymbol{\Gamma}}_{\mathrm{d}}-\dot{\boldsymbol{\Gamma}})+\boldsymbol{K}_{\mathrm{P}}^{\Gamma}(\boldsymbol{\Gamma}_{\mathrm{d}}-\boldsymbol{\Gamma}) \tag{4-20}$$

从式(4-19)中的旋转矩阵 $\boldsymbol{R}$ 就可以看出，动力学模型与四旋翼的姿态相关。因此，可以将上式扩展为：

$$C_\theta C_\psi u_1 + C_\theta S_\psi u_2 - (u_3 + g)S_\theta = 0 \tag{4-21}$$

$$(S_\theta C_\psi S_\phi - S_\psi C_\phi)u_1 + (S_\theta S_\psi S_\phi + C_\psi C_\phi)u_2 + (u_3 + g)C_\theta S_\phi = 0 \tag{4-22}$$

$$(S_\theta C_\psi C_\phi + S_\psi S_\phi)u_1 + (S_\theta S_\psi C_\phi - C_\psi S_\phi)u_2 + (u_3 + g)C_\theta C_\phi = \frac{F}{m} \tag{4-23}$$

假设 $C_\theta \neq 0$，并且对式(4-21)的两侧同除 C_θ：

$$\theta = \arctan\left(\frac{u_1 C_\psi + u_2 S_\psi}{u_3 + g}\right)$$

把式(4-22)乘以 C_ϕ、式(4-23)乘以 S_ϕ，并将两式相减，可得：

$$S_\psi u_1 - C_\psi u_2 = \frac{F}{m} S_\phi$$

因为 F 的值未知，所以$\frac{F}{m}$必须用其他方式得到。重新排列并展开式(4-19)，如下：

$$\begin{bmatrix} 0 \\ 0 \\ \frac{F}{m} \end{bmatrix}^{\mathrm{T}} \begin{bmatrix} 0 \\ 0 \\ \frac{F}{m} \end{bmatrix} = \left(\boldsymbol{U} + \begin{bmatrix} 0 \\ 0 \\ g \end{bmatrix}\right)^{\mathrm{T}} \left(\boldsymbol{U} + \begin{bmatrix} 0 \\ 0 \\ g \end{bmatrix}\right)$$

注意，$\boldsymbol{R}$ 是正交矩阵，满足 $\boldsymbol{R}^{\mathrm{T}} = \boldsymbol{R}^{-1}$。因此，$\frac{F}{m} = \sqrt{u_1^2 + u_2^2 + (u_3 + g)^2}$，可得：

$$\phi = \arcsin\left(\frac{u_1 S_\psi - u_2 C_\psi}{\sqrt{u_1^2 + u_2^2 + (u_3 + g)^2}}\right)$$

给定 $\boldsymbol{U}$ 和 ψ_{d}，则期望的横滚角和俯仰角为：

$$\theta_{\mathrm{d}} = \arctan\left(\frac{u_1 C_{\psi_d} + u_2 S_{\psi_d}}{u_3 + g}\right);\ \phi_{\mathrm{d}} = \arcsin\left(\frac{u_1 S_{\psi_d} - u_2 C_{\psi_d}}{\sqrt{u_1^2 + u_2^2 + (u_3 + g)^2}}\right) \tag{4-24}$$

之后，期望的推力可由式(4-23)计算得到：

$$F_d = m[u_1(S_{\theta_d} C_{\phi_d} C_{\psi_d} + S_{\phi_d} S_{\psi_d}) + u_2(S_{\theta_d} S_{\phi_d} C_{\psi_d} - C_{\phi_d} S_{\psi_d}) + + (u_3 + g)C_{\theta_d} C_{\phi_d}] \tag{4-25}$$

总之，外环控制器用于控制四旋翼的位置。四旋翼在 x 和 y 方向上的机动是通过调整横滚角和俯仰角使其达到合适的推力方向来实现的，这可以从式(4-24)和式(4-25)中看出。而对于偏航角，它不影响四旋翼的实际机动，因此可以选择为任何所需的值。另外，期望的横滚角、俯仰角、偏航角以及 z 由内回路控制。

对于内环控制器，误差可以按照式(4-18)类似的逻辑定义如下：

$$\boldsymbol{e}_\Phi = \boldsymbol{\Phi}_{\mathrm{d}} - \boldsymbol{\Phi}$$

式中，$\boldsymbol{\Phi}_{\mathrm{d}} = [\phi_{\mathrm{d}}, \theta_{\mathrm{d}}, \psi_{\mathrm{d}}]$，并且 $\boldsymbol{\Phi}$ 为当前姿态。这里，PD 控制律为：

$$\boldsymbol{U}_2 = \boldsymbol{K}_{\mathrm{P}}^{\Phi} e_\Phi + \boldsymbol{K}_{\mathrm{D}}^{\Phi} \dot{e}_\Phi \tag{4-26}$$

假设新的虚拟控制输入为 $\boldsymbol{U}_2 = \ddot{\boldsymbol{\Phi}}$，因此，基于式(4-17)，期望转矩为：

$$\boldsymbol{M}_{\mathrm{d}} = \boldsymbol{I}_q \boldsymbol{W} \boldsymbol{U}_2 \tag{4-27}$$

最后，求得期望的推力(见式(4-25))以及转矩(见式(4-27))以后，电动机的旋转速度可以由式(4-10)计算得到。一方面，这种姿态控制方法非常简单；而另一方面它也具有一些缺点，其中，最重要的是需要计算姿态误差导数，这需要付出很大的计算代价。关于更复杂的姿态控制方案，可参考 Zuo(2010)或 Altug(2005)。

4.3.7 仿真

本节将介绍关于四旋翼控制和路径跟踪的一些仿真结果。仿真中采用的四旋翼飞机的物理特性与普通玩具飞机相似，控制器参数见表 4-1。

表 4-1 四旋翼控制器参数

符号	名称	数值	单位
m	四旋翼质量	0.5	Kg
I_q	四旋翼惯量	$\mathrm{diag}[5,5,9]\cdot 10^{-3}$	$\mathrm{Kg}\cdot\mathrm{m}^2$
C_i	在第 i 个方向上的阻力	1	$\mathrm{N}\cdot\mathrm{s/m}$
I_r	转子极惯性矩	3.4×10^{-5}	$\mathrm{Kg}\cdot\mathrm{m}^2$
C_1	升力系数	3.4×10^{-5}	$\mathrm{N}\cdot\mathrm{s}^2/\mathrm{rad}^2$
C_2	合转矩系数	1.2×10^{-7}	$\mathrm{N}\cdot\mathrm{s}^2/\mathrm{rad}^2$
l	机臂长度	0.2	m

图 4-9 中的控制框图是从左到右实现的：式(4-20)用于计算虚拟控制输入 $\boldsymbol{U}_1$；式(4-24)和式(4-25)用于找到所需的姿态和推力；式(4-26)用于计算虚拟控制输入 $\boldsymbol{U}_2$；式(4-27)用于估计所需的转矩；式(4-10)将 $\boldsymbol{U}_2$ 转换为转子的角速度；最后，式(4-12)～式(4-14)用于计算四旋翼动力学(仅在仿真中需要)(见图 4-10～图 4-12)。

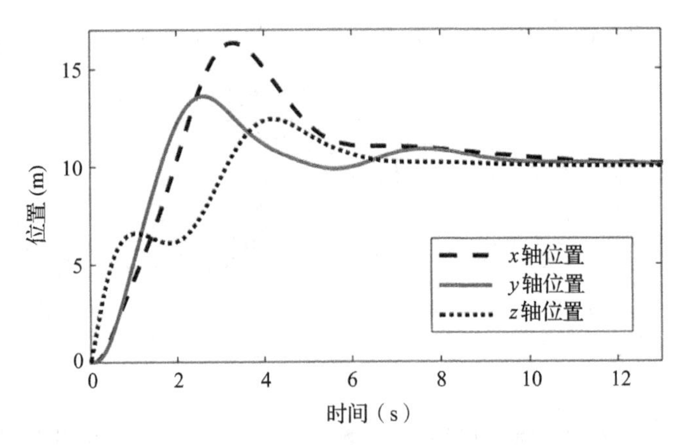

图 4-10 控制器性能($\boldsymbol{K}_{\mathrm{P}}^{\Gamma}=\mathrm{diag}[2.5,2.5,2.5]$且$\boldsymbol{K}_{\mathrm{P}}^{\Phi}=\mathrm{diag}[2.5,2.5,2.5]$)。不同线型分别代表 x、y 和 z 轴的位置

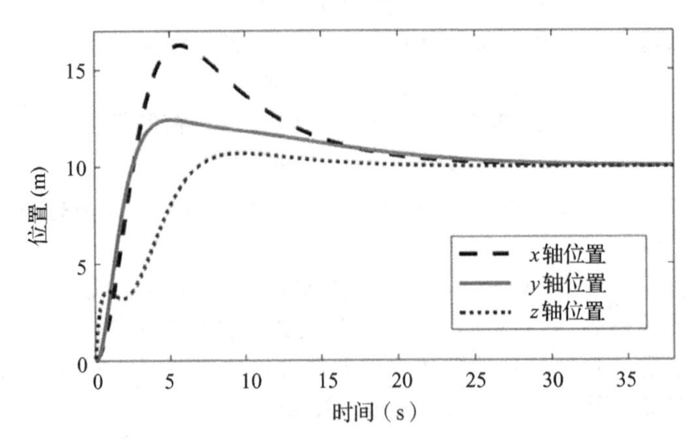

图 4-11 控制器性能($\boldsymbol{K}_{\mathrm{P}}^{\Gamma}=\boldsymbol{K}_{\mathrm{D}}^{\Gamma}=\boldsymbol{K}_{\mathrm{P}}^{\Phi}=\mathrm{diag}[1,1,1]$且 $\boldsymbol{K}_{\mathrm{D}}^{\Phi}=\mathrm{diag}[6,6,6]$)。不同线型分别代表 x、y 和 z 轴的位置

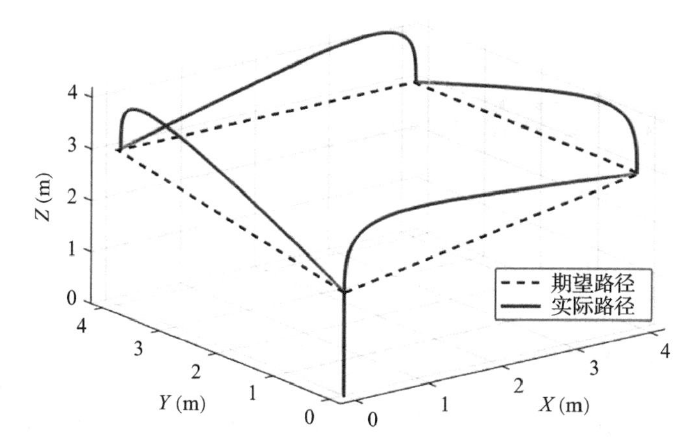

图 4-12 控制器性能（控制器增益与图 4-11 所示情况相同）。虚线代表期望路径，灰色实线代表假定的四旋翼的实际控制路径

参考文献

Ahmad, M., Polotski, V., and Hurteau, R. (2000). Path tracking control of tracked vehicles. In: *ICRA'00. IEEE International Conference on Robotics and Automation*, 2938–2943. IEEE.

Altuğ, E.J. (2005). Control of a quadrotor helicopter using dual camera visual feedback. *The International Journal of Robotics Research* 24 (5): 329–341.

Fahimi, F. (2008). *Autonomous Robots: Modeling, Path Planning, and Control*, vol. 107. Springer Science & Business Media.

Griffin, R., and Allardo, E. J. (1994). "Robot transport platform with multi-directional wheels." U.S. Patent No. 5,323,867. 28 June.

Happian-Smith, J. (2001). *An Introduction to Modern Vehicle Design*. Elsevier.

Kimberlin, R.D. (2003). *Flight Testing of Fixed-Wing Aircraft*. American Institute of Aeronautics and Astronautics.

Murayama, A. and Yamakita, M. (2007). Development of autonomous bike robot with balancer. In: *SICE, 2007 Annual Conference*, 1048–1052. IEEE.

Ogata, K. (2001). *Modern Control Engineering*. Prentice Hall PTR.

Salomon, O. A. (2012). Nir Shvalb, and Moshe Shoham. "Vibrating robotic crawler." U.S. Patent No. 8,294,333. 23 October.

Shvalb, N.A. (2013). A real-time motion planning algorithm for a hyper-redundant set of mechanisms. *Robotica* 31: 1327–1335.

Zuo, Z. (2010). Trajectory tracking control design with command-filtered compensation for a quadrotor. *IET Control Theory and Applications* 4: 2343–2355.

Schroer, R.T., Boggess, M.J., Bachmann, R.J. et al. (2004). Comparing cockroach and Whegs robot body motions. In: *IEEE International Conference on Robotics and Automation, 2004. Proceedings. ICRA'04*, vol. 4, 3288–3293. Institute of Electrical and Electronics Engineers (IEEE).

势场和导航函数下的运动

Nir Shvalb 和 Shlomi Hacohen

本章介绍的运动规划方法不需要全局坐标系的知识，而是基于指定区域的人工势场法来实现导航函数(Navigation Function，NF)方案。与一般的梯度下降法类似，势场法和导航函数法的主要思想是构造一个“曲面”，机器人在该曲面上从初始构型“滑动”到目标构型。此外，本章还提出了一种用于具有概率势场的不确定环境中的新型路径规划方法。

5.1 问题描述

一般来说，移动机器人的运动规划问题需要在二维或三维区域中确定出避免与静态或动态障碍物碰撞的最优路径，其中最优通常指路径长度最短、能量消耗最少或其他描述运动代价的类似参数。障碍物则取决于机器人执行的任务，可能是墙壁、家具、其他机器人，甚至是某些无法与基站通信或无法移动的区域。

解决运动规划问题的方法和技术通常称为运动规划方案，其主要任务是为机器人提供一条路径，使某一确定的代价函数(cost function)最小化，且满足一组不可违反的要求，这些要求被称作为约束。请注意，这些约束可能是物理约束(例如，速度)以及工作空间中的真实物体。

从现在起，本节将用构型(configuration)这个词语来指代系统状态 $\mathfrak{s}$。对于机器臂，其构型为执行器的状态集。而对于移动机器人，构型代表机器人的位置 $\vec{x}$，即机器人在二维或三维空间中的笛卡儿坐标，表示成向量为 $\vec{x}=(x,y)$ 或 $\vec{x}=(x,y,z)$。如果需要的话，构型 $\mathfrak{s}$ 也可以包括机器人的姿态、速度或其他类似参数。因此，机器人的构型或状态空间 $\mathfrak{S}$ 可以被定义如下：

定义 5-1 构型空间(configuration space) $\mathfrak{S}$ 是在没有障碍物的情况下，所有系统可达到的构型 $\mathfrak{s}$ 的集合。

定义 5-2 自由构型空间(free configuration space) $\mathfrak{S}_{\text{free}} \subset \mathfrak{S}$ 是在工作空间中避开障碍物的所有构型 $\mathfrak{s}$ 的集合。

利用实函数集合 g_i：$\mathfrak{S} \to \mathbb{R}$ $(i=0,1,2,\cdots)$，自由构型空间可定义为 $\mathfrak{S}_{\text{free}}=\{\mathfrak{s} \mid g_i(\mathfrak{s})>0, \forall i\}$。这意味着 $\mathfrak{S}$ 是完全已知的构型空间。换句话说，它假设了机器人可以非常精确地感知环境，这当然是很困难的。

本章主要探讨的问题可以描述如下：

问题 5-1 产生一组由起始位置 $\mathfrak{s}_0 \in \mathfrak{S}_{\text{free}}$ 至目标位置 $\mathfrak{s}_n=\mathfrak{s}_d \in \mathfrak{S}_{\text{free}}$ 的最优离散路径 $\langle \mathfrak{s}_0, \mathfrak{s}_1, \mathfrak{s}_2, \cdots, \mathfrak{s}_n \rangle$，其中最优表示代价函数 c：$\mathfrak{S} \to \mathbb{R}$ 取得最小值。

目前，解决此问题的方法有很多，它们大多基于下列假设：

1)完全已知由环境表示的环境地图。

2)完全已知机器人和障碍物的位置。

3)简单的机器人和障碍物的几何形状。

4)简单的机器人动力学模型。

在利用以上假设的最优或近似最优的路径生成算法中，最广为人知的有快速搜索随机树(Rapidly exploring Random Tree，RRT)、可视图法(visibility graph)以及路线图法(roadmap)等，它们实现了不同的搜索技术(Choset et al. 2005；Siegwart et al. 2011)。在这一章中，主要介绍两种最常用的运动规划方法，分别为人工势场法和导航函数法。

人工势场法是由 Khatib 于 1986 年提出的，起初主要用于机械臂。1989 年由 Borenstein 和 Koren 提出了应用于移动机器人的方法。势场法的主要思想是构造一个函数，可将其视为一个“曲面”，机器人在该曲面上由初始构型“滑向”目标构型。导航函数(Navigation Function，NF)法是 Koditschek 和 Rimon 于 1990 年提出的，它沿用了势场法的主要思想，但改善了其容易陷入局部最小值的不足。总体来说，这两种方法都是梯度下降(gradient descent)法的推广。

5.2 梯度下降法

梯度下降法是广泛使用的局部优化方法，用于求取确定的代价函数 $c(\mathfrak{s})$(或回报函数)的最小或最大值。在每一个时间步，该方法需要提供一个前进方向(即梯度 $-\nabla c(\mathfrak{s})$)，从而最小化构型中的代价函数 c。为了清晰起见，暂时先不考虑任何约束，并假设构型空间为空。

5.2.1 无约束的梯度下降

考虑移动机器人的运动，机器人构型 $\mathfrak{s}$ 代表了其位置向量 $\vec{\boldsymbol{x}}$。因此，在本章中构型和位置两个词代表相同的意思，都表达构型空间 $\mathfrak{S}$ 中的一点，并且由二维或三维的笛卡儿域 X 表示。

机器人在时刻 t_0 的初始位置表示为 $\vec{\boldsymbol{x}}_0=\vec{\boldsymbol{x}}(t_0)$，目标位置表示为 $\vec{\boldsymbol{x}}_{\mathrm{g}}$。一个简单的关于位置 $\vec{\boldsymbol{x}}\in X$ 的代价函数如下：

$$c(\vec{\boldsymbol{x}}) = (\vec{\boldsymbol{x}} - \vec{\boldsymbol{x}}_{\mathrm{g}})^2 \tag{5-1}$$

直观地，如果代价函数 c 在当前位置 $\vec{\boldsymbol{x}}_t=(x_t,y_t,z_t)$ 处可微，那么为了接近局部最优点，下一步应该选择代价函数梯度的负方向：

$$\nabla c(\vec{\boldsymbol{x}}_t) = \left(\frac{\partial c(x_t,y_t,z_t)}{\partial x},\frac{\partial c(x_t,y_t,z_t)}{\partial y},\frac{\partial c(x_t,y_t,z_t)}{\partial z}\right)^{\mathrm{T}} \tag{5-2}$$

该方向可以表示为：

$$\boldsymbol{p}_t = -\frac{1}{\|\nabla c(\vec{\boldsymbol{x}}_t)\|}\nabla c(\vec{\boldsymbol{x}}_t) \tag{5-3}$$

注意，这里的向量 $\boldsymbol{p}_t$ 被归一化。

在算法上，机器人沿该方向运动的步长 d_t 应该尽可能大一些。然而，机器人不应该沿这个方向一直前进，因为超出一定范围后，前一时刻的梯度信息就不可靠了。所以，在每一个时刻，最优步长 d_t^* 都应该用下式确定：

$$d_t^* = \arg\min_{d_t}\{c(\vec{\boldsymbol{x}}_t + d_t\boldsymbol{p}_t)\} \tag{5-4}$$

上式可由线搜索或类似方法求解。注意，以下方程实现了机器人往该方向的运动：

$$\vec{\boldsymbol{x}}_{t+1} = \vec{\boldsymbol{x}}_t + d_t\boldsymbol{p}_t \tag{5-5}$$

在算法 5-1 中会重复利用这一公式，直到终端条件被满足。

终端条件是根据步长大小与 $\|\nabla c(\vec{x}_t)\|$ 或 $\frac{\|\vec{x}_t-\vec{x}_{t-1}\|}{\|\vec{x}_t\|}$ 的比值定义的。对于式(5-1)中的代价函数 c，每一个位置 $\vec{x}_t$ 的梯度为 $\nabla c(\vec{x}_t)=2(\vec{x}_t-\vec{x}_g)$，即 $\vec{x}_t$ 和 $\vec{x}_g$ 间的一条直线。机器人从起始点到目标点的最优路径为一条连接 $\vec{x}_0$ 和 $\vec{x}_g$ 的直线。无约束的梯度下降法的算法流程如下。

算法 5-1　梯度下降法。给定定义域 X、代价函数 c 以及终端指标 $\varepsilon>0$，do：

1)初始化 $t=t_0$ 并且定义初始位置 $\vec{x}_0=\vec{x}(t_0)$；

2)Do：

3)设置 $t=t+1$；

4)根据式(5-3)计算方向 $\boldsymbol{p}_t$；

5)根据式(5-4)求解最优步长 d_t^*；

6)根据式(5-5)更新当前位置 $\vec{x}_t=\vec{x}_{t-1}+d_t^*\boldsymbol{p}_t$；

7)While $\|\vec{x}_t-\vec{x}_{t-1}\|\geqslant\varepsilon$ do：

所提的算法实现了用式(5-4)定义的一步到位的优化。另一个广为人知的优化算法是牛顿法(Newton method)。

为了简单起见，可以从一维的运动开始说明。对于 $X\subset\mathbb{R}$，机器人的位置 $\vec{x}_t$ 可由其坐标 $\boldsymbol{x}_t$ 表示。假设需要找到一条由起始点 $\boldsymbol{x}_0$ 到达目标位置 $\boldsymbol{x}_g$ 的路径以使代价函数 c 的微分 $c'(\boldsymbol{x}_g)=0$。对于任何点 $\boldsymbol{x}_t\in X$，在 $\boldsymbol{x}_t$ 的邻域内关于函数 c 的泰勒级数展开式为：

$$c(\boldsymbol{x}_t)=c(\boldsymbol{x}_t+\Delta\boldsymbol{x})+c'(\boldsymbol{x}_t)\Delta\boldsymbol{x}+\frac{1}{2}c''(\boldsymbol{x}_t)\Delta\boldsymbol{x}^2+O(\Delta\boldsymbol{x}^3) \tag{5-6}$$

考虑函数 c 的二阶近似，回顾前文可知，需要找到合适的 $\Delta\boldsymbol{x}$ 使得机器人更加靠近目标点，即让代价函数到达最小(或者回报函数最大)。这时需要使上述级数对于 $\Delta\boldsymbol{x}$ 的导数等于 0，于是可得：

$$c'(\boldsymbol{x}_t)+c''(\boldsymbol{x}_t)\Delta\boldsymbol{x}=0 \tag{5-7}$$

从而得到：

$$\Delta\boldsymbol{x}=-\frac{c'(\boldsymbol{x}_t)}{c''(\boldsymbol{x}_t)} \tag{5-8}$$

因此，为了保证机器人靠向目标位置 $\boldsymbol{x}_g$，可使用如下方程：

$$\boldsymbol{x}_{t+1}=\boldsymbol{x}_t-\frac{c'(\boldsymbol{x}_t)}{c''(\boldsymbol{x}_t)} \tag{5-9}$$

对于二维以及三维情况，该方法可以拓展到多维版本，形式与式(5-9)类似：

$$\vec{x}_{t+1}=\boldsymbol{x}_t-(\boldsymbol{H}(c(\vec{x}_t)))^{-1}\nabla c(\vec{x}_t) \tag{5-10}$$

式中，$\boldsymbol{H}(c(\vec{x}_t))$是函数 c 在点 $\vec{x}_t$ 处的海森(Hessian)矩阵。

注意，通常牛顿法的收敛速度比梯度下降法快，但是由于海森矩阵的梯度或逆在代价函数的导数为零的点上会消失，最终不一定能收敛到最大值或最小值。因此，牛顿法可能会将机器人引导到局部最小值、局部最大值或鞍点。相反，根据方向向量 $\boldsymbol{p}_t$ 所选的符号，梯度下降法则会收敛到局部最小值或局部最大值。

图 5-1 解释了在二维情况下这两种方法的差异。坐标系的原点是定义域的中心，其代价函数为：

$$c(\vec{x}) = 0.05x^3 + 0.01(y-2)^3 + (x-15)^2 + y^2 + xy + 2y$$

并且有两个起始点，分别为 $\vec{x}_0=(-15,25)$ 以及 $\vec{x}_0=(10,28)$。梯度下降法生成的路径用虚线表示，牛顿法生成的路径用实线表示。

可以看出，从起始点 $\vec{x}_0=(10,28)$ 开始，梯度下降法和牛顿法都生成了通向全局最小值的路径，并且牛顿法生成的路径比梯度下降法生成的路径短。但是，当路径起始点开始于 $\vec{x}_0=(-15,25)$ 时，梯度下降法生成了通向全局最小值的路径，而牛顿法生成的路径会终止于代价函数的鞍点。

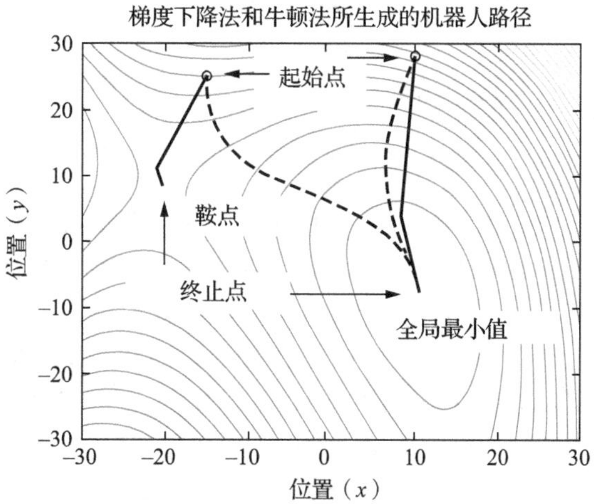

图 5-1　梯度下降法（虚线）和牛顿法（实线）所生成的机器人路径

5.2.2　有约束的梯度下降

考虑有约束的梯度下降法，假设构型空间代表移动机器人可能位置的集合，那么约束可以看作代数函数的集合 $g_i: X \rightarrow \mathbb{R}^+ (i=0,1,2,\cdots)$。问题可描述为最小化代价函数 $c(\vec{x})>0$，同时满足不等式 $g_i(\vec{x})>0$。

为了提出有约束的梯度下降算法，函数 c 和函数 g 需要写成一个函数，该函数可以在梯度下降过程中重复使用。该函数通常的定义如下：

$$\bar{c}(\vec{x}) = \begin{cases} f(\vec{x}), & g_i(\vec{x}) > 0 \ \forall i \\ \infty, & \text{其他} \end{cases} \tag{5-11}$$

式中，$\bar{c}$ 是新的代价函数；函数 f 定义了当满足相关约束时，机器人位置的代价。在此公式中，代价函数在约束区域周围具有陡峭的边沿，从而确保机器人不会离开约束范围。但是，请注意，这个代价函数 $\bar{c}$ 不平滑，因此无法对其应用求导算法。

解决这类问题最常用的方法是*罚函数法*（penalty method）(Siciliano and Khatib 2016，P879)。该方法的主要思想就是将代价函数和约束用如下公式代替：

$$\overline{f}(\vec{x}) = f(\vec{x}) + \alpha \sum_{i \in I} (\overline{g}_i(\vec{x}))^2 \tag{5-12}$$

式中，$\overline{g}_i(\vec{x})=\min\{0,\ \overline{g}_i(\vec{x})\}$；$\alpha>0$ 是惩罚因子；I 是约束下标的集合。函数 f 和 $\overline{f}$ 具有相同的临界点（critical point），即函数的一阶导数为零的点；对于 $\overline{f}$ 的梯度 $\nabla\overline{f}(\vec{x})<0$ 的点会约束在可行区域内。另外注意，这个函数不是处处可微的。

例如，考虑移动机器人在圆内活动并且执行跟随任务，从起始位置 $\vec{x}_0$ 出发移动至目标位置 $\vec{x}_g$，同时要避免与圆形障碍物以及圆形边界碰撞。机器人和障碍物的半径分别为 r_0 和 $r_i(i=1,2,\cdots,n$，其中 n 代表障碍物数量)。坐标系的原点定义在圆形环境的中心，障碍物的中心定义为 $\vec{x}_i$。

定义代价函数 f 和约束 g 为：

$$f(\vec{x}) = \|\vec{x} - \vec{x}_g\|^2, g_i(\vec{x}) = \|\vec{x} - \vec{x}_i\| - r_i$$

对于障碍物，约束的含义是在障碍物区域之外；而对于环境边界，约束的含义应在其中。因此，与环境边界有关的约束是：

$$g_0(\vec{x}) = r_0 - \|\vec{x} - \vec{x}_0\|$$

将这些函数带入式(5-12)，可得到新的代价函数：

$$\bar{f}(\vec{x}) = \|\vec{x} - \vec{x}_g\|^2 + (\min\{0, \bar{g}_0(\vec{x})\})^2 + \alpha \sum_{i=1}^{n} (\min\{0, \bar{g}_i(\vec{x})\})^2$$

罚函数法为障碍物环境中的移动机器人导航提供了简单但相当有效的技术。当然，由于在这种设置中，起始位置和目标位置，以及障碍物的位置和区域是已知的，因此可以使用更复杂的优化方法来解决机器人最优路径的创建问题。

例如，一种被广泛接受的方法是使用拉格朗日乘子(Lagrange multiplier)(有关此方法在导航问题框架中的描述，请参考 Stone(1975)和 Kagan and Ben-Gal(2013，2015))。为了简单起见，假设仅有一个约束，需要最小化代价函数 $c(\vec{x})$且满足 $g(\vec{x})=0$。直观的想法是问题的解会落在 $g(\vec{x})=0$ 所代表的曲线上，这样只需在这条曲线上，沿着代价函数$c(\vec{x})$下降的方向寻找即可。可是，这种求解方法的效率很低。$g(\vec{x})$在 $g(\vec{x})=0$ 这个点上的梯度平行于由点 $\vec{x}$ 拓展的平面，并且方向垂直于 $g(\vec{x})$。如果一直沿着 $g(\vec{x})=0$ 行走，并且在$\nabla f(\vec{x})$中与$g(\vec{x})$平行的分量消失为零时停止前进，这个终止点即为最优解。在这一点，梯度$\nabla f(\vec{x})$与$g(\vec{x})$垂直，换句话说，$g(\vec{x})$和 $f(\vec{x})$的梯度互相平行，并且满足如下关系式：

$$\nabla f(\vec{x}) = -\lambda \nabla g(\vec{x}) \tag{5-13}$$

式中，常数 λ 为拉格朗日乘子。它是必要的，因为等式左侧和右侧梯度的模不一定相等。

最后，用 $g(\vec{x})=0$ 和$\nabla f(\vec{x}) = -\lambda \nabla g(\vec{x})$代替原有的代价函数和约束，并定义拉格朗日函数为：

$$\mathcal{L}(\vec{x}, \lambda) = f(\vec{x}) + -\lambda g(\vec{x}) \tag{5-14}$$

之后，式(5-13)可表示为如下形式：

$$\nabla_{\vec{x},\lambda} \mathcal{L}(\vec{x}, \lambda) = \begin{pmatrix} \nabla f(\vec{x}) \\ 0 \end{pmatrix} + \begin{pmatrix} \lambda \nabla g(\vec{x}) \\ g(\vec{x}) \end{pmatrix} = 0 \tag{5-15}$$

这个等式的解即为原问题的最优解，同时也给出了拉格朗日乘子 λ 的大小。

类似地，在多重约束的情况下，基于拉格朗日乘子法，可得出以下等式：

$$\mathcal{L}(\vec{x}, \lambda_1, \lambda_2, \cdots) = f(\vec{x}) + \sum_{i \in I} \lambda_i g_i(\vec{x}) \tag{5-16}$$

其他常见的方法，比如值迭代(value iteration)和策略迭代(policy iteration)算法(Kaelbling et al. 1996、1998；Sutton and Barto 1998)，实现了动态规划技术，并扩展到了机器人在不确定性环境下的导航问题。在 8.2.2 节中，本书将详细介绍这些算法，并将其应用于信念空间(brief space)中的机器人导航问题。

5.3 闵可夫斯基和

梯度下降法为基于势场和导航函数的导航方法提供了一个通用框架。常用的运动规划算法都需要定义自由构型空间 $\mathfrak{S}_{\text{free}}$。在移动机器人导航问题中，它与可行驶区域 $X_{\text{free}} \subset X \subset \mathbb{R}^n$，$n \geqslant 1$(即除边界外，不会撞到障碍物的区域)相关联。为此，一种常见的方法是将

X_{free}定义为集合 X_{obs}(即机器人占据的面积与障碍物占据的面积的闵可夫斯基和)的补集。

直观地讲，可以令 X 中障碍物的范围根据机器人的体积进行膨胀，而将机器人视为质点(有关该过程的直觉理解，请参见 1.4 节中的搬钢琴问题)。机器人的几何形状由一组向量 **A** 表示，这组向量代表了从机器人的重心到机器人身体上的每个点。类似地，障碍物的几何形状由一组向量 **B** 表示，这些向量代表了从障碍物的原点出发到障碍物物体上的每个点。因此，集合 X_{obs}定义为：

$$X_{obs} = \boldsymbol{B} * (-\boldsymbol{A}) = \{b-a \mid a \in \boldsymbol{A}, b \in \boldsymbol{B}\} \tag{5-17}$$

式中，星号 * 代表闵可夫斯基和。请注意，为了测量机器人内部的点与障碍物内部的点之间的距离，应首先将机器人旋转 180°，这由式(5-17)中的负号表示。集合 **A** 和 **B** 是 X 的子空间，并且集合 **B** * (−**A**)通常很大，因此计算困难。解决此问题的一种方法是将计算限制在一半时间步长上。图 5-2 解释了此过程。在图中，障碍物为梯形，机器人为五边形，其重心由符号◕表示。

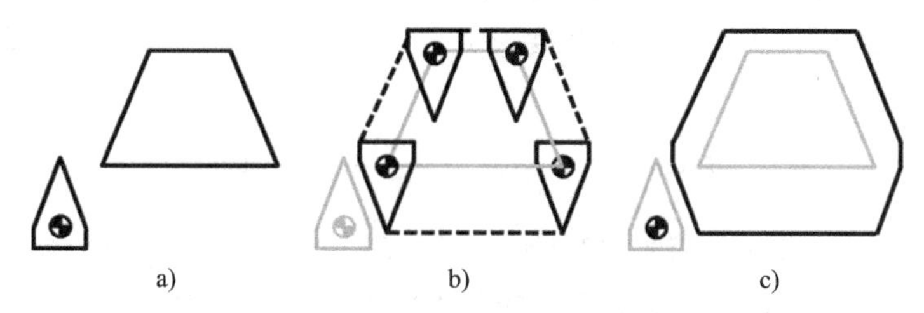

图 5-2　五边形机器人和梯形障碍物的闵可夫斯基和。a)初始设置；b)机器人被旋转 180°并放置于 4 个梯形角上，虚线表示的是膨胀后的周长；c)最终结果，即机器人以其重心来表示，障碍物则膨胀为面积更大的多边形

请注意，在图 5-2b 中，从障碍物的左下角到机器人边缘的最短距离等于进行闵可夫斯基求和后从机器人的中心到障碍物边缘的最短距离。在本章随后的内容中(以及在下一章中，除非另有说明)，机器人将由质点(重心的中心)表示，而障碍物则由闵可夫斯基和表示。

5.4　人工势场法

避障问题可以用一种更为"整体"的方式来看待，与其分别考虑目标构型和障碍物，不如将其合并为一个称为人工势场(artificial potential field)的函数 $\mathcal{U}$: $\mathbb{R}^n \rightarrow \mathbb{R}$ (Khatib 1986；Borenstein and Koren 1989)。类似于静电力产生的势场，可以假设在机器人工作场景中包含了多个电荷(请参见图 5-3)。接下来要解决的问题是，它们产生的向量力场是什么样的？

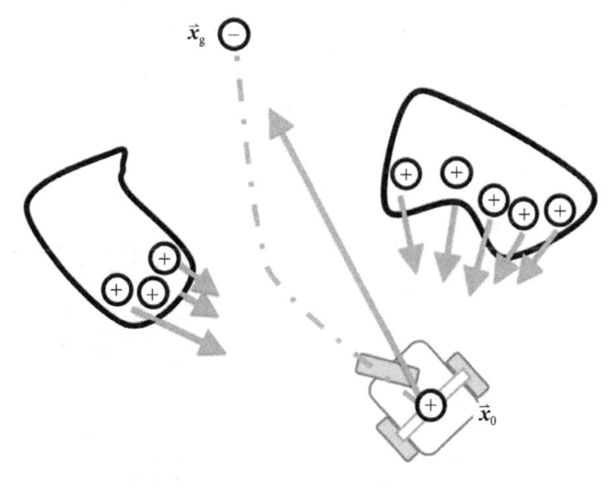

图 5-3　给出移动机器人导航与静电场之间的类比。机器人和障碍物带正电，目标位置 $\vec{x}_g$ 带负电。机器人从点 $\vec{x}_0$ 出发。在静电力的作用下，带正电的机器人会被带负电的目标点吸引，并被带正电的障碍物排斥。机器人的最终轨迹由点划线表示

回想一下，在静电场中，位于 $\vec{r}$ 处

的点电荷 q 对位于原点的点电荷 p 产生的力为：

$$\|\vec{\boldsymbol{F}}\| = k_e \frac{qp}{\|\vec{\boldsymbol{r}}\|}$$

式中，力的方向从 q 指向 p；k_e 为库仑常数，在机器人导航应用中可指定 $k_e=1$。因此，如果电荷 q 与 p 同号，则 $\vec{\boldsymbol{F}}$ 为排斥力；若二者异号，则 $\vec{\boldsymbol{F}}$ 为吸引力。

当多个点电荷 $q_i(i=1,2,\cdots)$同时作用于 p 时，那么图 5-3 中的合力可以表示为：

$$\vec{\boldsymbol{F}} = \sum_i \vec{\boldsymbol{F}}_i = \sum_i \frac{pq_i}{r_i^2}\hat{\boldsymbol{r}}_i \tag{5-18}$$

式中，$\hat{\boldsymbol{r}}_i$ 是从 p 指向 q_i 的方向向量，并且 $r_i=\|\vec{\boldsymbol{r}}_i\|$。

对于运动规划问题，假定机器人带正电荷，目标点带负电荷，而障碍物也带正电荷。另外，结合 5.3 节中的定义，假设机器人为一个质点，障碍物可以是任何形状。

不失一般性，假设障碍物由二进制函数 V 表示，对于每一个位于障碍物区域内的 $\vec{\boldsymbol{x}}$ 有 $V(\vec{\boldsymbol{x}})=1$，反之，$V(\vec{\boldsymbol{x}})=0$。电荷密度表示为 ρ。第 i 个中心位于 $\boldsymbol{x}_i$ 的障碍物的人工势场可定义为：

$$\mathcal{U}(\vec{\boldsymbol{x}}_i) = -\int \rho(\vec{\boldsymbol{x}}) \frac{V(\vec{\boldsymbol{x}})}{\|\vec{\boldsymbol{x}}_i - \vec{\boldsymbol{x}}\|^2} \mathrm{d}\vec{x} \tag{5-19}$$

出于实际需要，可以分别考虑排斥势场函数 $\mathcal{U}^{\mathrm{rep}}$ 和吸引势场函数 $\mathcal{U}^{\mathrm{atr}}$。然后，将点 $\vec{\boldsymbol{x}}$ 上的总势场 $\mathcal{U}(\vec{\boldsymbol{x}})$ 定义为该点上所有排斥势场 $\mathcal{U}^{\mathrm{rep}}$ 和吸引势场 $\mathcal{U}^{\mathrm{atr}}$ 的总和。吸引势场、排斥势场和总势场如图 5-4 所示。

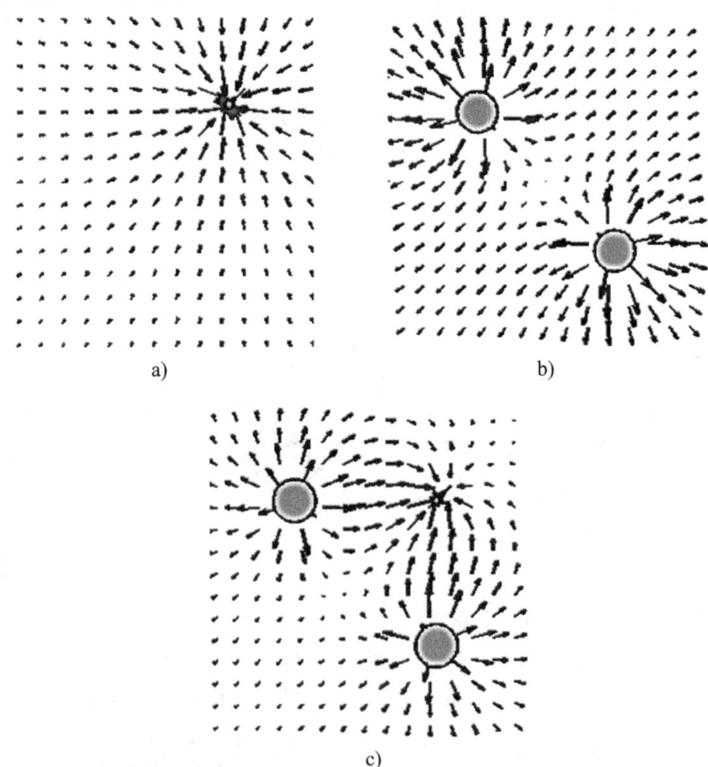

图 5-4 具有一个吸引目标和两个排斥障碍物的人工势场。a)吸引势场 $\mathcal{U}^{\mathrm{atr}}$；b)排斥势场 $\mathcal{U}^{\mathrm{rep}}$；c)总势场

势场的梯度$\nabla\mathcal{U}$为向量场，这个向量场可以引导机器人远离障碍物并且靠近目标位置。现在，可以通过 5.2 节和算法 5-2 中的梯度下降法来定义运动控制策略，该策略总结如下。

算法 5-2 人工势场中的运动。给定定义域 X、势场函数 $\mathcal{U}$ 以及终端指标 $\varepsilon>0$，do：

1)初始化 $t=t_0$ 并且定义初始位置 $\vec{x}_0=\vec{x}(t_0)$；

2)While $\|\nabla\mathcal{U}(\vec{x}_t)\|\geq\varepsilon$ Do：

3)设置 $t=t+1$；

4)更新当前位置 $\vec{x}_t=\vec{x}_{t-1}+\nabla\mathcal{U}(\vec{x}_{t-1})$；

5)End while

可见，该算法遵循与算法 5-1 相同的方法，但是它将代价函数 c 替换成了势场函数 $\mathcal{U}$。综上所述，这种方法的主要问题之一是有时它会卡在局部最小值，如图 5-5a 所示。

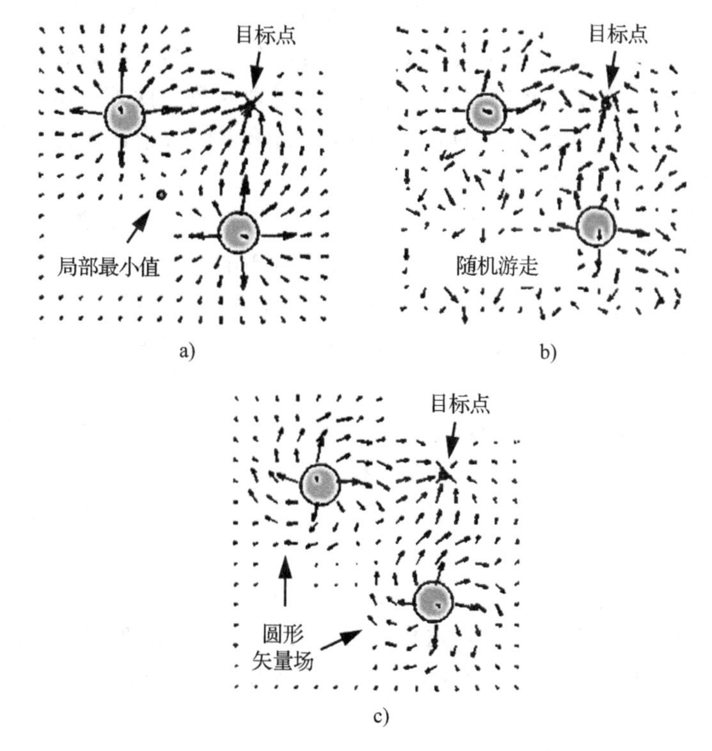

图 5-5 具有一个吸引目标和两个排斥障碍物的人工势场。a)存在局部最小值的势场(参见图 5-1)；b)附加了随机游走的势场；c)障碍物周围附加了圆形向量场

解决此问题的方法之一是在向量场中添加随机游走(请参见图 5-5b)。机器人将具有一定的概率离开局部最小值。但是，不能保证它不会再次落入局部最小值。对于更糟糕的情况，还可以在障碍物周围添加圆形向量场，这样的场可以阻止机器人停在靠近障碍物的区域(如图 5-5c 所示)。

为了避免一些不好的情况发生，例如移动机器人在局部最小值处终止或机器人选择非最优路径前往目标位置(由于添加了随机游走和障碍物周围的圆形向量场)，需要对人工势场法进行改进，从而满足更高的需求。其改进之一便是导航函数法，下一节将详细讨论这种方法。

5.5　导航函数法

正如本章开头所指出的那样，导航函数法是由 Koditschek 和 Rimon 于 1990 年首次提出的，并于 1992 年(Rimon and Koditschek 1992)完全开发且完成了用于确定性环境的版本。该方法沿用了基于势场的导航思想，并将导航函数定义为一类特别的连续光滑的势场函数，该函数在目标点处取值为零，在环境和障碍物的边界处取值为单位 1。此外，为了确保有解，还要求导航函数的所有临界点是非退化的(二阶导算子有有界逆)，即不存在导航函数梯度消失的“高原”区域。本节介绍了 3 种不同场景下的导航函数的变体：在静态确定性环境中导航、在静态不确定性环境中导航以及在动态环境中导航。

5.5.1　静态确定性环境下的导航函数

基于 Koditschek 和 Rimon(1990)的研究，本节从在工作区域 X 上定义导航函数开始，给出一条从初始位置 $\vec{x}_0 \in X$ 到目标位置 $\vec{x}_g \in X$ 的安全可靠的机器人轨迹。下面介绍的内容是为了找到一种与计算反馈控制律相结合的运动规划函数。此外，所获得的路径避开了障碍物，同时被限制在称为工作空间(work space)的给定区域中，保证了从任何初始位置(受某些参数约束)都可以收敛。

从最一般的定义出发，令 $X \subset \mathbb{R}^n (n \geqslant 1)$ 代表一个区域，类似之前的定义，$X_{free} \subset X$ 代表自由区域，即机器人可以自由运动且不会发生碰撞的区域。

定义 5-3　若函数 φ：$X \to \mathbb{R}$ 满足以下要求，则可被称为导航函数：

1)函数 φ 在 X_{free} 内是解析的。准确地说，要求 φ 对于所有的点 $\vec{x} \in X_{free}$ 至少具有二阶导数。

2)函数 φ 在 X_{free} 内是莫尔斯(Morse)函数。莫尔斯函数是指函数的海森矩阵在定义域范围内所有点都不为零(即具有有界逆)的函数。

3)函数 φ 在 X 中是有极性的，即在 X 中具有唯一的最小值，并且假设最小值在目标位置 $\vec{x}_g$ 处。

4)函数 φ 是可容许的，即在 X_{free} 的边界上达到最大值。

显然，前两个要求具有一般性，适用于分析原因，而后两个要求尤其适用于导航任务：要求 3 保证机器人向目标位置移动，而要求 4 则使机器人停留在工作区域中而不会越过边界。

最常见的导航函数 φ_κ：$X \to \mathbb{R}\ (\kappa > 0)$ 的定义如下所示(Koditschek and Rimon 1990；Rimon and Koditschek 1992)。令 $\vec{x} \in X$ 代表区域内的一点，$\vec{x}_g \in X$ 为目标位置，那么：

$$\varphi_\kappa(\vec{x}) = \frac{r_g(\vec{x})}{\left[r_g^\kappa(\vec{x}) + \beta(\vec{x})\right]^{1/\kappa}} \tag{5-20}$$

式中，$r_g(\vec{x}) = \| \vec{x} - \vec{x}_g \|^2$ 代表点 $\vec{x}$ 与 $\vec{x}_g$ 的距离(对照 5.2.2 节的罚函数法中代价函数的定义)；β 为障碍函数(obstacles function)：

$$\beta(\vec{x}) = \prod_i \beta_i(\vec{x}) \tag{5-21}$$

式中，$i = 0, 1, 2, \cdots, N_{obs}$ 代表可行区域($i = 0$)与障碍物($i > 0$)的下标，并且：

$$\beta_i(\vec{x})=\begin{cases}-\|\vec{x}-\vec{x}_0\|^2+r_0^2, & \text{如果 } i=0\\ \|\vec{x}-\vec{x}_i\|^2-r_i^2, & \text{如果 } i>0\end{cases} \tag{5-22}$$

式中，$\vec{x}_0$ 表示可行区域的中心(通常视为坐标系的原点)；$\vec{x}_i$ 代表第 i 个障碍物的中心；而 r_0 和 r_i 代表可行区域和第 i 个障碍物的半径。注意，在 5.2.2 节介绍罚函数法时，符号 r_0 表示机器人的半径。但是，如 5.3 节所示，在应用了闵可夫斯基和后，机器人被视作质点，而障碍物范围则基于机器人的几何形状进行了膨胀。显然，就此而言，函数 β_i 的定义与有约束的梯度下降法中的约束函数 g_i 遵循相同的定义方法(参见 5.2.2 节)。

显然，在式(5-20)中，分子代表了机器人受到目标点吸引力的大小，而分母则根据函数 β_i 来定义障碍物的排斥力和相应的避碰能力。关于可行区域的函数 β_0 和关于障碍物的函数 β_i 如图 5-6 所示。

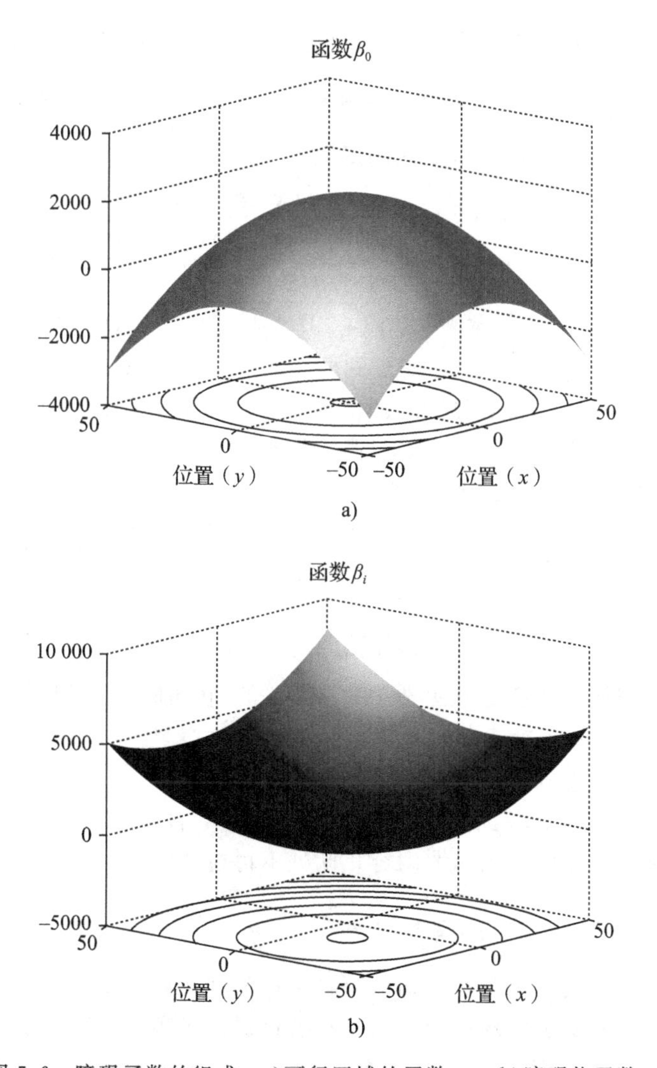

图 5-6　障碍函数的组成：a)可行区域的函数 β_0；b)障碍物函数 β_i

接下来，需要证明式(5-20)所定义的函数会满足定义 5-3 中所列出的各项要求。从形式上看，函数 φ_κ 是 3 个函数的复合函数，每个函数都为 φ_κ 提供了某种特定属性。

我们先从基本的函数 $\hat{\varphi}_\kappa$ 开始考虑，这个函数表述了目标位置的吸引力和障碍物的排斥力。换句话说，该函数的目的是减小机器人与目标位置之间的距离，并增加机器人与障碍物所占区域之间的距离。因此，如果将 $\hat{\varphi}_\kappa$ 定义为：

$$\hat{\varphi}_\kappa(\vec{x}) = \frac{(r_g(\vec{x}))^\kappa}{\beta(\vec{x})} \tag{5-23}$$

那么，由于距离 r_g 仅在目标点处取值为0，且 β 在 X_{free} 的边界取值为0，因此函数 $\hat{\varphi}_\kappa$ 在目标点处取得全局最小值并且在 X_{free} 的边界上为无穷大。而且，通过选择足够大的参数 κ，可以保证 φ_κ 的最小值是唯一的。这是由于 $\left\|\frac{\partial\beta}{\partial x}\right\|$ 与 κ 无关，而 $\left\|\frac{\partial r_g^\kappa}{\partial x}\right\|$ 随着 κ 的增大而增大。因此，梯度 $\nabla\hat{\varphi}_\kappa$ 总是指向目标点。于是，函数 $\hat{\varphi}_\kappa$ 具备了导航函数的主要功能，即将机器人引向目标位置并远离障碍物。

进一步地，需要对函数取值进行限制，使其在可行区域中的最大值为单位1。为了达到这个目的，可将函数 $\hat{\varphi}_\kappa$ 代入 sigmoid 切换函数 $\sigma_\lambda(y) = \frac{y}{y+\lambda}$ 中，对于正值 λ，可将 y 映射为 $[0,\infty] \rightarrow [0,1]$。由此，可获得下面的函数：

$$\begin{aligned}(\hat{\varphi}_\kappa \circ \sigma_\lambda)(\vec{x}) &= \sigma_\lambda(\hat{\varphi}_\kappa(\vec{x})) = \frac{(r_g(\vec{x}))^\kappa/\beta(\vec{x})}{((r_g(\vec{x}))^\kappa/\beta(\vec{x}))+\lambda} \\ &= \frac{(r_g(\vec{x}))^\kappa/\beta(\vec{x})}{(1/\beta(\vec{x}))((r_g(\vec{x}))^\kappa+\lambda\beta(\vec{x}))} = \frac{(r_g(\vec{x}))^\kappa}{(r_g(\vec{x}))^\kappa+\lambda\beta(\vec{x})}\end{aligned} \tag{5-24}$$

最后，要赋予函数莫尔斯性质。注意到前面已证明函数映射 $(\hat{\varphi}_\kappa \circ \sigma_\lambda)(\vec{x})$ 在目标点处具有唯一的最小值、有界，且是解析的。但是，仍然需要保证目标点是非退化的临界点。为了获得此性质，可将映射 $(\hat{\varphi}_\kappa \circ \sigma_\lambda)(\vec{x})$ 代入失真(distortion)函数 $\rho_\kappa(y) = y^{1/\kappa}$ 中。最终，可获得式(5-20)所定义的导航函数，其中 $\lambda=1$。

$$\begin{aligned}(\hat{\varphi}_\kappa \circ \sigma_1 \circ \rho_\kappa)(\vec{x}) &= \rho_\kappa(\sigma_1(\hat{\varphi}_\kappa(\vec{x}))) = \left(\frac{(r_g(\vec{x}))^\kappa}{(r_g(\vec{x}))^\kappa+\beta(\vec{x})}\right)^{1/\kappa} \\ &= \frac{r_g(\vec{x})}{[r_g^\kappa(\vec{x})+\beta(\vec{x})]^{1/\kappa}}\end{aligned} \tag{5-25}$$

遗憾的是，不能通过解析的方法来选取参数 κ 的值。通常，可基于障碍物的数量定义 $\kappa = \#\text{obstacles} \pm 1$。此外，对于失真函数，可知该函数随着 κ 的增加会更加陡峭，这会导致路径变得更短并且更接近自由区域 X_{free} 的边界。

为简单起见，本节主要考虑圆形区域 X。其他形状的工作区域所用的方法也是类似的，读者可以在其他文献中找到相关内容，此处不再赘述。

5.5.2　静态不确定性环境下的导航函数

在上一节中，假定机器人是在已知障碍物坐标及其边界的确定性区域中运行的。本节将导航函数法扩展到不确定的环境中，这意味着机器人应遵循如下的路径：一方面是从初始位置 $\vec{x}_0$ 到目标位置 $\vec{x}_g$ 具有最短的路径；另一方面，最小化与障碍物碰撞的可能性。为简单起见，这里仅考虑高斯分布的情况(尽管也可以在数值上扩展到更一般的情况，参考(Hacohen et al. 2017))。

回想一下，对于确定性场景，导航函数的定义基于函数 $\beta_i(\vec{x})$，其定义了机器人位置

$\vec{x}$ 与第 i 个障碍物的边界的距离，其中 $i=1,2,\cdots,N_{\text{obs}}$。而对于随机场景，导航函数的定义可以扩展为使用碰撞概率(但仍然使用相同的符号)代替距离函数 $\beta_i(\vec{x})$。为此，需要定义一个确定的阈值 Δ，基于该阈值可确定一条等高线 Ψ(Ψ 上的点概率相等)，从而代替障碍物的几何边缘。

为了定义碰撞概率，首先需要将闵可夫斯基和的概念应用于关于机器人位置 $\vec{x}_{\text{rob}}$ 与障碍物位置 $\vec{x}_i$ 的概率密度函数(Probability Density Function，PDF)。在随机情况下，基本的想法是(在某种意义上)将机器人位置的不确定性添加到障碍物位置的不确定性中。请注意，这将使机器人位置成为确定值，而障碍物的不确定性则被进一步扩大，这一点可以通过卷积算子来实现。用 $p_{\text{rob}}(\vec{x})$和 $p_i(\vec{x})$(其中 $i=1,2,\cdots,N_{\text{obs}}$)分别表示机器人和第 i 个障碍物的概率密度函数。然后，使用卷积运算符"$*$"，从而得到在给定机器人确定位置的情况下，第 i 个障碍物的概率密度函数：

$$p_i^*(\vec{x}) = p_{\text{rob}}(\vec{x}) * p_i(\vec{x}) \tag{5-26}$$

假设机器人的位置和障碍物的位置是正态分布的：

$$\vec{x}_{\text{rob}} \sim \mathcal{N}(\overline{x}_{\text{rob}}, \boldsymbol{\Sigma}_{\text{rob}}), \vec{x}_i \sim \mathcal{N}(\overline{x}_i, \boldsymbol{\Sigma}_i)$$

式中，$\overline{x}_{\text{rob}}$和 $\overline{x}_i$ 分别为机器人和障碍物位置的期望值；$\boldsymbol{\Sigma}_{\text{rob}}$ 和 $\boldsymbol{\Sigma}_i$ 是对应的协方差矩阵。然后，对于确定的机器人位置以及不确定的障碍物位置，可以得出以下结论：

$$\vec{x}_{\text{rob}} \sim \mathcal{N}(\overline{x}_{\text{rob}}, 0), \vec{x}_i \sim \mathcal{N}(\overline{x}_i, \boldsymbol{\Sigma}_{\text{rob}} + \boldsymbol{\Sigma}_i)$$

膨胀后的第 i 个障碍物的概率密度函数为(参考(Hacohen et al. 2017))：

$$\mathfrak{f}_i(\vec{x}) = p_i^*(\vec{x}, \overline{x}_i, \boldsymbol{\Sigma}_{\text{rob}}, \boldsymbol{\Sigma}_i) = \frac{(2\pi)^{-n/2}}{(\boldsymbol{\Sigma}_{\text{rob}} + \boldsymbol{\Sigma}_i)^{1/2}}$$

$$\exp\left(-\frac{1}{2}(\overline{x}_i - \vec{x})^{\mathrm{T}} (\boldsymbol{\Sigma}_{\text{rob}} + \boldsymbol{\Sigma}_i)^{-1} (\overline{x}_i - \vec{x})\right) \tag{5-27}$$

式中，n 是区域 X 的维数。由于机器人可视为一个质点(例如，重心)，因此如果机器人(例如，外形为凹多边形的机器人)处于障碍物所占据的某个点，则机器人与障碍物之间会发生碰撞。因此，对于半径为 $r_i(i=1,2,\cdots,N_{\text{obs}})$的圆形障碍物，碰撞可定义为：

$$D_i(\vec{x}) = \begin{cases} 1, & \text{如果 } \|\overline{x}_i - \vec{x}\| \leqslant r_i \\ 0, & \text{其他} \end{cases} \tag{5-28}$$

碰撞概率由如下卷积定义(即概率密度函数在圆形域上的积分)：

$$p_i(\vec{x}) = D_i(\vec{x}) * \mathfrak{f}_i(\vec{x}) \tag{5-29}$$

由式(5-29)定义的卷积可以通过数值或解析方式求解。此外，可以使用对角协方差矩阵来近似圆形障碍物区域内的高斯函数的协方差矩阵，如下：

$$\boldsymbol{\Sigma}_i^* = \boldsymbol{I}_n \sigma \tag{5-30}$$

式中，σ 是 $\boldsymbol{\Sigma}_{\text{rob}} + \boldsymbol{\Sigma}_i$ 的最大特征值；$\boldsymbol{I}_n$ 是单位矩阵。

如果使用矩阵 $\boldsymbol{\Sigma}_i^*$ $(i=1,2,\cdots)$，则障碍物的概率密度函数 $p_i(\vec{x})$($\vec{x} \in X$)可表示为：

$$p_i(\vec{x}, r_i, \sigma) = \mathrm{e}^{-\frac{\|\vec{x}\|^2}{2\sigma}} \sum_{m=0}^{\infty} \left(\frac{\|\vec{x}\|^2}{2\sigma}\right)^m \frac{1}{m!} \bar{\gamma}\left(m + \frac{n}{2}, \frac{r_i^2}{2\sigma}\right) \tag{5-31}$$

式中，$\bar{\gamma}(a,b) = \dfrac{1}{\Gamma(a)} \displaystyle\int_0^b \mathrm{e}^{-\xi} \xi^{a-1} \mathrm{d}\xi$ 是归一化的下半部不完全伽玛函数(normalized lower incomplete gamma function)。

为了在碰撞概率 $p_i(\vec{x}, r_i, \sigma)$的定义下保证机器人可进行合理安全的移动，碰撞概率应该被限定在一个预先定义的阈值 Δ 内(根据可承受风险的大小来定义)。在前文中曾经提到，在确定性场景中，由式(5-20)定义的函数 φ_κ 减小了机器人到目标位置 $\vec{\boldsymbol{x}}_g$ 的距离，并使其远离障碍物(直至沿着障碍物的边界滑动)。为了在随机场景中获得相同的特性，距离函数 $\beta_i(\vec{\boldsymbol{x}})$用概率密度 $p_i(\vec{\boldsymbol{x}})$来代替，公式如下：

$$\beta_i(\vec{\boldsymbol{x}})=\begin{cases}\Delta_i-p_i(\vec{\boldsymbol{x}}), & \text{如果 } p_i(\vec{\boldsymbol{x}})\leqslant\Delta_i\\ 0, & \text{其他}\end{cases}\tag{5-32}$$

根据式(5-32)可知，函数 β_i 在碰撞概率大于 Δ 的点处取值为 0。类似地，可行区域边界的函数 β_0 的定义为：

$$\beta_0(\vec{\boldsymbol{x}})=\begin{cases}-\Delta_0+p_0(\vec{\boldsymbol{x}}), & \text{如果 } p_0(\vec{\boldsymbol{x}})\leqslant\Delta_0\\ 0, & \text{其他}\end{cases}\tag{5-33}$$

式中，概率函数 p_0 和 Δ_0 代表的是由仅使用机器人的概率密度函数计算得到的外部边界。因此，将式(5-33)带入式(5-20)中，可得到所需的概率导航函数(Probabilistic Navigation Function，PNF)。

请注意，只要障碍物彼此不相切(在这种情况下可能没有出路)，机器人跟随 $\hat{\varphi}_\kappa(\vec{\boldsymbol{x}})$的梯度即可收敛到目标点(解析证明可参考文献(Hacohen et al. 2019))，同时避开障碍物。

5.5.3　动态环境下的导航函数与势场

前文主要介绍了人工势场法和导航函数法在静态确定性和随机环境下移动机器人导航中的应用。本节对前文提到的算法进行了简单修改，以便于扩展至动态确定性和随机环境中。

对于本节所提的解决方案，在机器人运动期间，导航函数会根据预测的障碍物位置和机器人位置进行更新。图 5-7 显示了使用概率导航函数进行机器人导航的框图。

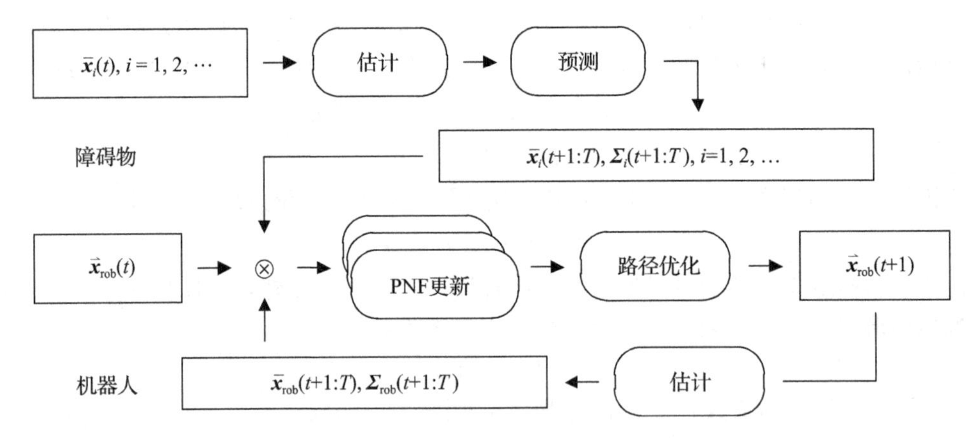

图 5-7　动态环境中基于概率导航函数(PNF)的机器人导航方案

如图 5-7 所示，$\vec{\boldsymbol{x}}_{rob}(t)$表示时刻 t 机器人所在的位置，$\bar{\boldsymbol{x}}_i(t)(i=1,2,\cdots,N_{obs})$代表第 i 个障碍物所在位置。通过对未来 T 时刻的估计和预测，可以得到机器人和障碍物的期望位置，分别为 $\bar{\boldsymbol{x}}_{rob}(t+1:T)$和 $\bar{\boldsymbol{x}}_i(t+1:T)$，以及对应的协方差矩阵 $\boldsymbol{\Sigma}_{rob}(t+1:T)$和 $\boldsymbol{\Sigma}_i(t+1:T)(i=1,2,\cdots,N_{obs})$。

解决方案包括 3 个环节：首先是估计，即提供在随机环境中机器人和障碍物位置的概率密度函数；其次是预测，即确定下一时刻障碍物的位置；最后是路径优化，即根据给定的障碍物位置，生成机器人的最佳路径。

5.5.3.1 估计

基于导航函数的算法可估计机器人位置和障碍物位置的概率密度函数，并且要求统计矩要尽可能准确。注意，由于这类算法需要同时使用协方差和期望值，因此，大多数应用将协方差作为初始估计。为了得到机器人和障碍物的概率密度函数，可以使用粒子滤波算法进行估计(Doucet et al. 2000；Septier 2009)。该算法不假定过程是线性的，并且不依赖概率分布的形状。第8章介绍了贝叶斯估计方法(关于粒子滤波算法的详细内容，请参考文献(Choset et al. 2005；Siegwart et al. 2011))。

5.5.3.2 预测

预测的方法与系统动力学的一般性假设有关。假设机器人和障碍物的运动都由如下公式决定：

$$\vec{x}_i(t+1) = f(\vec{x}_i(t), u(t), w(t)), i = 0,1,\cdots,N_{\text{obs}} \tag{5-34}$$

式中，$\vec{x}_0(t)=\vec{x}_{\text{rob}}(t)$是机器人在时刻$t$的位置；$\vec{x}_i(t)(i=1,2,\cdots,N_{\text{obs}})$是障碍物的位置；$u(t)$是控制信号；$w(t)$是系统噪声(对于许多实际情况，该公式可以近似为线性等式)。显然，在考虑概率导航函数时必须预测障碍物的位置(参见文献(Blackmore et al. 2006))。

导航函数在本质上是静态的，因此，考虑到模型的动态性，需要在每个时间步重新计算概率导航函数，这样才能不断更新概率导航函数。因此，机器人路径将由一系列静态的概率导航函数来表示。为了最大限度地利用先验知识，当前时刻k以及未来$k+1,k+2,\cdots,k+N_{\text{fwd}}$时刻的导航函数都会被预测。由于不确定性随时间而增加，因此在经过有限时间步的预测之后，障碍物在整个环境中出现的概率会趋于一致。因此，预测步数不能太大(如图5-8所示)。

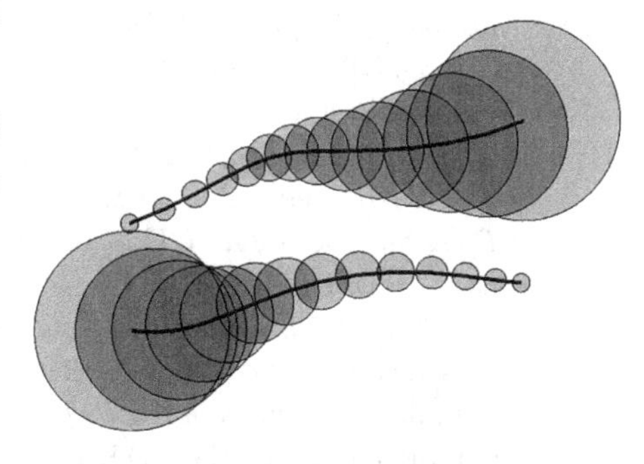

图5-8 不确定场景下对两个障碍物的预测——不确定性随时间增长

5.5.3.3 优化

这一步的工作是利用给定的N_{fwd}个概率导航函数确定一条最优路径。由于在时刻k需要求解下一时刻的路径点λ_k，因此概率导航函数$\hat{\varphi}_\kappa(\vec{x})$应该在时刻$k$更新并计算$\lambda_k$，以此类推。由于概率导航函数描述了机器人承担的风险及其与目标的距离，因此可以将其视为代价函数。因此，优化路径$\Lambda=(\lambda_k,\cdots,\lambda_{k+N_{\text{fwd}}})$也就简单地意味着最小化如下函数：

$$E = \min_{\Lambda}\left\{\sum_{i=1}^{N_{\text{fwd}}} \varphi^{k+i}(\lambda_{k+1})\right\}$$

这种优化问题可以利用各种算法来求解，例如模拟退火或遗传算法(Davis 1987)。

5.6 小结

本章介绍了几种运动规划方法，这些方法无须全局坐标系的知识，而是基于在指定区域中构建人工势场的思想，此外还介绍了导航函数法。与一般的梯度下降法类似，人工势场法和导航函数法的主要思想是构建一个“曲面”，机器人在该曲面上由初始构型“滑动”到目标构型。此外，通过对导航函数的概念进行简单扩展，本章介绍了概率导航函数，从而将这类方法扩展到具有不确定性的环境以及动态场景中。

参考文献

Blackmore, L., Li, H., and Williams, B. (2006). A probabilistic approach to optimal robust path planning with obstacles. In: *American Control Conference*, vol. 7, 2831–2837. IEEE.

Borenstein, J. and Koren, Y. (1989). Real-time obstacle avoidance for fast mobile robots. *IEEE Transactions on Systems, Man, and Cybernetics* 19 (5): 1179–1187.

Choset, H., Lynch, K., Hutchinson, S. et al. (2005). *Principles of Robot Motion: Theory, Algorithms, and Implementation*. Cambridge, MA: Bradford Books/The MIT Press.

Davis, L. (1987). *Genetic Algorithms and Simulated Annealing*. Los Altos, CA: Morgan Kaufman Publishers, Inc.

Doucet, A., Godsill, S., and Andrieu, C. (2000). On sequential Monte Carlo sampling methods for Bayesian filtering. *Statistics and Computing* 10 (3): 197–208.

Hacohen, S., Shoval, S., and Shvalb, N. (2017). Applying probability navigation function in dynamic uncertain. *Robotics and Autonomous Systems* 237–246.

Hacohen, S., Shoval, S., and Shvalb, N. (2019). Probability Navigation Function for Stochastic Static Environments. *International Journal of Control, Automation and Systems*, 1–17. https://doi.org/10.1007/s12555-018-0563-2.

Kaelbling, L.P., Littman, M.L., and Moore, A.W. (1996). Reinforcement learning: a survey. *Journal of Artificial Intelligence Research* 4: 237–285.

Kaelbling, L.P., Littmann, M.L., and Cassandra, A.R. (1998). Planning and acting in partially observable stochastic domains. *Artificial Intelligence* 101 (2): 99–134.

Kagan, E. and Ben-Gal, I. (2013). *Probabilistic Search for Tracking Targets*. Chichester: Wiley.

Kagan, E. and Ben-Gal, I. (2015). *Search and Foraging. Individual Motion and Swarm Dynamics*. Boca Raton, FL: Chapman Hall/CRC/Taylor & Francis.

Khatib, O. (1986). Real-time obstacle avoidance for manipulators and mobile robots. *The International Journal of Robotics Research* 5 (1): 90–98.

Koditschek, D.E. and Rimon, E. (1990). Robot navigation functions on manifolds with boundary. *Advances in Applied Mathematics* 11 (4): 412–442.

Rimon, R. and Koditschek, D.E. (1992). Exact robot navigation using artificial potential functions. *IEEE Transactions of Robotics and Automation* 8 (5): 501–518.

Septier, F., Pang, S., Carmi, A., and Godsill, S. (2009). On MCMC-based particle methods for Bayesian filtering: application to multiagent tracking. In: *The 3rd IEEE Int. Workshop on Computational Advances in Multi-Sensor Adaptive Processing (CAMSAP)*, 360–363. Institute of Electrical and Electronics Engineers (IEEE).

Siciliano, B. and Khatib, O. (eds.) (2016). *Springer Handbook of Robotics*. Springer.

Siegwart, R., Nourbakhsh, I.R., and Scaramuzza, D. (2011). *Introduction to Autonomous Mobile Robots*, 2e. Cambridge, MA: The MIT Press.

Stone, L.D. (1975). *Theory of Optimal Search*. New York: Academic Press.

Sutton, R.S. and Barto, A.G. (1998). *Reinforcement Learning: An Introduction*. Cambridge, MA: The MIT Press.

全球卫星导航系统与机器人定位

Roi Yozevitch 和 Boaz Ben-Moshe

6.1 卫星导航概论

每个机器人系统都需要获取精准的空间位置信息。全球卫星导航系统(Global Navigation Satellite System，GNSS)正广泛应用于户外机器人的定位之中。本章将围绕卫星导航的原理及其在移动机器人领域中的应用展开详细介绍。

GNSS可以使用地球上的接收器来确定绝对位置，该绝对位置可以从地面接收器与导航卫星所测量的距离信息中计算出来，其中知名度最高(历史最悠久)的GNSS是美国于1980年开发的全球定位系统(Global Positioning System，GPS)。现在，几乎每个接收器都使用GNSS，比如俄罗斯的GLONASS。除此之外，GNSS还有欧盟研制的GALILEO以及中国开发的北斗2系统(Chinese BeiDou2)等。虽然各种GNSS的工作方式不尽相同，但是其原理同根同源。接下来，我们将揭开GNSS工作原理的神秘面纱。

三边测量法

GPS和GLONASS均是基于三边测量法的导航系统。与三角方法不同，三边测量法是基于接收器与3个位置已知的信标之间的距离(而非角度)进行测算的。使用该方法的测量精度取决于接收器测量自身与信标之间距离的能力。该距离由到达时间法(Time of Arrival，ToA)进行计算。每个导航卫星安装有4个原子时钟，当收到信号时，卫星记录下到达时间并与发送时间相比较，二者之间的差值与信号传播速度的乘积便是接收器与该卫星的距离。与其他电磁波一样，信号的传播速度为光速 $c \approx 3 \times 10^8 \mathrm{m/s}$。该距离称作**伪距**，表示发射器与接收器之间的距离。该原理可以通过一个简单的一维模型来理解。假设我们拟在一条直的道路上确定接收器的位置(如图6-1所示)，如果发射器的位置和传送时间是精准的，那么接收器可以通过将 Δt 与 c 相乘推导出距离。

图6-1强调了两点重要的注意事项。第一点，整个计算的精度取决于对 Δt 的精准计算。对于 c 而言，1 μs的时间误差将会导致大约300 m的距离误差。第二点，计算的位置具有歧义性，因为接收器可能在发射器的左侧也可能在右侧。左侧的位置(不在地面上)可以被忽略，从而确定了接收器的位置。然而，克服时钟的低精度是更加棘手的问题。正因如此，卫星与接收器之间的距离称为伪距；由于接收器时钟的偏差，该距离并不是真实距离。

每个GNSS卫星都装备3个非常精确的铯原子钟。可惜的是，商业级的接收器并没有如此高的时间精度。正因如此，需要额外增加一个卫星以便通过差分ToA(DToA)来测算接收器的位置。如图6-2所示，当接收器时钟存在一个未知的时间偏差 Δt 时，通过两个卫星的DToA可以将时间偏差消除。

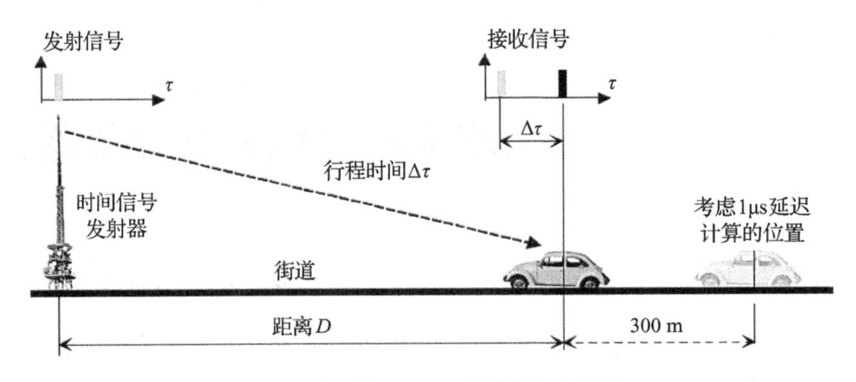

图 6-1 一维 ToA 三边测量法示意图

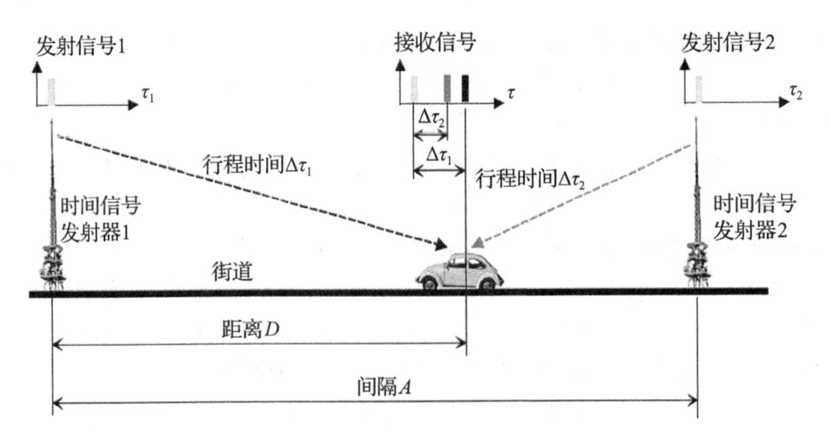

图 6-2 DToA 示意图。额外的卫星使接收器无须高精度的时钟

6.2 位置计算

理论上讲，3 个卫星足够计算接收器的 3D 位置了。由于每个卫星与接收器之间的距离可以构成一个球面，因此 3 个球面的交点就足以确定地球上的单射位置。然而，还需要一个额外的卫星来克服接收器的固有时钟偏差(见图 6-2)。事实上，最初 GPS 卫星的布局便是确保在地球上的任何一点都至少同时存在 4 个可观测卫星(Zogg 2009)。正因如此，需要四元二次方程组来求解接收器的 3D 坐标(Hegarty 2006)。

$$R_i = \sqrt{(X_{\text{sati}} - X_{\text{user}})^2 + (Y_{\text{sati}} - Y_{\text{user}})^2 + (Z_{\text{sati}} - Z_{\text{user}})^2} + b_{\text{u}} \tag{6-1}$$

式中，b_{u} 是接收器的时钟偏差，并以米的形式进行表述。注意，对于每个卫星而言，b_{u} 是相等的，因此它是接收器的固有误差。该方程组可以通过线性化和迭代的方法进行求解。卫星的位置是已知的，因为每个卫星的轨道是从星历(对其轨道的数学描述)中获得的。需要 4 个方程可以求解出 X_{user}、Y_{user}、Z_{user} 以及 b_{u}。因此，在 GNSS 的接收器(主要是 GPS 和 GLONASS)中，最少需要 4 个卫星来求解接收器的位置。

6.2.1 多径信号

可见性对于求解位置方程尤为重要。该位置计算方法在卫星具有视线(Line of Sight，LOS)的假设下方才可行。事实上，一些卫星没有视线(Non-Line of Sight，NLOS)。图 6-3 展示了 LOS 信号与 NLOS 信号。

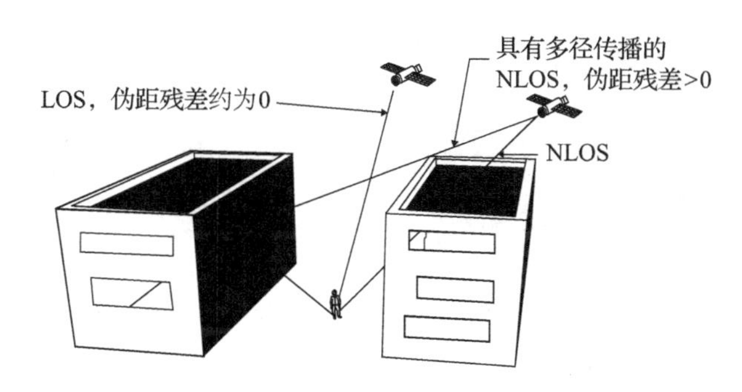

图 6-3 光学可见性示意图。LOS 路径被标记为导航卫星和用户接收器之间的直线段。NLOS 路径显示为从建筑物墙壁反弹或单纯地穿过建筑的线段

NLOS 卫星的多径现象将会导致较大的伪距(Ben-Moshe 2012)。NLOS 卫星的信号通常在反射后被获取，这些反射会使卫星信号的路径变长，即出现多径现象。多径信号会造成高达几十米的位置误差。当使用超过 4 个可见卫星时，先进的 GNSS 接收器将会利用所有的卫星进行更准确的位置估计(Groves 2013)。然而，在 NLOS 实验中，例如在城市峡谷地带，GNSS 接收器会产生糟糕的测量结果。该场景下的详细情况将在 6.4 节中展开讨论。

6.2.2 GNSS 精度分析

没有误差范围的物理量是毫无价值的。移动机器人的设计者必须知道接收器有怎样的测量精度。遗憾的是，GNSS 接收器的误差估计报告并不可靠。商用级 GNSS 接收器的最高精度可以达到水平 2～3m、垂直 5～15m。而这个精度只能用于露天实验，在城市环境中定会大打折扣。

产生测量误差的原因有多种，其中主要的原因为*电离层时延*。电离层是包围在地球表面的充满带电粒子的一层气体，可以减缓 GNSS 在该层中的传播速度。虽然当今的 GNSS 接收器可以通过电离层模型来消除此误差，但此误差仍不可以忽略不计。那么，如何评估接收器所报告的位置质量呢?

有两条经验法则可以提高接收器的精度。第一条，增加导航卫星的数量。现在接收器可以接收多种 GNSS 卫星网络的信号，包括 GPS、GLONASS、BeiDou 以及 GALILEO 等卫星网络。加在一起，可以跟踪的导航卫星的数量多达 20～30 个。参与求解位置的卫星数量越多，接收器的位置定位精度越高。第二条，降低接收器的精度因子(Dilution of Precision，DoP)。

6.2.3 精度因子

精度因子可以认为是由 4 个卫星与用户所构成的四面体体积的倒数，如图 6-4 所示。精度因子越小，所测位置的精度越高。有几种常用的 DoP，包括垂直精度因子(Vertical DoP，VDoP)和水平精度因子(Horizontal DoP，HDoP)。HDoP 表示 x-y 坐标解的质量，而 VDoP 表示海拔解的质量。

这两条经验法则可以应用于实时系统中。在实际操作中，无人机在监测到不少于 8 个导航卫星且 HDoP 小于某个预设值(约 1～1.5)时，才会起飞。

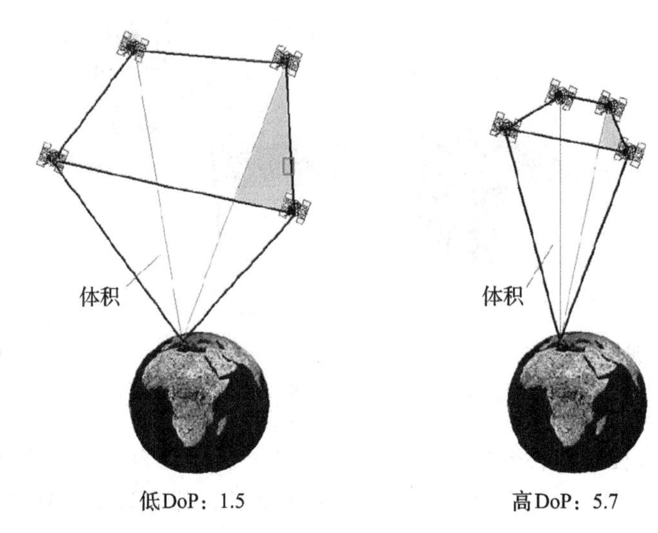

图6-4　封闭体积越大，DoP越小

6.3　坐标系

对任何坐标系的要求都是一致的——相同的位置总会产生相同的坐标。自哥白尼变革以来，人们有了地球不是宇宙中心的认知。最常见的方法是使用地球固定的坐标系——地心固定坐标系(Earth Center，Earth-Fixed，ECEF)。在ECEF中，点(0，0，0)是地球的中心坐标，地球上的每一个点都有类似的坐标。式(6-1)可以推导出接收器在X-Y-Z ECEF坐标系下的绝对坐标。虽然GNSS使用了ECEF坐标系，但并不是很直观(例如Z坐标代表的不是高度)。GNSS接收器最常用的地理学坐标系是纬度、经度与海拔。另外，在移动机器人领域，基于栅格的通用横轴墨卡托(Universal Transverse Mercator，UTM)投影被广泛应用。

6.3.1　纬度、经度和海拔

虽然地球不是标准的球体(赤道的半径大约比通过极点测量的半径大0.3%)，但是它可以近似地建模为平均半径约为6371km的球体。通过大地测量数据，例如WGS84(世界大地测量系统，World Geodetic System)，可以得到更加精确的地球球体模型。

首先，地球表面上某一点的纬度是赤道平面与通过该点穿越地心的直线之间的夹角。因此，在赤道上每一点的纬度均为0。北极点和南极点的纬度分别为+90°和−90°。

其次，地球表面某一点的经度是过该点的子午线相对于参照子午线向东或向西的角度。经度为0的子午线位于英国皇家格林尼治天文台(位于伦敦东南部)，至此向东达到180°，向西达到−180°。

最后，海拔就是某点(纬度，经度)高于(或低于)海平面的垂直高度，可以由数据(通常是指WGS84)估计。

虽然GNSS可以通过纬度、经度和海拔来确定自身的位置，但是这种非笛卡儿坐标系的方式通常会在实际实现过程中造成歧义和其他技术问题。另一个可以选择的全局笛卡儿坐标系是UTM投影系。

6.3.2 UTM 投影

UTM 保形投影使用二维笛卡儿坐标系为地球表面进行定位。UTM 投影绕过地球的曲率，将地球表面投在了二维平面上。UTM 坐标系把地球表面分成了 60 个区域，每个区域都是一个 6°经度带，并在每个区域使用一个正割横向墨卡托投影(如图 6-5 所示)。由于投影的原因，两极(南极和北极)并不能体现在地图中。UTM 坐标系的优点主要有 3 个方面：简单、全球化以及广泛应用于导航系统。

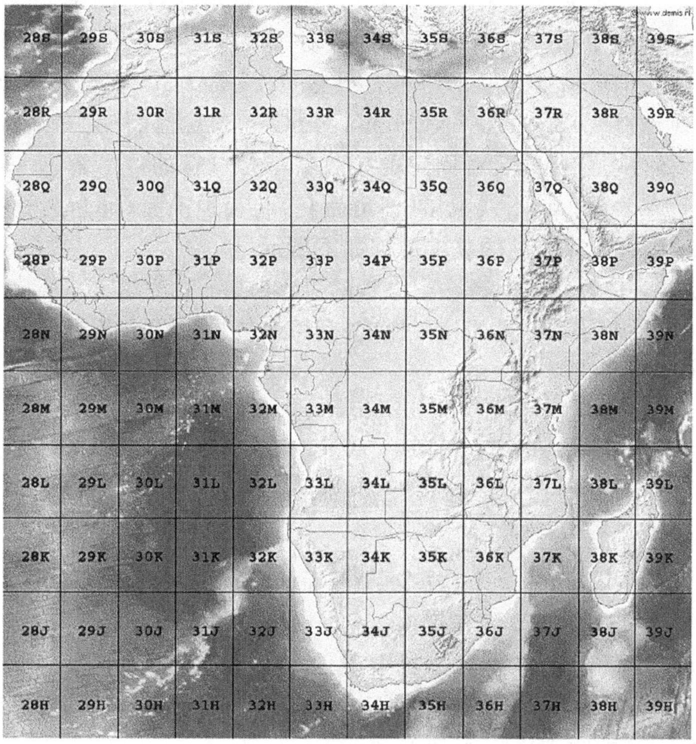

图 6-5 非洲地区的 UTM 投影

6.3.3 局部笛卡儿坐标系

另一个常用的坐标系是局部坐标系，假设有一个运动范围在几公里之内的机器人。对于大多数实际应用而言，地球的角度完全可以忽略。根据经验可知，运动范围在 100 km 以内时，地球表面可以看作平的。基于这个假设，笛卡儿坐标系可以被简化。最常用的是 X 轴朝向东，Y 轴朝向北，Z 轴朝向上坐标系。下面用一个规范的方式来定义它：

1)确定原点(org)并标记该点的纬度、经度和海拔。

2)对于某一点 p(距离原点足够近)，计算该点的 Δlatitude、Δlongitude 和 Δaltitude(p 和 org 之间)。

3)p 点相对于 org 的局部坐标可以按下述过程计算：

$$\Delta x = E_{\mathrm{rad}} \sin(\Delta\mathrm{longitude}) \cos(\mathrm{org.\,latitude})$$

$$\Delta y = E_{\mathrm{rad}} \sin(\Delta\mathrm{latitude})$$

$$\Delta z = \Delta \text{altitude}$$

式中，E_{rad}是地球半径。注意，反变换可以通过同样的公式进行计算。

6.4 速度计算

接收器速度向量 $\boldsymbol{v}(t)$可以通过对位置向量 $\boldsymbol{X}(t)$求导得到。虽然该方法实现起来非常简单，但是由于它依赖基于伪距的位置测量，因此该方法只能达到米每秒的测量精度。因此，GNSS 接收器利用不同的(和正交的)方法来估计速度 $\boldsymbol{v}(t)$，即速度估计基于多普勒分析。虽然导航卫星以固定的频率发射信号，但是接收器观测到的频率会因为接收器与卫星之间的相对速度而发生变化。对由卫星相对运动而产生的接收器信号进行多普勒频率分析，可以实现的速度估计精度为厘米每秒。虽然 $\boldsymbol{v}(t)$是以 3D 形式计算出来的，但是 2D 数值的大小作为对地速度(Speed over Ground，SoG)，2D 方向作为对地航向(Course over Ground，CoG)。多普勒分析甚至对固定的接收器都是可行的，了解这一点十分重要。因为接收器固定在地球表面，地平线卫星(仰角为 0°)与天顶卫星(仰角为 90°)之间有相当大的距离差。GNSS 设备计算速度的基本原理如下所示：

- 假设接收器对位置和时间有一个大致的概念(1km/1s 的精度是足够的)。
- 接收器计算每个导航卫星的相对速度(利用多普勒频移以及卫星从星历中获得的已知方向和轨道)。

6.4.1 计算大纲

- 每个相对速度(相对于卫星 S_0)可以近似地看作一个距离卫星 S_0 有固定距离的几何平面。
- 接收器的速度可以通过 3 个(或多个)平面的交点进行求解。

图 6-6 展示了 GNSS 接收器的速度向量估计的基本原理。接收器计算出相对于每个卫星的速度(sat_1，sat_2，sat_3)，每个平面 H_1、H_2 和 H_3 表示 GNSS 接收器在一个短暂的时间间隔(Δt)后的可能位置。3 个平面的交点表示 GNSS 在 Δt 时间间隔后所运动的距离，即接收器的速度。容易得出，即使接收器的位置部分已知(或不准确)，速度向量也可准确计算出来。

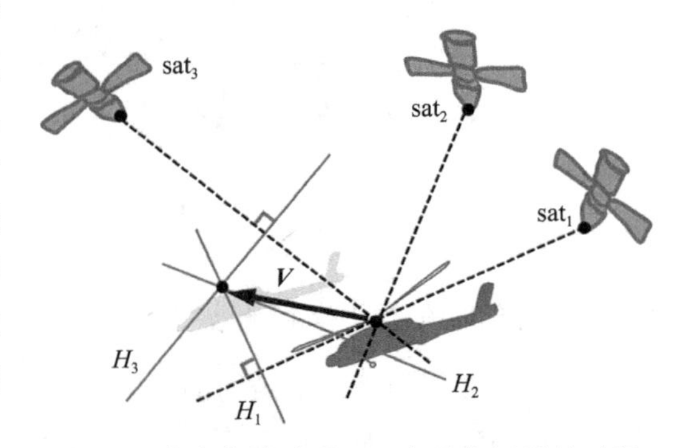

图 6-6 速度估计过程：**V** 表示在短暂的时间间隔内接收器移动的距离向量。H_1、H_2 和 H_3 这 3 个平面表示接收器位置的几何约束

6.4.2 插入说明

正交速度计算方法以及多普勒对多径影响的可靠性表明，即使在位置精度不高的地方，也可以利用速度向量。虽然位置向量在这些区域是不可靠的，但 CoG/SoG 是非常精确的。图 6-7 可以说明这个现象。在图 6-7 所示左图中，可以看到一个关于人行道的正方形路线，并由一个 GNSS 接收器记录。在图 6-7 所示右图中，计算出的双 A-B-C-D 路线是完全利用报告的速度值(CoG/SoG)构建的。图中明显可见两个正方形的形状。

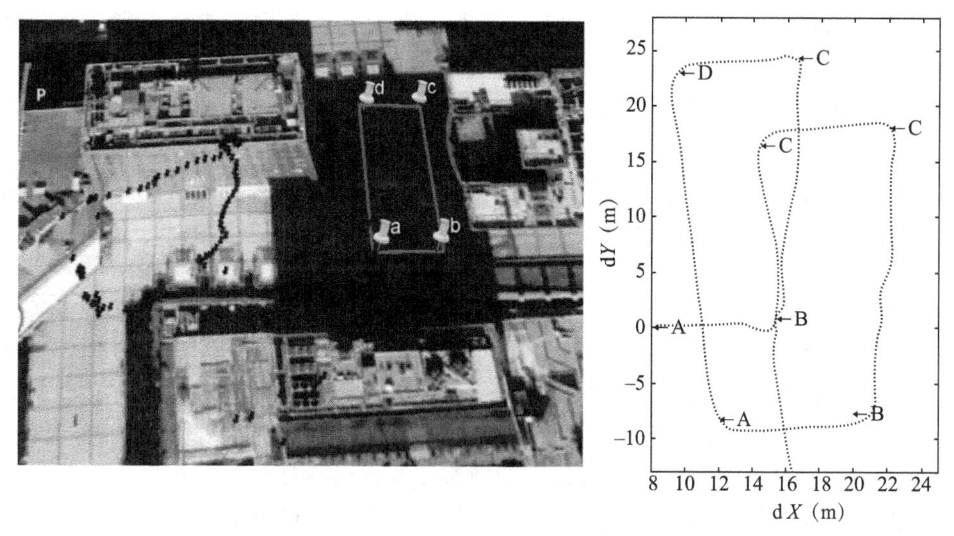

图 6-7 速度估计示意图。虽然 GNSS 接收器报告的位置不准确(左图)，但速度是相当准确的(右图)

6.5 城市导航

GNSS 设备在城市峡谷环境中表现较差。如前面章节所述，使用 4 个(或更多个)伪距和相关卫星的位置可以计算出 GNSS 接收器的 3D 位置。这种操作方法的前提是假设卫星是有视线(LOS)的。GNSS 设备可以直接使用 4 个(或更多个)足够强的信号来估计它的位置。计算过程假设了卫星有视线，因此伪距是正确的。其他 GNSS 设备(例如，载波相位 GPS 或大地 GNSS 接收器)可以精确到厘米。然而，这些高端设备价格昂贵，需要特殊的天线，在此不做讨论。商用设备较低的物理精度的下限为 1m(Zogg 2009)。在这些设备中，由时钟偏差、大气和星历数据错误引起的误差是不能完全消除的，并且这些精度水平只能在开放的场景中实现，这会直接引起城市峡谷问题。

城市环境包括人为的和自然的障碍，这些障碍妨碍了卫星的使用。因此，在密集的城市峡谷环境中，常常缺乏 4 个可见的 LOS 卫星。正如前面指出的，如果没有 4 个(或更多个)LOS 卫星，定位的准确性就会下降。本章已经介绍了几种方法来解决这个问题，例如，使用 NLOS 卫星来估计退化的位置(Bobrovsky 2012)。然而，这些方法存在位置不准确的问题。主要的错误是由多径效应引起的。如图 6-3 所示，卫星可以是 LOS 的、有遮挡的，或者多径的(后两点考虑 NLOS)。

6.5.1 城市峡谷导航

多径卫星信号会产生较大的伪距，进而导致三维位置的误差。当一个 GNSS 接收器使用两个或多个 NLOS 信号时，误差可以增加到几十米。此外，与开阔的工况不同，卫星往往慢慢地“闪烁/暗淡”(LOS/NLOS)，而城市环境的特点是在 LOS/NLOS 之间快速变化。“闪烁/暗淡”的类比有助于理解 GNSS 卫星的运作。对地面观察者来说，地球同步卫星似乎是静止不动的。相比之下，GNSS 卫星完成一个轨道周期大约需要 12 小时。地面观察者看到的角速度是每两分钟 1°。这个角速度与地面观察者看到的太阳的角速度类似，因此用“闪烁/暗淡”来进行类比相当形象。在城市峡谷的任何路线(车辆或行人)中，GNSS 卫星似乎是突然出现/消失的(LOS/NLOS)。于是，需要利用不同的卫星进行位置计算，因而估计的位置会有跳变。有一点需要澄清，即从理论上讲，对于一组卫星或完全不同的卫星，求解的伪距方程的结果应该没有区别。而实际上，由于一些虚拟距离是不正确的(由于多径现象)，因此存在差异。这种变化意味着位置估计的不连续性。如果接收器的速度是大致已知的，那么这种不连续性可以很容易使用卡尔曼滤波器进行消除。然而，消除不连续性产生的另一个问题是，位置估计值有漂移的趋势，这会导致显著的位置误差。

6.5.2 地图匹配

正如前面所述，处理精度问题的经典方法是将 GNSS 数据与路线图数据库信息相融合，这又称作地图匹配(Liu 2008；Gao 2008)，并且通过速度来估计位置(航位推算，dead reckoning)。地图匹配基本上是一种地图辅助定位方法。由于机动车辆(大部分时间)被限制在道路上，因此了解道路的地图可以帮助微调接收器的估计位置。车辆在行驶时不太可能停在建筑物中间，因此利用这些道路约束是地图匹配算法的核心思想。为了使用道路网络数据进行地图辅助定位，地图和车辆域都必须建模。例如，道路的宽度是有限的，每条道路都以其中心线进行建模(Scot 2004)。虽然，这种方法在多数时间都是可行的，但是它无法在密集的城市环境中对车辆提供精确的导航。正如每一个 Waze 的用户所知，旅行伊始，在密集的城市环境中获取定位是不太可能的。而且，在不受地图限制的导航场景中(主要指行人导航)，地图匹配算法并不能取得良好的结果。

6.5.3 航位推算——惯性传感器

航位推算测量速度/位置的变化，并将它们综合起来，然后把该变化量加到前一时刻的位置上以计算出当前位置信息。对于车辆导航而言，2D 测量对于大多数的应用都是足够的。大多数商业级 GNSS 接收器内置卡尔曼滤波器来改善测量精度。卡尔曼滤波器将前一位置与速度相结合，对当前位置估计进行微调。航位推算的不同之处在于它使用了外部的硬件设备，例如，行人导航中，加速度计可用于步长计数和确定步长；磁罗盘用于测量速度航向。其他轨迹推算技术可以是图像处理(例如，Omni Skylines)、激光路标跟踪，以及多普勒声呐技术等。简言之，航位推算方法是一系列相关位置测量方法的集合(Groves 2013)。

6.6 GNSS 数据与 INS 结合

GNSS 接收器可以在无状态模式下使用(对于每个时间戳，接收器从头开始计算位置)，也可以在状态模式下使用。在状态模式下，速度向量(由于其计算结果与位置计算结果正交)可以辅助位置计算。对于 1 Hz 的接收器，$\boldsymbol{X}(t+1)=\boldsymbol{X}(t)+\boldsymbol{V}(t)\times\Delta t$。该数据融合方法可以通过扩展卡尔曼滤波器(Extended Kalman Filter，EKF)实现。虽然这种方法可以获得平滑的结果，但是它存在一个难以避免的局限：当用不同的卫星进行位置计算时，估计的位置会有“跳变”。

在密集的城市峡谷中，使用 EKF 类的滤波器有助于消除位置的不连续性，然而位置精度会产生漂移，导致较大的位置测量误差。图 6-7 显示了在城市环境中典型的行人测量。真实位置和 GNSS 计算出的位置之间的平均误差通常是 30～50m，最高可达 100m 或以上。图 6-8 展示了在 7min 内同一区域的固定测量结果，从图中可以清楚地看到多径信号是如何影响位置方程的。

图 6-8 一个静止设备在 20min 内的谷歌地球(Google Earth)记录。p_1 和 p_2 之间的那条直线代表 1s 内 200m 的“跳变”；该记录位于以色列拉马特甘商业中心

这个问题可以通过使用额外的滤波器并将它们与外部传感器数据相融合来解决。移动机器人中，最常用的方法是粒子滤波。

6.6.1 改进的粒子滤波器

粒子滤波器(Particle Filter，PF)是贝叶斯滤波器的一种非参数多模态的实现。与直方图滤波器相似，PF 通过有限数量的参数来估计后验值。后验分布的样本称为粒子，其可以表示为 $\chi_i := x_t^{[1]}, x_t^{[2]}, \cdots x_t^{[M]}$，其中 M 是粒子的数量。每一个粒子可以用置信函数 $\mathrm{bel}(x_t)$来表示。该置信函数作为每一个粒子的权重，因此有，$\{(w_t^{(L)}, x_t^{(L)}): L \in \{1, M\}\}$。权重与特定粒子的可能性成正比(Thrun 2005)：

$$\boldsymbol{X}_t^{[L]} \sim p(x_t \mid z_{1:t}, u_{1:t}) \times w_t^{(L)}$$

式中，$z_{1:t}$和 $u_{1:t}$分别是感知和动作函数。贝叶斯性质意味着 t_1 时刻的估计是由 t_0 时刻的估计得到的。多模态特征意味着，与卡尔曼滤波器不同，它可能有多个合理的解决方案。PF 非常适合在特定兴趣区域(Region of Interest，ROI)内估计位置情况。每个粒子都是一组位置和速度向量——$\boldsymbol{X}_t^{[L]} = \{\text{position}, \text{velocity}\}$。

通过 PF 确定位置的方法称作蒙特卡洛定位法(Monte Carlo Localization，MCL)(Thrun 2005)。在 MCL 中，动作函数 $u(t)$和感知函数 $z(t)$都来自机器人的传感器。动作函数可通过里程计(轮编码、计步器)推导出。

6.6.2 结合 GNSS 和 INS 估计速度

本小节将详细阐述如何结合 GNSS 和惯性导航系统(Inertial Navigation System，INS)构建一个导航系统。一般的方法是使用 GNSS 进行全球定位，INS 进行速度估计，同时粒子滤波框架将传感器的读数合并为单个全球定位输出。为了估计机器人的速度，目前有 5 种技术：

1)惯性测量单元(Inertial Measurement Unit，IMU)里程计。IMU 里程计是基于轮编码和全局(或局部)方向的。

2)气压计。气压计可以指示接收器的相对高度。虽然它不能准确地表示绝对高度，但气压计对高度差非常敏感。在融合了 GNSS 接收器和加速度计的情况下，气压计可以给出相对准确的绝对高度。

3)*计算步数*。对于步行机器人，通常使用计步器来代替基于轮子的里程计。

4)*光流*。该方法利用摄像机、测距传感器和定位传感器来估计机器人在空间中的运动，这些方法通常用于无人机等“飞行机器人”。视觉传感器通常基于高速相机来计算像素的变化(就像计算机鼠标)。测距传感器的测量结果将运动从“像素”转换为地面速度，而定位传感器用于将运动从局部坐标转换为全局坐标。

5)*视觉里程计*。一个照相机(或几个照相机)可以用来估计速度。在这里，速度和局部方向都是使用相机传感器计算的。这样的系统通常是基于立体摄像机的，也可以得出 3D 点的具体信息。

下面介绍一种定位粒子滤波算法。算法的输入是 GNSS 等传感器数据，它的输出是一个近似位置。粒子滤波器趋于收敛，因此 t_0 时刻的解通常比 t_1 时刻的解更好(更准确)。

6.7 GNSS 协议

算法 6-1 简单的粒子滤波算法

Input：GNSS-raw measurements，IMU sensory data
Result：Improved GNSS position
Definitions：
ROI：Region of interest：the geographic area in which the current position is expected to be.
GNSS readings：Raw measurements-Doppler shift and pseudorange from each navigation satellite.
IMU：MEMS sensors that can approximate the current velocity.
1)Init：Distribute a set P of M particles in the ROI.
2)Estimate the velocity v_t from the GNSS and IMU readings.
3)for each particle p∈P do
  3.1 Approximate the action function $u_t(p)$ from v_t.
  3.2 Update p-position according $u_t(p)$.
  3.3 Evaluate the belief (weight) function：$w(p)$ based on the known landmarks and map restrictions (map matching).
4)Resample P according the likelihood (weight) of each particle.
5)Compute weighted center of $P \in ROI$ as $pos(P)$.
6)Report $pos(P)$.
7)Approximate the error estimation $err(P)$.
8)if($err(P) < ROI$)Goto 2 else Goto 1.

为了实现这个算法，必须确定 $u(t)$ 和 $z(t)$。这些功能依赖于任务，低动态行人场景与高动态无人机(Unmanned Aerial Vehicle，UAV)场景非常不同。

为了使用上述任何一种技术，可能还需要某些传感器，这些传感器应同时具有硬件和软件。现代机器人设计师在飞行控制系统中使用了这样的传感器，为各种机器人(漫游者、无人机等)实现了非常精确的传感器融合。PixHawk 传感器就是一个开源例子(详见网址 https://pixhawk.org)。

当 GNSS 接收器计算出了位置和速度向量后，就必须将之传送出去。该过程通过 GNSS 协议完成。最著名的协议是国家船舶电子协会协议(National Marine Electronics Association，NMEA)。NMEA 是一个串行文本(UART)协议，协议中的每一行代表一条特定的消息。

对于绝大多数应用，NMEA 协议就足够了。每个导航卫星有专门用于接收器位置、速度和卫星信息(方位角、仰角和信噪比(Signal to Noise Ratio，SNR))的消息。此外，NEMA 协议可以与 GPS 和 GLONASS 一起工作。例如，消息 $GPGSA 包含 HDoP 和 VDoP 值，消息 $GPGGA 包含接收器的纬度、经度和海拔坐标(如图 6-9 所示)。然而，原始数据无法利用 NMEA 协议。因为利用该协议后，卫星的伪距和多普勒值是不可访问的。

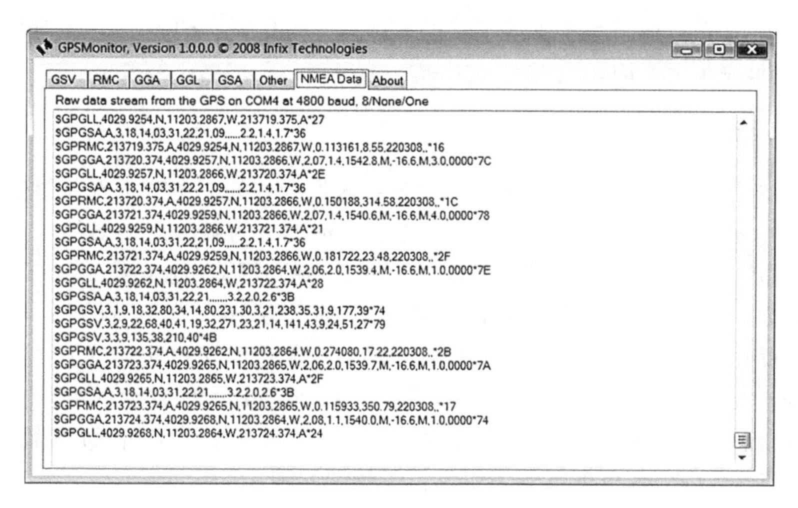

图 6-9　NMEA 输出的示例。每条消息均以新的一行开头，并有 $ 符号

6.8　其他类型的 GPS

任何 GNSS 接收器都需要卫星信息才能正常工作。本节讨论 3 种类型的 GPS 系统：A-GPS、DGPS 和 RTK。

6.8.1　辅助全球定位系统

当一个设备闲置了几个小时以后，必须先下载卫星轨道数据才能定位。这个时间段称为首次修复时间(Time To First Fix，TTFF)，每个 GNSS 制造商都报告这个数据。TTFF 在开阔场景中的平均值为 18～36s。TTFF 可以通过**辅助全球定位系统**(Aided-Global Positioning System，A-GPS)来缩短。A-GPS 通过(主要通过蜂窝网络数据)提供粗略的位置和时间来减少搜索空间。

6.8.2　差分全球定位系统

如 6.2 节所述，商用的相控 GNSS 接收器的水平精度限值为 2～5m。一个可行的解决方案是使用**差分全球定位系统**(Differential Global Positioning System，DGPS)。DGPS 在已知位置上额外增加固定接收器。由于已知位置的精度很高，因此可以对接收到的伪距进行校正。这些修正信息被发送到附近的接收器，然后接收器更新它们的位置信息以获得更高的精度。可以假设在一个小的 ROI 中伪距误差是相同的。由于复杂性以及对近距离发射基站的需求，独立的机器人很少使用 DGPS 系统。

6.8.3　实时动态导航

人们可以认为实时动态(Real-Time Kinematic，RTK)导航是比DGPS更复杂(也更花哨)的姊妹产品。DGPS只利用伪距来形成正确的位置，而RTK系统依赖于载波频率和测量的波长数。某商用产品L1 GPS的载频为1.5472 GHz，对应的波长约为19 cm。简而言之，RTK系统由两个GNSS接收器(类似于DGPS)组成。该系统可以检测每个接收器的波相位数之间的差异。然而，与DGPS不同的是，两个接收器都可以移动。对于许多移动机器人应用程序来说，这是一个至关重要的需求。一个机器人与另一个移动机器人保持固定距离的能力是非常重要的。

6.9　GNSS威胁

上一节介绍了在移动机器人中使用GNSS接收器的好处。本节重点介绍依赖这些系统的弊端和危险。众所周知，GNSS信号容易受到多种类型的威胁。如果某个接收器被恶意攻击者有效地阻止或操纵了，则可能导致现实生活中的威胁。近年来，GNSS攻击者引起了警觉和担忧。一个流传广泛的事件是在伊朗捕获了一架美国的无人机(Mackenzie 2001)。无辜百姓可能会遭受危险的突袭。例如，一名卡车司机想阻止雇主跟踪其位置，使用了在eBay上购买的价值几美元的干扰器。2013年8月，他在纽瓦克自由国际机场附近开车时，扰乱了整个地区的GNSS接收系统，差点造成了不幸的事故(Matyszczyk 2013)。简而言之，GNSS攻击可分为两类：干扰和欺骗。

6.9.1　GNSS干扰

GNSS干扰器是一种以期望频率生成噪声的设备，目的是通过降低其SNR来阻止或干扰信号接收(GNSS干扰器会发射高功率噪声，使接收器饱和并使其无法锁定任何信号)。由于在地球上接收到的GNSS信号已经非常微弱了，因此这种设备非常易于实现。应对这种攻击怎么办？首先需要检测它。这很容易，因为干扰攻击(有意或无意)会导致接收器丢失其“定位”信息，无法报告其位置。这就是将GNSS与INS结合的至关重要的原因。在关键任务中，绝对不能完全依靠GNSS接收器。

6.9.2　GNSS欺骗

一种更复杂、更恶意的攻击称为欺骗。欺骗者是发射与卫星信号相同信号的发射器，目的是欺骗接收器并使其报告错误的定位信息。这种攻击更难检测，其后果也更危险。处理欺骗超出了本书的范围，感兴趣的读者可以参考Humphreys(2008)和Warner(2003)所著文献。

参考文献

Ben-Moshe, B.C. (2012). Efficient model for indoor radio paths computation. *Simulation Modelling Practice and Theory* 29: 163–172.

Bobrovsky, E.T. (2012). A novel approach for modeling land vehicle kinematics to improve gps performance under urban environment conditions. *IEEE Transactions on Intelligent Transportation Systems* 99: 1–10.

Gao, Y.Z. (2008). A fuzzy logic map matching algorithm. In: *Fifth International Conference on Fuzzy Systems and Knowledge Discovery, 2008. FSKD'08*, vol. 3, 132–136. IEEE.

Groves, P. (2013). *Principles of GNSS, Inertial, and Multisensor Integrated Navigation Systems*. Artech house.

Hegarty, E.K. (2006). *Understanding GPS: Principles and Applications*. Artech House Publishers.

Humphreys, T. E. (2008). Assessing the spoofing threat: Development of a portable GPS civilian spoofer. *Radionavigation Laboratory Conference Proceeding.*

Liu, S. and Shi, Z. (2008). An urban map matching algorithm using rough sensor data. In: *Workshop on Power Electronics and Intelligent Transportation System, 2008. PEITS'08*, 266–271. IEEE.

Mackenzie, C. A. (2001). 'We hacked US drone': Iran claims it electronically hijacked spy aircraft's GPS and tricked aircraft into landing on its soil. *The Daily Mail.*

Matyszczyk, C. (2013). Truck driver has GPS jammer, accidentally jams Newark airport. *CNET News 11.*

Scot, C. A. (2004). Improved GPS Positioning for Motor Vehicles Through MapMatching. *Salt Palace Convention Center*, Salt Lake City, Utah*31, 6.*,

Thrun, S. (2005). Exploration. *Probabilistic Robotics*.

Warner, J.S. (2003). GPS spoofing countermeasures. *Homeland Security Journal* 25 (2): 19–27.

Waterman, S. (2012). DPRK (the Democratic People's Republic of Korea) jamming of GPS shows system's weakness. *Washington Times*.

Zogg, J. (2009). *GPS–essentials of satellite navigation*. Compendium.

第 7 章

局部坐标系下的运动

Shraga Shoval

本章讨论二维和三维在线运动规划和导航问题，目的是确定机器人相对于已知地标或其他机器人的位置。主要介绍地面和空中飞行器的运动规划方法，尤其是针对使用局部地图和相对于共同目标进行定位的方法。

7.1 全局运动规划与导航

运动规划问题的定义是，机器人从初始构型 S 到目标构型 T 的连续路径的构造过程，同时根据任务要求满足一组约束(例如，避免与物体接触、经过一组路点、沿路线执行特定任务等)。通常，(静态或移动式)机器人的构型描述了它在工作空间中的位置和形状，构型的复杂性由机器人和环境共同决定。例如，在平面上的小型移动机器人的构型包含两个维度(x 和 y 位置)，而较大的无人机(Unmanned Aerial Vehicle，UAV)则可能具有六维构型(3 个横向位置和 3 个方向坐标)。

运动不仅可以在 2D 或 3D 欧氏空间中进行，也可以在各种类型的环境中进行，例如地面、地下、海洋、海底以及空中。当机器人的结构和工作空间提前知晓，且工作空间的特征(例如，障碍物的位置)没有不确定性时，可以在机器人开始运动前规划整个运动。在这种情况下，运动规划的复杂性与在有限时间内找到从 S 到 T 的可行路线的计算复杂性有关。

如果不存在这样的路线，运动规划器应该认识到在有限的时间内不可能找到这样的路线。通常，仅找到一条可行路径是不够的，同时运动规划器需要找到实现目标函数的最佳路径。

运动规划中最受欢迎的目标函数之一为“最短路径”，即运动规划器寻找具有最小旅行成本的路径。成本可以表示为距离、时间、风险或受路线选择影响的任何其他参数。为了确定初始构型和目标构型之间的最短路径，已经开发了许多算法。

Dijkstra 算法(Dijkstra 1959)是最早的运动规划器之一，被广泛应用于许多问题中。使用 Dijkstra 算法时，将整个空间转换成一个网络(其中网络节点表示工作空间中的点)，而边缘(圆弧)表示从一个节点到下一个节点的运动。通常，每个边缘都与一个非负值相关联，该值代表从一个节点移动到另一个节点的成本。路径是从初始节点到目标节点的运动集合，路径成本是路径上所有成本的总和。Bellman-Ford 算法(Bellman 1958)比 Dijkstra 算法更具有通用性，因为它可以处理具有负边缘的网络。A* 算法(Hart et al. 1968)是机器人运动规划中最常用的搜索方法之一。在许多方面，A* 算法是 Dijkstra 算法的扩展，由于它结合了一些启发式算法，因此已证明其在计算时间方面更有效。

运动规划中的另一个共同目标是*最佳覆盖范围*。在这种情况下，目标是覆盖具有最小冗余遍历的区域。最佳覆盖路径规划可以使许多实际应用(例如清洁、搜索和耕种等)受益。Galceran 和 Carreras(2013)综述了一些最常用的覆盖路径规划(Coverage Path Planning，CPP)方法以及这些方法的实际应用场景。CPP 中常用的方法是精确细胞分解(Exact Cellular Composition，ECD)，该方法将覆盖的自由空间分解为简单不重叠的细胞(Choset and Pignon 1998)。基于莫尔斯的细胞分解(Acar et al. 2002)，适用于包含非多边形障碍物的更加复杂的环境；基于地标的拓扑覆盖方法(Wong 2006)的核心是对环境中自然地标进行检测；基于网格的方法(Lee et al. 2011)，将环境分为均匀的网格单元(通常为正方形或三角形)。

在移动机器人中，仅查找从初始位置到目标位置的路线是远远不够的，同时还需要确定沿该路线行驶的速度。速度确定的路线称为轨迹。完整的机器人运动规划系统可确定路线的几何特征以及沿该路线的运动命令(速度)。

通常的做法是在构型空间(也称为 C 空间)中构造针对机器人结构和工作空间的轨迹。在该构型空间中，笛卡儿空间中的机器人结构被转换为更简单的结构(最好是点)，并相应地更新工作空间(Lozano-Perez 1983)。构型空间在尺寸和拓扑方面都与笛卡儿空间不同。其尺寸由可以对机器人实现唯一配置所需的参数数量确定，工作空间的拓扑结构由两个空间之间的转换确定。尽管从笛卡儿工作空间到 C 空间的转换需要额外的付出，但运动规划的好处更加明显。C 空间通常分为 C_{free}(构型空间中的自由区域，机器人可以安全地在其中移动)和 C_{obs}(代表 C 空间中的障碍物)。

现有许多方法可以构建从初始构型到目标构型的路线，例如可见图(de Berg et al. 2000)、Voronoi 图(Takahashi and Schilling 1989)以及细胞分解(Zhu and Latombe 1991)，等等。可以在 Latombe(1991)、Sharir(1995)和 Lavalle(2011)中查询可用于运动规划的基本算法和方法的更详细介绍。描述整个运动规划过程的流程图如图 7-1 所示。

首先，使用上述任何一种算法，基于环境模型可生成安全路径 τ。值得注意的是，此时的路径仅体现该路线的几何属性。接下来，将运动学和动态特性附加到路径上，将其转变为轨迹。根据运动学约束更新安全路径，这可能会限制机器人的机动性能。例如，需要根据机器人的非完整约束(例如，杜宾车的运动规划(Balluchi et al. 1996))对曲线进行平滑处理来调整包含尖锐曲线的轨迹。随后，考虑动态约束。这些限制包括对机器人速度和加速度的限制，以及对机器人与环境之间动态相互作用的限制(Shiller and Gwo 1991)。例如，当机器人以特定速度行驶时，倾斜表面上的轨迹可能变得不稳定，从而可能导致打滑并失去与地面的接触，甚至翻倒。基于更新的轨迹，产生一组控制命令来驱动机器人沿着轨迹行进。

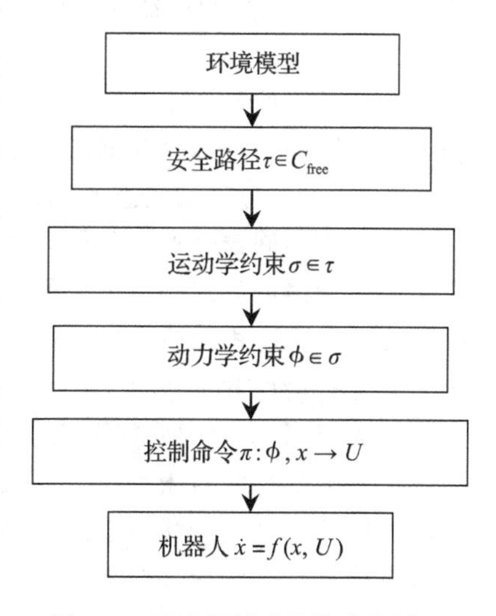

图 7-1 运动规划过程的流程图

只要机器人和工作空间模型准确且预先知晓，许多运动规划器就可以提供最佳轨迹。另外，如图 7-1 所示的过程，假设机器人在执行所需的动作时没有明显的错误，并且工作空间静止。不幸的是，由于机器人及其传感器测量动力学的不准确和错误，大多数机器人应用都涉及一些不确定性。当工作空间动态变化(例如，新对象出现在空间中、现有障碍物改变了位置或机器人模型在完成整个轨迹之前发生了变化)时，此问题就变得至关重要了。这些不确定性可能导致性能欠佳，甚至导致不安全的行为，例如不稳定的运动或与物体的碰撞。运动规划处于该情况时，必须通过对不断变化的条件做出反应，从而在线完成操作。下一节将讨论此类运动规划器。

7.2 不确定性运动规划

综上所述，在规划机器人的轨迹时，需要额外考虑不确定性。此外，随着移动机器人技术的日益普及，尤其是自动驾驶运载器会在复杂的人机交互环境中运作，这给运动规划过程带来了更多的不确定性。

在标准高速公路上运行的无人驾驶汽车(Fisher 2013)、残障人士的旅行辅助设备(Shoval et al. 2003)或在有人驾驶飞机附近地方飞行的无人机(Hemmerdinger 2013)必须对工作空间中的意外变化做出反应并更新其轨迹，以避免对自身或者环境中其他物体存在潜在风险。由于工作空间中存在不确定性，因此机器人必须具备足够的感应能力以及可以容纳这些不确定性的合适的运动规划器。接下来，简要地介绍无人机系统不确定性的来源。

7.2.1 运载器性能的不确定性

运载器性能的不确定性可分为两大类：内部的动态不确定性和外部的动态不确定性。

7.2.1.1 内部的动态不确定性

内部的动态不确定性是指机器人系统对传入的控制命令的不确定性反应。在理想情况下，在构型 s_i 处对机器人施加的控制动作 u 会转移到新的构型 s_{i+1} 上，该过程可由确定的控制函数 f 通过下面的操作得到：

$$s_{i+1} = f(s_{i+1}, u) \tag{7-1}$$

但是，由于执行器和其他机器人部件的精度有限，无法预见的环境变化会使机器人进入不同的构型。例如，在异步地面移动机器人的两个相同驱动电动机上施加相同的电压，理想情况下将导致机器人沿直线运动(因为理论上两个驱动轮会以相同的速度旋转)。但是，驱动齿轮的反冲、车轮直径的变化、车轮的未对准或电子电路的微小差异都会导致曲线运动，从而可能导致错误的定位。一种更现实的方法是使用概率函数(Thrun et al. 2005)，该函数为机器人提供了从当前构型给予一个控制指令后到新构型的概率值。

$$p = P(s_{i+1} \mid s_i, u) \tag{7-2}$$

式中，p 表示对于给定的输入指令 u，从构型 s_i 转移到构型 s_{i+1} 的概率。构型 s_i 由机器人构型以及影响其动态反应的相关组件的状态组成。

7.2.1.2 外部的动态不确定性

外部的不确定性通常是由环境干扰导致的，该环境干扰使机器人偏离其参照的轨迹。在粗糙、光滑或不规则表面上行驶的无人地面车辆会遭受非系统性的导航误差(Borenstein et al. 1996)。这些误差很难预测，并且是由不平坦的表面、凹凸孔、意外的外力以及在光滑表面上打滑引起的。

无人机(UAV)的外部不确定性通常是由于大气不稳定(例如风或不规则的气压)造成的。大气的不稳定对于小型无人机的影响尤为明显，因为小型无人机的速度较慢，推进力有限，即使最小的干扰也会对其造成影响(Solovyev et al. 2015)。虽然可以估计机器人对内部不确定性的响应并应用于概率模型中，但外部动态不确定性很难预测，并且需要附加的传感功能。

7.2.2 传感器的不确定性

在理想情况下，用来确定机器人位置以及环境中物体位置的所有传感器都是准确且一致的。在这种情况下，可以使用确定性模型来唯一确定机器人和对象的位置。

$$x_i = g(d_i) \tag{7-3}$$

式中，x_i 是更新的位置(机器人或者目标)；d_i 是最新的传感器数据。

然而，在实际情况中，传感器的精度会受到限制，并且通常会受到外部干扰。例如，移动机器人中通常用于横向和角度测量的惯性导航系统(INS)会发生积分漂移，积分过程可能导致无穷大误差。另一个常见的定位设备全球定位系统(GPS)，会对诸如电离层和对流层延迟之类的大气变化以及(有意或无意的)设备干扰敏感。此外，GPS 的使用仅限于开放空间，其在城市环境中精度有限。

机器人和其他物体的位置也可以使用概率模型来确定，即：

$$p = P(x_i \mid x_{i-1}, d_i) \tag{7-4}$$

这表示了一个物体在给定之前位置和传感器数据时达到特定位置 x_i 的概率。

使用贝叶斯置信网络(Bayesian Belief Network，BBN)(Neapolitan 2004)、卡尔曼滤波器(Gibbs 2011)或隐马尔可夫模型等概率贝叶斯滤波器，可将机器人动力学和由感官定位的概率模型相结合，从而提供近似的机器人和目标位置分布(Fraser 2008)。贝叶斯滤波器的结果是机器人和对象的位置集(通常由一组粒子表示)，这是可能的分布位置的集合。

7.2.3 适应不确定性的运动规划

自然界中有大量的案例表明，在不完全了解环境的情况下，系统依然可以有效地运作。单个工蚁在领地的行为证明了对环境的有限了解和相对简单的控制规则足以完成觅食和运输食物到巢穴的复杂任务。由于视力有限(有时白蚁根本没有视力)，依靠听觉和触觉感应功能以及更灵敏的气味传感功能，蚂蚁设法在极具挑战的环境中执行有效的全局运动规划。与蚂蚁类似，许多移动机器人系统都只能获取有限的局部环境信息。

然而，机器人控制器可以使用传感器和驱动信息来构造*历史信息状态*(Ⅰ状态)。应用基于Ⅰ状态的一组控制规则，可以生成更新的操作命令。考虑系统(机器人和环境)的不确定性，运动规划器可以执行贪婪搜索，以基于Ⅰ状态的部分子集实现即时收益最大化，这通常称为*反应式控制*或*传感控制*。

在该类控制中，机器人仅对最新的传感数据做出反应，而忽略先前的信息。另一方面，由于非贪婪搜索在当前和先前的可用信息基础上考虑了控制序列，因此它可以提供更好的长期收益。尽管非贪婪算法可提供更好的长期结果，但其计算复杂度远高于贪婪算法，可能难以应付需要快速适应的密集场景。

为了说明这些概念的使用过程，参照图 7-2 所示的搜索任务。

该图显示了一个由 11×11 矩阵组成的二维区域。矩阵中的每个栅格为空(白色)或被占用(黑色)。目标随机放置在其中一个栅格上，并且机器人也随机放置在另一个具有随机方向的栅格上。

在图 7-2a 所示的系统中，机器人的传感器只能检测到前方与其非常靠近的物体(由灰色三角形表示)。机器人只能执行 4 种基本动作：前进、后退以及左右旋转 90°。由于机器人没有关于位置、目标和障碍物位置的信息，因此应用不考虑Ⅰ状态(无记忆)的反应性算法将导致搜索效率低下。此外，这种搜索不能保证机器人最终可以找到目标。

在图7-2a所示的路径中，运动规划器会引导机器人沿着永远不会到达目标的无限长路线行驶。另一方面，图7-2b显示了具有完整I状态的运动规划器。运动规划器构建行驶路线以及障碍物的直方图，并以38步到达目标。

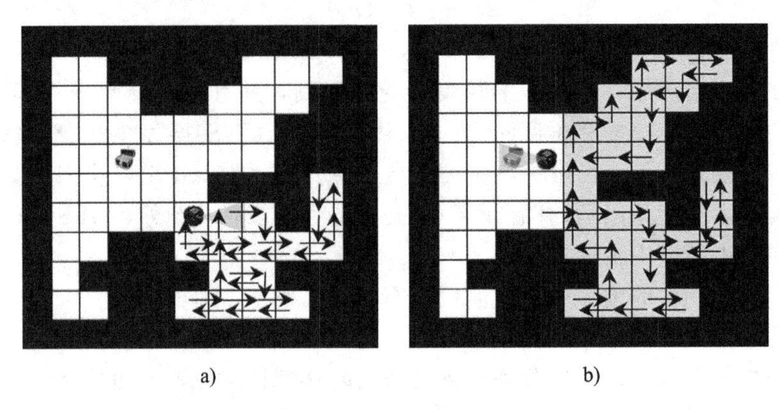

图7-2 搜索任务的设置：a)无记忆；b)全I状态

在这两种情况下，运动规划器都是使用相同的基于沿墙行走算法的简单行为集(Katsev et al. 2011)。但是，在第二种情况下，机器人不会进入先前巡回已经扫描过的区域。图7-2显示的两条轨迹是使用NetLogo多智能体可编程建模环境生成的(Tisue and Wilensky 2004)。在下一节中，将介绍一些常见的在线运动规划方法，及其在地面和空中自动驾驶运载器领域中的实现。

7.3 在线运动规划

当机器人需要在对障碍物位置信息部分了解或完全未知的环境中行驶时，它必须具有足够多的传感器以适应缺乏此类信息的情况。如果在机器人开始运动之前，已知初始构型和目标构型，则可以使用所有可用信息生成全局轨迹，然后根据更新的传感数据，修改轨迹以避免对机器人及其周围环境可能造成的风险。

例如，Lumelsky et al. (1990)提出了一种运动规划器，其先假定轨迹上没有障碍物，机器人可以沿直线从初始位置移动到目标位置。当检测到新的障碍物时，机器人会检测物体的边缘并绕其移动，直到可以构建出到达目标的直线路径。如果没有找到新的有效轨迹，则生成新的全局轨迹。虽然这种方法是完整的，从某种意义上说，它最终会生成到达目标的轨迹(如果存在这样的轨迹)，但它不是最优的，因为可能会有成本更低的轨迹。

Stents(1994)提出了一种算法，该算法使用动态导航图来生成最佳路径，该动态导航图根据机器人的传感器信息不断更新。该方法称为D*算法，在许多方面与A*算法相似，但可以应对导航图的动态变化。根据D*算法，空间被建模为一组离散的状态，这些状态通过有向弧连接，每一个连接都具有正成本。每个状态都有一个指向下一个状态的指针，如果两个状态存在定义了正成本的连接弧，则将它们视为相邻状态。OPEN列表包含从一个状态到相邻状态的连接成本的信息，并且会根据传感器获得的新数据不断更新。该算法包括两个主要过程：PROCESS-STATE过程，计算从初始位置到目标位置的最佳路径；MODIFY-COST过程，更新弧的代价函数及其对OPEN列表的影响。实验结果显示了该算法是如何处理机器人运动期间代价函数的变化，进而产生最佳和有效轨迹的。图 7-3 演示了 D* 算法，其中环境由 64 个状态组成。

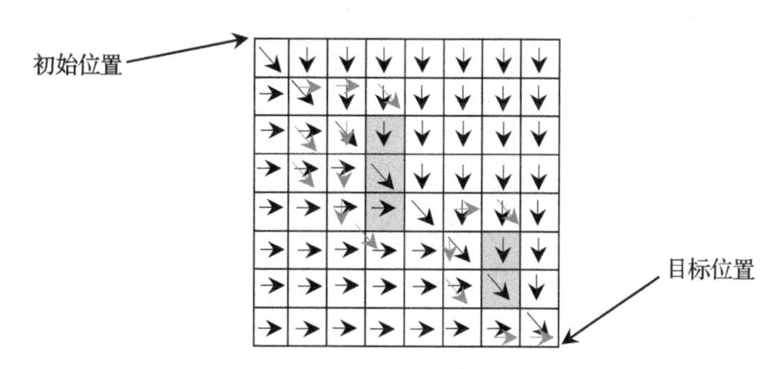

图 7-3　在线检测到两个物体时，D* 算法的操作示意图

最初，算法假设不存在障碍物，然后确定从目标位置到机器人起始位置的最佳路径。该路径基于初始 OPEN 列表确定，该列表明确列出了相邻状态之间连接弧(黑色箭头)的成本。当机器人沿着该路径移动时，它会检测到第一个物体，并更新 OPEN 列表，以便调整受新数据影响的相邻状态间的连接弧(左上方的灰色箭头)。从目标位置到当前机器人位置的新路径被构建后，机器人沿该路径继续前进。当检测到第二个物体时(右下角的灰色箭头)，重复相同的过程。

Bornstein 和 Koren(1991)提出了矢量场直方图(Vector Field Histogram，VFH)，其最初是为基于超声波传感器的在线运动规划开发的。这些传感器的方向性很差，容易被附近其他电子设备发出的噪声引起频繁的误读，同时受限于物体的镜面反射特性。它们使用确定性的网格表达方式，并为空间中的每个单元分配一个确定性值(Certainty Value，CV)，该值表示对象在该单元中的相对确定性。然后，使用圆锥形概率分布(基于超声波传感器的几何视场)来连续更新确定性网格。随后，采用势场法(Khatib 1986)对障碍物施加虚拟排斥力，从而将机器人“推”离该物体；同时对目标施加吸引力，从而将机器人“拉”向目标。最后将排斥力和吸引力相加，合力将机器人引导向目标，同时避免与障碍物接触。

7.3.1　带微分约束的运动规划

尽管到目前为止讨论的全局运动规划已考虑了机器人及其环境的几何特征，但还需要考虑另一组局部约束，即微分约束。这些约束反映了机器人因为实际速度及加速度而引起的机动性限制。

微分约束由机器人的运动学模型和动力学模型来表示，应在运动规划过程中加以考虑，而不应作为补充任务。考虑一个连接起点和目标位置且避开障碍的轨迹 τ_{free}，则机器人速度向量表示为：

$$\dot{\boldsymbol{q}} = f(\boldsymbol{q},\boldsymbol{u}) \tag{7-5}$$

式中，$\boldsymbol{q}$ 为机器人的当前状态；$\boldsymbol{u}$ 为命令集又称作输入集。假设没有微分约束，路径可以通过下式进行构建。

$$\tau_{\text{free}} = \int_0^t f(\boldsymbol{q},\boldsymbol{u})\mathrm{d}t \tag{7-6}$$

该方程称为构型转移方程(Lavalle 2011)。

但是，在构型转移方程中添加微分约束可能会中断轨迹的构造，因此需要重新规划。图7-4说明了运动学微分约束是如何影响三轮车等二维平面机器人的轨迹规划的。

机器人的指令集 $\boldsymbol{u}=\{u_l,u_\phi\}$，其中 u_l 是径向指令(线速度)，u_ϕ 是前轮的转向指令。至此，机器人的微分模型可以按照下式进行描述：

$$\dot{\boldsymbol{q}}=\begin{Bmatrix}\dot{x}\\ \dot{y}\\ \dot{\theta}\end{Bmatrix}=\begin{Bmatrix}u_l\cos\theta\\ u_l\cos\theta\\ \dfrac{u_l}{d}\tan u_\phi\end{Bmatrix} \tag{7-7}$$

由于 u_l 和 u_ϕ 具有上下界，因此 τ_{free} 将受到约束。例如，不可能出现类似于 $\begin{Bmatrix}0\\ \dot{y}\\ *\end{Bmatrix}$ 的状态，因为机器人不可能进行纯横向运动。类似地，$\begin{Bmatrix}0\\ 0\\ \dot{\theta}\end{Bmatrix}$ 也不可能出现，因为机器人不可能围绕中心进行纯旋转。由于这些约束，可能需要根据运动学微分约束修正图7-4b所示的轨迹，甚至可能导致空集，最终造成机器人无法到达目标点。

图7-4所示的示例仅考虑了运动学微分约束。但是，机器人的动力学模型可能会引入其他约束条件，从而导致高阶微分方程，如下所示：

$$\ddot{q}=g(q,\dot{q},u) \tag{7-8}$$

尽管高阶微分方程更具挑战性，但机器人状态的简单扩展可以减小微分方程的阶数。例如，定义 $x_1=q$ 和 $x_2=\dot{q}$ 可以将方程降阶为 $\dot{x}=h(x,u)$ 的形式，这样增加了变量却降低了运算难度。

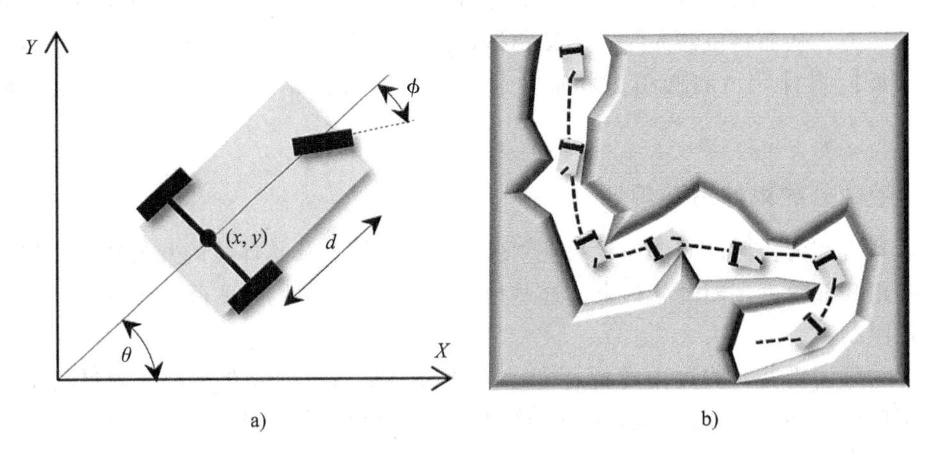

图7-4　a)类三轮车机器人的微分运动约束；b)在杂乱环境中运动

解决这组微分方程组的常用方法是离散化时间和空间，其中将时间划分为较小的时间间隔 Δt，并将空间划分为预设的齐次单元格(参见图7-2和图7-3)或根据特定环境的特征进行划分。随后，将微分方程转换为 $x_{k+1}=h(x_k,u_k)$ 形式的离散方程。整个空间使用有向图表示，其中节点是机器人的特定构型，边缘是机器人从一种构型到另一种构型的转移。使用图搜索方法确定可能的轨迹，并且可以使用优化算法(例如，动态规划)找到最佳轨迹。

7.3.2 被动运动规划

在被动运动规划(Reactive Motion Planning，RMP)中，根据机器人的当前状态，只需很少或不需要任何预处理就可以快速确定机器人的下一个动作。当环境是快速动态变化时，该方法特别有优势。

RMP 探索近邻域空间，目的是可以将全局运动规划分解为更简单的子问题。该规划器通过势函数$\emptyset$来实现，该函数在目标构型下取最小值，在禁止构型(例如障碍物)下取最大值，从而确定满足$\emptyset(x_{k+1})<\emptyset(x_k)$的离散轨迹。图 7-5 给出了势函数(也称作导航函数)(Rimon and Koditschek 1992)，图中的势值与每个栅格到目标位置的距离成正比。

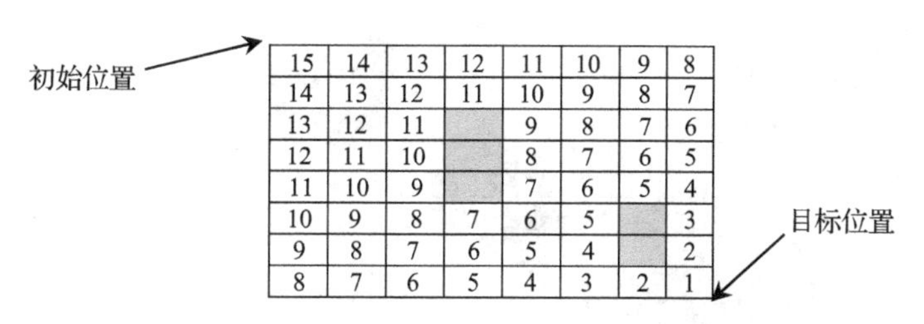

图 7-5 势函数表示相对于目标点的距离

在这种简单情况下，运动规划器会将机器人推进到降低电势值的相邻单元。NF 在不确定性动态环境中的扩展(Hacohen et al. 2017)考虑了机器人位置和障碍物的分布概率，它们通过公式化概率密度函数(Probabilistic Density Function，PDF)来获得。基于 PDF，采用势函数构造安全轨迹，从而降低了机器人与环境中的物体发生碰撞的可能性。

7.4 利用局部地图进行全局定位

移动机器人可以从近处收集信息并基于该信息构建局部地图。通过逐步扩展地图的边界，机器人可以通过所谓的即时定位与地图构建(Simultaneous Location And Mapping，SLAM)来确定其在扩展地图中的位置。

在 Smith 和 Cheesman(1986)以及 Durrant-Whyte(1988)的早期工作中，将视觉导航(Ayache and Faugeras 1988)和基于声呐的导航(Crowley 1989；Chatila and Laumond 1985)相结合，在未知环境的自主导航领域中取得基础性突破。估计机器人正在运行的轨迹以及沿着轨迹相对于重要地标的测量值，使机器人在无须任何先验知识的情况下即可确定其位置。

为了说明这一概念，请考虑图 7-6 所示的机器人和 3 个地标的集合，其中机器人的清晰图像和地标代表其实际位置，而闪烁的图像代表估计的位置。图 7-6 所示的虚线表示估算的机器人轨迹。

机器人沿着实线所示的轨迹运动中，X_k 是机器人在时间 k 时的实际位置。在运动过程中，机器人会测量相对于地标 $Z_{k,j}$ 的相对位置，其中 k 是时间，j 是地标编号，$\mathcal{U}_{k+1}$ 是使机器人从位置 X_k 移至 X_{k+1} 的控制命令，L_i 是地标 i 的真实位置。

接下来，集合 $X_{0:k}=\{x_0,x_1,\cdots x_k\}$ 代表机器人的所有先前位置；集合 $\mathcal{U}_{0:k}=\{u_0,u_1,\cdots$

$u_k\}$由所有先前的控制命令组成；集合 $Z_{0:k}=\{z_0,z_1,\cdots z_k\}$是以前地标的所有测量历史；而 $\mathcal{M}_{0:k}=\{L_0,L_1,\cdots L_k\}$是构成地图的所有地标的集合。

根据以上公式，可以通过以下条件(以概率方式)确定 SLAM 过程。

$$P(x_{k+1},m \mid Z_{0:k+1},\mathcal{U}_{0:k},X_{0:k},u_{k+1}) \tag{7-9}$$

鉴于先前机器人的位置和控制命令，对于地标的当前测量值以及当前控制命令，它提供了在时间 $k+1$ 时机器人和地标位置的概率分布。

SLAM 过程的观察模型由 $P(z_{k+1}|x_{k+1},m)$给出，该模型在给定估计的机器人位置和地标位置的情况下，确定了机器人对地标的相对测量概率分布。

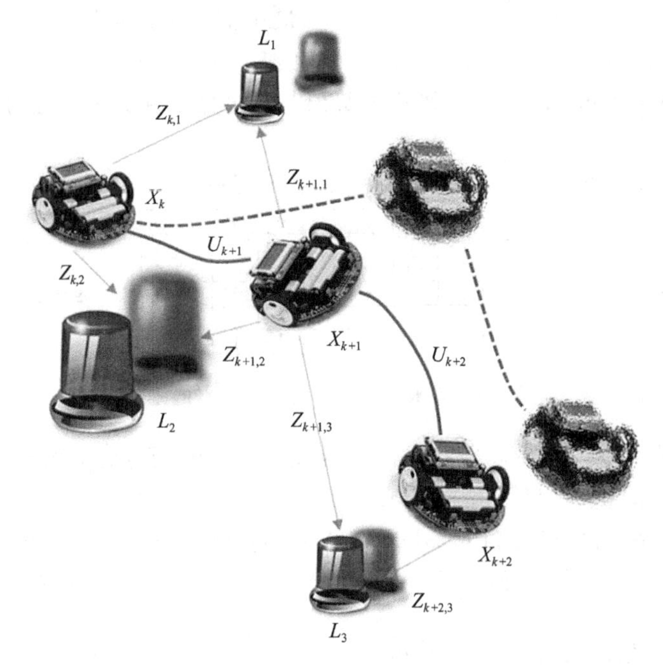

图 7-6 SLAM 原理

运动模型可以简单地由 $P(x_{k+1}|x_k,u_{k+1})$给出(下一个机器人的位置取决于当前位置和控制命令)。

SLAM 过程通过两个同步递归步骤实现。

1)时间预测如下：

$$(x_{k+1},m \mid Z_{0:k},\mathcal{U}_{0:k},X_{0:k},u_{k+1})=\int P(x_{k+1} \mid x_k,u_{k+1})\times(x_k,m \mid Z_{0:k},\mathcal{U}_{0:k},X_{0:k})\mathrm{d}x_k$$

2)递归测量更新如下：

$$P(x_{k+1},m \mid Z_{0:k+1},\mathcal{U}_{0:k},X_{0:k})=\frac{P(z_{k+1} \mid x_{k+1},m)P(x_{k+1},m \mid Z_{0:k},\mathcal{U}_{0:k},X_{0:k})}{P(z_{k+1} \mid z_{0:k},\mathcal{U}_{0:k},u_{k+1})}$$

假设地标是静态的，对 SLAM 过程的一个重要观察是地标的相对位置也是静态的，因此所有地标的估计之间的相关性随机器人执行的测量次数而增加(Dissanayake and Gamini 2001)。

值得注意的是，随着机器人沿着轨迹前进，图 7-6 中地标清晰(实际)的位置与眩光(估计)位置之间的距离会减小。显然，当机器人检测到新的地标时，它与其他地标的相关性相对较低，但是鉴于先前地标之间的相关性较高，新地标与其他地标的相关性会随附加测量值的增加而增加。同样，机器人的估计位置与地标位置之间的相关性也会增加（概率分布的方差会减小）。

对于 SLAM 过程的实际解决方案，已经提出了几种算法。流行的算法包括扩展的卡尔曼滤波算法（EKF- SLAM）和粒子滤波算法（FastSLAM）（Bailey and Durrant-Whyte 2006）。下一章讨论 SLAM 在 UAV 中的实现。

7.5 三维空间中无人机的运动规划

前面章节中讨论的运动规划方法已广泛地应用于地面及空中自动系统中。然而，无人机的运动规划面临更大的挑战，特别是在具有不确定性的时变环境中。绝大多数无人机的有效载荷和计算能力有限，这将限制其机载传感能力和自主控制性能。此外，由于存在差异性约束和环境干扰，与地面无人车相比，无人机系统的运动规划更为复杂。另外，无人机在三维空间中运动时，通常距离其他高速无人机和障碍物比较近，因此，为无人机选择运动规划器时，必须考虑特定的平台约束、任务特点和环境干扰等因素。

典型的无人机一般具有 2 个或 4 个自由度，并具有明显的微分约束，这导致问题维度在 5～12 之间。事实证明，即使经过简化、近似和泛化，这类问题依然是非多项式（Non-polynomial，NP）的（Canny 1988）。此外，在寻找最佳解决方案时，还必须考虑其他因素，例如计算复杂度、轨迹的平滑度、运动的持续时间和能量消耗。

即便是在二维空间中，找到最佳解决方案也十分复杂，通常需要近似算法和启发式方法。在基于采样的轨迹规划（Sampling-Based Trajectory Planning，SBTP）方法中，整个工作空间离散化为 3D 矩阵（Reif and Hongyan 2000），并通过在该矩阵中搜索安全通道来近似时间最优轨迹。在另一种称为状态空间导航函数（State-Space Navigation Function，SS-NF）的 SBTP 方法中，构造了导航函数。该函数的梯度可近似为时间最优轨迹（Lavalle and Konkimalla 2001）。

快速探索随机树（Rapidly exploring Random Tree，RRT）算法在构型空间上使用随机搜索方法来生成可行的轨迹，同时考虑了动态约束问题（Redding et al. 2007）。解耦轨迹规划（Decoupled Trajectory Planning，DTP）方法首先使用一种常规的运动规划算法（例如 A*、人工势场、Voronoi 图等）构造轨迹，然后修改此轨迹以适应无人机的动态约束以及其他特定要求。

虽然将运动规划分解为两个阶段无法保证最优性，但是可以简化计算复杂度。分层解耦规划与控制（Hierarchical Decoupled Planning and Control，HDPC）算法将航路点集成到无人机控制系统中。选择航路点以避免与障碍物碰撞，并根据无人机的动态约束条件生成平滑的轨迹。由于简单和易于实施，该算法是无人机中最常用的运动规划方法之一。它的模块化分层结构实现了系统功能分解，因此可以在各种平台和操作系统中得到实现。

很多商用无人机都带有内置的航路点控制系统，可以将感知和避障方法高效集成。Scherer et al.（2008）通过结合在线传感系统与避障功能，开发了面向低海拔杂乱环境的直升机 3D 运动规划器。他们的无人机以相对较高的速度（10m/s）在高于地面 5～10m 的范围内运行，设法安全避开小物体（6mm 的电线）。他们采用不同的方法，将 3D 工作空间分解为几个 2D 平面，每个平面包含初始位置和目标位置。然后，采用 2D 运动规划器（例如 Voronoi 路线图规划器）在每个平面上构建 2D 轨迹。同时，根据代价函数对平面进行排名，然后根据无人机的动态约束对其进行调整（Whalley et al. 2005）。

有限状态模型(Finite State Model，FSM)方法放宽了对控制和时间的约束并创建了运动基元，从而降低了运动规划问题的计算复杂性。完整的轨迹包含多个运动基元的集合，类似于人类飞行员通过组合调整轨迹和3D演习来控制飞机的方式，这就是所谓的操纵自动化(Maneuver Automation，MA)。Schouwenaars et al.(2004)提出了敏捷无人机中的MA概念。运动规划器使用机动调度器根据预编程的敏捷机动动作来构造轨迹。将动态约束简化为一组线性时不变模式，并采用混合整数线性规划(Mixed-Integer Linear Programming，MILP)算法确定了最佳轨迹。这样，将运动规划问题转换为数值优化问题，在初始条件合理的情况下，算法在多项式时间内收敛。

滚动时域控制(Receding Horizon Control，RHC)是无人机中另一种流行的运动规划方法。它通过缩短该问题的时域来降低计算复杂性，针对每个时域构造轨迹，并且通过最优数值解算器(例如，MILP)构造全局最优轨迹。每次时域计算仅包含相关的环境数据，因此减少了所需的计算资源。Shim和Sastry(2006)将该方法应用在了伯克利固定机翼无人机的飞控系统及其他面向各种任务的旋翼无人机中。

当全局数据不可获得或不确定性太大时，可以将RMP算法用于无人机。在这种情况下，将考虑使用局部数据来构建最后一刻的避障策略。在动态环境中运行时，RMP算法尤其重要，在动态环境中，对象(障碍物和其他UAV)的位置会随时间变化。RMP算法的目的不是构建全局轨迹，因此必须与其他全局运动规划器配合使用。

运动描述语言(Motion Description Language，MDL)(Brockett 1990)是一种有效的运动规划器工具，通过将车辆机动分配给特定的传感器输入来构造被动运动规划器。作为MDL的扩展，MDLe(Manikonda et al. 1999)将无人机的微分约束整合到了反应行为中。这些行为被形式化为动力学状态机，其状态间的转换由实时传感数据掌控。

MDL的变化版本包括使用模糊逻辑(Zavlangas et al. 2000)和自然人类行为(Hamner et al. 2006)。模糊运动规划器排斥更新的传感数据和全局目标位置，并构造更新的避障策略。使用神经网络训练算法，可以将其调整为实际任务所需的要求。在沿着预定轨迹避开障碍物的同时，观察人类操作者的自然反应，从而形成反应控制行为，并将其整合到无人机中。

最后，很多RMP算法受到生物系统的启发，例如蚁群优化(Ant Colony Optimization，ACO)(Dorigo et al. 1999)、萤火虫算法(Firefly Algorithm，FA)(Yang 2010a)、蝙蝠算法(Bat Algorithm，BA)(Yang 2010b)、人工蜂群算法(Artificial Bee Colony algorithm，ABC)(Karaboga 2010)、细菌觅食优化算法(Bacterial Foraging Optimization Algorithm，BFOA)(Passino 2002)、鸽子启发性优化算法(Pigeon-Inspired Optimization Algorithm，PIOA)(Duan and Qiao 2014)、萤火虫群优化算法(Glowworm Swarm Optimization Algorithm，GSOA)(Krishnanand and Ghose 2005)等。仿生运动规划器受到了大自然中动物行为特征的启发，并对其进行了模仿。特别地，当无人飞行器集群在群成员之间朝着分散运动规划目标和最小通信的集体目标方向运行时，受到生物启发的算法将具有优势。每个无人机在观察周围环境(障碍物以及其他无人机)时，都会遵循一系列简单的运动行为。仿生运动规划器需要相对较少的计算资源，并通常对某些群体成员的局部故障具有较强的抵抗力。

7.6 小结

本章介绍了在线运动规划和导航的方法，其中机器人的位置是根据局部已知地标或相对于其他机器人在二维和三维空间中定义的。本章简要概述了地面和空中运载器的运动规划方法，并综述了机器人定位相关的文献。

本章特别讨论了下列问题：

1)在二维和三维空间中的机器人轨迹创建方法及构型空间方法，使机器人在任意环境和避障中都能自然有效地考虑运动问题。特别关注了具有不确定性的运动规划问题，即内部和外部的动态不确定性、传感器的不确定性以及对不确定性环境的适应。

2)在对运动规划技术进行了一般分类之后，本章考虑了在线运动规划(特别是流行的 D* 算法)、带有约束的运动规划以及基于势场法的 RMP。最后一种方法可以推广到具有不确定性的运动规划问题。

3)本章介绍了 SLAM 方法的总体思想，该方法允许机器人在最初未知的环境中导航，并在运动过程中创建环境地图。

4)概述了三维空间导航的方法和算法，特别提到了快速探索随机树算法、解耦轨迹规划和控制算法，以及 FSM 和 RHC 等降低运动规划问题计算复杂度的方法。

5)提到了模仿动物行为的仿生运动规划技术，并广泛用于移动机器人集群的导航。

参考文献

Acar, E., Choset, H., Rizzi, A. et al. (2002). Morse decompositions for coverage tasks. *International Journal of Robotics Research* 21 (4): 331–344.

Ayache, N. and Faugeras, O.D. (1988). Building, registrating, and fusing noisy visual maps. *International Journal of Robotics Research* 7 (6): 45–65.

Bailey, T. and Durrant-Whyte, H. (2006). Simultaneous localization and mapping (SLAM): part II. *IEEE Robotics and Automation Magazine* 13 (3): 108–117.

Balluchi, A., Bicchi, A., Balestrino, A., and Casalino, G. (1996). Path tracking control for Dubin's cars. In: *Proc. IEEE Int. Conf. Robotics and Automation*, vol. 4, 3123–3128. IEEE.

Bellman, R. (1958). On a routing problem. *Quarterly of Applied Mathematics* 16: 87–90.

de Berg, M., van Kreveld, M., Overmars, M., and Schwarzkopf, O. (2000). Visibility graphs. In: *Computational Geometry*, 307–317. Berlin: Springer-Verlag.

Borenstein, J. and Koren, Y. (1991). The vector field histogram-fast obstacle avoidance for mobile robots. *IEEE Transactions on Robotics and Automation* 7 (3): 278–288.

Borenstein, J., Everett, B., and Feng, L. (1996). *Navigating Mobile Robots: Systems and Techniques*. Wellesley: A. K. Peters, Ltd.

Brockett, R.W. (1990). Formal languages for motion description and map making. *Robotics* 41: 181–191.

Canny, J. (1988). *The Complexity of Robot Motion Planning*. Cambridge MIT Press.

Chatila, R. and Laumond, J.-P. (1985). Position referencing and consistent world modeling for mobile robots. In: *Proc. IEEE Int. Conf. Robotics and Automation*, vol. 2, 138–145. IEEE.

Choset, H. and Pignon, P. (1998). Coverage path planning: The boustrophedon cellular decomposition. In: *Field and Service Robotics* (ed. A. Zelinsky), 203–209. London: Springer.

Crowley, J.L. (1989). World modeling and position estimation for a mobile robot using ultrasonic ranging. In: *Proc. Int. IEEE Conf. Robotics and Automation*, 674–580. IEEE.

Dijkstra, E.W. (1959). A note on two problems in connexion with graphs. *Numerische Mathematik* 1: 269–271.

Dissanayake, M.W. and Gamini, M. (2001). A solution to the simultaneous localization and map building (SLAM) problem. *IEEE Transactions on Robotics and Automation* 17 (3): 229–241.

Dorigo, M., Di Caro, G., and Gambardella, L.M. (1999). Ant algorithms for discrete optimization. *Artificial Life* 5 (2): 137–172.

Duan, H. and Qiao, P. (2014). Pigeon-inspired optimization: a new swarm intelligence optimizer for air robot path planning. *International Journal of Intelligent Computing and Cybernetics* 7 (1): 24–37.

Durrant-Whyte, H.F. (1988). Uncertain geometry in robotics. *IEEE Journal of Robotics and Automation* 4 (1): 23–31.

Fisher, A. (2013). Inside Google's quest to popularize self-driving cars. *Popular Science.*

Fraser, A.M. (2008). *Hidden Markov Models and Dynamical Systems.* Philadelphia, PA: SIAM.

Galceran, E. and Carreras, M. (2013). A survey on coverage path planning for robotics. *Robotics and Autonomous Systems* 61 (12): 1258–1276.

Gibbs, B.P. (2011). *Advanced Kalman Filtering, Least-Squares and Modelling: A Practical Handbook.* Hoboken, NJ: Wiley.

Hacohen, S., Shoval, S., and Shvalb, N. (2017). Applying probability navigation function in dynamic uncertain environments. *Robotics and Autonomous Systems* 87: 237–246.

Hamner, B., Singh, S., and Scherer, S. (2006). Learning obstacle avoidance parameters from operator behavior. *Journal of Field Robotics* 23 (11–12): 1037–1058.

Hart, P.E., Nilsson, N.J., and Raphael, B. (1968). Formal basis for the heuristic determination of minimum cost paths. *IEEE Transactions of Systems Science and Cybernetics* 4 (2): 100–107.

Hemmerdinger, J. (2013). FAA approves bid for UAV flights in civil airspace. *Flight International* 184 (5412): 10.

Karaboga, D. (2010). Artificial bee colony algorithm. *Scholarpedia* 5 (3): 6915.

Katsev, M., Yershova, A., Tovar, B. et al. (2011). Mapping and pursuit-evasion strategies for a simple wall-following robot. *IEEE Transactions on Robotics* 27 (1): 113–121.

Khatib, O. (1986). Real-time obstacle avoidance for manipulators and mobile robots. In: *Autonomous Robot Vehicles,* 396–404. New York: Springer.

Krishnanand, K.N. and Ghose, D. (2005). Detection of multiple source locations using a glowworm metaphor with applications to collective robotics. In: *Proc. IEEE Symp. Swarm Intelligence. SIS 2005,* 84–91. IEEE.

Latombe, J. (1991). *Robot Motion Planning.* Boston: Kluwer Academic.

Lavalle, S.M. (2011). Motion planning. *IEEE Robotics and Automation Magazine* 18 (2): 108–118.

Lavalle, S.M. and Konkimalla, P. (2001). Algorithms for computing numerical optimal feedback motion strategies. *International Journal of Robotics Research* 20 (9): 729–752.

Lee, T.-K., Baek, S.-H., Choi, Y.-H., and Oh, S.-Y. (2011). Smooth coverage path planning and control of mobile robots based on high-resolution grid map representation. *Robotics and Autonomous Systems* 59 (10): 801–812.

Lozano-Perez, T. (1983). Spatial planning: a configuration space approach. *IEEE Transactions on Computers* 32 (2): 108–120.

Lumelsky, V., Mukhopadhyay, S., and Sun, K. (1990). Dynamic path planning in sensor-based terrain acquisition. *IEEE Transactions on Robotics and Automation* 6 (4).

Manikonda, V., Krishnaprasad, P.S., and Hendler, J. (1999). Languages, behaviors, hybrid architectures, and motion control. In: *Mathematical Control Theory,* 199–226. New York: Springer.

Neapolitan, R.E. (2004). *Learning Bayesian Networks*. Harlow: Prentice Hall.
Passino, K.M. (2002). Biomimicry of bacterial foraging for distributed optimization and control. *IEEE Transactions of Control Systems* 22 (3): 52–67.
Redding, J., Jayesh, N.A., Boskovic, J.D. et al. (2007). A real-time obstacle detection and reactive path planning system for autonomous small-scale helicopters. In: *Proc. AIAA Navigation, Guidance and Control Conf.*, 6413. Hilton Head, SC. Curran Associates Inc.
Reif, J.H. and Hongyan, W. (2000). Nonuniform discretization for kinodynamic motion planning and its applications. *SIAM Journal on Computing* 30 (1): 161–190.
Rimon, R. and Koditschek, D.E. (1992). Exact robot navigation using artificial potential functions. *IEEE Transactions of Robotics and Automation* 8 (5): 501–518.
Scherer, S., Singh, S., Chamberlain, L., and Elgersman, M. (2008). Flying fast and low among obstacles: methodology and experiments. *International Journal of Robotics Research* 27 (5): 549–574.
Schouwenaars, T., Mettler, B., Feron, E., and How, J.P. (2004). Hybrid model for trajectory planning of agile autonomous vehicles. *JACIC* 1 (12): 629–651.
Sharir, M. (1995). Robot motion planning. *Communications on Pure and Applied Mathematics* 48 (9): 1173–1186.
Shiller, Z. and Gwo, Y. (1991). Dynamic motion planning of autonomous vehicles. *IEEE Transactions on Robotics and Automation* 7 (2): 241–249.
Shim, D.H. and Sastry, S. (2006). A situation-aware flight control system design using real-time model predictive control for unmanned autonomous helicopters. In: *Proc. AIAA Guidance, Navigation, and Control Conference*, vol. 16, 38–43. Curran Associates Inc.
Shoval, S., Ulrich, I., and Borenstein, J. (2003). NavBelt and the GuideCane. *IEEE Robotics and Automation Magazine* 10 (1): 9–20.
Smith, R.C. and Cheeseman, P. (1986). On the representation and estimation of spatial uncertainty. *International Journal of Robotics Research* 5 (4): 56–68.
Solovyev, V.V., Finaev Valery, A., Zargaryan et al. (2015). Simulation of wind effect on a quadrotor flight. *ARPN Journal of Engineering and Applied Sciences* 10 (4): 1535–1538.
Stentz, A. (1994). Optimal and efficient path planning for partially-known environments. In: *Proc. IEEE Int. Conf. Robotics and Automation*, vol. 4, 3310–3317. Institute of Electrical and Electronics Engineers (IEEE).
Takahashi, O. and Schilling, R. (1989). Motion planning in a plane using generalized Voronoi diagrams. *IEEE Transactions on Robotics and Automation* 5 (2): 143–150.
Thrun, S., Burgard, W., and Fox, D. (2005). *Probabilistic Robotics*. The MIT Press.
Tisue, S. and Wilensky, U. (2004). Netlogo: A simple environment for modeling complexity. In: *International conference on complex systems*, vol. 21, 16–21. Springer Verlag.
Whalley, M., Freed, M., Harris, R. et al. (2005). Design, integration, and flight test results for an autonomous surveillance helicopter. In: *Proc. AHS Int. Specialists' Meeting on Unmanned Rotorcraft*. Vertical Flight Society (VFS).
Wong, S. (2006). *Qualitative Topological Coverage of Unknown Environments by Mobile Robots. Ph.D. Thesis*. The University of Auckland.
Yang, X.S. (2010b). A new metaheuristic bat-inspired algorithm. In: *Nature Inspired Cooperative Strategies for Optimization*, 65–74. Berlin, Heidelberg: Springer.
Yang, X.S. (2010a). Firefly algorithm, stochastic test functions and design optimisation. *International Journal of Bio-Inspired Computation* 2 (2): 78–84.
Zavlangas, P.G., Tzafestas, S.G., and Althoefer, K. (2000). Fuzzy obstacle avoidance and navigation for omnidirectional mobile robots. In: *Proc. European Symp. Intelligent Techniques*, 375–382. Aachen, Germany. ERUDIT Service Center.
Zhu, D. and Latombe, J. (1991). New heuristic algorithms for efficient hierarchical path planning. *IEEE Transactions on Robotics and Automation* 7 (1): 9–26.

未知环境中的运动

Eugene Kagan

本章研究未知环境中的概率运动规划方法，即众所周知的概率机器人。这里引入了信念空间的概念，考虑了环境绘图的基本估计及预测方法和其他方法。此外，本章还介绍了机器人控制中最简单的学习方法及其实现。

8.1 基于概率地图的定位

固定基座的机械臂通常在人工构建的结构化环境中工作，并且由于它有几乎无限的电源供应，因此可以配备坚固耐用的重型齿轮。相反，移动机器人通常运行在真实的非结构化环境下，且使用略微经济、精度较差的设备，这导致了移动机器人的行为产生了误差和不确定性。在广泛接受的机器人体系中，这些不确定性的来源如下(Thrun，Burgard and Fox 2005)。

1)环境。移动机器人所处的环境是高度不可预测的，通常会随时变化。

2)传感器。传感器的感知能力有限，测量结果受到环境噪声和内部误差的干扰。

3)执行器。通常由电动机驱动的执行器是不精确的，并且容易受到外部噪声的干扰。同时，控制信号中的噪声也会导致误差。

4)模型。任何模型都提供了真实世界进程和事件的非完整描述，从而在机器人及其环境的可用图像中引入了误差。

5)计算。机载计算机和控制器的能力有限，通常实现的算法是近似的，这导致计算结果不准确。

由上述不确定性导致的机器人运动的不准确性可以通过几种方式进行处理。如果不确定性定义为误差及其在已知或假定分布下的概率，那么机器人的运动通过标准随机控制方法进行规划(见 Aoki 1967 和 Astrom 1970)，以最小化任务结束时产生的误差。在这种情况下，描述不确定性的另一种方法是应用某种多值或模糊逻辑以允许做出不确定的决策，从而抵消可用数据中的不确定性(Cuesta and Ollero 2005)。另外，也可以采用概率决策方法处理不确定性，例如马尔可夫决策过程(Markov Decision Processes，MDP)(White 1993)或一些更一般的利用机器人历史活动的方法(Bertsecas and Shreve 1978；Bertsekas 1995)。

概率机器人使用概率决策方法在随机环境中导航，同时考虑其他因机器人类型和能力的不同而导致的不确定性。一般来说，这一决策过程的定义如下：

设$\mathfrak{S}=\{\mathfrak{s}_1,\mathfrak{s}_2,\mathfrak{s}_3,\cdots\}$表示智能体可能状态的一组有限或可数集合；$\mathfrak{A}=\{\mathfrak{a}_1,\mathfrak{a}_2,\mathfrak{a}_3,\cdots\}$为其可能动作的集合；$\mathfrak{M}=\{\mathfrak{m}_1,\mathfrak{m}_2,\mathfrak{m}_3,\cdots\}$表示环境测量的一组可能结果，此测量结果可以代表对观测区域或相邻智能体特征的观测结果(参见第11章中的搜索算法和聚集过程)。然后，智能体在离散时间$t=0,1,2,\cdots$中的一般活动可以由下列操作表示(Kagan and Ben-Gal 2013)：

1)设$t=0$及初始状态$\mathfrak{s}(0)\in\mathfrak{S}$；

2)在状态$\mathfrak{s}(t)\in\mathfrak{S}$下，执行：

观测环境并获得测量结果$\mathfrak{m}(t)\in\mathfrak{M}$；选取状态$\mathfrak{a}(t)\in\mathfrak{A}$及测量结果$\mathfrak{m}(t)$下的动作$\mathfrak{s}(t)$。

3)执行动作$\mathfrak{a}(t)$和获取新状态$\mathfrak{s}(t+1)\in\mathfrak{S}$；

4)令 $t=t+1$；

5)返回第 2 步。

显然，若 t 时刻选取的动作$\mathfrak{a}(t)$为终止(terminate)，则状态$\mathfrak{s}(t+1)$为停止(stop)，表示智能体完成任务。类似地，如果时间是有限的，那么当时间达到限制条件时智能体完成任务。智能体的活动如图 8-1 所示。

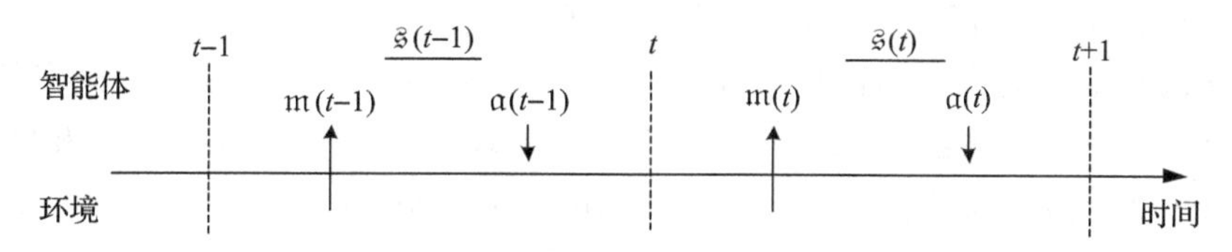

图 8-1　智能体在离散时间上的活动

因此，在无限时间 T 的有限范围内，智能体的活动可由 3 个序列表述($t=0,1,2,\cdots,T$)(Thrun, Burgard and Fox 2005；Siegwart, Nourbakhsh and Scaramuzza 2011)：

- 状态序列$\mathfrak{s}_{0:T}=\langle\mathfrak{s}(0),\mathfrak{s}(1),\mathfrak{s}(2),\cdots,\mathfrak{s}(T)\rangle$，其中$\mathfrak{s}(t)\in\mathfrak{S}$
- 检测序列$\mathfrak{m}_{0:T}=\langle\mathfrak{m}(0),\mathfrak{m}(1),\mathfrak{m}(2),\cdots,\mathfrak{m}(T)\rangle$，其中$\mathfrak{m}(t)\in\mathfrak{M}$
- 动作序列$\mathfrak{a}_{0:T}=\langle\mathfrak{a}(0),\mathfrak{a}(1),\mathfrak{a}(2),\cdots,\mathfrak{a}(T)\rangle$，其中$\mathfrak{a}(t)\in\mathfrak{A}$

智能体当前时刻的状态$\mathfrak{s}(t)$由其先前的状态、检测和操作定义，即：

$$\mathfrak{s}(t)\longleftarrow(\mathfrak{s}_{0:t-1},\mathfrak{m}_{0:t-1},\mathfrak{a}_{0:t-1})\tag{8-1}$$

同样，当前时刻的检测$\mathfrak{m}(t)$由智能体从初始时刻到当前时刻的状态，以及先前的检测和动作定义：

$$\mathfrak{m}(t)\longleftarrow(\mathfrak{s}_{0:t},\mathfrak{m}_{0:t-1},\mathfrak{a}_{0:t-1})\tag{8-2}$$

当前时刻的动作$\mathfrak{a}(t)$由智能体从初始时刻到当前时刻的检测，以及先前的状态和动作定义：

$$\mathfrak{a}(t)\longleftarrow(\mathfrak{s}_{0:t},\mathfrak{m}_{0:t},\mathfrak{a}_{0:t-1})\tag{8-3}$$

注意，在所给出的公式中，假设动作$\mathfrak{a}(t)$使智能体进入下一个状态$\mathfrak{s}(t+1)$。在其他等价的公式(如 Thrun, Burgard and Fox 2005)中，假设智能体在状态$\mathfrak{s}(t)$下首先执行动作$\mathfrak{a}(t)$，得到检测$\mathfrak{m}(t)$，然后进入下一个状态$\mathfrak{s}(t+1)$。

在确定性运动规划中，特别是对于固定基座的机械臂，式(8-1)和式(8-2)中的规则由明确的转换函数确定，式(8-3)中的动作决策可以由常用的最优控制方法求解。而对于移动机器人来说，环境的不确定性和可能出现的测量误差以及受限的模型和受限的计算执行能力，均会导致其状态描述和动作选择的不确定性。因此，状态和检测之间的转换受某些随机过程以及如下所示的条件概率(Thrun, Burgard and Fox 2005；Siegwart, Nourbakhsh and Scaramuzza 2011)的控制，而非式(8-1)和式(8-2)。动作$\mathfrak{a}(t)$由适当的统计决策方法获得(Wald 1950；DeGroot 1970)。下一小节将讨论移动机器人的概率运动规划和定位。

$$p(\mathfrak{s}(t)\mid\mathfrak{s}_{0:t-1},\mathfrak{m}_{0:t-1},\mathfrak{a}_{0:t-1})\tag{8-4}$$

$$p(\mathfrak{m}(t)\mid\mathfrak{s}_{0:t},\mathfrak{m}_{0:t-1},\mathfrak{a}_{0:t-1})\tag{8-5}$$

8.1.1 信念分布与马尔可夫定位

考虑移动机器人在确定坐标域 X 里的运动情况，该坐标域包括障碍物，并定义了确定的势场及概率分布。坐标域中的点定义为$\vec{x}\in X$。对于一维直线 $X\subset\mathbb{R}$，点 $\vec{x}=x$ 代表一个轴上的坐标。对于二维平面 $X\subset\mathbb{R}^2$，X 的每个点是向量 $\vec{x}=(x,y)$，以此类推。对于大小为 n 的离散域 $X=\{\vec{x}_1,\vec{x}_2,\cdots,\vec{x}_n\}$，假设点 $\vec{x}=(x,y)$是一个正方形网格，每个点 $\vec{x}_i(i=1,2,\cdots,n)$由一对$(i_x,i_y)$定义(其中 $i_x=1,2,\cdots,n_x$，$i_y=1,2,\cdots,n_y$，$n=n_x\times n_y$，$i=(i_x-1)n_x+i_y$)。

机器人在 t 时刻的状态$\mathfrak{s}(t)$可以根据任务和运动规划方法以不同的方式来定义。大多数情况下假设机器人的状态代表其位置坐标，即$\mathfrak{s}(t)=\vec{x}(t)$。若机器人的运动是使用相空间定义的，则状态应包括机器人的坐标和速度，定义为$\mathfrak{s}(t)=(\vec{x}(t),\ \vec{v}(t))$。检测量$\mathfrak{m}(t)$通常被认为是对机器人局部环境 $a(t)\subset X$ 的观测结果，即势函数或概率的值 $z(t)$。最后，机器人的动作$\mathfrak{a}(t)$定义为其运动或转动(见 11.3.1 节)。在离散时间和网格空间的情况下，动作指定为运动或步伐 $\delta(t)\in D=\{\delta_1,\delta_2,\delta_3,\delta_4,\delta_5\}$，其中 δ_1 — move forward、δ_2 = move backward、δ_3 = move right、δ_4 = move left、δ_5 = stay in the current point；当然，上述可能的动作也包含 terminate，但由于它不用于机器人的导航，因此通常单独考虑。

综上所述，由于这些不确定性，机器人在 t 时刻无法知道其真实位置 $\vec{x}(t)$。然而，通过观测结果 $z(t-1)$和所选动作 $\delta(t-1)$，在观测可用环境 $a(t)\subset X$ 之后，机器人可以估计其位置 $\vec{x}(t)$。对机器人位置的最佳估计通常称为信念(belief)，它遵循概率方法且被定义为条件概率(Thrun，Burgard and Fox 2005；Siegwart，Nourbakhsh and Scaramuzza 2011)：

$$\overline{\mathrm{bel}}(\vec{x}(t)) = p(\vec{x}(t) \mid z_{0:t-1},\delta_{0:t-1}) \tag{8-6}$$

式中，与上文类似，$z_{0:t-1}$和 $\delta_{0:t-1}$分别表示观测历史和运动历史。

信念$\overline{\mathrm{bel}}(\vec{x}(t))$不包含在由位置 $\vec{x}(t)$获得的观测结果 $z(t)$中。相反，如果考虑 t 时刻的观测结果，则信念用 $\mathrm{bel}(\vec{x}(t))$表示，由条件概率定义为：

$$\mathrm{bel}(\vec{x}(t)) = p(\vec{x}(t) \mid z_{0:t},\delta_{0:t-1}) \tag{8-7}$$

服从条件概率$\overline{\mathrm{bel}}(\vec{x}(t))$和 $\mathrm{bel}(\vec{x}(t))$($\vec{x}\in X$)的分布称为信念分布。在域 X 上关于移动机器人能力的所有可能信念分布的集合称为信念空间。注意，通常在点集中具有一定信念值的域也称为信念空间。

假设 $\mathcal{M}$ 是一个真实或估计的环境地图，表示障碍物的位置、区域的地形、区域上的势或概率分布。例如，地图 $\mathcal{M}$ 可以视为一组点 $\vec{x}\in X$ 的集合，这些点包含一些信息(如是否被某个障碍占据、目标在该点位置的概率，以及类似的信息等)。当机器人在位置 $\vec{x}(t)$处并且用地图 $\mathcal{M}$ 观测域 X 中的区域 $a(t)$时，获得观测结果 $z(t)$的概率用 $p(z(t) \mid \vec{x}(t),\mathcal{M})$表示。那么信念 $\mathrm{bel}(\vec{x}(t))$和$\overline{\mathrm{bel}}(\vec{x}(t))$之间的关系可以表示为：

$$\mathrm{bel}(\vec{x}(t)) = \eta(\vec{x}(t))p(z(t) \mid \vec{x}(t),\mathcal{M})\ \overline{\mathrm{bel}}(\vec{x}(t)) \tag{8-8}$$

其中，$\eta(\vec{x}(t))>0$ 是一个归一化系数，使得域 X 上的总体信念单位化。

如果机器人从空地图 $\mathcal{M}$ 开始并在运动过程中建图(如果域不包含障碍物或任何其他信息，并且为机器人的运动提供了一个干净的场地，那么应使地图始终是空的)，那么信念$\overline{\mathrm{bel}}$和 bel 将包含马尔可夫属性。此时式(8-6)和式(8-8)可以使用以下定义：

$$\overline{\mathrm{bel}}(\vec{x}(t)) = p(\vec{x}(t) \mid z(t-1),\delta(t-1)) \tag{8-9}$$

$$\mathrm{bel}(\vec{x}(t)) = p(\vec{x}(t) \mid z(t),\delta(t-1)) \tag{8-10}$$

这里假设机器人在 t 时刻位置的信念$\overline{\text{bel}}$和 bel 不依赖于完整的观测和运动历史，只考虑机器人最后的观测和运动。

最后，给定 $t-1$ 时刻的信念 $\text{bel}(\vec{x}(t-1))$和$\overline{\text{bel}}(\vec{x}(t-1))$，使用一般概率方法定义 t 时刻的信念，具体如下(Thrun，Burgard and Fox 2005；Siegwart，Nourbakhsh and Scaramuzza 2011)。

- 连续域：

$$\overline{\text{bel}}(\vec{x}(t)) = \int_X p(\vec{x}(t) \mid z(t-1), \delta(t-1)) \text{bel}(\vec{x}(t-1)) \mathrm{d}\vec{x} \tag{8-11}$$

- 离散域 $X=\{\vec{x}_1, \vec{x}_2, \cdots, \vec{x}_n\}$：

$$\overline{\text{bel}}(\vec{x}_i(t)) = \sum_{j=1}^{n} p(\vec{x}_j(t) \mid z(t-1), \delta(t-1)) \text{bel}(\vec{x}_j(t-1)) \tag{8-12}$$

所提出的定义将马尔可夫定位算法直接公式化。此过程基于贝叶斯滤波器可以根据先前时刻的 $\text{bel}(\vec{x}(t-1))$、$\overline{\text{bel}}(\vec{x}(t-1))$、$z(t-1)$和 $\delta(t-1)$更新当前时刻的信念。贝叶斯滤波器由以下过程定义(Thrun，Burgard and Fox 2005；Choset et al. 2005；Siegwart，Nourbakhsh and Scaramuzza 2011)。

bayesian_filter $(z(t), z(t-1), \delta(t-1), \text{bel}(\vec{x}(t-1)))$: $\text{bel}(\vec{x}(t))$

1)对于所有点 $\vec{x}(t) \in X$ 执行：

2)设置信念$\overline{\text{bel}}(\vec{x}(t))$：

连续 X：$\overline{\text{bel}}(\vec{x}(t)) = \int_X p(\vec{x}(t) \mid z(t-1), \delta(t-1)) \text{bel}(\vec{x}(t-1)) \mathrm{d}\vec{x}$，

离散 X：$\overline{\text{bel}}(\vec{x}_i(t)) = \sum_{j=1}^{n} p(\vec{x}_j(t) \mid z(t-1), \delta(t-1)) \text{bel}(\vec{x}_j(t-1))$

3)结束 for 循环。

4)For 所有点 $\vec{x}(t) \in X$ 执行：

5)利用贝叶斯规则计算归一化参数 $\eta(\vec{x}(t))$。

6)结束 for 循环。

7)For 所有点 $\vec{x}(t) \in X$ 执行：

8)设置信念 $\text{bel}(\vec{x}(t)) = \eta(\vec{x}(t)) p(z(t) \mid \vec{x}(t))$，$\mathcal{M}) \text{bel}(\vec{x}(t))$。

9)结束 for 循环。

10)返回 $\text{bel}(\vec{x}(t))$，$\vec{x}(t) \in X$。

很明显，此过程在第 2 行中应用了由式(8-11)或式(8-12)定义的更新规则，并在第 8 行应用了由式(8-8)给出的定义。使用贝叶斯滤波器的马尔可夫定位算法概述如下：

算法 8-1 马尔可夫定位(Markov localization)

给定具有地图 $\mathcal{M}$ 的域 X 及终止时间 T，执行：

1)初始化位置地图 $\vec{x}(0) \in X$ 和观察结果 $z(0)$。

2)初始化信念 $\text{bel}(\vec{x}(0))$。

3)选择动作 $\delta(0)$。

4)设置 $t=1$。

5)While $t \leqslant T$ 执行：

6）选择动作 $\delta(t-1)$，移动到新的位置 $\vec{x}(t)$。

7）获得观测结果 $z(t)$。

8）设置 $\mathrm{bel}(\vec{x}(t))=\mathrm{bayyesian\_filter}(z(t),z(t-1),\delta(t-1),\mathrm{bel}(\vec{x}(t-1))),\vec{x}(t-1)\in X$。

9）选择动作 $\delta(t)$。

10）设置 $t=t+1$。

11）结束 while 循环。

马尔可夫定位算法是最一般的过程，只实现了关于概率的基本假设。下面的例子说明了这个算法的作用。

例 8.1　（基于文献(Siegwart，Nourbakhsh and Scaramuzza 2011)中的示例）

假设机器人在包含某些相同地标的二维空间 $X\subset\mathbb{R}^2$ 中进行直线移动。这些地标标记在环境地图 $\mathcal{M}$ 上，并且机器人可以使用该地图。机器人配备传感器，以便可以观测区域 $a\subset X$ 并且感知局部环境中的地标。然而，由于地标是相同的，因此机器人无法识别它靠近了哪个地标。为了简单起见，假设地标按直线排列，机器人平行于地标移动。机器人的运动如图 8-2 所示，假设机器人从一致信念 $\mathrm{bel}(\vec{x}(0))$ 开始。在第一个地标旁边的位置 $\vec{x}(1)$ 计算出信念 $\mathrm{bel}(\vec{x}(1))$，然后移动到第二个地标旁边的位置 $\vec{x}(2)$。在此处计算出信念 $\mathrm{bel}(\vec{x}(2))$，最后移动到第三个地标旁边的位置 $\vec{x}(3)$，得到信念 $\mathrm{bel}(\vec{x}(3))$。

从一致信念 $\mathrm{bel}(\vec{x}(0))$ 开始，机器人一直移动直到感知到其中一个地标。在 $t=1$ 时，机器人感测到 3 个相同地标中的一个，因此 $\mathrm{bel}(\vec{x}(1))$ 包括 3 个与地图 $\mathcal{M}$ 上的地标相对应的峰值。在 $t=2$ 时，机器人向右移动一步后位于位置 $\vec{x}(2)$ 处。在这个位置上，机器人能感测到地标，并且这与之前观测到的地标明显不同，它是剩余的两个地标之一。机器人的信念 $\mathrm{bel}(\vec{x}(2))$ 包括与这些剩余地标相对应的两个相同的峰值，这样机器人观测到先前地标的概率降低。最后，机器人再向右移动一步，在 $t=3$ 时观测到最后一个地标。因此，在更新之后，信念 $\mathrm{bel}(\vec{x}(3))$ 仅包含对应最后一个地标的峰值。观测到其他地标的概率很小但不为零，这代表了机器人在观测和运动方面的不确定性。■

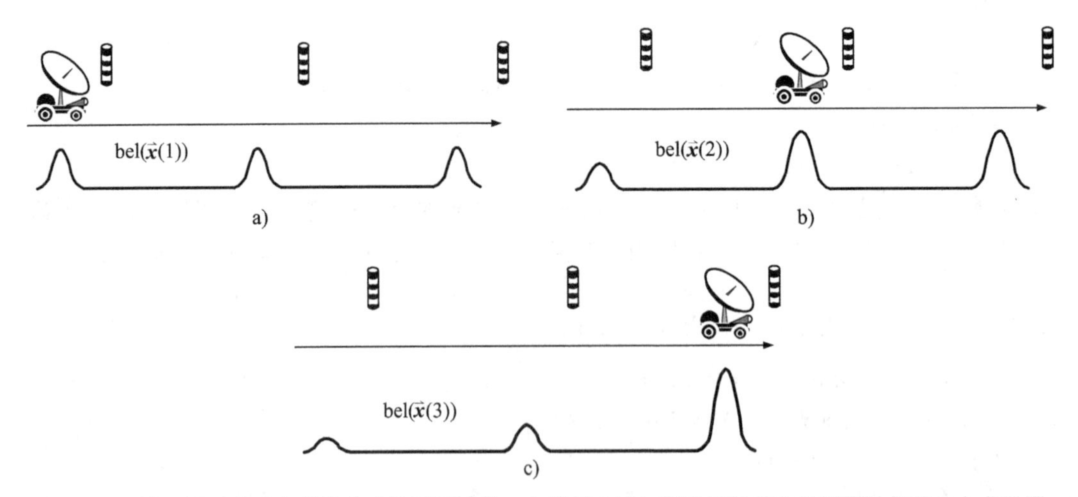

图 8-2　马尔可夫定位中机器人信念的更新过程。a）机器人感知到地标但无法识别该地标是 3 个中的哪一个；b）向右移动一步之后机器人感知到地标，这时可以确定不是前一个地标，但无法识别是第二个还是第三个；c）再次右移一步之后，机器人感知到地标，可以确定是第三个地标

所提出的马尔可夫定位算法是众多定位和映射方法中最基本、最简单的。对于给定的环境地图和运动过程中的观测结果，它直接实现了更新置信空间的贝叶斯规则。此外，该算法不考虑机器人下一个运动步骤的决策过程，该步骤在启动算法之前假设是单独预定义的。

8.1.2 运动预测与卡尔曼定位

马尔可夫定位算法利用机器人在运动过程中获得的信息，按照一般概率方法更新其信念。机器人的运动以及对机器人位置和观测结果的预测可以产生用于定位的附加信息。假设机器人的运动由一些线性动力学系统来定义，且不确定性由高斯噪声表征，并采用卡尔曼滤波的线性预测方法(Kalman 1960)对运动进行预测。有关文献(Roumeliotis and Bekey 2000；Thrun，Burgard and Fox 2005)提出了一种将卡尔曼滤波应用于机器人定位问题的方法(另见 Choset et al. 2005；Siegwart，Nourbakhsh and Scaramuzza 2011)。文献(Faragher 2012)简单解释了卡尔曼滤波的原理。

在移动机器人定位问题中，卡尔曼滤波器具有如下定义。假设机器人的运动和观测由两个线性方程控制：

$$\vec{x}(t) = \boldsymbol{L}(t)\vec{x}(t-1) + \boldsymbol{M}(t)\delta(t-1) + \mathcal{G}_t^x \tag{8-13}$$

$$z(t) = \boldsymbol{O}(t)\vec{x}(t) + \mathcal{G}_t^z \tag{8-14}$$

式中，$\boldsymbol{L}(t)$是状态转移矩阵；$\boldsymbol{M}(t)$是运动控制矩阵；$\boldsymbol{O}(t)$是观测控制矩阵；$\mathcal{G}_t^x$ 和 $\mathcal{G}_t^z$ 表示高斯噪声项。矩阵$\boldsymbol{L}(t)$将前一个状态映射到当前状态，同时考虑了状态参数(也就是机器人的坐标)。矩阵$\boldsymbol{M}(t)$将选择的动作映射到机器人的坐标中。矩阵$\boldsymbol{O}(t)$将机器人的位置映射到观测结果中。换句话说，矩阵$\boldsymbol{L}(t)$表示没有传感器的机器人的行为，矩阵$\boldsymbol{M}(t)$表示包括感知信息在内的控制参数的影响，矩阵$\boldsymbol{O}(t)$表示给定机器人位置的观测结果。噪声项$\mathcal{G}_t^x$ 和 $\mathcal{G}_t^z$ 表示机器人位置和感知的不确定性，分别由均值为零的过程和协方差矩阵Cov_t^x 和 Cov_t^z 定义。

给定控制机器人行为的线性方程(见式(8-13)和式(8-14))，机器人的预测位置的定义如下：用$\tilde{x}(t|z_{0:t-1})$表示机器人在 t 时刻的估计位置，给出到 $t-1$ 时刻的观测历史 $z_{0:t-1}$，用$\sigma(t|z_{0:t-1})$表示与估计位置$\tilde{x}(t|z_{0:t-1})$相关的误差协方差。那么，对于式(8-13)和式(8-14)，卡尔曼滤波方程如下(Choset et al. 2005；Siegwart，Nourbakhsh and Scaramuzza 2011)：

1)根据当前位置估计和观测值 $z_{0:t}$，预测机器人的下一个位置和相应的误差协方差：

$$\tilde{x}(t+1|z_{0:t}) = \boldsymbol{L}(t)\tilde{x}(t|z_{0:t}) + \boldsymbol{M}(t)\delta(t) \tag{8-15}$$

$$\sigma(t+1|z_{0:t}) = \boldsymbol{L}(t)\sigma(t|z_{0:t})\boldsymbol{L}(t)^{\mathrm{T}} + \mathrm{Cov}_t^x \tag{8-16}$$

式中，$\boldsymbol{A}^{\mathrm{T}}$表示矩阵$\boldsymbol{A}$的转置。

显然，第一个方程是机器人运动方程(见式(8-13))对估计坐标的直接应用，第二个方程定义了误差协方差的直接计算方法。第二个方程使用了状态转移矩阵$\boldsymbol{L}(t)$，并考虑了机器人位置的不确定性。

移动后，机器人的位置与预测位置相关。此时 $t=t+1$，机器人观测环境并获得观测结果 $z(t)$，允许更新预测位置。

2)更新 $z(t)$后，机器人的位置及相应的误差协方差：

$$\widetilde{x}(t|z_{0:t}) = \widetilde{x}(t|z_{0:t-1}) + \boldsymbol{R}(t|z_{0:t-1})\boldsymbol{V}(t|z_{0:t}) \tag{8-17}$$

$$\sigma(t|z_{0:t}) = \sigma(t|z_{0:t-1}) - \boldsymbol{R}(t|z_{0:t-1})\boldsymbol{O}(t)\sigma(t|z_{0:t-1}) \tag{8-18}$$

其中

$$\boldsymbol{R}(t|z_{0:t-1}) = \sigma(t|z_{0:t-1})\boldsymbol{O}(t)^{\mathrm{T}}\left[\boldsymbol{O}(t)\sigma(t|z_{0:t-1})\boldsymbol{O}(t)^{\mathrm{T}} + \mathrm{Cov}_t^z\right]^{-1}$$

$$\boldsymbol{V}(t|z_{0:t}) = z(t) - \boldsymbol{O}(t)\widetilde{x}(t|z_{0:t-1})$$

在这些方程中，机器人的位置和误差协方差的更新是通过修正当前观测结果的预测值和观测过程中引入的附加不确定性实现的。$\boldsymbol{R}$ 的值可以作为加权因子来表示预测位置与观测噪声之差。$\boldsymbol{R}$ 值越大表明观测值比预测值更准确，$\boldsymbol{R}$ 值越小则表明观测值越不准确。因此，卡尔曼滤波器使用较大的 $\boldsymbol{R}$ 并且忽略导致机器人坐标最优估计的较小值，以最小化机器人的实际位置 $\vec{x}(t)$ 和估计位置 $\widetilde{x}(t|z_{0:t})$ 之间的期望差。

根据卡尔曼滤波器的预测和更新方程，卡尔曼定位算法的概述如下：

算法 8-2 卡尔曼定位(Kalman localization)

给定具有地图 $\mathcal{M}$ 的域 X 及终止时间 T，执行：

1)初始化估计的局部位置 $\widetilde{x}(0|z_{0:0})\in X$ 和观测结果 $z(0)$。

2)初始化信念 $\mathrm{bel}(\widetilde{x}(0|z_{0:0}))$。

3)选择动作 $\delta(0)$。

4)While $t\leqslant T$ 执行：

5)利用式(8-15)：$\widetilde{x}(t+1|z_{0:t})=\boldsymbol{L}(t)\widetilde{x}(t|z_{0:t})+\boldsymbol{M}(t)\delta(t)$ 预测下一位置。

6)设置 $t=t+1$。

7)选择动作 $\delta(t-1)$，移动到新的局部位置 $\vec{x}(t)$。

8)获得观测结果 $z(t)$。

9)利用公式 $\widetilde{x}(t|z_{0:t})=\widetilde{x}(t|z_{0:t-1})+\boldsymbol{R}(t|z_{0:t-1})\boldsymbol{V}(t|z_{0:t})$ 更新预测位置。

10)设置 $\mathrm{bel}(\widetilde{x}(t|z_{0:t}))=\mathrm{bayesian\_filter}(z(t), z(t-1), \delta(t-1), \mathrm{bel}(\widetilde{x}(t|z_{0:t-1})))$。

11)选择动作 $\delta(t)$。

12)结束 while 循环。

在卡尔曼定位中，机器人首先预测下一个位置，在运动之后，根据所获得的观测结果修正该预测值。因此，机器人对其位置的信念是通过估计的位置进行计算的。

注意，卡尔曼定位还可以通过机器人的预测位置 $\widetilde{x}(t+1|z_{0:t})$ 和环境地图 $\mathcal{M}$ 给出预测观测结果 $\widetilde{z}(t+1)$(Siegwart, Nourbakhsh and Scaramuzza 2011)。用 h 表示执行这种预测的函数，然后 $\widetilde{z}(t)$ 的值定义为：

$$\widetilde{z}(t+1) = h(\widetilde{x}(t+1)|z_{0:t}), \mathcal{M}) \tag{8-19}$$

形式上，函数 h 是式(8-13)和式(8-14)的联立结果，其结果的不确定性取决于机器人预测位置的概率 $p(\widetilde{z}(t)|\widetilde{x}(t+1|z_{0:t}), \mathcal{M})$。

下面的例子说明了卡尔曼定位算法的作用。

例 8.2 (基于 Siegwart, Nourbakhsh and Scaramuzza 2011 的示例)

与例 8.1 类似，假设机器人在包含 3 个相同地标的二维空间 $X\subset\mathbb{R}^2$ 中进行直线移动。这些地标标记在环境地图 $\mathcal{M}$ 上，机器人可以识别地标，但无法识别是哪个地标。机器人的运动如图 8-3 所示，假设机器人从一致信念 $\mathrm{bel}(\widetilde{x}(0|z_{0:0}))$ 开始。由于地标是相同且不

可区分的，因此在到达第一个地标之后，机器人的估计信念 $\text{bel}(\tilde{x}(1|z_{0:1}))$用相同的峰值表示这些地标。机器人的位置和估计信念如图 8-3a 所示。保持机器人当前位置不变，应用卡尔曼滤波器，并在选择向右移动的情况下预测下一个位置。给定预测位置 $\tilde{x}(2)$的估计信念 $\text{bel}(\tilde{x}(2|z_{0:1}))$如图 8-3b 所示。注意对于噪声，估计信念 $\text{bel}(\tilde{x}(1|z_{0:1}))$和预测信念 $\text{bel}(\tilde{x}(2|z_{0:1}))$与马尔可夫定位算法中计算的信念 $\text{bel}(\tilde{x}(1))$和 $\text{bel}(\tilde{x}(2))$相对应。最后，机器人根据选择的运动向前移动，更新其测量值并计算信念 $\text{bel}(\tilde{x}(2|z_{0:2}))$，如图 8-3c 所示。获得的信念包括两个较低的峰值(分别代表第一个和最后一个地标)，以及一个较高的峰值(对应于机器人所接近的地标)。

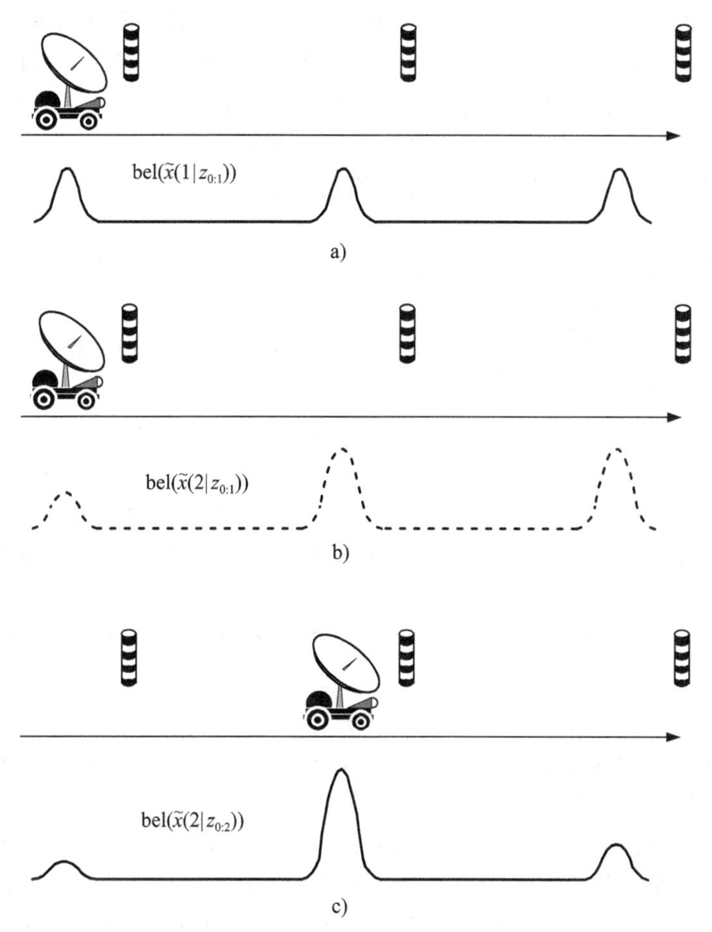

图 8-3 卡尔曼定位中机器人信念的更新过程。a) 机器人接近其中一个地标，能感知到地标但是无法识别；b) 在选定运动(向右移动一步)的下一步预测之后，机器人估计信念，包含第二和第三个地标但不包含当前的地标；c) 在选定运动进行实际移动之后，机器人感知到地标并根据观测结果更新估计的信念

可以看出，与 8.1.1 节中介绍的马尔可夫定位(见算法 8-1)相比，由于预测阶段的原因，卡尔曼定位算法(见算法 8-2)提供了机器人相对于环境的快速定位。然而，在机器人的运动和感知中的不确定性是在高斯噪声这个假设下，可以进行这种预测并进一步更新机器人的位置。另外的假设涉及控制机器人运动和观测的规则，这些规则由式(8-13)和式(8-14)以及环境地图 $\mathcal{M}$ 的存在性和可用性来定义。

很明显，尽管在许多情况下有关噪声和机器人线性动力学的假设会造成一些限制，但这些假设是合理的，不会改变问题的陈述。相反，关于环境地图存在这个假设是至关重要的，并且遵循机器人任务的定义。下一节将讨论建图的基本方法和即时建立地图的定位方法。相关文献(Choset et al. 2005；Siegwart，Nourbakhsh and Scaramuzza 2011)提出了机器人在非线性运动方程下的卡尔曼定位方法。有关文献(Thrun，Burgard and Fox 2005)详细介绍了机器人的卡尔曼定位和概率方法。 ■

8.2　未知环境建图与决策

考虑如下的机器人定位算法，机器人能够识别或估计其相对于环境地图中地标的位置，而地图则定义了地标与一些全局坐标系的关系。在这样的设置中，机器人要么根据实际观测更新信念(见算法8-1)，要么通过比较预测和观测到的地标位置来更新信念(见算法8-2)。当然，前提是假设地图是事先绘制好的，机器人在执行任务时可以使用它。当地图不可用而且机器人在环境中运动时需要构建环境地图时，会是另一个本质上不同的问题。

从形式上讲，地图有几种类型，每种地图都强调了机器人的能力在环境中的不同方面。主要地图如下(Dudek and Jenkin 2010)：

- *公制地图*，定义了全局空间中物体(机器人和障碍物)的绝对坐标，或根据全局坐标系估计这些坐标。
- *拓扑图*，以可能的路径表示对象之间的连通性，而无须指定实际或估计的距离。通常这种地图也称为关系地图。

压缩地图基于机器人在运动过程中感知到的数据，进一步识别有意义的特征和几何信息。通常这一过程分为5个阶段(Dudek and Jenkin 2010)。然而，这些状态往往没有明确的区分。

1)获取*感知原始数据*(sensorial raw data)，包括环境的某些图像及其相对于机器人运动的变换。

2)从数据中提取*几何信息*(geometric information)，构造或识别二维或三维物体。

3)在构造或识别的物体中获取*局部关系*(local relation)，特别是它们的相对位置。

4)在所考虑的环境中寻找对象及其之间蕴含的全局*拓扑关系*(topological relation)。

5)通过机器人和人类操作员可以理解的*语义标签*(semantic label)指定对象。

当然，最后3个阶段关于可能的环境需要额外信息和假设，而前两个阶段可以使用一般方法来处理，并且仅取决于机器人和可用传感器的能力(Everett 1995；Borenstein，Everett and Feng 1996；Castellanos and Tardos 1999)。下一小节将讨论与机器人定位相互独立或协同应用的基本建图方法，后者也称为即时定位与地图构建(SLAM)。

8.2.1　建图和定位

环境建图的指定阶段强调了建图是一个检查和学习机器人移动空间占用情况的过程，并以适合所考虑任务的形式进一步表示所学的占用情况(Dudek and Jenkin 2010)。特别是生成的地图可用于外部目的(例如以明确目标物体的位置为目标的搜索任务)，或用于机器人运动的内部需要，还有未知或部分未知环境中的机器人定位问题。在第一种情况下，建图被视为一个独立的过程，称为无定位建图(Elfes 1987，1990；Konolige 1997)。在第二种情况下，建图与定位一起进行，称为 SLAM(Leonard and Durrant-Whyte 1991；Thrun and Leonard 2008)，另见 SLAM 教程(Durrant Whyte and Bailey 2006；Bailey and Durrant-Whyte 2006)。Thurn(2002)给出了包括历史注释的建图方法的详细概述。

从不包含机器人即时定位的映射方法开始进行空间占用的建图。Elfes(1987，1990)提出了这种建图的关键思想，这称为占用网格表示(Dudek and Jenkin 2010)，其中，机器人指定了环境在其自身位置和应用传感器能力方面的占用概率。

假设机器人配备了声呐(超声波)传感器以用于测量机器人与障碍物之间的距离。为简单起见，不区分传感器和机器人的位置。由传感器获得的距离测量结果用 r_{sence} 表示，其上下限为 $r_{\text{sence}}^{\max}$ 和 $r_{\text{sence}}^{\min}$，即 $r_{\text{sence}}\in[r_{\text{sence}}^{\min},\ r_{\text{sence}}^{\max}]$。测量的不准确性指定为测量误差，其最大值为 ε，$0\leqslant\varepsilon\ll1$。用 ω 表示声呐灵敏度瓣的立体角。

设 $X\subset\mathbb{R}^2$ 为由点 $\vec{x}_i=(i_x,i_y)$ 构成的二维网格 $X=\{\vec{x}_1,\vec{x}_2,\cdots,\vec{x}_n\}$(其中 $i_x=1,2,\cdots,n_x$，$i_y=1,2,\cdots,n_y$，$n=n_x\times n_y$，$i=(i_x-1)n_x+i_y$)。假设机器人位于点 $\vec{x}\in X$ 处，令 $\vec{y}\in X$ 表示网格中的一些其他点。$\vec{x}$ 和 $\vec{y}$ 之间的距离用 $d(\vec{x},\vec{y})=\|\vec{x}-\vec{y}\|$ 表示，声呐的主轴与点 $\vec{y}$ 之间的夹角用 $\theta(\vec{x},\vec{y})$ 表示。

遵循 Elfes(1987)方法，位于点 $\vec{x}$ 的机器人，其声呐传感器观测到的点 $\vec{y}$ 附近区域为空的概率 $p_{\text{empty}}(\vec{x},\vec{y})$ 的定义如下：

$$
\begin{aligned}
p_{\text{empty}}(\vec{x},\vec{y}) &= \Pr\{\text{从点 }\vec{x}\text{ 处观察点 }\vec{y}\text{ 是空的}\}\\
&= \left(1-\left(\frac{2\theta(\vec{x},\vec{y})}{\omega}\right)^2\right)\begin{cases}1-\left(\dfrac{d(\vec{x},\vec{y})-r_{\text{sense}}^{\min}}{r_{\text{sence}}-\varepsilon-r_{\text{sense}}^{\min}}\right)^2, & \text{如果 } r_{\text{sense}}^{\min}\leqslant d(\vec{x},\vec{y})\leqslant r_{\text{sense}}-\varepsilon\\ 0 & \text{其他}\end{cases}
\end{aligned}
\tag{8-20}
$$

式中，角 $\theta(\vec{x},\vec{y})$ 的边界条件为 $-\omega/2\leqslant\theta(\vec{x},\vec{y})\leqslant\omega/2$。

同样，点 $\vec{y}$ 附近区域被障碍物占据的概率 $p_{\text{occupied}}(\vec{x},\vec{y})$ 为：

$$
\begin{aligned}
p_{\text{occupied}}(\vec{x},\vec{y}) &= \Pr\{\text{从点 }\vec{x}\text{ 处观察点 }\vec{y}\text{ 是空的}\}\\
&= \left(1-\left(\frac{2\theta(\vec{x},\vec{y})}{\omega}\right)^2\right)\begin{cases}1-\left(\dfrac{d(\vec{x},\vec{y})-\delta_{\text{sense}}}{\varepsilon}\right)^2, & \text{如果 } r_{\text{sense}}-\varepsilon\leqslant d(\vec{x},\vec{y})\leqslant r_{\text{sence}}+\varepsilon\\ 0 & \text{其他}\end{cases}
\end{aligned}
\tag{8-21}
$$

式中，综上所述，$-\omega/2\leqslant\theta(\vec{x},\vec{y})\leqslant\omega/2$。

在建图过程中，这些概率与点 $\vec{x}\in X$ 相结合，并为构建网格 X 的占用图提供初始信息。在 Elfes 方法(1987)实现中，空点和占用点分别用范围[−1,0)和(0,1]来标记，未获得信息的点用 0 标记。形式上，映射过程概述如下：

算法 8-3 无定位建图(mapping without localization)

给定栅格 X、适当的声呐传感器及终止时间 T，执行：

1)标记所有点 $\vec{x}\in X$ 中概率为 0 的未知点 $p_{\text{empty}}(\vec{x})$ 和 $p_{\text{occupied}}(\vec{x})$。

2)设置 $t=0$。

3)开始于起始位置 $\vec{x}(t)$。

4)While $t\leqslant T$，执行：

5)For 所有点 $\vec{y} \in X$ 执行：

6)利用式(8-20)和式(8-21)观察环境并获得概率 $p_{\text{empty}}(\vec{x}(t),\vec{y})$ 和 $p_{\text{occupied}}(\vec{x}(t),\vec{y})$。

7)设置 $p_{\text{empty}}(\vec{y})=p_{\text{empty}}(\vec{y})+p_{\text{empty}}(\vec{x}(t),\vec{y})-p_{\text{empty}}(\vec{y})\times p_{\text{empty}}(\vec{x}(t),\vec{y})$。

8)设置 $p_{\text{occupied}}(\vec{y})=p_{\text{occupied}}(\vec{y})+p_{\text{occupied}}(\vec{x}(t),\vec{y})-p_{\text{occupied}}(\vec{y})\times p_{\text{occupied}}(\vec{x}(t),\vec{y})$。

9)设置 $\vec{y}$ 关于概率 $p_{\text{empty}}(\vec{y})$ 和 $p_{\text{occupied}}(\vec{y})$ 的占用值。

9)结束 for 循环。

10)设置 $t=t+1$。

11)选择并移动到下一个位置 $\vec{x}(t)$。

12)结束 while 循环。

再次注意，在最初的 Elfes 方法实现中，空点的占用值(见算法第 9 行)在范围[-1,0)内，占用点在范围(0,1]内，而未知点的占用值为 0。图 8-4 显示了基于占用网格和随后构建的几何和符号地图(参见上面列出的 5 个建图阶段)的总体建图方案(基于 Elfes(1987)提出的声呐建图和导航体系结构)。

在图 8-4 中，传感器控制(sensor control)模块是传感器和机器人控制器之间的接口，用于获取传感器原始数据。扫描器(scanner)对获得的传感器数据进行初始预处理和滤波，并定义传感器数据与机器人当前位置和方向(position and orientation)之间的对应关系，这也是由建图器(mapper)执行映射算法(见算法 8-3)时所要求的。从而创建了表示网格点占用信息的传感器地图(sensor map)(占用网格)。传感器地图在对象提取(object's extraction)模块上进行高级分析，识别对象及其几何关系并创建几何地图(geometric map)。该模块可以应用不同的识别算法，这取决于以下假设，机器人的环境、执行的任务以及从其他传感器获得的可用信息。建图(graph building)模块标记可识别的对象，并生成由符号地图(symbolic map)表示的环境符号的描述。

路径规划器(path-planner)使用创建的传感器地图(sensor map)、几何地图(geometric map)和符号地图(symbolic map)，通过高级符号信息创建机器人的路径，用于指定目标位置和一般限制条件。它使用中级几何关系定义更精确的下一步方向。最后，在图形上使用某些通常基于 A^* 的路径规划算法来创建详细路径的低级传感器数据。关于模式识别的基本方法和技术，见 Tou and Gonzales(1974)。关于基于 A^* 的路径规划算法的信息，见 Pearl(1984)和 Kagan and Ben-Gal(2013)及其参考文献。创建的路径被传递给导航器(navigator)，导航器将路径转换为实际的运动命令，然后传递给管理器(conductor)，即算法问题和实际运动控制之间的接口。此外，管理器收到来自监视器(guardian)的信息，检查传感器读数，并保证避免碰撞在前一阶段未检测到的障碍物。

算法 8-3 和图 8-4 所示的 Elfes 方案提供了机器人导航的总框架，目的是探索未知环境并构建环境地图。在高层分析和路径规划与导航过程中，机器人可以基于学习方法实现不同的目标识别与导航算法，从而实现更智能的行为，减少对管理者的需求。但是，尽管导航方案具有普遍性，但建图算法在本质上基于机器人在环境中的全局定位以及机器人在网格中的位置和方向的知识。如果这些信息不可用，机器人应该使用在运动过程中创建的地图实现定位。

解决这一问题的方法被称为 SLAM 算法或动态地图生成(Leonard，Durrant-Whyte

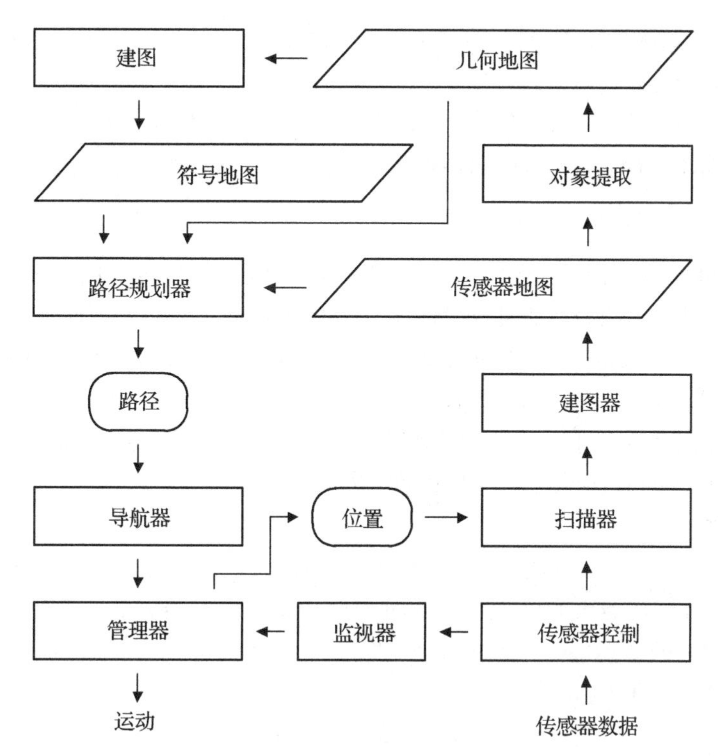

图 8-4 使用占用网格建图和导航的 Elfes 方案。在本方案中，直接使用传感器数据来创建传感器地图(见算法 8-3)。该地图通过物体识别模块构建几何地图。对象及其拓扑关系的进一步标注形成了符号地图，最后得到的 3 种地图用于机器人的路径规划和导航

and Cox 1990)，接下来考虑这种定位和建图的基本原理和算法。SLAM 方法的详述可见相关文献(Durrant Whyte and Bailey 2006；Bailey and Durrant-Whyte 2006；Thrun 2002；Thrun and Leonard 2008；Choset et al. 2005；Thrun，Burgard and Fox 2005；Dudek and Jenkin 2010；Siegwart，Nourbakhsh and Scar-amuzza 2011)。相关文献(Thrun 2001；Fox et al. 2002)介绍了这些方法在移动机器人编队中的扩展应用。Hähnel et al. (2003)介绍了动态环境的建图。

综上所述，假设机器人在由离散点 $\vec{x}=(x,y)$构成的二维网格域 $X=\{\vec{x}_1,\vec{x}_2,\cdots,\vec{x}_n\}$ 上移动。域 X 的地图用地标坐标 $\vec{m}$ 的集合 $\mathcal{M}$ 表示。机器人在时间 $t=0,1,2,\cdots$时的位置用 $\vec{x}(t)$表示，观测结果用 $z(t)$表示，选择的运动或步长用 $\delta(t)$表示。因此，机器人到 t 时刻的路径由序列 $\underset{0:t}{\vec{x}}=\langle\vec{x}(0),\vec{x}(2),\cdots,\vec{x}(t)\rangle$定义，观测结果和运动历史分别由序列 $z_{0:t}=\langle z(0),z(1),\cdots,z(t)\rangle$和 $\delta_{0:t}=\langle\delta(0),\delta(1),\cdots,\delta(t)\rangle$表示。

一般来说，SLAM 算法所要解决的问题是根据观测结果和机器人的运动来构造环境地图 $\mathcal{M}$ 和定义机器人的路径。当然，在由机器人运动和观测的不确定性所导致的概率环境中，构建精确的地图是不可能的，SLAM 方法的目标是以最小的误差估计地图 $\mathcal{M}$。在这种情况下，通常有两种不同类型的 SLAM 问题(Thrun，Burgard and Fox 2005；Siegwart，Nourbakhsh and Scaramuzza 2011)：

1)在线 SLAM 问题，估计机器人的下一个步距 $\vec{x}(t)$，并在给定观测结果 $z_{0:t}$和机器

人运动$\delta_{0:t}$的历史上恢复地图$\mathcal{M}$。机器人的占用点为$\vec{x}(t)$且估计地图为$\mathcal{M}$的后验联合概率为$p(\vec{x}(t),\mathcal{M}|z_{0:t},\delta_{0:t})$。

2)完全SLAM问题，在给定历史观测结果$z_{0:T}$和机器人运动$\delta_{0:T}$的条件下，通过机器人到某一终止时间T的路径$\underset{0:T}{\vec{x}}$恢复地图$\mathcal{M}$。机器人的路径为$\underset{0:T}{\vec{x}}$且恢复地图为$\mathcal{M}$的后验联合概率为$p(\underset{0:T}{\vec{x}},\mathcal{M}|z_{0:T},\delta_{0:T})$。

大多数用于解决在线和完全SLAM问题的算法都采用上述定位方法，并实现了某些移动和测量模型以及预测技术。下面简要介绍基于卡尔曼滤波的SLAM方法，并扩展了8.1.2节中的定位技术。通常，这种方法称为扩展卡尔曼滤波(EKF)SLAM(Choset et al. 2005；Thrun，Burgard and Fox 2005；Siegwart，Nourbakhsh and Scaramuzza 2011)。

与卡尔曼滤波定位类似，EKF-SLAM实现了两个代表机器人能力的模型(Durrant Whyte and Bailey 2006；Bailey and Durrant Whyte 2006)。

- **运动模型**

$$\vec{x}(t)=f(\vec{x}(t-1),\delta(t))+\mathcal{G}_t^x \tag{8-22}$$

式中，$\vec{x}(t)$是t时刻机器人的位置，由此时的运动$\delta(t)$和机器人的先前位置$\vec{x}(t-1)$指定。函数f表示机器人的运动能力，高斯噪声$\mathcal{G}_t^x$表示运动误差。

- **观测模型(参见式(8-19))**

$$z(t)=h(\vec{x}(t),\mathcal{M})+\mathcal{G}_t^z \tag{8-23}$$

式中，$z(t)$是t时刻的观测结果，给定此时机器人的位置为$\vec{x}(t)$和环境的真实地图为$\mathcal{M}$。函数h表示机器人的感知能力，高斯噪声$\mathcal{G}_t^z$表示观测误差。

根据这些模型，给定观测历史$z_{0:t}$和预期观测结果$\tilde{z}(t)$，估计的机器人位置$\tilde{x}(t+1|z_{0:t})$定义如下：

1)预测下一个机器人的位置(参见式(8-15)和式(8-16))：

$$\tilde{x}(t+1|z_{0:t})=\mathfrak{f}(\tilde{x}(t|z_{0:t}),\delta(t)) \tag{8-24}$$

$$\sigma(t+1|z_{0:t})=\nabla\mathfrak{f}\,\sigma(t|z_{0:t})\,\nabla\mathfrak{f}^{\mathrm{T}}+\mathrm{Cov}_t^x \tag{8-25}$$

式中，$\nabla\mathfrak{f}$是$\mathfrak{f}$在估计$\tilde{x}(t|z_{0:t})$下的雅可比矩阵；Cov_t^x是$\mathcal{G}_t^x$的协方差矩阵。

2)更新机器人在观测历史$z_{0:t}$下的预期位置$\tilde{x}(t|z_{0:t})$，以及其在观测结果$z(t-1)$和地图$\mathcal{M}_{t-1}$下的观测结果(参见式(8-17)和式(8-18))：

$$\begin{bmatrix}\tilde{x}(t|z_{0:t})\\ \tilde{z}(t)\end{bmatrix}=\begin{bmatrix}\tilde{x}(t|z_{0:t-1})\\ z(t-1)\end{bmatrix}+\boldsymbol{R}(t|z_{0:t-1})\boldsymbol{V}(t|z_{0:t}) \tag{8-26}$$

$$\sigma(t|z_{0:t})=\sigma(t|z_{0:t-1})-\boldsymbol{R}(t|z_{0:t-1})\,\nabla\boldsymbol{h}\sigma(t|z_{0:t-1}) \tag{8-27}$$

$$\boldsymbol{R}(t|z_{0:t-1})=\sigma(t|z_{0:t-1})\,\nabla\boldsymbol{h}^{\mathrm{T}}[\nabla\boldsymbol{h}\sigma(t|z_{0:t-1})\,\nabla\boldsymbol{h}^{\mathrm{T}}+\mathrm{Cov}_t^z]^{-1}$$

$$\boldsymbol{V}(t|z_{0:t})=z(t)-\boldsymbol{h}(\tilde{x}(t|z_{0:t-1}),\mathcal{M}_{t-1})$$

式中，$\nabla\boldsymbol{h}$是$\boldsymbol{h}$在估计$\tilde{x}(t|z_{0:t})$下的雅可比矩阵；Cov_t^z是$\mathcal{G}_t^z$的协方差矩阵。

很明显，这些方程和无建图的卡尔曼定位方程(见式(8-15)～式(8-18))之间的主要区别是预期观测值与截至当前时间创建的估计建图之间的依赖关系。与无建图的卡尔曼定位中使用的一般转移矩阵和控制矩阵不同，出现在式(8-24)～式(8-27)中的函数$\mathfrak{f}$和$\boldsymbol{h}$取决于机器人的运动和感知能力，应根据机器人类型和任务来规定。这类依赖于机器人运动学的函数的例子可见相关文献(如Choset et al. 2005；Thrun，Burgard and Fox 2005；Siegwart，Nourbakhsh and Scaramuzza 2011）。此外，另一些文献（如 Dudek and Jenkin 2010；Durrant-Whyte and Bailey 2006；Bailey and Durrant-Whyte 2006）还介绍了其他方法，如 Rao-Blackwell 和粒子过滤器广泛用于解决 SLAM 问题。

所考虑的卡尔曼定位和建图方法为未知环境下的移动机器人导航提供了一个通用的框架，即不确定性由一定的高斯噪声来表示，机器人的移动由已知的通常为线性的方程来定义。但是，动力学方程（见式（8-15）和式（8-24））以及概述的定位算法 8-1 和算法 8-2 都包括机器人在相应时间 t 时选择的运动 $\delta(t)$。下一小节将讨论这些选择的决策过程。

8.2.2 不确定性条件下的决策

考虑移动机器人在地图 $\mathcal{M}$ 的域 X 内移动时的一般活动。如 8.1.1 节所示，根据机器人的位置 $\vec{x}(t)\in X$，观测结果 $z(t)\in\mathcal{M}$，动作 $\delta(t)\in\mathcal{D}$，其中 $\mathcal{D}$ 是机器人的一组可能的直接运动集，式（8-1）～式（8-3）对机器人的活动定义如下：

- t 时刻机器人的位置 $\vec{x}(t)$ 取决于其到 $t-1$ 时刻的路径 $x_{0:t-1}$、观测历史 $z_{0:t-1}$ 以及运动历史 $\delta_{0:t-1}$（见式（8-1））。
- t 时刻的观测结果 $z(t)$ 取决于到当前时刻的路径 $x_{0:t}$，以及到 $t-1$ 时刻的观测历史 $z_{0:t-1}$ 和运动历史 $\delta_{0:t-1}$（见式（8-2））。
- 机器人的运动 $\delta(t)$ 取决于到当前时刻的路径 $x_{0:t}$、观测历史 $z_{0:t}$，以及到 $t-1$ 时刻的运动历史 $\delta_{0:t-1}$（见式（8-3））。

如果机器人在不确定的条件下工作，那么位置、观测结果和运动都是未知的，用概率定义为：

$$p(\vec{x}(t)x_{0:t-1},z_{0:t-1},\delta_{0:t-1}),p(z(t)x_{0:t},z_{0:t-1},\delta_{0:t-1}),p(\delta(t)x_{0:t},z_{0:t},\delta_{0:t-1})$$

该概率取决于机器人的路径、先前的观测和运动。很明显，前两个概率公式与式（8-4）和式（8-5）定义的概率公式相同，第三个公式是式（8-3）的变形。如前所述，处理这种概率可以使用统计决策的一般理论（Wald 1950；DeGroot 1970）和优化技术（Bertsekas 1995）。

最后，与 8.1.1 节中对机器人信念的考虑方法类似，假设所述概率满足马尔可夫性质，并且不依赖于机器人的完整路径、观测和选择运动的完整历史。这些概率可以指定如下：

- **位置转移概率**

$$\rho_{ij}^{x}(\delta_l)=\Pr\{\vec{x}(t+1)=\vec{x}_j\,|\,\vec{x}(t)=\vec{x}_i,\delta(t)=\delta_l\} \tag{8-28}$$

是 $t+1$ 时刻机器人的位置为 $\vec{x}(t+1)=\vec{x}_j$ 的概率，其当前位置为 $\vec{x}(t)=\vec{x}_i$，所选择的运动是 $\delta(t)=\delta_l$。此外，根据在决策理论中使用的术语可以定义 $t+1$ 时刻的位置概率（参考式（8-1）和式（8-4））。

- **观测概率**

$$p_k^z(\vec{x}_i)=\Pr\{z(t)=z_k\,|\,\vec{x}(t)=\vec{x}_i\} \tag{8-29}$$

是在位置 $\vec{x}(t)=\vec{x}_i$ 处机器人得到观测结果 $z(t)=z_k$ 的概率。

- **运动或动作概率**

$$p_l^{\delta}(\vec{x}_i,z_k)=\Pr\{\delta(t)=\delta_l\,|\,\vec{x}(t)=\vec{x}_i,z(t)=z_k\} \tag{8-30}$$

是在位置 $\vec{x}(t)=\vec{x}_i$ 处机器人得到观测结果 $z(t)=z_k$ 且选择运动 $\delta(t)=\delta_l$ 的概率。

注意，运动 $\delta(t)$ 的概率是相对于观测结果 $z(t)$ 定义的（见式（8-30）），式（8-28）省略了

$z(t)$，并且仅针对所选择的运动 $\delta(t)$ 定义了位置转移概率。

很明显，观测概率描述了传感器引入的不确定性，位置转移概率表征了机器人控制器和激活器的内部不确定性，以及对机器人环境条件的依赖性。通常，这些概率由某些定义明确的函数指定，不随机器人的运动而变化。卡尔曼滤波器提供了此类函数的示例，定义了机器人的预期位置和观测值。相比之下，运动或动作概率表征了机器人的“智能”，而控制这些概率的规则定义了根据当前位置 $\vec{x}(t)$ 和观测结果 $z(t)$ 做出运动 $\delta(t)$ 决策的过程。

如果机器人不知道其当前位置，并且仅根据观测结果 $z(t)$ 来选择运动 $\delta(t)$，则会出现额外的不确定性。代替式(8-30)，运动概率定义为基于观测结果 $z(t)=z_k$ 机器人选择运动 $\delta(t)=\delta_l$ 的概率：

$$p_l^{\delta}(z_k) = \Pr\{\delta(t) = \delta_l \mid z(t) = z_k\} \tag{8-31}$$

由式(8-28)定义的控制机器人在环境中运动的马尔可夫过程，以及由式(8-30)定义的关于一步运动的决策过程，组成了 MDP(Derman 1970；White 1993；Ross 2003)，它也被称为可控马尔可夫过程(Dynkin and Yushkevich 1979)。如果运动的选择基于不确定的观测结果，那么由式(8-28)、式(8-29)和式(8-31)定义的决策过程是一个部分可观测的马尔可夫决策过程(POMDP)(Aoki 1967；Monahan 1982；White 1993)。由式(8-28)定义的马尔可夫过程被认为是一个隐性马尔可夫过程，该模型称为隐性马尔可夫模型(HMM)(Rabiner 1989；Ephraim and Merhav 2002)。已知和未知位置的决策过程如图 8-5 所示。

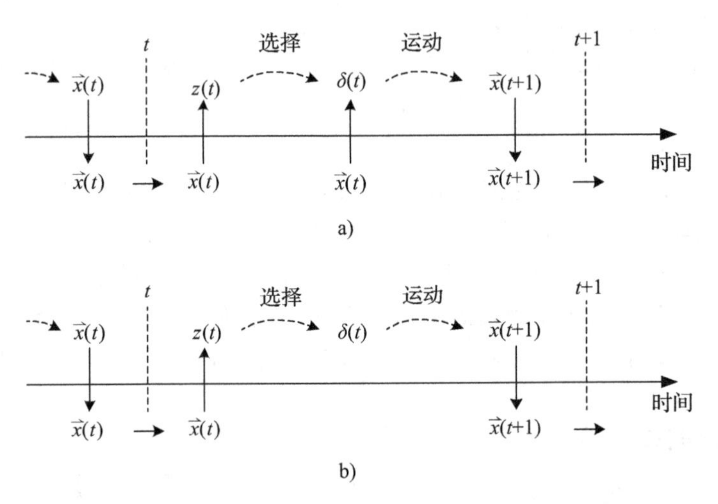

图 8-5　已知和未知位置下的决策过程。a)已知位置，关于下一个运动的决策可以解决观测位置和实际位置不一致的问题；b)未知位置，仅根据观察结果选择运动

从图 8-5 中可以看出，在已知和未知机器人位置的情况下，运动的选择具有不同的性质。在第一种情况下(见图 8-5a)，决策过程需要解决已知实际位置和观测到的环境之间可能存在不一致的问题；而在第二种情况下(见图 8-5b)，决策只涉及观测结果，环境感知的不确定性将导致运动选择的不确定性。

文献(Kagan and Ben-Gal 2013)简要介绍了 MDP 和有关优化技术的附加内容。一些文献在人工智能研究的背景下进行了相关研究(Kaelbling，Littman and Moore 1996；Kaelbling，Littmann and Cassandra 1998)，文献(Kagan and Ben-Gal 2008)在移动机器人导航框架下进行了相关研究。在考虑马尔可夫决策过程时，本章遵循这些来源以及相关文献

（如 Filar and Vrieze 1997）。

在形式上，机器人运动的选择遵循不确定性下的一般决策框架（Luce and Raiffa 1957；Raiffa 1968），根据 MDP 和 POMDP，其技术定义如下。

综上所述，设 $X=\{\vec{x}_1,\vec{x}_2,\cdots,\vec{x}_n\}$为与有限状态集相关的离散域，$\mathcal{D}=\{\delta_1,\delta_2,\cdots,\delta_m\}$为机器人中关于一组动作的有限可能一步运动集，$\mathcal{M}=\{z_1,z_2,\cdots,z_o\}$是一个估计或实际的环境地图，也是 X 中地标的可能观测值的有限集。当选择的运动为 $\delta_l\in\mathcal{D}$ 时，从位置 $\vec{x}_i\in X$ 到位置 $\vec{x}_j\in X$ 的概率 $\rho_{ij}^{x}(\delta_l)$由式(8-28)定义。机器人在位置 $\vec{x}_i\in X$ 时得到观测结果 $z_k\in\mathcal{M}$ 的概率 $p_k^z(\vec{x}_i)$由式(8-29)定义。注意，在一般的 POMDP 框架(Kaelbling，Littmann and Cassandra 1998)中，观测概率通常是根据在所考虑的情况下给出的动作和状态来定义：

$$p_k^z(\delta_l,\vec{x}_i)=\Pr\{z=z_k\mid\delta=\delta_l,\vec{x}=\vec{x}_i\},z_k\in\mathcal{M},\delta_l\in\mathcal{D},\vec{x}_i\in X$$

另外，令 $r:X\times\mathcal{D}\to[0,\infty)$表示回报函数，定义了非负即时收益 $r(\vec{x}(t),\delta(t))$，即机器人在 t 时刻位于点 $\vec{x}(t)\in X$ 处并选择运动 $\delta(t)\in\mathcal{D}$ 得到的收益。然后，需要解决的问题是找出机器人运动的序列 $\delta_{0:T}=\langle\delta(0),\delta(1),\delta(2),\cdots,\delta(T)\rangle$，以使路径的期望总收益 $\nabla(\delta_{0:T})$最大化。实现最大期望总收益的运动序列由 $\delta_{0:T}^{*}$表示。

对于有限终止时间 $T<\infty$的有限时域优化问题，期望收益定义为即时收益的总和：

$$\mathcal{r}(\delta_{0:T})=\mathcal{E}\Big(\sum_{t=0}^{T}r(\vec{x}(t),\delta(t))\Big)\tag{8-32}$$

对于无限时间 $T=\infty$的情况，使用折扣收益模型，通过折扣因子 $\gamma\in(0,1)$定义期望收益。

$$\mathcal{r}(\delta_{0:\infty})=\mathcal{E}\Big(\sum_{t=0}^{\infty}\gamma^t r(\vec{x}(t),\delta(t))\Big)\tag{8-33}$$

或使用平均收益模型(Bertsekas 1995；Kaelbling，Littman and Moore 1996)，通过无穷时间的极限值计算预期收益：

$$\mathcal{r}(\delta_{0:\infty})=\lim_{t\to\infty}\mathcal{E}\Big(\sum_{\tau=0}^{t}\frac{1}{t}r(\vec{x}(\tau),\delta(\tau))\Big)\tag{8-34}$$

注意，在寻找最优路径 $\delta_{0:T}$的递归方法中，有限时域模型还包括控制未来收益影响的折扣因子 γ。

考虑确定性运动选择，它明确规定了机器人位置或观测结果与所进行的运动之间的关系。这种选择意味着由式(8-30)或式(8-31)定义的运动概率，对于一些系数(l,i)或(l,k)分别为 $p_l^{\delta}(\vec{x}_i,z_k)=1$ 或 $p_l^{\delta}(z_k)=1$，对于所有其他指数它是 0。为了简单起见，根据机器人的位置 $\vec{x}(t)$来选择运动 $\delta(t)$。函数 π_t：$X\to\mathcal{D}$ 规定了相对于机器人位置的运动选择（称为策略）。不依赖时间的策略称为平稳策略，在其符号中，t 被省略并用 π 表示；否则，该策略称为非平稳策略。

给定策略 π_t，用 $V_{0:t}(\vec{x}_j\mid\pi_t)(j=1,2,\cdots,n)$表示机器人在位置 $\vec{x}(t)=\vec{x}_j$ 处应用策略 π_t 时获得的预期收益之和。在 $t=0$ 时，该总和等于即时收益：

$$V_{0:0}(\vec{x}_j\mid\pi_0)=r(\vec{x}_j,\pi_0(\vec{x}_j))\tag{8-35}$$

$t=1,2,\cdots,T$ 时定义如下：

$$V_{0:t}(\vec{x}_j\mid\pi_t)=r(\vec{x}_j,\pi_t(\vec{x}_j))+\gamma\sum_{i=1}^{n}\rho_{ij}^{x}(\pi_{t-1}(\vec{x}_i))V_{0:t-1}(\vec{x}_i\mid\pi_{t-1})\tag{8-36}$$

换言之，在每一时刻 t，$V_{0:t}(\vec{x}_j\mid\pi_t)$包括通过选择运动 $\pi_t(\vec{x}_j)$获得的即时收益和截至

$t-1$ 时刻所获回报的预期折扣值。在机器学习和人工智能文献中，函数 $V_{0:t}$ 通常称为值函数，机器人的目标是选择策略 π_t^*，使其在所有可用的策略 π_t 上最大化 $V_{0:t}(\vec{x}_j|\pi_t^*)$。

在某些情况下，特别是对于学习自动机，策略 π_t^* 可以由某些逻辑规则直接定义。例如，Tsetlin 自动机(1973)(Kaelbling, Littman and Moore 1996)通过逻辑非-异或门来定义。移动机器人的框架中规定如果即时收益为 1，则根据所选方向继续运动；如果即时收益为 0，则将运动方向取反。在扩展形式(Kagan et al. 2014)中，这种自动机也适用于区间[0,1]上的值，控制运动方向在[0,2π]范围内变化(见 11.3.1 节)。然而，一般来说，策略 π_t^* 的求解需要某些算法和优化技术。

通常，策略 π_t^* 的选择遵循强化方法，并通过值迭代或策略迭代算法进行计算(Kaelbling, Littman and Moore 1996; Sutton and Barto 1998)。值迭代算法处理值函数的过程概述如下：

算法 8-4　值迭代(value iteration)

给定域 X、运动集合 $\mathcal{D}$、即时回报函数 r、位置转移函数 ρ^x、折扣因子 $\gamma\leqslant 1$ 和 $\varepsilon>0$，执行：

1) For 每个点 $\vec{x}_j\in X(j=1,2,\cdots,n)$ 执行：

2) 设置初始值 $V_{0:0}(\vec{x}_j\mid\pi_0)_0$。

3) 结束 for 循环。

4) 执行：

5) 设置 $t=t+1$。

6) For 每个位置 $\vec{x}_j\in X(j=1,2,\cdots,n)$ 执行：

7) For 每个运动 $\delta\in\mathcal{D}$ 执行：

$$\text{设置 } Q_t(\vec{x}_j|\delta)=r(\vec{x}_j,\delta)+\gamma\sum_{i=1}^{n}\rho_i^x(\delta)V_{0:t-1}(\vec{x}_i|\pi_{t-1})。$$

8) 结束 for 循环。

9) 设置值 $V_{0:t}(\vec{x}_j|\pi_t)=\max_{\delta\in D}Q_t(\vec{x}_j|\delta)$。

10) 结束 for 循环。

11) While $|V_{0:t}(\vec{x}_j|\pi_t)-V_{0:t-1}(\vec{x}_j\mid\pi_{t-1})|\geqslant\varepsilon$ 对所有位置 $\vec{x}_j\in X(j=1,2,\cdots,n)$。

在该算法中，每个时刻 t 的策略 $\pi_0,\cdots,\pi_t$ 通过改变点 $\vec{x}_j\in X(j=1,2,\cdots,n)$ 的值 $V_{0:t}(\vec{x}_j|\pi_t^*)$ 间接获得，并且还针对这些值指定了第 12 行中算法的终止规则。

相反，策略迭代算法直接处理策略 $\pi_0,\cdots,\pi_t$ 和收敛到 $V_{0:t}(\vec{x}_j|\pi_t)(j=1,2,\cdots,n)$ 无法改进的策略，该算法概述如下：

算法 8-5　策略迭代(policy iteration)

给定域 X、运动集合 $\mathcal{D}$、即时回报函数 r、位置转移函数 ρ^x、折扣因子 $\gamma\leqslant 1$，执行：

1) 开始于 $t=0$。

2) For 每个位置 $\vec{x}_j\in X(j=1,2,\cdots,n)$ 执行：

3) 设置任意初始策略 $\pi_t^*(\vec{x}_j)$。

4) 结束 for 循环。

5)执行：

6)设置 $t=t+1$。

7)设置候选策略 $\pi_t=\pi_{t-1}^*$。

8)基于下列线性公式，计算候选策略 π_t 的收益：

$$V_{0:t}(\vec{x}_j|\pi_t)=r(\vec{x}_j,\pi_t(\vec{x}_j))+\gamma\sum_{i=1}^{n}\rho_{ij}^x(\pi_t(\vec{x}_i))V_{0:t}(\vec{x}_i|\pi_t)$$

9)For 每个位置 $\vec{x}_j\in X(j=1,2,\cdots,n)$执行：

10)设置 $\pi_t^*(\vec{x}_j)=\operatorname{argmax}_{\delta\in\mathcal{D}}(r(\vec{x}_j,\delta)+\gamma\sum_{i=1}^{n}\rho_{ij}^x(\delta)V_{0:t}(\vec{x}_i|\pi_t))$。

11)结束 for 循环。

12) While $\pi_t(\vec{x}_j)\neq\pi_{t-1}^*(\vec{x}_j)$ 对任意位置 $\vec{x}_j\in X(j=1,2,\cdots,n)$。

概述的算法是在一系列人工智能问题(Kaelbling, Littmann and Cassandra 1998; Kaelbling, Littman and Moore 1996)、一般优化任务和机器学习(Bertsecas and Shreve 1978; Sutton and Barto 1998)中寻找最优策略的基本工具。与卡尔曼滤波方法相比，这些算法不考虑系统动力学模型，只处理对于所考虑任务定义的值函数 $V_{0:t}$。

在移动机器人框架中应用此类算法的最典型例子是在概率搜索移动目标问题中规划机器人的路径(Kagan and Ben-Gal 2013; Kagan and Ben-Gal 2015)，特别是 Stewart 过程(Stewart 1979)的实现使得 Washburn(1980，1983)提出了著名的前向-后向(Forward and Backward, FAB)算法；Brown(1980)也独立开发了类似的算法，该算法的思想如下。

设 $X=\{\vec{x}_1,\vec{x}_2,\cdots,\vec{x}_n\}$是一个有限的离散域，并假设在这个域中存在根据马尔可夫过程的转移概率进行移动的目标：

$$\rho_{ij}(t)=\Pr\{\vec{x}(t+1)=\vec{x}_j|\vec{x}(t)=\vec{x}_i\} \tag{8-37}$$

在 $t=0$ 时，目标位置在点 $\vec{x}_i(i=1,2,\cdots,n)$的初始概率为：

$$p_i(0)=\Pr\{\vec{x}(0)=\vec{x}_i\},\sum_{i=1}^{n}p_i(0)=1 \tag{8-38}$$

搜索者在域 X 上移动，目的是在给定的有限时间$[0,T]$内找到目标。假定搜索者知道目标的位置概率 $p_i(t)$和转移概率 $\rho_{ij}(t)(i,j=1,2,\cdots,n,t=0,1,\cdots,T)$。然后搜索者的目标是最大化找到目标的概率 $P(T)$，即最小化到目前为止未探测到目标的概率 $Q(T)$。

遵循搜索理论中使用的一般方法(Koopman 1956－1957; Stone 1975)，在 FAB 算法中，搜索者的策略 $\pi_t(t=0,1,\cdots,T)$和域 X 上的搜索分布相关。在单个移动机器人搜索的情况下，这种分布规定了当机器人观测区域 $a\subset X$ 时检测到目标的概率。如果每次观测区域 $a(t)$包括机器人所在的单个点 $\vec{y}(t)\in X$，则搜索问题表述为基于观测结果和已知位置的决策过程中的运动规划问题(见图 8-5a)。

用 $q_i(t)$表示当搜索者位于 $\vec{y}_i\in X(i=1,2,\cdots,n,t=0,1,\cdots,T)$点时未检测到目标的概率。此外，设 $\mathbb{I}(t)$为独立于目标位置 $\vec{x}(t)$的随机变量，表示搜索条件。例如，如果对所有 $t<T$ 和 $\mathbb{I}(T)=1$，有 $\mathbb{I}(t)=0$，则期望值 $\mathcal{E}\left(\sum_{t=0}^{T}\mathbb{I}(t)\prod_{\tau=0}^{t}q_{\vec{y}(t)}(\tau)\right)$ 是至终止时刻 T 未检测到目标的概率。用 $c_i(t)=\mathcal{E}(\mathbb{I}(t)|\vec{x}(t)=\vec{x}_i)$表示目标在 t 时刻位于 $\vec{x}(t)=\vec{x}_i$ 处的随机变量

$\mathbb{I}(t)$的期望值。与概率 $q_i(t)$相反，$c_i(t)$是到 t 时刻为止位于 $\vec{x}(t)=\vec{x}_i$ 处未检测到目标的概率。系统的“搜索者-目标”的动力学由以下的前向-后向方程控制。

- 前向方程，给定目标在 $t=0$ 时的初始位置概率 $p_i(0)$：

$$f_i(0)=p_i(0), i=1,2,\cdots,n \tag{8-39}$$

$$f_j(t+1)=\sum_{i=1}^{n}\rho_{ij}(t)q_i(t)f_i(t), t=0,1,\cdots,T-1 \tag{8-40}$$

- 后向方程，给定到 t 时刻未检测到目标的概率 $c_i(t)$：

$$g_i(T)=c_i(T), i=1,2,\cdots,n \tag{8-41}$$

$$g_i(t)=c_i(t)+\sum_{j=1}^{n}\rho_{ij}(t)q_j(t+1)g_j(t+1), t=0,1,\cdots,T-1 \tag{8-42}$$

前向方程(见式(8-39)和式(8-40))定义了搜索者从初始时刻 $t=0$ 到终止时刻 T 所感知的目标位置概率的演变。后向方程(见式(8-41)和式(8-42))定义了从搜索结束时刻 T 到起始时刻的预期分布概率。

最后，当搜索者位于 $\vec{y}_i\in X(i=1,2,\cdots,n,t=0,1,\cdots,T)$点时，在 t 时刻未检测到目标的概率 $q_i(t)$可以由搜索者的感知能力及其位置明确定义。例如，其可以由著名的 Koopman 函数(1956—1957)$q(t)=\exp(-\kappa\vec{y}(t))$指定，其中 κ 表示搜索者的感知能力。因此，(近似)最优策略 π_t^* 的选择(也就是搜索者的位置)等同于概率分布 $q^*(t)$的选择。这导致到 t 时刻未检测到目标的概率 $Q(T)$最小，并因此达到检测到目标的概率 $P(T)=1-Q(T)$最大。

在实现策略迭代(见算法 8-5)用于查找域 X 上搜索者位置的分布 $q^*(t)$时，搜索移动目标的算法如下(Washburn 1980，1983；另见 Brown 1980)。

算法 8-6　搜索运动目标的 FAB 算法(FAB algorithm of search for a moving target)

给定域 X、目标转移概率 $\rho_{ij}(t)$、初始目标位置概率 $p_i(0)$和至时间 $t(t=0,1,\cdots,T,i,j=1,2,\cdots,n)$时未检测目标概率 $c_i(t)$，执行：

1)For 每个位置 $\vec{x}_i\in X(i=1,2,\cdots,n)$执行：
2)利用式(8-41)和式(8-42)计算 $g_i(t)$。
3)结束 for 循环。
4)设置 $t=0$。
5)For 每个位置 $\vec{x}_i\in X(i=1,2,\cdots,n)$执行：
6)利用式(8-39)初始化 $f_i(t)$。
7)结束 for 循环。
8)While $t<T$ 执行：
9)For 每个位置 $\vec{x}_i\in X(i=1,2,\cdots,n)$执行：
10)设置 $q_i^*(t)=\mathrm{argmin}_{q(t)}(\sum_{j=1}^{n}f_j(t)q_j(t)g_j(t))$ 以最小化在时间 t 时搜索者位置的可能分布。
11)结束 for 循环。
12)设置 $t=t+1$。
13)For 每个位置 $\vec{x}_i\in X(i=1,2,\cdots,n)$执行：
14)利用式(8-40)计算 $f_i(t)$。
15)结束 for 循环。
16)结束 while 循环。

在离散域内基于马尔可夫过程的移动目标搜索 FAB 算法为在有限时域内不确定性下的移动机器人概率运动规划提供了一个简单的例子。相关文献(见 Singh and Krishnamurthy 2003)提出了搜索算法，实现了上述无限时域方案。有关这些算法和类似方法的详细概述可参见文献(如 Kagan and Ben-Gal 2013，2015)。对于寻找 MDP 和 POMDP 最优策略方法的一般考虑可参见文献(如 Ross 2003；White 1993)。关于强化学习技术可参阅相关文献(如 Sutton and Barto 1998)。

当然，这些基本的决策技术并没有穷尽现有应用在不确定性条件下的全部运动规划算法和方法。特别地，与一般的贝叶斯方法相比，这些算法仅实现了策略的递归计算，因此不能应用于在线运动规划。下一节给出的示例将回到贝叶斯运动规划，并考虑使用信息启发解决不确定性的算法。

8.3 概率运动规划实例

上述算法实现了不同的决策技术：对于已知的机器人运动模型，运动规划取决于机器人的预测位置和观测结果；对于未知的运动模型，运动规划取决于对机器人信念或占用网格的一般贝叶斯更新。在离线运动规划的情况下，通常采用一般的优化技术，例如通过值迭代或策略迭代算法获得机器人的最优或近似最优路径。对于在线运动规划，采用一些启发式方法。接下来考虑使用信息启发的在线运动规划和建图示例。

8.3.1 信念空间中的运动规划

作为信念空间中运动规划的一个例子，考虑搜索单个目标的算法(Kagan，Goren and Ben-Gal 2010)。搜索在二维域 $X\in\mathbb{R}^2$ 中进行，每个点 $\vec{x}\in X$ 的坐标为 $\vec{x}=(x,y)$。与马尔可夫定位(见 8.1.1 节)和占用网格方法(见 8.2.1 节)相似，假设域 X 是二维网格 $X=\{\vec{x}_1,\vec{x}_2,\cdots,\vec{x}_n\}$，每个点 $\vec{x}_i\,(i=1,2,\cdots,n)$ 定义为 (i_x,i_y)(其中 $i_x=1,2,\cdots,n_x$，$i_y=1,2,\cdots,n_y$，$n=n_x\times n_y$，$i=(i_x-1)n_x+i_y$)。

机器人从 $t=0$ 时刻开始，初始信念为 $\mathrm{bel}(\vec{x}(0))$，目标位置定义为目标的位置概率 $p(\vec{x},0)$，在其运动过程中观测某些区域 $a(t)\subset X\,(t=0,1,2,\cdots)$，并获得准确的观测结果 $z(t)\in\{0,1\}$。$z(t)=1$ 表示检测到 $a(t)$ 区域内的目标并终止搜索；否则，机器人从可能的运动集合 $\mathcal{D}$ 中选择运动 $\delta(t)\in\mathcal{D}$，将点 $\vec{x}\in a(t)$ 的目标位置概率 $p(\vec{x},t)$ 降低为 0，并根据贝叶斯法则更新点的概率。如 8.1.1 节所述，假设 $\mathcal{D}=\{\delta_1,\delta_2,\delta_3,\delta_4,\delta_5\}$(其中 $\delta_1=$ *move forward*、$\delta_2=$ *move backward*、$\delta_3=$ *move right*、$\delta_4=$ *move left*、$\delta_5=$ *stay in the current point*)。实现这种搜索的算法概述如下。

算法 8-7 概率搜索(probabilistic search)(与 Gal Goren 合作开发(Kagan，Goren and Ben-Gal 2010))

1)起始于 $t=0$，目标的局部位置概率为 $p(\vec{x},t)\,(\vec{x}\in X)$。

2)选择观察区域 a(有 $\sum_{\vec{x}\in a}p(\vec{x},t)>0$)。观察 a，降低点 $\vec{x}\in a$ 的概率至 0，这将会导致当前概率地图和观察后的地图间的最大不同。

3)如果因为所有可观测区域内的所有点的概率为 0 而导致第 2 行选择不成功，那么应用扩散进程到目标位置概率地图。扩散进程的时间是由智能体到目标位置概率分布中心的权重距离所确定的，而这个权重由目标位置信息的缺失来确定。在结束扩散进程后，返回第 2 行选择已观测区域。

4)移动到已选区域 a，观测并获得观测结果 $z(t)$。

5)如果 $z(t)=1$(目标被找到)，那么终止并返回范围区域 a。否则，减小所有点 $\vec{x}\in a$ 概率 $p(\vec{x},t)$ 至0，即对所有 $\vec{x}\in X$，设置 $p(\vec{x},t)=0$。然后更新概率 $p(\vec{x},t)(\vec{x}\in X)$，即 $\sum_{\vec{x}\in X}p(\vec{x},t)=1$。

6)增加时间 t，继续从第2行开始。

所提出的算法遵循破坏性搜索场景(Viswanathan et al. 2011)，在搜索过程中机器人改变了环境状态，也就是概率地图，然后将这些改变应用于下一步的决策。从路径规划的角度来看，该算法实现了 Elfes 的建图和导航方案(见图8-4)，但不包括对象提取和建图部分。

所提出的算法通过具有信息启发的最大梯度搜索的一般方法来解决运动选择中的不确定性。下一个例子说明了算法的实现过程(与 Gal Goren 合作开发)。

给定网格 $X=\{\vec{x}_1,\vec{x}_2,\cdots,\vec{x}_n\}$，初始目标位置概率 $p(\vec{x}_i,0)(i=1,2,\cdots,n)$，转移概率矩阵 $\boldsymbol{\rho}$ 和可能的运动集合 $\mathcal{D}$，该例程概述如下：

probabilistic_search$(\{\vec{x}_1,\vec{x}_2,\cdots,\vec{x}_n\},\mathcal{D},\varphi,\boldsymbol{\rho},\{p(\vec{x}_1,0),\cdots,p(\vec{x}_n,0)\})$

开始搜索：

1)设置 $t=0$。

2)设置智能体初始位置，其相应的观测区域为 $a(t)$。

3)观测 $a(t)$，获得结果 $z(t)$。

继续搜索直到探测到目标

4)While $z(t)=0$ 执行：

设置当前观测概率

5)设置 $\{p(\vec{x}_1,t),\cdots,p(\vec{x}_n,t)\}=current\_observed\_probabilities(a(t),\{p(\vec{x}_1,t),\cdots,p(\vec{x}_n,t)\})$

计算下一个位置概率的常规地图

6)设置 $\{p(\vec{x}_1,t+1),\cdots,p(\vec{x}_n,t+1)\}=next\_location\_probabilities(\boldsymbol{\rho},\{p(\vec{x}_1,t),\cdots,p(\vec{x}_n,t)\})$

选择下一个观测区域

7)设置 $a(t+1)=next\_observed\_area(\vec{x}(t),\mathcal{D},\boldsymbol{\rho},\{p(\vec{x}_1,t+1),\cdots,p(\vec{x}_n,t+1)\})$。

增加时间步长

8)设置 $t=t+1$。

移动到下一个位置，观测已选择区域

9)设置关于区域 $a(t)$ 的位置 $\vec{x}(t)$。

10)观测 $a(t)$，获得结果 $z(t)$。

11)结束 while 循环。

返回目标位置

12)返回 $z(t)=1$ 的区域 $a(t)$。

这个程序使用了3个函数。函数 *current_observated_probabilities*(…)实现了算法的第5行，即降低观测区域的概率，更新了网格中其他点的概率。函数 *next_location_probability*(…)是一个通用函数，考虑了目标的运动能力。对于静态目标，其转移概率矩阵 $\boldsymbol{\rho}$ 是单位矩阵，因此该函数不改变输入概率；在移动目标的情况下，它定义了给定观测结果的目标位置概率。此外，此函数还用于实现扩散进程。最后，函数 *next_observed_area*(…)实现了决策过程。这些函数概述如下。

current_observed_probabilities$(a(t),\{p(\vec{x}_1,t),\cdots,p(\vec{x}_n,t)\}):\{p(\vec{x}_1,t),\cdots,p(\vec{x}_n,t)\}$

1)For $i=1\cdots n$ 执行：

2)如果 $\vec{x}_i\in a(t)$，设置 $p(\vec{x}_i,t)=0$。

3)结束 for 循环。

4)设置 $sum=0$；

5) For $i=1\cdots n$ 执行：

6)设置 $sum=sum+p(\vec{x}_i,t)$。

7)结束 for 循环。

8)For $i=1\cdots n$ 执行：

9)设置 $p(\vec{x}_i,t)=p(\vec{x}_i,t)/sum$。

10)结束 for 循环。

11)返回$\{p(\vec{x}_1,t),\cdots,p(\vec{x}_n,t)\}$。

下一个函数基于所指出的假设，假设网格 X 中每个点的坐标为 $\vec{x}_i=(i_x,i_y)(i=1,2,\cdots,n)$，其中 $i_x=1,2,\cdots,n_x$、$i_y=1,2,\cdots,n_y$、$n=n_x\times n_y$、$i=(i_x-1)n_x+i_y$。此外，在该函数中，假设在每步中目标都没有跳跃，并且能够向前、向后、向左或向右移动一步，或保持当前位置。在形式上，此函数实现了乘法

$$\{p(\vec{x}_1,t+1),\cdots,p(\vec{x}_n,t+1)\}=\{p(\vec{x}_1,t),\cdots,p(\vec{x}_n,t)\}\times\boldsymbol{\rho}$$

由于假设转移概率矩阵 $\boldsymbol{\rho}$ 是稀疏的，其对角线上有非零元素，并且靠近对角线有一个台阶，因此可以用较少的计算来执行这种乘法。实现这种计算过程的函数概述如下。

next_location_probabilities$(\boldsymbol{\rho},\{p(\vec{x}_1,t),\cdots,p(\vec{x}_n,t)\}):\{p(\vec{x}_1,t+1),\cdots,p(\vec{x}_n,t+1)\}$

1)For $i_x=1,2,\cdots,n_x$ 执行：

2)For $i_y=1,2,\cdots,n_y$ 执行：

3)设置 $i=(i_x-1)n_x+i_y$。

4)if $i_x=1$ 和 $i_y=1$，then (栅格 X 的西北角)：

5)设置 $\boldsymbol{R}=p((i_x,i_y+1),t)\boldsymbol{\rho}(i+1,i)+p((i_x+1,i_y),t)\boldsymbol{\rho}(i+n_y,i)$；

6)Else if $i_x=1$ 和 $i_y=n_y$，then (栅格 X 的东北角)：

7)设置 $\boldsymbol{R}=p((i_x,\ i_y+1),\ t)\boldsymbol{\rho}(i+1,\ i)+p((i_x+1,\ i_y),\ t)\boldsymbol{\rho}(i+n_y,\ i)$；

8)Else if $i_x=n_x$ 和 $i_y=1$，then (栅格 X 的西南角)：

9)设置 $\boldsymbol{R}=p((i_x,i_y+1),t)\boldsymbol{\rho}(i+1,i)+p((i_x-1,i_y),t)\boldsymbol{\rho}(i-n_y,i)$；

10)Else if $i_x=n_x$ 和 $i_y=n_y$，then (栅格 X 的东南角)：

11)设置 $\boldsymbol{R}=p((i_x,i_y-1),t)\boldsymbol{\rho}(i-1,i)+p((i_x-1,i_y),t)\boldsymbol{\rho}(i-n_y,i)$；

12)Else if $i_x=1$ 和 $1<i_y<n_y$，then (栅格 X 的北部边界)：

$\boldsymbol{R}=p((i_x,i_y-1),t)\boldsymbol{\rho}(i-1,i)+p((i_x,i_y+1),t)\boldsymbol{\rho}(i+1,i)+$
$p((i_x+1,i_y),t)\boldsymbol{\rho}(i+n_y,i)$；

13)Else if $i_x=n_x$ 和 $1<i_y<n_y$，then (栅格 X 的南部边界)：

$\boldsymbol{R}=p((i_x,i_y-1),t)\boldsymbol{\rho}(i-1,i)+p((i_x,i_y+1),t)\boldsymbol{\rho}(i+1,i)+$
$p((i_x-1,i_y),t)\boldsymbol{\rho}(i-n_y,i)$；

14)Else if $1<i_x<n_x$ 和 $i_y=1$，then（栅格 X 的西部边界）：

$\boldsymbol{R}=p((i_x,i_y+1),t)\boldsymbol{\rho}(i+1,i)+p((i_x-1,i_y),t)\boldsymbol{\rho}(i-n_y,i)+$
$p((i_x+1,i_y),t)\boldsymbol{\rho}(i+n_y,i)$；

15)Else if $1<i_x<n_x$ 和 $i_y=n_y$，then（栅格 X 的东部边界）：

$\boldsymbol{R}=p((i_x,i_y-1),t)\boldsymbol{\rho}(i-1,i)+p((i_x-1,i_y),t)\boldsymbol{\rho}(i-n_y,i)+$
$p((i_x+1,i_y),t)\boldsymbol{\rho}(i+n_y,i)$；

16)Else(栅格 X 的内部)：

$\boldsymbol{R}=p((i_x,i_y+1),t)\boldsymbol{\rho}(i+1,i)+p((i_x,i_y-1),t)\boldsymbol{\rho}(i-1,i)+$
$p((i_x-1,i_y),t)\boldsymbol{\rho}(i-n_y,i)+p((i_x+1,i_y),t)\boldsymbol{\rho}(i+n_y,i)$；

17)结束 if 条件。

18)设置 $p((i_x,i_y),t+1)=p((i_x,i_y),t)\boldsymbol{\rho}(i,i)+\boldsymbol{R}$。

19)结束 for 循环。

20)结束 for 循环。

21)返回 $\{p(\vec{x}_1,t+1),\cdots,p(\vec{x}_n,t+1)\}$。

关于目标运动的假设对于算法 8-7 和所述函数来说当然不是关键的，并且仅适用于后续实际需要。如果所考虑的任务需要额外的目标运动，则可以根据目标的能力简单地修改函数。

最后，函数 *next_observed_area*(…)执行有关搜索者活动的主要决策任务。该函数由两个操作组成：在搜索者的当前区域中通过概率地图的最大梯度来选择下一观测区域，并且在不存在该选择的情况下解决不确定性。

next_observed_area $(\vec{x}(t),\mathcal{D},\boldsymbol{\rho},\{p(\vec{x}_1,t+1),\cdots,p(\vec{x}_n,t+1)\}):a(t+1)$

尝试选择在点 $\vec{x}(t)$ 处的地图 $\{p(\vec{x}_1,t+1),\cdots,p(\vec{x}_n,t+1)\}$ 的最大梯度

1)设置 $a(t+1)=choose\_area(\vec{x}(t),\mathcal{D},\{p(\vec{x}_1,t+1),\cdots,p(\vec{x}_n,t+1)\})$。

2)如果对所有的 $\vec{x}\in a(t+1)$ 有 $p(\vec{x},t+1)=0$，那么最大梯度选择失败。

重解不确定性

3)设置 $\{\tilde{p}(\vec{x}_1),\cdots,\tilde{p}(\vec{x}_n)\}=resolve\_uncertainty(\vec{x}(t),\mathcal{D},\boldsymbol{\rho},\{p(\vec{x}_1,t+1),\cdots,p(\vec{x}_n,t+1)\})$。

在点 $\vec{x}(t)$ 处选择地图 $\{\tilde{p}(\vec{x}_1),\cdots,\tilde{p}(\vec{x}_n)\}$ 的最大梯度

4)设置 $a(t+1)=\text{choose\_area}(\vec{x}(t),\mathcal{D},\{\tilde{p}(\vec{x}_1),\cdots,\tilde{p}(\vec{x}_n)\})$。

5)返回 $a(t+1)$。

函数 *choose_area*(…)和 *resolve_uncertainty*(…)使用多个附加函数进行计算，为简洁起见，省略这些函数并包含在公式中。综上所述，假定网格 X 中的点是 $\vec{x}_i=(i_x,i_y)(i=1,2,\cdots,n)$，与上述定义相同。这些函数引用于文献(Kagan and Ben-Gal 2013，2015)中提出的程序。

choose_area $(\vec{x}(t),\mathcal{D},\boldsymbol{\rho},\{p(\vec{x}_1),\cdots,p(\vec{x}_n)\}):a$

1)For 所有的运动 $\delta_k\in\mathcal{D}$，执行：

2)从位置 $\vec{x}(t)$ 进行运动 δ_k，确定候选区域 $a_k\subset X$。

3)设置权重 $w_k=\sum_{\vec{x}\in a_k}p(\vec{x})$。

4)For $i=1\cdots n$，执行：

5)如果 $\vec{x}_i \in a_k$，那么设置 $P_k(\vec{x}_i)=1$，否则设置 $P_k(\vec{x}_i)=p_k(\vec{x}_i)$。
6)结束 for 循环。
7)For $i=1\cdots n$，执行：
8)设置 $\overline{P}_k(\vec{x}_i)=P_k(\vec{x}_i)/\sum_{j=1}^{n}P_k(\vec{x}_j)$。
9)结束 for 循环。
10)For $i=1\cdots n$，执行：
11)如果 $\vec{x}_i \notin a_k$，那么设置 $Q_k(\vec{x}_i)=0$，否则 $Q_k(\vec{x}_i)=p(\vec{x}_i)$。
12)结束 for 循环。
13)For $i=1\cdots n$，执行：
14)设置 $\overline{Q}_k(\vec{x}_i)=Q_k(\vec{x}_i)/\sum_{j=1}^{n}Q_k(\vec{x}_j)$。
15)结束 for 循环。
16)设置 $W(a_k)=\sum_{i=1}^{n}w_k\left|\overline{P}_k(\vec{x}_i)-p(\vec{x}_i)\right|+(1-w_k)\left|\overline{Q}_k(\vec{x}_i)-p(\vec{x}_i)\right|$。
17)结束 for 循环。
18)设置 $a=\arg\max\{W(a_k)$对于所有的 $a_k\}$，随机打破纽带。
19)返回 a。

在选择下一个观测区域时，解决不确定性的方法是信息启发法。它与当前搜索者位置到估计目标位置(概率地图的中心)的距离一起用于指定扩散步骤数，函数概述如下。

resolve_uncertainty $(\vec{x}(t),\mathcal{D},\boldsymbol{\rho},\{p(\vec{x}_1),\cdots,p(\vec{x}_n)\}):\{\tilde{p}(\vec{x}_1),\cdots,\tilde{p}(\vec{x}_n)\}$

计算概率地图$\{p(\vec{x}_1),\cdots,p(\vec{x}_n)\}$的中心 $\vec{c}$
1)设置 $c_x=0$ 进而 $c_y=0$。
2)For $i_x=1,2,\cdots,n_x$ 和 $i_y=1,2,\cdots,n_y$ 执行：
3)设置 $c_x=c_x+i_x p(\vec{x}_i)$和 $c_y=c_y+i_y p(\vec{x}_i)$，其中 $i=(i_x-1)n_x+i_y$。
4)结束 for 循环。
5)设置 $\vec{c}=(x_c,y_c)$，其中 $x_c=[c_x],y_c=[c_y]$。
　计算搜索者局部位置 $\vec{x}(t)=(x(t),\ y(t))$与地图中心 $\vec{c}=(x_c,y_c)$的距离
6)设置 $d=|x(t)-x_c|+|y(t)-y_c|$(在网格 X 中，采用曼哈顿距离)。
7)设置 $I=\log_s(n)-\sum_{i=1}^{n}p(\vec{x}_i)\log_s(1/p(\vec{x}_i))$，其中 $s=|a|$是观察区域 a 的大小。
　计算扩散步骤的数量 m
8)设置 $m=\lceil I\rceil\times[d]$。
　应用由转移矩阵 $\boldsymbol{\rho}$ 控制的扩散进程 m 步到地图$\{p(\vec{x}_1),\cdots,p(\vec{x}_n)\}$
9)设置$\{\tilde{p}(\vec{x}_1),\cdots,\tilde{p}(\vec{x}_n)\}=\{p(\vec{x}_1),\cdots,p(\vec{x}_n)\}$。
10)执行 m 次。
11)设置$\{\tilde{p}(\vec{x}_1),\cdots,\tilde{p}(\vec{x}_n)\}=next_location_probabilities(\boldsymbol{\rho},\{\tilde{p}(\vec{x}_1),\cdots,\tilde{p}(\vec{x}_n)\})$。
12)完毕。
13)返回$\{\tilde{p}(\vec{x}_1),\cdots,\tilde{p}(\vec{x}_n)\}$。

在函数(第 5 行和第 8 行)中，$[a]$表示最接近实数 a 的整数，$\lceil a\rceil$表示大于或等于实数 a

且最接近的整数。在第 8 行中，$\log_s$表示以 s 为底的对数，按照惯例，假定 $0\times\log_s(0)=0$。

图 8-6 显示了利用算法 8-7 得到的搜索者轨迹。在图中，正方形网格 X 包括 $n=100\times100$ 个点(即 $n_x=100$，$n_y=100$)。在 $t=0$ 时，搜索者从点 $\vec{x}(0)=(15,1)$开始搜索位于未知位置的目标。在程序中假设在每次搜索时刻 $t=0,1,\cdots$的观测区域 $a(t)$是搜索者位置 $\vec{x}(t)$周围的 3×3 大小。初始目标的位置根据目标位置概率随机指定。高概率的目标位置用白色表示，低概率的目标位置用黑色表示。图 8-6a 展示了搜索者的初始位置(用白色圆圈表示)和目标位置(用白色星形表示)。图 8-6b 展示了搜索者在 $t=1902$ 时检测到的目标轨迹。

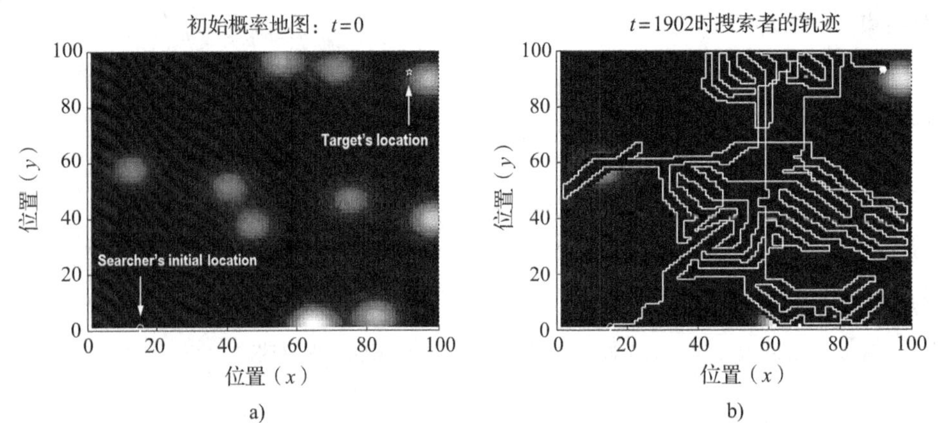

图 8-6　算法 8-7 的概率搜索。a) 搜索者的初始位置和目标位置；b) 搜索者在 $t=1902$ 时找到目标的轨迹。根据目标位置概率进行搜索，图中高概率用白色表示，低概率用黑色表示

根据该算法，如果下一个运动的选择是有概率的，那么搜索者根据目标位置概率的最大梯度来移动。在无法根据最大梯度进行选择的不确定情况下，搜索者应用上述定义的启发式算法，在最大概率密度的方向上移动(如图 8-7 所示)。

该算法给出了信念空间中一个最简单的运动规划实例，其中机器人的信念与目标的位置概率相关。在本例中，目标的位置就是地标，而机器人的目标是在地标邻域中进行定位。再次注意，在所提出的算法中，假设对环境的观测是无误差的，这样就避免了由于感知不准确而导致的不确定性。有关此算法及其在错误观测搜索和移动目标搜索方面的更多扩展信息，可参见相关文献(Kagan，Goren and Ben-Gal 2010)，及其延续(Chernikhovsky et al. 2012；Kagan，Goren and Ben-Gal 2012)。文献(如 Kagan and Ben-Gal 2013，2015)对于搜索问题的广泛框架进行了分析。在第 11 章中将考虑由多个搜索者来实现该算法，下一小节将介绍该算法在多目标搜索中的实现。

8.3.2　环境建图

考虑一个在信念空间中使用上述运动规划算法进行建图的例子。形式上，这种任务可以简化为即时指示目标位置的多目标破坏性概率搜索。然而，在该算法中应该包含避障机制，以保证机器人不会与地标碰撞。算法 8-7 中省略了该机制，避障机制将在 11.3.2 节中进行详细分析，用于机器人群体的障碍导航和避障。

综上所述，假设机器人从点 $\vec{x}(0)\in X$ 开始在二维网格 $X=\{\vec{x}_1,\vec{x}_2,\cdots,\vec{x}_n\}$中移动，在每个时刻 $t=0,1,2,\cdots$观测围绕其位置 $\vec{x}(t)$的区域 $a(t)\subset X$。与前面的部分类似，X 的

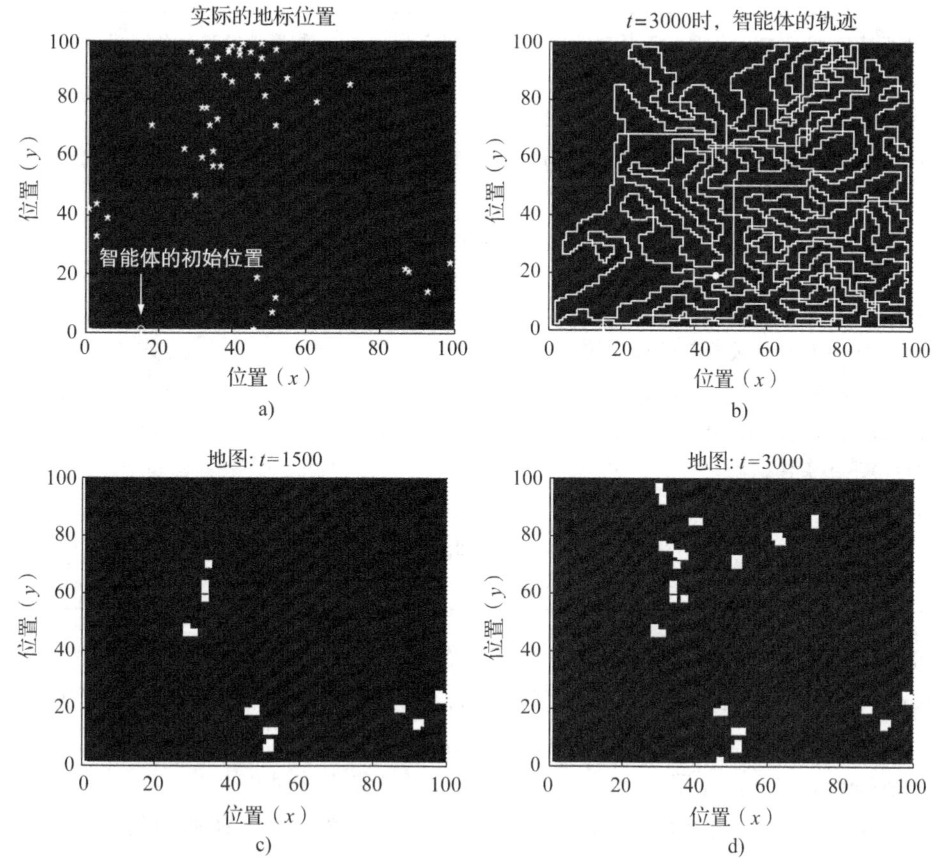

图 8-7　根据算法 8-8 得到的未知网格环境绘图。a)智能体的初始位置和实际的地标位置；b) 在 $t=3000$ 程序终止时的轨迹；c)$t=1500$ 时的环境地图；d)$t=3000$ 时的环境地图

地图由 $\mathcal{M}$ 表示。在开始建图时，地图 $\mathcal{M}$ 是空的，随着建图过程的进行，地图产生机器人发现的地标 $k=1,2,\cdots$的坐标 $\vec{m}_k$。假设实际中路标占用的区域面积相同，用$o_k \subset X(k=1,2,\cdots)$表示。在 11.3.2 节中，障碍物区域将使用相同的符号。

机器人的运动和动作的定义类似于算法 8-7，在地标检测上进行了一些修改。机器人的初始信念为 $\mathrm{bel}(\vec{x}(0))=p(\vec{x},0)(\vec{x}\in X)$。注意，如果机器人从完全未知的环境中开始，那么所有的点 $\vec{x}\in X$ 都具有相等的概率 $p(\vec{x},0)=1/n$。在对区域 $a(t)\subset X(t=0,1,2,\cdots)$进行运动和观测过程中，机器人得到的观测结果 $z(t)\in\{0,1\}$表示在区域 $a(t)$中对地标进行的检测。如果没有检测到地标，那么点 $\vec{x}\in a(t)$的概率 $p(\vec{x},t)$降为零，同时更新区域 $a(t)$中点的概率。相反，如果在区域 $a(t)$中检测到地标，则其位置 $\vec{m}_k(k=1,\ 2,\ \cdots)$(可能与地标区域$o_k$ 中点的坐标有关)将包括在地图 $\mathcal{M}$ 中，并且点 $\vec{x}\in a(t)$和点 $\vec{x}\in o_k$ 的概率都降到零。然后，运动继续，直到触发终止条件。建图算法概述如下。

算法 8-8　概率多目标搜索-网格地形建图(probabilistic multiple targets search-mapping of the gridded terrain)

给定域 X、初始空地图 $\mathcal{M}$ 和概率函数 $p(\vec{x},0)(\vec{x}\in X)$，执行：

1)以 $t=0$ 开始，初始化概率函数 $p(\vec{x},t)(\vec{x}\in X)$。

2)利用算法 8-7 中的第 2 行选择观测区域 a。如果不能选择，利用扩散进程处理目标位置的局部概率地图(见算法 8-7 中的第 3 行)。
3)For 每个已检测的地标 $k=1,2,\cdots$ 执行：
4)针对所有点 $\vec{x}\in\mathcal{O}_k$，设置概率 $p(\vec{x},t)=0$。
5)结束 for 循环。
6)归一化概率 $p(\vec{x},t)$ $(\vec{x}\in X)$，即 $\sum_{\vec{x}\in X}p(\vec{x},t)=1$。
7)返回第 2 行继续选择已观测区域。
8)移动到已选择区域 a，观察并获取结果 $z(t)$。
9)if $z(t)=1$(地标被检测到)，执行：
10)增加地标点 $\vec{m}$ 至地图 $\mathcal{M}$。
11)在地标区域 $\mathcal{O}$，针对所有点 $\vec{x}\in\mathcal{O}$，设置概率 $p(\vec{x},t)=0$。
12)结束 if 条件。
13)在已观测区域 a，针对所有点 $\vec{x}\in a$，设置概率 $p(\vec{x},t)=0$。
14)增加时间 t，继续从第 2 行开始直到进程终止。
15)返回地图 $\mathcal{M}$。

显然，该算法与算法 8-7 所用方法相同。终止条件可以用不同的方式定义。如果已知地标的数目，则当地图 $\mathcal{M}$ 包含该数目的地标位置时终止这个算法，如果设置了终止时间 T，则当该到达该时间时终止算法。最后，在地标数目未知且不限时间的情况下，当所有 $\vec{x}\in X$ 的 $p(\vec{x},t)=0$ 时(除了 $p(\vec{y},t)=1$ 的单个点 $\vec{y}$)终止该过程。

可以看出，根据算法 8-8，机器人首先检测密度较高且靠近初始位置区域中的地标。然后对剩余区域进行筛选，并检测这些区域中的地标。注意，由于机器人没有关于地标所占区域的先验信息，因此当机器人从不同方向到达地标时，每次检测到的地标都会将其包含在地图 $\mathcal{M}$ 中。

该例子给出了未知环境下移动机器人的运动规划方法。一些其他方法、算法和实例可见相关文献(如 Thrun，Burgard and Fox 2005；Choset et al. 2005；Siegwart，Nourbakhsh and Scaramuzza 2011)及其参考文献。对于信念空间的导航方法的进一步发展和现有技术的概述可见文献(Indelman，Carlone and Dellaert 2013a，b)。

8.4 小结

本章分析了未知环境下的运动规划方法。该方法依赖于概率机器人，即通过概率(与模糊控制中使用的模糊逻辑方法不同)来解决不确定性，并在机器人的信念空间中进行运动规划。基于马尔可夫决策方法可以实现机器人的在线控制。

基于这种方法，本章分析了未知环境下运动规划中出现的 4 个基本问题：

1)基于已知环境地图的机器人定位——机器人需要通过准确的观测传感器来检测地标。一般来说，这种定位遵循马尔可夫方法，不需要假设关于机器人运动和不确定性特征的先验知识(见 8.1.1 节)。通过假设机器人的运动规则和允许对机器人位置和观测结果进行预测的传感和动作误差的概率分布，定位结果可以得到一定的改善。特别是，如果机器人受线性动力学系统的控制，且误差服从高斯分布，则使用卡尔曼滤波方法进行预测(见 8.1.2 节)。

2)无定位的环境建图需要在未知领域的探索中创建环境地图，且需要已知或估计机器人位置。地图是基于传感信息创建的，机器人利用这些信息可以获得地标相对于自身的位置。解决这个问题最著名的方法是占用网格算法，其中最著名的是 Elfes 算法(见 8.2.1 节)。其完整版本提供了由机器人传感器观测到的环境地图和几何符号地图，包括对所观测环境的有意义的解释，并在地图上进行了标记。

3)即时定位和地图构建(SLAM)是机器人在没有关于地标位置先验信息的情况下在探索过程中创建环境地图。在概率设置中，SLAM 任务的求解方式与定位任务相同，通常对机器人的运动和观测误差给出相同的假设，从而允许应用马尔可夫和卡尔曼滤波技术(见 8.2.1 节)。

4)在无误差传感中，不确定性下的决策通常是基于 MDP 方法进行的。有误差传感则基于 POMDP 方法。离线路径规划问题通过值迭代和策略迭代算法(见 8.2.2 节)来解决。在线决策问题则采用某些启发式算法，如算法 8-7。

本章通过运行示例(见 8.1.1 节和 8.1.2 节)和数值实例验证了所述模型，包括运动规划的启发式算法(见 8.3.1 节)和信念空间中的定位(见 8.3.2 节)。

参考文献

Aoki, M. (1967). *Optimization of Stochastic Systems*. New York: Academic Press.

Astrom, K.J. (1970). *Introduction to Stochastic Control Theory*. New York: Academic Press.

Bailey, T. and Durrant-Whyte, H. (2006). Simultaneous localization and mapping (SLAM). Part II: state of the art. *IEEE Robotics and Automation Magazine* 13: 108–117.

Bertsecas, D.P. and Shreve, S.E. (1978). *Stochastic Optimal Control: Discrete TIme Case*. New York: Academic Press.

Bertsekas, D.P. (1995). *Dynamic Programming and Optimal Control*. Boston: Athena Scientific Publishers.

Borenstein, J., Everett, H. R., and Feng, L. (1996). *Where Am I? Sensors and Methods for Mobile Robot Positioning*. Retrieved December 7, 2015, from University of Michigan for ORNL D&D Program and US Department of Energy: www-personal.umich.edu/~johannb/papers/pos96rep.pdf.

Brown, S.S. (1980). Optimal search for a moving target in discrete time and space. *Operations Research* 28 (6): 1275–1289.

Castellanos, J.A. and Tardos, J.D. (1999). *Mobile Robot Localization and Map Building*. New York: Springer.

Chernikhovsky, G., Kagan, E., Goren, G., and Ben-Gal, I. (2012). Path planning for sea vessel search using wideband sonar. In: *Proc. 27-th IEEE Conv. EEEI* https://doi.org/10.1109/EEEI.2012.6377122.

Choset, H., Lynch, K., Hutchinson, S. et al. (2005). *Principles of Robot Motion: Theory, Algorithms, and Implementation*. Cambridge, MA: Bradford Books/The MIT Press.

Cuesta, F. and Ollero, A. (2005). *Intelligent Mobile Robot Navigation*. Berlin: Springer-Verlag.

DeGroot, M.H. (1970). *Optimal Statistical Decisions*. New York: McGraw-Hill.

Derman, C. (1970). *Finite State Markov Decision Processes*. New York: Academic Press.

Dudek, G. and Jenkin, M. (2010). *Computational Principles of Mobile Robotics*, 2e. New York: Cambridge University Press.

Durrant-Whyte, H. and Bailey, T. (2006). Simultaneous localization and mapping (SLAM). Part I: the essential algorithms. *IEEE Robotics and Automation Magazine* 13: 99–110.

Dynkin, E.B. and Yushkevich, A.A. (1979). *Controlled Markov Processes*. New York: Springer.

Elfes, A. (1987). Sonar-based real-world mapping and navigation. *IEEE Journal of Robotics*

and Automation 249–265.
Elfes, A. (1990). Occupancy grids: a stochastic spatial representation for active robot perception. In: *Proc. 6th Conference on Uncertainty in AI*, 60–70. North-Holland.
Ephraim, Y. and Merhav, N. (2002). Hidden Markov processes. *IEEE Transactions on Information Theory* 48 (6): 1518–1569.
Everett, H.R. (1995). *Sensors for Mobile Robots: Theory and Application*. Wellesley: A K Peters.
Faragher, R. (2012). Understanding the basis of the Kalman filter via a simple and intuitive derivation. *IEEE Signal Processing Magazine* 29 (5): 128–132.
Filar, J. and Vrieze, K. (1997). *Competitive Markov Decision Processes*. New York: Springer.
Fox, D., Burgard, W., Kruppa, H., and Thrun, S. (2002). Collaborative multirobot localization. In: *Robot Teams: From Diversity to Polymorphism* (ed. T. Balch and L.E. Parker), 161–189. Natick, MA: A K Peters.
Hahnel, D., Triebel, R., Burgard, W., and Thrun, S. (2003). Map building with mobile robots in dynamic environments. In: *Proc. IEEE Conf. Robotics and Automation*, 1557–1562. Institute of Electrical and Electronics Engineers (IEEE).
Indelman, V., Carlone, L., and Dellaert, F. (2013a). Towards planning in generalized belief space with applications to mobile robotics. In: *The Israeli Conference on Robotics (ICR'13)*, –94. Tel-Aviv. The Israeli Robotics Association.
Indelman, V., Carlone, L., and Dellaert, F. (2013b). Towards planning in the generalized belief space. In: *International Symposium on Robotics Research (ISRR'13)*. Singapore. Berlin Heidelberg: Springer-Verlag.
Kaelbling, L.P., Littman, M.L., and Moore, A.W. (1996). Reinforcement learning: a survey. *Journal of Artificial Intelligence Research* 4: 237–285.
Kaelbling, L.P., Littmann, M.L., and Cassandra, A.R. (1998). Planning and acting in partially observable stachastic domains. *Artificial Intelligence* 101 (2): 99–134.
Kagan, E. and Ben-Gal, I. (2008). Application of probabilistic self-stabilization algorithms to the robot's control. In: *Proc. 15th Industrial Engineering and Management Conference IEandM'08*, 3e. Tel-Aviv, Israel. Atlantis Press.
Kagan, E. and Ben-Gal, I. (2013). *Probabilistic Search for Tracking Targets*. Chichester: Wiley.
Kagan, E. and Ben-Gal, I. (2015). *Search and Foraging. Individual Motion and Swarm Dynamics*. Baco Raton, FL: Chapman Hall/CRC/Taylor and Francis.
Kagan, E., Goren, G., and Ben-Gal, I. (2010). Probabilistic double-distance algorithm of search after static or moving target by autonomous mobile agent. In: *Proc. 26-Th IEEE Conv. EEEI*, 160–164. Institute of Electrical and Electronics Engineers (IEEE).
Kagan, E., Goren, G., and Ben-Gal, I. (2012). Algorithm of search for static or moving target by autonomous mobile agent with erroneous sensor. In: *Proc. 27-th IEEE Conv. EEEI*. https://doi.org/10.1109/EEEI.2012.6377124. Institute of Electrical and Electronics Engineers (IEEE).
Kagan, E., Rybalov, A., Sela, A. et al. (2014). Probabilistic control and swarm dynamics of mobile robots and ants. In: *Biologically-Inspired Techniques for Knowledge Discovery and Data Mining* (ed. S. Alam). Hershey, PA: IGI Global.
Kalman, R.E. (1960). A new approach to linear filtering and prediction problems. *Journal of Basic Engineering* 35–45.
Konolige, K. (1997). Improved occupancy grids for map building. *Autonomous Robots* 351–367.
Koopman, B.O. (1956–1957). The theory of search. *Operations Research* 4 (5), 324-346, 503-531, 613-626.
Leonard, J.J. and Durrant-Whyte, H.F. (1991). Simultaneous map building and localization for an autonomous mobile robot. In: *Proc. IEEE/RSJ Int. Workshop on Intelligent Robots and Systems*, 1442–1447. Osaka, Japan. Institute of Electrical and Electronics Engineers (IEEE).
Leonard, J., Durrant-Whyte, H., and Cox, I.J. (1990). Dynamic map buiding for an

autonomous mobile robot. In: *Proc. IEEE Int. Workshop on Intelligent Robots and Systems*, 89–96. Institute of Electrical and Electronics Engineers (IEEE).

Luce, R.D. and Raiffa, H. (1957). *Games and Decisions*. New York: John Wiley & Sons.

Monahan, G.E. (1982). A survey of partially observable Markov decision processes: theory, models, and algorithms. *Management Science* 28 (1): 1–16.

Pearl, J. (1984). *Heuristics: Intelligent Search Strategies for Computer Problem Solving*. Reading, MA: Addison-Wesley.

Rabiner, L.R. (1989). A tutorial on hidden Markov models and selected applications in speech recognition. *Proceedings of the IEEE* 77 (2): 257–286.

Raiffa, H. (1968). *Decision Analysis: Introductory Lectures on Choices under Uncertainty*. Reading, MA: Addison-Wesley.

Ross, S.M. (2003). *Introduction to Probability Models*. San Diego, CA: Academic Press.

Roumeliotis, S.I. and Bekey, G.A. (2000). Bayesian estimation and Kalman filtering: a unified framework for mobile robot localization. In: *Proc. IEEE Conference on Robotics and Automation ICRA'00, 3*, 2985–2992. San Francisco, CA.

Siegwart, R., Nourbakhsh, I.R., and Scaramuzza, D. (2011). *Introduction to Autonomous Mobile Robots*, 2e. Cambridge, MA: The MIT Press.

Singh, S. and Krishnamurthy, V. (2003). The optimal search for a moving target when the search path is constrained: the infinite-horizon case. *IEEE Transactions on Automatic Control* 48 (3): 493–497.

Stewart, T. (1979). Search for a moving target when searcher motion is restricted. *Computers and Operations Research* 6: 129–140.

Stone, L.D. (1975). *Theory of Optimal Search*. New York: Academic Press.

Sutton, R.S. and Barto, A.G. (1998). *Reinforcement Learning: An Introduction*. Cambridge, MA: The MIT Press.

Thrun, S. (2001). A probabilistic online mapping algorithm for teams of mobile robots. *International Journal of Robotics Research* 20: 335–363.

Thrun, S. (2002). Robotic mapping: a survey. In: *Exploring Artificial Intelligence in the New Millennium* (ed. G. Lakemeyer and B. Nebel), 1–35. San Francisco, CA: Morgan Kaufmann.

Thrun, S. and Leonard, J.J. (2008). Simultaneous localization and mapping. In: *The Springer Handbook of Robotics* (ed. B. Siciliano and O. Khatib), 871–890. Berlin: Springer.

Thrun, S., Burgard, W., and Fox, D. (2005). *Probabilistic Robotics*. Cambridge, MA: The MIT Press.

Tou, J.T. and Gonzales, R.C. (1974). *Pattern Recognition Principles*. Reading, MA: Addison-Wesley.

Tsetlin, M.L. (1973). *Automaton Theory and Modeling of Biological Systems*. New York: Academic Press.

Viswanathan, G.M., da Luz, M.G., Raposo, E.P., and Stanley, H.E. (2011). *The Physics of Foraging*. Cambridge: Cambridge University Press.

Wald, A. (1950). *Statistical Decision Functions*. New York: John Wiley & Sons.

Washburn, A.R. (1980). On a search for a moving target. *Naval Research Logistics Quarterly* 27: 315–322.

Washburn, A.R. (1983). Search for a moving target: the FAB algorithm. *Operations Research* 31 (4): 739–751.

White, D.J. (1993). *Markov Decision Processes*. Chichester: John Wiley & Sons.

第 9 章

Autonomous Mobile Robots and Multi-Robot Systems

移动机器人的能量限制与能量效率

Michael Ben Chaim

9.1 引言

前面的章节讨论了移动机器人的导航和运动规划的方法和算法，但是没有考虑每个移动机器人都是一个物理设备，都受能量供应的限制。能量供应是移动机器人最重要的挑战之一，现有的相关研究主要是通过运动规划减少所需的能量。请注意，由于不利的尺度效应和缺乏具有足够功率质量比的便携式能量存储设备，微型机器人的运动、飞行续航和有效载荷能力受到很大限制。这些对有效载荷和飞行续航能力的限制制约了微型机器人的应用。

本章对能耗设备进行了分析，针对微型机器人提出了一种功率计算和功率质量比的优化方法，并举例说明了如何降低机器人能耗。这些例子与运动规划一起提高了移动机器人的能效。

所提方法在自主移动轮式机器人上进行了实验验证，该机器人是艾瑞尔大学机械、机电和机器人系的学生合作开发的。所提方法的结果可用于某些运动规划任务中参数的确定，并可对生产者在机器人驱动系统中添加新的能耗项目提供建议。

9.2 移动机器人的能量限制问题

一般来说，移动机器人是指能够在地面或空中移动的机器人。移动性使机器人拥有更高的灵活性来执行新的、复杂的甚至紧张刺激的任务。由于机器人可以移动到需要的地方，因此无须把物品放置在机器人的抓取范围之内，同时可以使用更少的机器人。具有移动能力的机器人可以执行更自然的任务，不需要专门配置环境。

移动机器人需要具有在其环境中无限制移动的运动机制。能源是移动机器人面临的最重要的挑战。功耗是机器人设计中需要考虑的主要问题之一。移动机器人通常有多个部件，如电动机、传感器、微控制器和嵌入式计算机。内燃机、电池和燃料电池、直流电动机常用来驱动机器人。传感器从环境中收集数据并向机器人提供信息。最常用的传感器是视觉传感器、红外传感器、声呐和激光测距仪。许多机器人使用嵌入式计算机进行高层计算，微控制器进行低层控制。微控制器隐藏了嵌入式计算机的硬件细节，并为其提供应用程序编程接口(Application Programming Interface，API)。嵌入式计算机用于处理包括运动规划、图像处理和调度等高级计算。微控制器与嵌入式计算机的分离使机器人的设计更加灵活。

现有机器人降低能耗的研究方向主要是通过运动规划减少其运动消耗功率。然而，其他部分(如传感、控制、通信和计算等)，也会消耗大量的能量。因此有必要全面考虑所有部分以实现更高的能源效率。

这一部分有两大贡献。首先，计算了地面机器人的能耗，并根据实际测量结果建立功率模型用于运动和传感。其次，介绍了动态能源管理和实时调度方法，以降低移动机器人的能耗。这些技术与运动规划结合在一起为移动机器人的节能设计提供了更大的可能性。

虽然本研究以地面机器人的数据为基础，但也可应用于其他类型的机器人。机器人应当能够进行长距离的移动，并长时间地工作。由于机器人内置的电源是有限的，因此在执行任务之前，有必要提前预测能量需求，确保机器人有足够的能量来完成任务。此外，如果机器人的剩余能量不足以返回充电站，它应该能够采取相应的行动。

机器人需要控制能耗以避免能量耗尽，否则需要派遣人员从部署的潜在危险区域回收或恢复机器人。此外，应当优化机器人的能量自主性以便在可能的干扰下(根据移动距离和任务时间)提供更多的灵活性。预测机器人各部件的能量需求有助于在现有能量下给出优化任务和完成任务的决策。因此，提高能效是很重要的。

然而，在如此之多的文献中，实际上没有能够充分阐述优化能耗的解决方案和实施精细化管理的协调。通过修正机器人的速度曲线来解决这一问题在本质上取决于修正选择准则和解析研究。这会带来额外的不确定性，降低所需轨迹的精度。尽管有大量关于能态优化的文献，但是仍然需要根据能源(发动机、电池、燃料电池)响应研究优化方法。因此，本章从能源的角度讨论了能源优化方法中速度曲线的修正问题。

9.3 移动机器人功率管理和能量控制的精选文献分析

相关文献(Deshmukh et al. 2010)讨论了功率管理(包括电池技术、功率估计和自主充电方面的挑战)对自主机器人长期运行的重要性。先前的一份报告(Austin and Kouzoubo 2002)提出了带有自主充电系统的机器人的方法，重点是提高系统的鲁棒性(或可靠性)。文献(如 Oh and Zelinsky 2000)提出了一种利用机器人内置传感器控制与充电站对接的自主充电方法。

很多文献通过运动规划(Mei et al. 2004；Kim and Kim n. d.)和路径规划(Wei et al. 2012；Zhuang et al. 2005)对移动机器人的运动能量优化问题进行了深入的研究。运动功率模型和动力学模型已经得到了广泛的研究。文献(如 Yu et al. 2011)强调了完成有时间或能量约束的任务需要电动机的功率模型。一些文献针对不同的转弯半径和路面条件建立了滑轮转向轮式机器人(Yu et al. 2011；Chuy et al. 2009)和履带式机器人(Morales et al. 2009)的动力学模型。

一些研究工作分析了机器人中不同部件的能耗。相关报告(Liu et al. 2001)给出了火星探测器的能量分解表，文献(Lamon 2008)估算了包括通信功率的探测器的能耗，但是并没有为每个部件构建功率模型。

研究文献(Mei et al. 2005)指出，与运动功率相比，传感、计算和通信会消耗大量的功率。因此，对所有用电模块的管理是非常重要的。文献(Mei et al. 2006)在能量和时间的限制下使用功率模型优化了机器人的部署。报告(Austin et al. 2001；Bonani et al. 2010)提出，各部件的功率模型使机器人可以估计出更换电池的时间。

文献(Wailwa and Birk 1996)提出了一个有用的行为模型，用于寻找机器人返回充电的最佳时间。然而，敌方或科学设施通常不设计远距离传送机器人。毕竟由于空间紧凑、区域非结构化等特点，移动机器人到工作位置的导航非常复杂。对于通过特殊区域的机器人还有特殊规定(Hedenstrom 2003)。

由于这些限制，在散发电离辐射的科学设施中自主充电技术(Austin et al. 2001)不能用于遥控机器人。显然，随着机器人质量的增加，运动功率占总功率的比例越来越高，因为运动功率取决于机器人的尺寸和质量，而计算机和传感器的功率则相对无关。应该注意的是，给机器人增加更多的电池会增加更多的质量，从而需要更多的动力来运动。

以往的研究表明，无论何种类型的移动机器人，都不能使用通用的方法来建立各种部件的功率和能耗模型。因此，需要提出一种通用的模块化方法来建立移动机器人的功率模型并预测其能耗。与这项工作最相关的方面是动作选择。确定机器人何时充电的最标准且最简单的方法可能是设置一个固定的阈值。如文献(Austin et al. 2001)所述，直接设置能源供应的阈值。后者通常更容易实现，但因为需要特定的能源供应模型，这会导致准确性较低。文献(Hedenstrom 2003；Wailwa and Birk 1996)提出可以改进固定阈值的策略。虽然最大限度地提高能量摄入率可以最大化潜在的工作率，但对于何时完成工作来说则不是最优的。此外它还假设充电总是有价值的。

这通常是正确的，但并不总是正确的。值得注意的是，所有的研究都讨论了在每一个能源补充时机都为机器人提供最大容量的补给，并且认为这是最好的策略。在报告中(Litus et al. 2007)，作者将能效汇合问题看作行动选择问题，研究在何处(而不是何时和多长时间)进行能源补给。文献(Wailwa and Birk 1996)研究了如何使封闭生态系统中的机器人学会“生存”，学会在充电和对抗竞争对手之间做出选择。

Birk的智能体(Hedenstrom 2003)中的*生存值函数*与上述文献不同。理性机器人及其拥有者关注如何在机器人任务中获得最大的回报，而不是机器人的寿命。采矿机器人在遥远星球上的生存任务极大地促进了具体化和整体化智能体的想法(Houston and McNamara 1999；Kacelnik and Bateson 1996)，但提出的动作选择问题还没有解决，这不仅仅是通过设定固定阈值策略来实现的。在报告中(Litus et al. 2007)，作者研究了补给循环，或者称为*基本循环*(basic cycle)，并给出了一个基于提示和不足的简单规则。这项工作的大部分使用动态规划(Dynamic Programming，DP)作为评估手段。然而，在关于移动机器人的许多研究中，能源的优化问题一直被忽视。本书填补了这一空白，在进行轨迹选择的同时考虑了能源消耗和动力装置(发动机、电池、燃料电池)的最佳模式选择(另见EG&G Technical Services，Inc. 2004)。

9.4　移动机器人的能量模型

利用能耗模型可以预测机器人执行任务所需的能量，能源消耗取决于功率。通过在机器人上执行一些预定操作，可以形成建立能量模型的一次性过程。移动机器人的瞬时能耗是其部件或完成功能所消耗的能量之和。移动机器人的能源使用可分为两类：移动所需的能量和机器人完成功能所需的能量。移动所需的能量取决于传动方式、地形、移动距离和机器人质量。

机器人消耗的总能量是计算机、控制器、传感器、电动机和通信设备消耗的能量之和：

$$E_c = E_{comp} + E_{sens} + E_{motion} + E_{comun}$$

式中，E_c是总能量；E_{comp}是计算机能量；E_{sens}是传感器能量；E_{motion}是运动能量；E_{comun}是通信能量。

假设机器人除了运动之外消耗的所有能量是恒定的，即：

$$E_c = E_{const} + E_{motion}$$

式中

$$E_{const} = E_{comp} + E_{sens} + E_{comun}$$

运动能量的定义如下：

$$E_{motion} = E_{trac} + E_{man}$$

式中，E_{trac}是牵引能量；E_{man}是机动能量。

使用相应的力 F_{const}、F_{trac}和 F_{man}的积分表示能量 E_c：

$$E_c = \int_{t_0}^{t} (F_{const} + F_{trac} + F_{man}) ds$$

机动力 F_{man}的定义有两种方式。一种是：

$$F_{man} = \frac{M_{man}}{r}$$

式中，M_{man}是转向系统的转矩；r 是机器人宽度。另一种是：

$$F_{man} = m_f g \varphi$$

式中，m_f 是机器人前部的质量；φ 是摩擦系数。

最后，利用跟踪力 F_{trac}可以计算出机器人运动所需的功率：

$$P_W = F_{trac} V$$

式中，V 是机器人的速度。

对于某个地形上的机器人，移动所需的能量虽然因不同的转向略而有所不同，但在一定范围内近似恒定。虽然运动功率随速度的增加而增加，但运动时间会相应减少，从而保持最终的机动能量不变，因此运动能耗不依赖于机器人的速度或运动时间。

然而，无论是移动还是静止，用于感知、计算和通信的能量始终在消耗，因此，机器人功能的能耗主要和总任务时间有关，取决于给定范围内的速度。一些机器人在任务过程中不会一直移动，由于导航、规划、操作、数据收集等原因，它们必须间歇性地停止。因此，机器人的能耗与机器人负荷运动时间占总巡航时间的百分比有关。在机器人静止且没有移动消耗的时间段内，机器人的运转仍在持续消耗能量。

9.5 移动机器人推进

轮式移动机器人的运动结构与车轮的类型和数量，以及车轮在机器人底盘上的位置有关。轮式运动结构的驱动轮关于主轴或滚动轴对称，并与地面接触。接触面很小而且与地面有摩擦，因此轮子和地面产生相对滑动所需的力大于产生线性位移所需的力，小于产生转动所需的力。假设车轮只发生滚动，并有一个没有横向或纵向滑动的接触点，则可以绕着该接触点自由转动。这种滚动的运动约束称为高副关节。运动副有两个约束，由于滚动约束的存在因此可以减少两个自由度。推进的主要能耗是克服地形阻力所做的功。本节只关注机器人的运动，把移动机器人看作简单的交通工具，不包括机器人的其他部件。因此，用于机器人推进的能量可以通过一个理想的模型来近似，令推进做的功等同于总的发动机能量。在该模型中，推进做的功是阻力与距离的乘积。当机器人在铺好的路面和高速公路上移动时，其消耗的能量用来克服轮胎和地面之间的滚动阻力，以及重力和惯性力。当速度较高时，空气动力成为能量损失的主要来源。轮胎与地面之间的滚动阻力产生于轮胎打滑、接触面摩擦、路面偏斜以及轮胎在路面上的附着力和由迟滞造成的能量损失。滚动阻力随轮胎胎面类型和材料、车辆速度、环境参数(如温度和湿度)而变化。在自然的山野地形上，能量损失的主要来源是车轮的压实、推土和拖土。在斜坡上，平行于斜坡的重力分量会产生额外的阻力。克服斜坡上障碍物的阻力的能力通常决定了机器人的极限地形能力。这些阻力总称为*外部运动阻力*。传动部件之间的摩擦力、机械连杆和机器人机械部件内的迟滞也会引起运动阻力，这些运动阻力称为*内部运动阻力*。研究运动阻力对机器人性能的影响需要估计结构参数，通过这些参数可以最小化消散在地面上的能量和与轮子运动方向相反的力。在自然地形中，土壤推力的损失主要是由于土壤的压实阻力引起的。这种形式的运动阻力可以通过车轮滚入软地形中的力学进行分析。

9.5.1　轮式移动机器人的推进

除了土壤压实和推土外，轮胎和胎面花纹的变形、轮胎打滑和轮土接触面的摩擦也会产生运动阻力，这些阻力统称为滚动阻力。滚动阻力一般定义为施加在车轮上的垂直载荷与实验系数之间的乘积。这一公式似乎偏离了本书的一般原则，即包含构型和性能参数的数学表达式可以作为构型方程。

然而，滚动阻力系数和车轮载荷的值都取决于结构参数。滚动阻力系数的计算是一个相当复杂的过程，需要考虑各种因素，如行驶速度、车轮打滑、轮胎材料、结构设计、轮胎压力、温度和载荷以及土壤类型。车轮上的重力和惯性载荷分布取决于底盘的几何结构和质量分布。

图9-1给出了轮式机器人的受力情况。

如图9-1所示，该机器人的运动阻力 F_f 包括重力阻力 F_w、坡度阻力 F_i(与重力在坡度方向的分量成比例)。

假设机器人的重心位置是随机地并正在通过一个组合的横坡/上坡，同时车轮上重力载荷的大小与车轮接触面到重心投影点的距离成反比(该接触面由至少3个车轮接触点来定义)，则可以估计每个车轮上的重力阻力。如果横坡/上坡性能是一个关键的设计要求，则需要详细分析车轮的重心位置、数量和配置对车轮间最优载荷分布的影响。

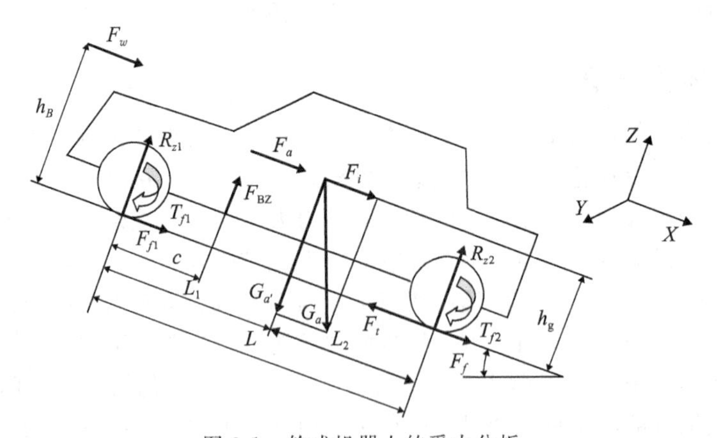

图9-1　轮式机器人的受力分析

当轮式机器人爬过障碍物时，由于接触力的变化，在轮胎/障碍物的接触面上会产生一个附加的运动阻力分量。事实上，当机器人的姿态因攀爬障碍物而改变时，轮子上的重力分布也随之改变。这与机器人爬坡的情况类似，但在这种情况下，“坡度”取决于前轮与后轮间接触点的连线与地面的夹角。软土和柔性障碍物中爬升阻力的建模非常复杂，不在机器人运动构型的范围之内。但是可以通过机器人在硬地面或压实土壤上攀登离散障碍物时的静态平衡方程推导出障碍物阻力的易控构型方程。

例如，对于带有刚性悬架爬过一个方形障碍物质量为 m 的四轮驱动机器人，其跟踪力可计算如下：

$$F_{\text{trac}} = F_f \pm F_i \pm F_w \pm F_a$$

式中，F_{trac}是 9.4 节中讨论的跟踪力；$F_f = Wf = mgf$ 是滚动阻力系数为 f 的道路滚动阻力；$F_i = Wi = mgi$ 是 $i = \sin\alpha$ 时的坡度阻力；ρ 是空气密度；c 是空气阻力系数；$F_w = \frac{1}{2}\rho c A V^2$ 为空气阻力；A 是机器人的特征面积；V 是机器人的平均速度；a 是机器人的加速度；γ_m 是机器人的质量系数；$F_a = ma\gamma_m$ 为克服惯性加速阻力所需的功率。

当机器人转向时，由于推土和地形压实，车轮的横向运动会消耗大量的能量。车轮连杆越低，转向运动的效率越高，所需的功率越少。

以四轮滑动转向机器人为例，其底盘左右两侧的车轮以不同的速度转动以实现转向。这种特殊的转向称为差速转向。假设机器人在水平地面上，每个车轮上的接触压力均匀分布，则车轮受到的力为纵向阻力 F_i(主要产生于土壤压实)和横向阻力(产生于地面摩擦或推土)。在低速滑动转向时，可以用稳态方法描述机器人的动力学。

9.5.2 履带式移动机器人的推进

现在介绍图 9-2 所示履带式驱动机器人的受力情况。

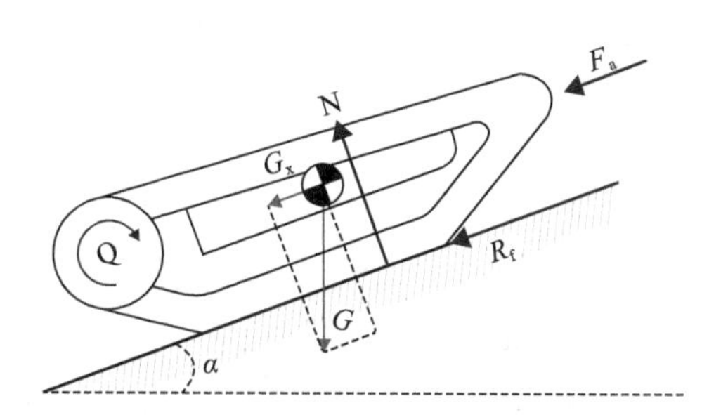

图 9-2 履带式机器人的受力分析

对于质量为 m 的机器人，其跟踪力为：

$$F_{\text{trac}} = R_f \pm F_i \pm F_w \pm F_a$$

式中，力 F_f、F_i、F_w 和 F_a 如上定义。它们通常通过经验公式进行计算(Austin and Kouzoubo 2002)：

$$F_{\text{trac}} = 10^6 b \int_0^L \tau_x \mathrm{d}x$$

式中，b 是轨道宽度；L 是轨道承载段长度；τ_x 是地面的剪应力。

地面最大剪应力由 Coulomb 模型(Austin and Kouzoubo 2002)定义：

$$\tau_{\max} = c + \mu_0\sigma = c + \sigma\tan\rho$$

式中，ρ 是地面颗粒的内摩擦角；σ 代表地上的压缩应力；μ_0 是地面颗粒之间的摩擦系数；c 是地面密度。

剪应力取决于剪应力曲线与曲线阻尼振幅间的数学类推的变形，具有以下形式(Bekker 1956)：

$$\tau_x = (c+\sigma\tan\rho)\frac{\exp[(-K_2+\sqrt{K_2^2-1})K_1\Delta l_x]-\exp[(-K_2-\sqrt{K_2^2-1})K_1\Delta l_x]}{Y_{\max}}$$

式中，$Y_{\max}$是分数部分中分子的最大值；Δl_x 是由平行于地面的滑移引起的 x 轴上的地面变形；K_1 是剪切过程中地面变形的系数；K_2 表征曲线的系数。

假设平行于地面的变形是线性的，可以用以下公式表示：

$$\Delta l_x = x s_{\mathrm{b}}$$

式中，s_{b} 是滑移；x 是滑移计算点到轨道与地面接触点之间的距离，最大滑移在 $x=L$ 处产生。

基于轨道与地面接触的描述，可以在(x,y)坐标系中描述机器人的旋转。假定机器人的特征点 C 是必备的，那么机器人的运动方案由点 C 的速度分量给出。把坐标系的角速度进行扩展后，可以得到形式上的运动学方程，从而解决前向运动学问题(Kim and Kim n. d.；Wei et al. 2012)：

$$\dot{x}_C=\frac{r\dot{\alpha}_1(1-s_1)+r\dot{\alpha}_2(1-s_2)}{2}\cos\beta$$

$$\dot{y}_C=\frac{r\dot{\alpha}_1(1-s_1)+r\dot{\alpha}_2(1-s_2)}{2}\sin\beta$$

$$\dot{\beta}=\frac{r\dot{\alpha}_2(1-s_2)-r\dot{\alpha}_1(1-s_1)}{H}$$

式中，H 是机器人的轴间距。

为了获得理想的运动轨迹，需要求解逆运动学问题。逆运动学方程如下所示：

$$V_C=\sqrt{\dot{x}_C^2+\dot{y}_C^2}$$

$$\dot{\alpha}_1=\frac{V_C-0.5\dot{\beta}H}{r(1-s_1)}$$

$$\dot{\alpha}_2=\frac{V_C++0.5\dot{\beta}H}{r(1-s_2)}$$

这些运动学方程可以控制机器人的位置和方向，跟踪所需的轨迹。

可以根据以下场景及能源计算能耗。

场景包括：

1)确定速度下的自由路径

2)给定点的轨迹

3)给定点上的自由轨迹

4)确定功率下的轨迹

5)自由或确定轨迹中的给定点

能源包括：

- 冰
- 电池
- 燃料电池

下一节中将考虑搭载不同能源的机器人的能量模型。

9.6　机械能源的能量模型

本节讨论能量模型以分析移动机器人运动中的能量利用情况，并估计轮式和履带式移动机器人使用单电池时可以实现的最大巡游范围。如前所述，在考虑了推进和转向等不同情况下的能量利用后，该模型表明移动机器人最消耗能量的部分是机器人功能，如计算、传感和通信。在此基础上，提出了提高机器人最大巡游范围的方法：增加巡游速度和驱动占空比(驱动时间占总任务时间的比例)，以及降低机器人功能的消耗功率。

基于机器人功能的显著的能耗比例，分析了剩余的推进消耗，该消耗直接利用经典的地面力学模型确定其最大巡游范围。分析了轮式和履带式驱动机器人的能耗比例。众所周知，锂电池的能量效率取决于其放电速率。

9.6.1　内燃机

运动所消耗的能量取决于机器人的运动模式：

$$E_s = E_1 + E_2 + E_3 + E_4$$

式中，E_1 是保持恒速(巡航速度)模式所需的能量；E_2 是保持恒加速模式所需的能量；E_3 是保持恒减速模式所需的能量；E_4 是怠速模式下所需的能量。

能量 E_1 可通过如下公式进行计算：

$$E_1 = \frac{1}{\eta_{\mathrm{t}}}\sum_{i=1}^{k}\frac{E_{cr_i}}{\eta_{\mathrm{Pn}_i}},\quad E_{cr_i} = \left(mgc_{\mathrm{r}} + \frac{1}{2}\rho c A_{\mathrm{f}} V_{\mathrm{a}_i}^2\right)S_{\mathrm{i}}$$

式中，m 为机器人质量；g 为重力加速度；c_{r} 为滚动阻力系数；A_{f} 为机器人的特征面积；V_{a_i} 为巡航速度；S_{i} 为平均速度间隔处的距离；η_{t} 为传动效率；η_{Pn} 为发动机的可变效率，取决于功率利用率系数和发动机转速模式系数(Ben Haim and Shmerling 2013；Ben Haim et al. 2013)：

$$\eta_{\mathrm{Pn}} = \eta_{\mathrm{e}}\mu_{\mathrm{P}}\mu_{\mathrm{n}}$$

式中，η_{e} 是发动机的有效(最大)效率；P_{i} 是发动机所需的瞬时功率，P_{e} 是实际瞬时功率，$\mu_{\mathrm{P}} = f\left(\frac{P_{\mathrm{i}}}{P_{\mathrm{e}}}\right)$表示发动机受牵引效率与有效效率影响的系数；$\mu_{\mathrm{n}}$ 是表示发动机速度模式受发动机有效效率影响的系数。参数 μ_{P}、μ_{n}、P_{i} 和 P_{e} 值的确定方法可参考文献(Ben Haim and Shmerling 2013；Ben Haim et al. 2013)。注意，从最小化能耗的角度来看，机器人速度选择的原则是最大化 η_{Pn}。

保持恒加速模式所需的能量 E_2 的计算公式如下：

$$E_2 = \frac{1}{\eta_t}\sum_{j=1}^{q}\frac{E_{\mathrm{ac}_{\mathrm{j}}}}{\eta_{\mathrm{Pn}_{\mathrm{j}}}}$$

式中，q 为加速阶段的数量。加速时所需的能量 $E_{\mathrm{ac}_{\mathrm{j}}}$ 的计算公式为：

$$E_{\mathrm{ac}_{\mathrm{j}}} = (mgc_{\mathrm{r}} + KA_{\mathrm{f}}V_{\mathrm{av}_{\mathrm{j}}}^2 + m_{\mathrm{a}}a_{\mathrm{j}}\gamma_{m_{\mathrm{j}}})S_{\mathrm{j}}$$

式中，$V_{\mathrm{av}_{\mathrm{j}}}$ 为加速间隔内的平均速度；$\gamma_{m_{\mathrm{j}}}$ 为机器人的质量系数；a_{j} 为机器人的加速度；S_{j} 为机器人的加速距离。

车辆的质量系数通过经验公式计算(Ben Haim and Shmerling 2013；Ben Haim et al. 2013)：

$$\gamma_{m_j} = 1 + \tau\xi_k^2$$

式中，τ 是轮式机器人经验公式的系数，τ=0.05÷0.07；ξ_k 是机器人在给定平均速度下的齿轮减速比。

能量 E_3 相当于减速运动时的油耗，能量 E_4 相当于怠速模式下的油耗。

在减速模式下，实际上不需要来自发动机的动力，因此，E_3 是机器人以减速模式行驶时消耗的能量。在新的燃油喷射汽油机（也包括柴油机）控制技术——共轨技术（Ben Haim et al. 2015；Ben Haim and Leybovich 2014）下确定了减速模式下的部分能量以及燃油消耗量。通过这种控制技术，燃油供应在减速（制动）开始 2.0÷3.0s 后停止，并在车辆达到所需最终速度或怠速模式时恢复，即 $n_e \to n_{im}$，其中 n_{im}是怠速模式时发动机的转速。

由于减速模式总是在恒速模式之后，因此可以使用与恒平均速度相同的表达式来计算 E_3：

$$E_3 = \frac{1}{\eta_t}\sum_{i=1}^{k}\frac{V_i}{\eta_{Pn_i}}(m_a g c_r + K A_f V_{a_i}^2) t_{d_i}$$

式中，V_{a_i} 是车辆减速前的巡航速度；t_{d_i} 是分配给发动机控制的时间（2÷3s）（Ben Haim and Leybovich 2014）。

最后，能量 E_4 定义如下（Ben Haim et al. 2013）：

$$E_4 = \sum_{z=1}^{r}\frac{n_{im}}{120}\frac{1}{14.7\lambda}V_h \eta_v \frac{\rho_a}{\rho_f}H_l t_z$$

式中，n_{im}是怠速模式下发动机的转速；λ 是燃料的当量比；V_h 是发动机排量；ρ_f 是燃料密度；$\rho_a = \frac{P_s}{RT_s}$是怠速模式下的空气（空燃混合气）密度，$P_s$ 是怠速模式下的混合空气压力，R 是气体常数，T_s 是怠速模式下的混合空气温度；η_v 是怠速模式下的容积效率；t_z 是怠速时间。

9.6.2　锂电池

大多数移动机器人安装锂电池进行驱动，因此无须再补充电池，并简化了在检测能量利用率时所需的恒定电能总量。行驶能量主要与机器人质量、重力、行驶距离和道路阻力有关，因此行驶总能量与速度无关。相比之下，机器人功能（如传感、计算、通信）无论在行驶中还是静止时都会产生大量的能耗。

锂电池的最佳温度范围是 15～35℃。因此，设计系统时应考虑在驾驶时使电池周围有良好的空气循环，必要的话可以设计电池散热器，使其保持尽可能低的温度。此外，有关文献还给出了电池的最佳放电率。电池充电时，最小放电率为 5%～10%，放电效率为 99%。

鉴于以上分析，最佳放电率下的锂电池是电池的最佳选择。

9.7　小结

本章讨论了移动机器人在运动过程中的能量限制问题，并考虑了移动机器人的能量模型（见 9.4 节）。机器人消耗的总能量包括计算机、控制器、传感器、电动机和通信设备所需的能量。然而，由于大部分能量用于机器人运动，因此模型主要针对机器人运动所需的能量。

1）本章考虑了两种主要类型的机器人：轮式机器人（见 9.5.1 节）和履带式机器人（见 9.5.2 节）。对这两种类型的机器人进行了受力分析，并定义了能量模型所需的参数。

2）机器人的能量模型（见 9.6 节）考虑了在巡航模式、加速和减速模式以及怠速模式下克服阻力所需的能量。除了内燃机外，本节还对锂电池的使用和相应的速度模式进行了一些说明。

此外，本章还详细综述了移动机器人电源管理和能量控制领域方面的发展情况（见 9.3 节）。

参考文献

Austin, D. and Kouzoubo, K. (2002). Robust, long term navigation of a mobile robot. In: *Proc. IARP/IEE-RAS Joint Workshop on Technical Challenges for Dependable Robots in Human Environments*, 67–72. Institute of Engineering and Technology (IET).

Austin, D., Fletcher, L., and Zelinsky, A. (2001). Mobile robotics in the long term – exploring the fourth dimension. In: *Proc. IEEE/RSJ Int. Conf. Intelligent Robotics and Systems*, 613–618. Institute of Electrical and Electronics Engineers (IEEE).

Bekker, M.G. (1956). *Theory of Land Locomotion: The Mechanics of Vehicle Mobility.* University of Michigan Press.

Ben Haim, M. and Leybovich, E. (2014). Fuel consumption at conditions of the Israel's higways driving cycle. In: *Proc. Int. Conf. Energy, Environment, Development and Economics*, 92–94. Santorini Island, Greece. World Energy and Environment Technology.

Ben Haim, M. and Shmerling, E. (2013). A model of vehicle fuel consumption at conditiond of the URBAN. *International Journal of Mechanics* 7: 10–17.

Ben Haim, M., Shmerling, E., and Kuperman, A. (2013). Analytic modeling of vehicle fuel consumption. *Energies* 6 (1): 117–127.

Ben Haim, M., Avrahami, I., and Sapir, I. (2015). Analytical determination of fuel consumption the car with diesel engine at urban driving cycle. In: *Int. Conf. Energy and Environment Engineering and Management*, 110–112. Paris, France. World Energy and Environment Technology.

Bonani, M., Longchamp, V., Magnenat, S. et al. (2010). The MarxBot, a miniature mobile robot opening new perspectives for the collective robotic research. In: *Proc. Int. Conf. Intelligent Robotis and Systems.* Chinese Taiwan. Institute of Electrical and Electronics Engineers (IEEE).

Chuy, O., Collins, E., Yu, W., and Ordonez, C. (2009). Power modeling of a skid steered wheeled robotic ground vehicle. In: *Proc. IEEE Int. Conf. Robotics and Automation*, 4118–4123. Institute of Electrical and Electronics Engineers (IEEE).

Deshmukh, A., Vargas, P., Aylett, R., and Brown, K. (2010). Towards socially constrained power management for long-term operation of mobile robots. In: *Proc. Towards Autonomous Robotic Systems TAROS'10*. Springer Verlag.

EG&G Technical Services, Inc. (2004). *Fuel Cell Handbook*. Morgantown, WV: US Department of Energy Office of Fossil Energy, National Energy Technology Laboratory.

Hedenstrom, A. (2003). Optimal migration strategies in animals that rum: a range equation and its consequences. *Animal Behavior* 66: 631–636.

Houston, A.I. and McNamara, J.M. (1999). *Models of Adaptive Behavior*. Cambridge: Cambridge University Press.

Kacelnik, A. and Bateson, M. (1996). Risky theories: the effects of varience on foraging decisions. *American Zoologist* 36: 402–434.

Kim, C. and Kim, B. (2008). Minimum-energy motion planning for differential driven wheeled mobile robots. In: *Mobile Robots Motion Planning: New Challenges* (ed. X.-J. Jing), 193–226. IntechOpen.

Lamon, P. (2008). The Solero rover. 3D-position tracking and control for all-terrain robots. In: *Springer Tracts in Advanced Robotics*, vol. 43, 7–19. Berlin, Heidelberg: Springer.
Litus, Y., Vaughan, R.T., and Zebrowski, P. (2007). The frugal feeding problem: energy-efficient, multi-robot, multi-place rendezvous. In: *Proc. IEEE Int. Conf. Robotics and Automation*, 27–32. Roma, Italy. Institute of Electrical and Electronics Engineers (IEEE).
Liu, J., Chou, P., Bagherzadeh, N., and Kurdahi, F. (2001). Power-aware scheduling under timing constraints for mission-critical embeded systems. In: *Proc. Conf. Design and Automation*, 840–845. Institute of Electrical and Electronics Engineers (IEEE).
Mei, Y., Lu, Y.-H., Hu, Y., and Lee, C.S. (2004). Energy-efficient motion planning for mobile robots. In: *Proc. IEEE International Conference on Robotics and Automation*, vol. 5, 4344–4349. Institute of Electrical and Electronics Engineers (IEEE).
Mei, Y., Yung-Hsiang, Y., Hu, L., and Lee, C. (2005). A case study of mobile robot's energy consumption and conservation techniques. In: *Proc. 12th Int. Conf. Advanced Robotics*, 492–497. Institute of Electrical and Electronics Engineers (IEEE).
Mei, Y., Lu, Y.-H., Hu, Y., and Collins, E. (2006). Deployment of mobile robots with energy and timing constraints. *IEEE Transactions on Robotics* 22 (3): 507–522.
Morales, J., Martinez, J., Mandow, A. et al. (2009). Power consumption modeling of skid-steer tracked mobile robots on rigid terrain. *IEEE Transactions on Robotics* 25 (5): 1098–1108.
Oh, S. and Zelinsky, A. (2000). Autonomous battery recharging for indoor mobile robots. In: *Proc. Australian Conference on Robotics and Automation*. Australian Robotics and Automation Association.
Wailwa, H. and Birk, A. (1996). Learning to survive. In: *Proc. 5th Europ. Workshop Learning Robots*, 1–8. Bari, Italy. Springer Verlag.
Wei, H., Wang, B., Wang, Y. et al. (2012). Staying-alive path planning with energy optimization for mobile robots. *Expert Systems with Applications* 29 (3): 3559–3571.
Yu, W., Collins, E., and Chuy, O. (2011). Dynamic modeling and power modeling of robotic skid-steered wheeled vechicles. In: *Mobile Robots: Current Trends* (ed. D.Z. Gacovski), 291–318. IntechOpen.
Zhuang, H.-Z., Du, S.-X., and Wu, T.-J. (2005). Energy-efficient motion planning for mobile robots. In: *Proc. Int. Conf. Machine Learning and Cybernetics*. Springer Verlag.

第10章

Autonomous Mobile Robots and Multi-Robot Systems

多机器人系统与集群

Eugene Kagan，Nir Shvalb，Shlomi Hacohen 和 Alexander Novoselsky

本章介绍了多机器人系统中的协作行为。本章特别研究了多智能体系统中不同类型的通信和控制方法、基本蜂拥规则以及聚合和避碰的常规方法。此外，本章还研究了相应的网络技术、控制概念和定位问题。

10.1 多智能体系统与机器人集群

前几章讨论了单个机器人在静态和动态环境中的运动，以及在信息完备和不完备情况下的运动规划方法。本节开始介绍多机器人系统。在这种系统中，机器人在团队中发挥作用，相互协作以共同执行给定任务。有必要强调的是，在多机器人系统中，任务和目标是为整个团队定义的(Balch and Parker 2002)，而团队中单个机器人的任务及目标可能与团队的任务和其他机器人的任务及目标有很大的不同。

一般而言，多机器人系统和移动机器人团队的活动可以从不同的角度来考虑。例如，对于包含机械臂、传送机构、计算机数字控制(Computer Numerical Control，CNC)和自动存储功能的生产线来说，所有设备在生产线全局坐标系中的位置和可用轨迹都是预先已知的。然后，根据生产需求设置生产线的活动，并将运动规划问题简化为机械臂和其他设备的同步问题。设备之间的通信由控制生产线活动的中央单元管理。类似的情况也出现在移动机器人团队中，每个机器人都可以使用全球定位系统(Global Positioning System，GPS)或类似的设备来定位，并且使用中央单元进行通信和控制(参见11.1节)

另一种情况出现在由移动机器人组成的多机器人系统中，这些移动机器人无法完全获知全局坐标或者具有限的沟通与感知能力。在这种情况下，每个移动机器人在由环境、传感器、执行器、模型、计算能力(见8.1节)以及系统中其他机器人的动力学所导致的不确定性下行动。因此，每个机器人都在动态局部可观测环境中运动，这与静态环境中的运动规划方法有很大的不同，应该使用适当的方法进行运动规划。在第8章中，研究了单个机器人在不确定性下运动规划的概率方法；在本节中，这些方法扩展应用于机器人团队的导航。

10.1.1 多智能体系统原理

对不确定环境下移动机器人团队的研究，最普遍的方法是遵循多智能体系统哲学思想(Shoham and Leyton-Brown 2008；Weiss 1999；Wooldridge 2009)。根据Wooldridge所述(2009，P13)：

> 多智能体系统是由多个能交互计算的元素组成的系统，这些元素称为智能体。智能体是计算机系统……[以至于]它们至少在某种程度上能够自主行动——能够自己决定需要做什么……[并]能够与其他智能体互动——不仅仅是交换数据，而是共同参与某种社会性活动。

上述智能体的特性通常包括(Wooldridge 1999，P32)：

- 反应性是智能体感知物理环境并对其变化做出反应的能力。
- 自发性是智能体满足期望目标的导向行为。
- 社会性是智能体与其他智能体互动的能力。

显然，最后一个属性是至关重要的，它是将一组智能体视为多智能体系统的基础，而前两个属性对于含有决策能力的智能行为来说是必要的。表现出决策能力的智能体通常被认为是智慧智能体，这种以智能体群体形式进行的决策被认为是分布式决策。

多智能体系统具有几种决策方法。例如，对于“社会选择”方法，决策被认为是一个投票过程，其中每个智能体宣布其个体决策，集体决策是通过某种平均或多数规则而获得的(Shoham and Leyton-Brown 2008；Wooldridge 2009)。这种方法本质上是基于博弈论的，尤其是在应用非对抗性博弈方法时。

另一种方法是遵循马尔可夫决策过程(Markov Decision Processe，MDP)的常规方法(White 1993；Ross 2003)，即在不确定观测值的情况下，将观测值视为部分可观测的马尔可夫决策过程(Partially Observable Markov Decision Process，POMDP)(Aoki 1967；Monahan 1982)或隐马尔可夫模型(Hidden Markov Model，HMM)。8.2.2节介绍的算法实现了单机器人的导航；10.2.2节将展开介绍多智能体系统的决策算法。

尽管多智能体系统的决策方法考虑的方向不同，但博弈论和MDP模型都暗示，即使是在不确定条件下行动的智能体也完全了解自己的目标、系统的目标和其他智能体的目标。此外，这些模型假设智能体理性行事，它们总是倾向于最大化实际或预期的收益(或最小化实际或预期的付出)。

然而，某个智能体的成功是通过最大化自身回报(以及自身回报最小化)获得的，并不会导致其他智能体的失败。换句话说，智能体在处理自己的回报问题时是具有“利己主义”或自私自利的，不考虑其他智能体的收益和回报。当然，这并不意味着智能体只关心自己，而是每个智能体都定义了自己如何理解世界，并按照智能体的信念改变世界。

众所周知，代表智能体这种理性行为的方法是基于效用理论的(Friedman and Savage 1948)，它提供了可选方案合意性的定量表示，并考虑了不确定性和风险条件下的可选方案。这种表示应用了博弈论方法(von Neumann and Morgenstern 1944)，并采用了将环境状态或智能体偏好以及风险容忍度映射到实数的*效用函数*。形式上，它的定义见如下介绍(Luce and Raiffa 1957；Shoham and Leyton-Brown 2008)；以下讨论部分参照了Sery和Feldman在2016年的报告。

定义有限集合$\mathcal{A}=\{a_1,a_2,\cdots,a_n\}$是智能体所有可能的方案；通常，这些方案被解释为选择某个可选方案$a\in\mathcal{A}$的结果，或者该可选方案所代表的行动的结果。假设对于一对可选方案a_i，$a_j\in\mathcal{A}(i,j=1,2,\cdots,n)$定义以下关系：

- *偏好*“$\succ$”(通常称为强偏好)。针对可选方案a_i和a_j，关系$a_i\succ a_j$表示对于智能体来说，方案a_i优于方案a_j。
- *无差异*“$\sim$”。针对可选方案a_i和a_j，关系$a_i\sim a_j$表示，对于智能体来说，方案a_i与方案a_j之间没有优劣。

对于a_i和a_j之间的关系，若智能体更偏好a_i而不是a_j，或者认为二者并无优劣，则用$a_i\succcurlyeq a_j$来表示，通常称为弱偏好。下面，强偏好和弱偏好都用术语*偏好*来表示，若有必要，则用相应的符号“$a_i\succ a_j$”或“$a_i\succcurlyeq a_j$”来表示。

定义$\ell=[p(a_1),p(a_2),\cdots,p(a_n)]$表示在集合$\mathcal{A}$上定义的概率分布，其中，$p(a_i)$为方案$a_i\in\mathcal{A}(i=1,2,\cdots,n)$被选择的概率。假设概率$p(a_i)$独立于智能体与相应可选方案$a_i$间的关系，而是由外部客观因素定义的。举例来说，如果通过掷骰子的结果选择了$a_i\in\mathcal{A}$，那么概率$p(a_1)=p(a_2)=\cdots=p(a_6)=1/6$，这是不考虑智能体的偏好和期望结果的一种游戏。具有这种性质的概率分布称为彩票(lottery)。

为了获得智能体与可选方案之间关系的定量表示，假设关系$\succ$和$\sim$(以及关系$\succcurlyeq$)满足以下公理(Shoham and Leyton-Brown 2008)：

1)完备性。对于每一对$a_i,a_j\in\mathcal{A}$，可选方案总有$a_i\succ a_j$或$a_j\succ a_i$或$a_i\sim a_j$。换句话说，偏好关系存在于所有的可选方案之间。

2)传递性。对于所有的a_i，a_j，$a_k\in\mathcal{A}$，若$a_i\succcurlyeq a_j$且$a_j\succcurlyeq a_k$，则恒有$a_i\succcurlyeq a_k$。这种性质保证了偏好遵循线性结构，且不会在可选方案之间引入循环关系。

3)可分解性。对于任意的$a_i\in\mathcal{A}$和一对彩票ℓ'和ℓ''，如果所有的$p_{\ell'}(a_i)=p_{\ell''}(a_i)$，那么$\ell'\sim\ell''$，其中，$p_{\ell'}(a_i)$代表在彩票$\ell'$中获得方案$a_i$的概率。换句话说，若任意彩票提供的可选方案概率相同，则它们对智能体来说是无差异的。

4)单调性。对于a_i，$a_j\in\mathcal{A}$，若$a_i\succ a_j$且$p(a_i)=q(a_j)$，其中，p和q是定义在$\mathcal{A}$上的两个概率分布，那么对于彩票$\ell'=[p(a_i),1-p(a_j)]$和$\ell''=[q(a_i),1-q(a_j)]$，恒有$\ell'\succ\ell''$为真。这意味着智能体偏好的彩票提供了有更大概率的可选方案。

通过前面所提出的公理可导出下面的引理，该引理证明了概率分布的存在，该分布完全定义了可选方案之间的关系。

引理 10-1 令偏好关系"$\succ$"满足上述公理1～4。对于任意的$a_i,a_j,a_k\in\mathcal{A}$，若$a_i\succ a_j$且$a_j\succ a_k$，并存在某种概率分布$p$，对于所有满足$p'(a_i)<p(a_i)$成立的概率分布$p'$，有$a_j\succ[p'(a_i),1-p'(a_k)]$恒成立；对于所有满足$p''(a_i)>p(a_i)$成立的概率分布$p''$，有$a_j\prec[p''(a_i),1-p''(a_k)]$恒成立。这个引理阐述了用概率来表述可选方案之间偏好关系的可能性，这里的概率指的是在某些彩票中获得这些可选方案的概率。

最后，为了满足效用函数，假设偏好关系满足一个额外的公理(Shoham and Leyton-Brown 2008)：

5)连续性。对a_i，a_j，$a_k\in\mathcal{A}$，若$a_i\succ a_j$且$a_j\succ a_k$为真，那么就存在一个概率分布p，使$a_j\sim[p'(a_i),1-p'(a_k)]$。换句话说，有可能用可选方案$a_i$和$a_k$的概率分布来定义一个彩票，使得智能体认为该彩票和可选方案a_j(具有确定性)之间无差异。

效用函数的存在可由下面的定理进行说明。

定理 10-1 (von Neumann and Morgenstern 1944)如果偏好关系"$\succcurlyeq$"满足公理1～5，则存在来自区间[0，1]的实值函数u，使得：

1)当且仅当$a_i\succcurlyeq a_j,a_i,a_j\in\mathcal{A}$时，$u(a_i)\geqslant u(a_j)$；

2)$u(p(a_1),p(a_2),\cdots,p(a_n))=\sum_{i=1}^{n}p(a_i)u(a_i)$。

综上所述，效用函数u构成了用理性判断代表决策的效用理论的基础。

请注意，除了上述的公理之外，通常还假设偏好关系满足公理6。

3)可替代性。如果对于可选方案$a_i,a_j\in\mathcal{A}$，有$a_i\sim a_j$成立，那么对于任意可选方案序列$[a_1,a_2,\cdots,a_{i-1},a_i,\cdots,a_{j-1},a_j,\cdots,a_n]$、概率分布(例如$\mathcal{P}+\sum_{k=1,k\neq i,k\neq j}^{n}p(a_k)=1$)，以

及彩票

$$\ell_{-i}=[p(a_1),p(a_2),\cdots,p(a_{i-1}),p(a_{i+1}),\cdots,p(a_{j-1}),p(a_j),p(a_{j+1}),\cdots,p(a_n)]$$

和

$$\ell_{-j}=[p(a_1),p(a_2),\cdots,p(a_{i-1}),p(a_i),p(a_{i+1}),\cdots,p(a_{j-1}),p(a_{j+1}),\cdots,p(a_n)]$$

总有 $\ell_{-i}\sim\ell_{-j}$ 成立。

遵循这条公理，如果智能体认为可选方案是无差异的，那么它认为彩票也是无差异的。在这些彩票中，可选方案以相同的概率出现，所有其他可选方案也有相同的概率。

智能体偏好关系的概率表示构成了上面提到的决策马尔可夫模型的基础，其中智能体的回报通过它们的效用函数来定义。特别是，如果可选方案 $a\in\mathcal{A}$ 被看成智能体的动作 $\mathfrak{a}\in\mathfrak{A}$，那么单个智能体的活动由广为人知的值迭代和策略迭代算法确定(参见 8.2.2 节)，其中智能体遵循使其预期效用最大化的策略：

$$\mathcal{E}\Big[\sum_{t=0}^{T}\gamma^t u(\mathfrak{s}(t),\mathfrak{a}(t))\Big] \tag{10-1}$$

式中，$u(\mathfrak{s}(t),\mathfrak{a}(t))\geqslant 0$ 是智能体在 t 时刻处于状态 $\mathfrak{s}(t)\in\mathfrak{S}$ 时获得的即时效用，此时智能体执行动作 $\mathfrak{a}(t)\in\mathfrak{A}$。如 8.1 节所示，$\mathfrak{S}$ 代表状态集，$\mathfrak{A}$ 代表可用动作集，$\gamma\in(0,1]$ 是折扣因子。对于有限时间，设置时间 $T<\infty$，折扣因子 $\gamma=1$；对于无限时间，设置 $T=\infty$，$\gamma<1$。请注意，对于在 8.2.2 节中考虑的马尔可夫决策模型，智能体的效用函数 u 被直接看作智能体在执行所选动作后获得的回报 r。

对于多智能体系统，智能体的活动通常用博弈论的术语来描述(von Neumann and Morgenstern 1944；Luce and Raiffa 1957；Shoham and Leyton-Brown 2008)(关于博弈论的介绍，见 Osborne and Rubinstein(1994))。在正常形式中，m 个智能体的博弈是在智能体行为的笛卡儿积 $\mathfrak{A}^m=\mathfrak{A}_1\times\mathfrak{A}_2\times\cdots\times\mathfrak{A}_m$ 上定义的(其中 $\mathfrak{A}_i(i=1,\cdots,m)$ 为智能体 i 的可用动作集)，并且共同效用 $\vec{\boldsymbol{u}}=(u_1,u_2,\cdots,u_m)$，其中 u_i：$\mathfrak{A}^m\rightarrow\mathbb{R}$ 是智能体 i 的效用(或收益)，它定义其在博弈中的回报。在博弈论中，向量 $\vec{\boldsymbol{a}}=(\mathfrak{a}_1,\mathfrak{a}_2,\cdots,\mathfrak{a}_m)\in\mathfrak{A}^m$，其中 $\mathfrak{a}_i(i=1,\cdots,m)$ 是第 i 个智能体选择的操作，称为*行动组合*。在人工智能研究和多机器人系统的研究中，它被称为*联合行动*(Seuken and Zilberstein 2008)。

如上所述，每个智能体的目标都是找到一个最大化自己回报(或最小化自己回报)的策略。请注意，对于每个智能体，其效用函数是在笛卡儿积 $\mathfrak{A}^m$ 上定义的，因此，每个智能体的报酬(或回报)取决于所有 m 个智能体的行为。为了表示这种情况，博弈的结果指定了智能体关于平衡关系的最优策略解决方案，该方案提供了智能体对其他智能体行为的最佳响应。

$P_i=P(\mathfrak{A}_i)$ 表示在第 i 个智能体的动作集合 $\mathfrak{A}_i$ 上所有概率分布的集合(其中 $i=1,\cdots,m$)，而 $p_i\in P_i$ 为这个集合的一个特定概率分布。概率分布 p_i 称为智能体 i 的混合策略，因此，集合 P_i 包含该智能体的所有混合策略。$p_i(\mathfrak{a}_i)$ 的值解释为第 i 个智能体在其混合策略 p_i 下选择动作 $\mathfrak{a}_i$ 的概率。很明显，对于第 i 个智能体，选择动作 $\mathfrak{a}_i\in\mathfrak{A}_i$ 的概率和前面讨论的在彩票 ℓ 中选择 $\mathfrak{a}\in\mathcal{A}$ 的概率 $p(\mathfrak{a})$ 是一样的。

最后，用 $\vec{\boldsymbol{p}}=(p_1,p_2,\cdots,p_m)\in P_1\times P_2\times\cdots\times P_m$ 表示智能体混合策略组合向量，它们代表混合策略概况。然后，博弈中第 i 个$(i=1,\cdots,m)$智能体的预期效用 $u_i(\vec{\boldsymbol{p}})$ 的定义如下(Shoham and Leyton-Brown 2008)：

$$u_i(\vec{p}) = \sum_{\vec{a} \in \mathfrak{A}^m} u_i(\vec{a}) \prod_{j=1}^{m} p_j(a_j) \tag{10-2}$$

换句话说，在智能体 $1,2,\cdots,m$ 根据其概率分布 $p_1,p_2,\cdots,p_m$ 选择动作 $\alpha_1,\alpha_2,\cdots,\alpha_m$ 的博弈过程中，第 i 个智能体的期望效用被定义为由每个常见动作 $\vec{a}=(\alpha_1,\alpha_2,\cdots,\alpha_m)$ 获得的期望效用的总和，并且智能体 $j=1,2,\cdots,m$ 选择各自动作 a_j 的概率 $p_j(a_j)$ 由笛卡儿积指定。

这种定义假定观察者从外部的角度考虑智能体的活动，并分析所有智能体已经做出的选择。然而，从每个智能体个体的角度来看，它所给出的选择是对其他智能体选择的响应。为了定义这种情况，用 $\vec{p}_{-i}=(p_1,p_2,\cdots,p_{i-1},p_{i+1},\cdots,p_m)$ 表示智能体的混合策略组合，其中不包括智能体 $i(i=1,\cdots,m)$（参见上述公理 6 中出现的符号）。因此，所有 m 个智能体的混合策略组合是 $\vec{p}=(p_i,\vec{p}_{-i})$。然后，利用使第 i 个智能体的期望效用最大化的思想，可形式化地将其表示为寻找最佳响应策略 $p_i^* \in P_i$ 以使它产生最大期望效用 $u_i(p_i^*,\vec{p}_{-i}) \geqslant u_i(p_i,\vec{p}_{-i})$。换句话说，智能体 i 的最佳响应策略 p_i^* 是一种混合策略：

$$p_i^* = \arg\max_{p_i \in P_i} u_i(p_i,\vec{p}_{-i}) \tag{10-3}$$

对于混合策略组合 $\vec{p}^*=(p_1^*,p_2^*,\cdots,p_m^*)$ 来说，若每个智能体 $i(i=1,\cdots,m)$ 的混合策略 p_i^* 都是最好的反应策略，则称其为纳什均衡。显然，这种均衡意味着在 m 个智能体的非合作博弈中，智能体策略的任何改变都会导致该智能体获得的效用降低。因此，在这样的博弈中，没有智能体需要根据其他智能体的策略改变自己的策略。

纳什均衡由下面的纳什定理来证明。

定理 10-2 （由纳什在 1951 年证明）*对于任意一个具有有限数量智能体和有限数量动作的非合作博弈，其混合策略至少存在一个纳什均衡。*

von Neumann 和 Morgenstern 提出的定理（见定理 10-1）和纳什提出的定理（见定理 10-2）构成了概率规划单个智能体（见 8.1 节）和多智能体系统（见 10.2.2 节）动作的基础。然而，在多智能体系统中，假设每个智能体都有关于其他智能体策略的概率分布的完整信息，并且知道其他智能体也有关于自己的相同信息。如奥曼的“常识”定理（Aumann 1976）所述，这种假设允许对群体活动应用集中控制。这个定理的含义如下。

令 $(\Omega,\mathcal{B},p)$ 是一个概率空间，其中 Ω 是一组原子事件 ω 的集合；$\mathcal{B}$ 是 Ω 上的一个 Boreal 代数，它允许 Ω 子集之间的形式化运算和空集的存在；p 是概率函数，定义了事件 $\omega\in\Omega$ 的概率 $p(\omega)\in[0,1]$。此外，令 $U\in\mathcal{B}$ 是 Ω 上的一个事件。

考虑包含智能体 1 和智能体 2 的两个智能体系统。这些智能体的“常识”定义如下：假设智能体 1 和智能体 2 都具有关于事件 U 的完备的先验信息，且智能体 1 知道智能体 2 知道 U；反之亦然。另外，假设智能体 2 知道智能体 1 知道智能体 2 知道 U，并且关于智能体 1 也是如此（即智能体 1 知道智能体 2 知道智能体 1 知道智能体 2 知道 U）。然后，根据奥曼定理（Aumann 1976），智能体 1 和智能体 2 关于事件 U 的后验信息必然相等，且智能体“不能同意不同意”。

正式的表述如下。用 $\mathcal{P}_1$ 和 $\mathcal{P}_2$ 分别表示具有智能体 1 和智能体 2 知识的集合 Ω 的划分，这些划分称为信息划分。在博弈论中，这种划分定义了位置到信息集的分割（Osborne and Rubinstein 1994）。由于两个智能体处理相同的概率空间 $(\Omega,\mathcal{B},p)$，因此概率 p 是它们共同的先验概率。

令ω为智能体和环境的真实状态，然后，第i个$(i=1,\cdots,m)$智能体知道包含了事件ω的事件$P_i(\omega)\in\mathcal{P}_i$。换句话说，每个智能体$i$不是知道确切的事件$\omega\in\Omega$，而是被告知包含该事件的某个子集$P_i(\omega)\in\Omega$。智能体1和2关于事件$\omega\in\Omega$的常识由事件$P_{com}\in\mathcal{P}_1\vee\mathcal{P}_2$表示，其中$\mathcal{P}_1\vee\mathcal{P}_2=\{P_1\cap P_2\mid P_1\in\mathcal{P}_1,P_2\in\mathcal{P}_2\}$代表划分，该划分由智能体划分$\mathcal{P}_1$和$\mathcal{P}_2$的所有可能事件的交集组成。

现在假设U是一个事件，且$p_i(U)=p(U\mid\mathcal{P}_i)(i=1,2)$为给定智能体的信息划分$\mathcal{P}_i$时$U$的后验概率。如果$\omega\in\Omega$是一个真实的事件，那么$p_i(\omega)=p(U\cap P_i(\omega)/p(P_i(\omega))$。

定理 10-3 （Aumann 1976）令$\omega\in\Omega$是一个基本事件，q_1和q_2是两个实数。如果对事件ω有$p_1(\omega)=q_1$，且有$p_2(\omega)=q_2$，则$q_1=q_2$。

换句话说，如果智能体从相同的先验信息开始并利用它们的共同知识，那么从概率的观点来看，它们的后验概率是相等的，并且它们“不能同意不同意”这些后验知识。

综上所述，该结果允许将8.2.2节中给出的值迭代和策略迭代算法扩展到多智能体系统。智能体的最终（近似）最优动作提供了系统的最大预期效用和每个智能体的最大预期效用。这意味着在群体中行动的智能体和单独行动的智能体都获得了理性且带来了关于最大效用的决策。然而，在实际中，常识假设并不总是成立的，为了使效用最大化，智能体应该采用看似不合理的判断。

定义智能体的判断是非理性的最简单方法是实现效用函数u，它代表智能体与风险可选方案的关系，其中风险被认为是一个由选定可选方案和对收益单元的衡量而导致的不舒服的量值（Friedman and Savage 1948）。在另一种方法中（Kahneman and Tversky 1979），风险被认为是不确定的，并且证明了智能体更喜欢提供某些确定结果的可选方案，而不是具有不确定的但更大预期回报的可选方案。特别是，这意味着出现连续性公理中的无差异$a_j\sim[p(a_i),1-p(a_k)]$仅适用于平凡概率分布p，这使得$[p(a_i),1-p(a_k)]$减少了对可选方案a_i或a_k的特定选择，而对于其他分布，智能体更倾向于确定地选择可选方案a_j。

这种对非理性的处理方法产生了前景理论（Kahneman and Tversky 1979），该理论在考虑不确定性时替代了效用理论。在分析人类做出的决策时，该理论强调了几个效应，特别是，经验测试得出了以下结果。

- *确定性效应*。大多数人更偏向一个能带来更少但回报确定的方案，而不是以一定概率带来更大回报但有可能获得零回报的方案。
- *反射效应*。如果可选方案中包括损失，那么大多数人将改变其优先级。在某些情况下，人们表现出对损失的风险漠不关心，而在其他情况下，他们对风险表现出明显的偏好或厌恶。
- *隔离效应*。多个可选方案之间的比较是根据区分这些可选方案的某些特征进行的，而这些特征的不同组合会导致不同的优先级。

换句话说，在不确定性条件下获得的决策不仅取决于预期回报，还取决于决策所提供的预期信息增益和预期收益。此外，可选方案包含的其他特征可能改变决策者的偏好。

在多智能体系统中，情况更加复杂，因为每个智能体都必须考虑其他智能体的决策和行动以及单元的系统目标。在这种情况下，每一个个体的活动都可能表现为是非理性的，但事实上，这种非理性是由于个体的决定依赖于群体的行动和能力而产生的。例如（见Rubin and Shmilovitz 2016），在多追踪者追逃博弈中，追踪者和逃避者存在着某种位置关系，这使得一些追踪者不得不做出非理性的决定来终止追逃，否则逃避者将不会被团队中的任何追踪者抓住。

这种非理性的正式描述是，智能体的决定不一定会最大化期望收益或最小化期望回报，它可以遵循不同的方法。特别地，上述方法用 MDP 可以表示如下。

假设智能体的个体决策由式(10-1)确定。综上所述，这种具有理性判断的决策是基于这样的假设，即决策者能够预测其未来行为，并且当前决策在一定程度上受到未来预期决策的影响，这种决策的影响随时间单调减少。在非理性判断的情况下，这种假设会失效，预期的未来决策会以不同方式影响当前决策，并且折扣因子的单调递减并不总是成立的。

为了表示这种情况，在定价理论中(Cochrane 2001; Smith and Wickens 2002)建议应用随机折扣因子来表示资产价格相对于资产收益的下降会受到一些随机因素的影响。然后，常数折扣因子 $\gamma\in[0,1]$根据特定的分布被从区间$[0,1]$中取出的随机变量 $\tilde{\gamma}$ 代替。然后，代替式(10-1)中智能体的预期效用，定义如下：

$$\mathcal{E}\Big[\sum_{t=0}^{T}\tilde{\gamma}^{t}u(\mathfrak{s}(t),\mathfrak{a}(t))\Big] \tag{10-4}$$

式中，$\tilde{\gamma}$ 是随机变量，$0\leqslant\tilde{\gamma}\leqslant1$。类似地，对于包括 m 个智能体的多智能体系统，预期总效用定义为单个智能体效用的总和：

$$\mathcal{E}\Big[\sum_{t=0}^{T}\sum_{i=1}^{m}\tilde{\gamma}_{i}^{t}u_{i}(\mathfrak{s}(t),\vec{\mathfrak{a}}(t))\Big] \tag{10-5}$$

式中，$\tilde{\gamma}_i(0\leqslant\tilde{\gamma}_i\leqslant1,i=1,2,\cdots,m)$是第 i 个智能体的随机折扣因子；$\mathfrak{s}(t)$是系统在时间 t 时的状态；$\vec{\mathfrak{a}}(t)$是系统在该时间的联合行动或行动组合。综上所述，时间序列为 $t=1,2,\cdots,T$，对于有限时间情形，$T<\infty$；对于无限时间情形，$T=\infty$。

因为在马尔可夫决策模型的框架中折扣因子定义了决策者与未来决策的预期结果的关系，所以折扣因子的随机性表示决策者同某种信息的可能变化关系，此信息与所选动作的预期结果相关。请注意，博弈的预期效用的理论定义由式(10-2)给出，并遵循相同的原则，其中智能体决策的随机性由其他智能体决策的概率来精炼。具有随机折扣因子的决策过程的算法定义应用了传统的值迭代或策略迭代算法(参见 8.2.2 节)。

最后，注意多智能体系统决策过程中的两种不同实现方式：简单智能体的集中式控制系统，以及具有足够计算和通信能力的智能体之间的点对点(P2P)通信系统(参见 11.1 节)。在第一种情况下，决策过程由中央单元进行，中央单元拥有一个中央数据库，将命令传送给智能体，并感知动作执行后的结果。在第二种情况下，决策是由每个智能体根据从其他智能体那里感知到的信息并通过一些投票程序，然后使用所谓的社会选择法得到的(Shoham and Leyton-Brown 2008; Wooldridge 2009)。10.2.1 节将简要介绍这些实现。

10.1.2 基本蜂拥规则与聚合和避碰的方法

所提出的理性判断原则和相应的决策技术为考虑不同性质的主体协作活动提供了一个总体框架。对于移动机器人团队的情况，智能体的行为受到某些物理因素(例如，智能体的位置、速度、可用能量和相似的、有限的通信和计算能力)的限制，以及需要将智能体群体作为一个整体而不是个体的简单集合。对于移动机器人来说，最后一个任务通常被认为是蜂拥或集群的问题，并且在欧几里得空间中简化为保持由智能体形成的在几何上可区分群集的问题。

形式上，集群的基本规则(不涉及智能体的任务)是由 Reynolds 规则(Reynolds 1987)定义的，它是为模拟鸟群的行为而提出的。在现在的术语中，这些规则定义如下(Gazi and Passino 2011)，为方便起见，括号中给出了 Reynolds 的原始术语。

1)分离(避免碰撞)用以保持智能体之间的最小距离。

2)列队(速度匹配)可以保持速度(包括大小和方向)，使其尽可能类似相邻智能体的速度。

3)聚合(中心化)要求每个智能体尽可能靠近其邻居。

尽管这些规则很简单，但它们为维持集群系统提供了完备的必要条件。在不同的多移动机器人系统中，应用这些规则会产生非常不同的现象，并引起不同的问题。Gazi 和 Passino 在 2011 年列出了这个框架中出现的一些问题，详细说明了集群的目标和可能的理论解决方案。

然而，从实际的角度来看，Reynolds 规则的实施意味着每个智能体能够识别其在域中的邻居，并测量自身与其他智能体之间的距离以及其他智能体的速度。智能体的这种能力很容易由一些全球定位系统、集中通信和控制来提供(见 11.1 节)，关于每个智能体方向的决策遵循常识的理性判断技术。相比之下，如果智能体不知道自己的确切坐标以及团队中其他智能体的坐标和速度，那么实施 Reynolds 规则时需要为每个智能体提供额外的感知能力和更复杂的集体决策技术。这里将只讨论简单的 Cucker-Smale 模型(Cucker and Smale 2007a，b)以及聚合和避碰的基本方法；10.2.1 节考虑了从上述理性和非理性判断中得出的更复杂的决策方法。

这里考虑在二维域 $X\subset\mathbb{R}^2$ 中移动的 $m\geqslant 1$ 个点状智能体集群，其中点 $\vec{x}=(x,y)$。对于第 j 个(其中 $j=1,2,\cdots,m$)智能体在时间 $t\in\mathbb{R}^+$ 时的坐标用 $\vec{x}_j(t)$表示。然后，智能体行为的 Cucker-Smale 模型定义如下(Cucker and Smale 2007a，b)：

$$\frac{\mathrm{d}}{\mathrm{d}t}\vec{x}_j(t)=\vec{u}_j(t),\frac{\mathrm{d}}{\mathrm{d}t}\vec{u}_j(t)=\frac{\alpha}{m}\sum_{i=1}^{m}\psi(\vec{x}_i(t),\vec{x}_j(t))(\vec{u}_i(t)-\vec{u}_j(t)) \tag{10-6}$$

式中，$a\geqslant 0$ 是耦合强度；ψ：$X\times X\rightarrow\mathbb{R}^+$ 是通信速率函数，对于所有的 i，$j=1,2,\cdots,m$，它都满足对称条件 $\psi(\vec{x}_i,\vec{x}_j)=\psi(\vec{x}_j,\vec{x}_i)$和平移不变性 $\psi(\vec{x}_i,\vec{x}_j)=\psi(\vec{x}_i+\vec{c},\vec{x}_j+\vec{c}),\vec{c}\in\mathbb{R}^2$。在基本模型中，通信速率函数 ψ 的定义如下(参见 4.5.1 节中的导航函数 $\varphi_\kappa(\vec{x})$)：

$$\psi(\vec{x}_i,\vec{x}_j)=\frac{b}{(1+\|\vec{x}_i-\vec{x}_j\|^2)^\kappa} \tag{10-7}$$

式中，$b>0$ 和 $\kappa\geqslant 0$ 是固定常数。

已经证明(Cucker and Smale 2007a，b)，如果智能体允许远程通信($\psi(\vec{x}_i$，$\vec{x}_j)$的值随着距离 $\|\vec{x}_i-\vec{x}_j\|$ 缓慢降低)，那么对于任何一组初始条件的紧集，它们的速度在时间上收敛到相同的渐近速度。相反，如果智能体只允许短距离通信(对于小距离的 $\|\vec{x}_i-\vec{x}_j\|$，$\psi(\vec{x}_i,\vec{x}_j)$的值已经非常接近于零)，那么只有智能体在有限类别的初始位置上，集群现象才会发生。

请注意，式(10-6)可以写成以下形式：

$$\frac{\mathrm{d}}{\mathrm{d}t}\vec{x}_j(t)=\vec{v}_j(t),\frac{\mathrm{d}}{\mathrm{d}t}\vec{v}_j(t)=-\gamma_j(\vec{x}_j)\vec{v}_j(t)-\nabla\mathcal{U}_j(\vec{x}_j,t) \tag{10-8}$$

式中，摩擦系数

$$\gamma_j(\vec{x}_j)=\frac{\alpha}{m}\vec{v}_j(t)\sum_{i=1,i\neq j}^{m}\psi(\vec{x}_i(t),\vec{x}_j(t))$$

和势场梯度

$$\nabla \mathcal{U}_j(\vec{x}_j, t) = -\frac{\alpha}{m}\sum_{i=1, i\neq j}^{m} \psi(\vec{x}_i(t), \vec{x}_j(t))\vec{v}_i(t)$$

均由第 j 个智能体的邻居间的相互作用来指定。这种表示与式(10-6)表示的基于活动布朗粒子的 Cucker-Smale 模型直接相关(Schweitzer 2003; Romanczuk et al. 2012)，这在11.1.1节中有简要介绍(另见 Erban，Haskovec and Sun 2016)。下一个示例说明了遵循该模型的智能体的运动。

例 10.1 (Ben-Haim and Elkayam 2017)考虑 $m=25$ 个点状智能体在 $n=100\times100$ 的正方形网格区域 X 内的运动。该区域具有固定的外界活动势场 $\mathcal{U}^{\text{act}}$(见11.1.2节)，它规定了该区域的地形，以及智能体的势函数 $\mathcal{U}_j$ $(j=1,2,\cdots,m)$，并由 Cucker-Smale 模型(式(10-8))来定义。

当 $\mathcal{U}^{\text{act}}\equiv 0$ 时，智能体的初始位置及其在同构区域内的运动轨迹如图10-1所示。在图中，通信速率函数 ψ 的参数是 $b=1$ 和 $\kappa=2$。

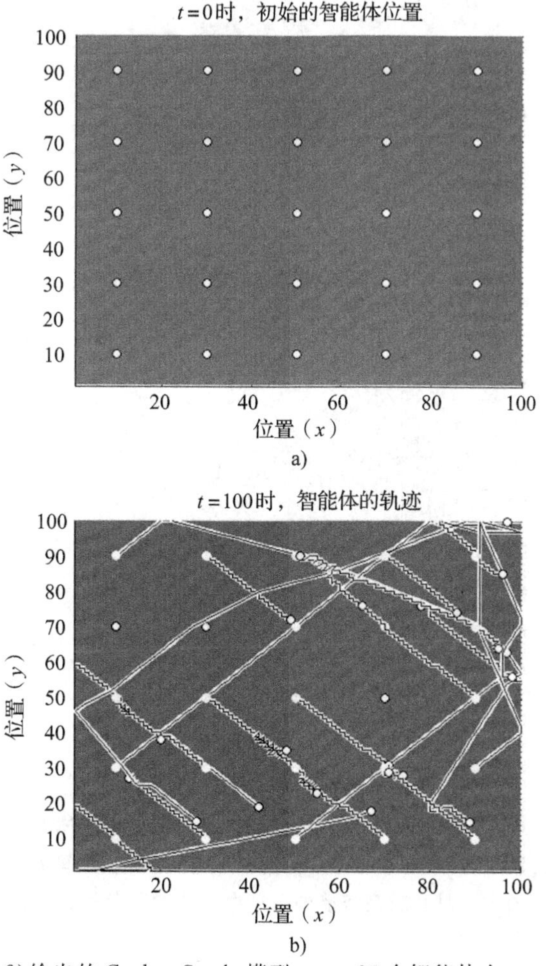

图 10-1 根据式(10-8)给出的 Cucker-Smale 模型，$m=25$ 个智能体在 $n=100\times100$ 的同构网格区域内运动。a) 智能体的初始位置；b) 智能体在时间 $t=0,1,2,\cdots,100$ 下的轨迹

可以看出，在选择了邻居之后，智能体正在向这些已被选择的智能体方向移动。注意，由于初始位置构成了规则的网格，一些智能体不能找到更好的邻居，因此它们停留在其位置上没有移动。

相比之下，如果智能体运动在具有非零外部活动势场的异构区域$\mathcal{U}^{act}\neq 0$内，则它们倾向于移动到具有较低势能的区域。图 10-2 显示了这种情况下智能体的运动轨迹。和上面一样，在图 10-2 中，通信速率函数 ψ 的参数是 $b=1$ 和 $\kappa=2$。

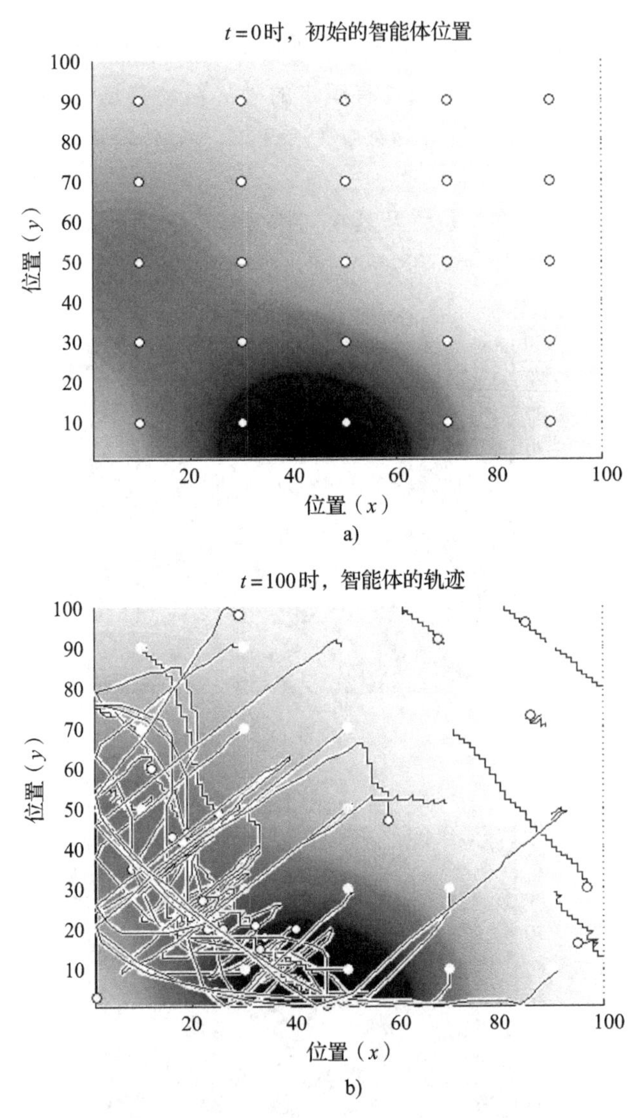

图 10-2 根据式(10-8)给出的 Cucker-Smale 模型，$m=25$ 个智能体在 $n=100\times 100$ 的异构网格区域内运动。a）智能体的初始位置；b）智能体在时间 $t=0,1,2,\cdots,100$ 下的轨迹。在两幅图中，具有较高势能的区域由较亮的灰色标记，而具有较低势能的区域由较暗的灰色标记

正如预期的那样，在这种情况下，最初位于高梯度势场$\mathcal{U}^{act}$区域中的大多数智能体快速移动到具有较低势能的区域，然后根据定义了通信速率函数 ψ 的 Cucker-Smale 模型在

这些区域中继续它们的运动。然而，根据 Cucker-Smale 模型可知，在势场$\mathcal{U}^{act}$梯度较低的区域(图的右侧与底部最亮的区域)中开始运动的智能体仍在这些区域中不断运动，且不会进入势能更低的区域。

给出的例子说明了智能体在通信速率函数 ψ 和外部势场影响下对邻居的反应。在没有外部势场以及智能体之间相对距离较小的情况下，智能体的运动和邻居的位置有关；而在存在外部势场的情况下，智能体的运动还受势场的影响。当然，邻居位置和外部势场的影响取决于参数，更一般地说，这取决于函数 ψ 和势场$\mathcal{U}^{act}$的形式。 ■

除了 Cucker 和 Smale(2007a，b)的初始论文之外，式(10-6)所给的模型在不同的情景中被深入研究。特别地，Ha，Lee 和 Levy(2009)以及 Ton，Linh 和 Yagi(2015)研究了该系统与环境的随机相互作用(参见 11.2.1 节，其中考虑了异构环境中的活动布朗运动模型)，而 Shen(2007)和 Lei 与 Ha(2013)考虑到了智能体的不同能力从而使得一些智能体充当集群的领导者。

2005 年，Couzin 等人考虑了动物群体的活动，并独立提出了类似的有领导和无领导的集群模型。在该模型中，假设智能体在离散时间内移动，并且列队规则规定将智能体的运动方向调整为集群的平均方向。即如果 $\vec{\boldsymbol{x}}_j(t)$是第 j 个智能体在时间 t 时的位置，$\vec{\boldsymbol{\phi}}_j(t)$是它在此时的方向向量(智能体在每一时间步内的归一化速度)，那么在下一时间 $t+1$ 时的方向向量 $\vec{\boldsymbol{\phi}}_j(t+1)$定义如下(Couzin et al. 2005；Qu 2009)：

$$\vec{\boldsymbol{\phi}}_j(t+1) = -\sum_{i=1,i\neq j}^{N_j^{\text{short}}(t)} \frac{\vec{\boldsymbol{x}}_i(t)-\vec{\boldsymbol{x}}_j(t)}{\|\vec{\boldsymbol{x}}_i(t)-\vec{\boldsymbol{x}}_j(t)\|} \tag{10-9}$$

式中，和的范围为第 j 个智能体(它被短距离传感器检测到)邻居的集合 $N_j^{\text{short}}(t)=\{i\mid 1\leqslant i\leqslant m,\ \|\vec{\boldsymbol{x}}_i(t)-\vec{\boldsymbol{x}}_j(t)\|\leqslant d_{\text{short}}\}$。如果智能体在其邻近区域中没有检测到任何智能体，则方向向量 $\vec{\boldsymbol{\phi}}_j(t+1)$基于邻居集合 $N_j^{\text{long}}(t)=\{i\mid 1\leqslant i\leqslant m,\ \|\vec{\boldsymbol{x}}_i(t)-\vec{\boldsymbol{x}}_j(t)\|\leqslant d_{\text{long}}\}$来计算：

$$\vec{\boldsymbol{\phi}}_j(t+1) = \sum_{i=1,i\neq j}^{N_j^{\text{long}}(t)} \frac{\vec{\boldsymbol{x}}_i(t)-\vec{\boldsymbol{x}}_j(t)}{\|\vec{\boldsymbol{x}}_i(t)-\vec{\boldsymbol{x}}_j(t)\|} + \sum_{i=1}^{N_j^{\text{long}}(t)} \frac{\vec{\boldsymbol{\phi}}_i(t)}{\|\vec{\boldsymbol{\phi}}_i(t)\|} \tag{10-10}$$

式中，$\|\vec{\boldsymbol{\phi}}_i(t)\|$代表速度向量 $\vec{\boldsymbol{\phi}}_i(t)$的范数。这两条规则使机器人集群作为一个整体来行动，并保证了其完备性。剩下的问题是对群体运动的控制。

然后，列队规则指定，如果 $\vec{\boldsymbol{v}}_j^{\text{desired}}$ 是第 j 个智能体预定的期望方向，那么它的真实方向 $\vec{\boldsymbol{v}}_j(t)$被定义为：

$$\vec{\boldsymbol{v}}_j(t+1) = \frac{\vec{\boldsymbol{\phi}}_j(t+1)+w_j\vec{\boldsymbol{v}}_j^{\text{desired}}}{\|\vec{\boldsymbol{\phi}}_j(t+1)+w_j\vec{\boldsymbol{v}}_j^{\text{desired}}\|} \tag{10-11}$$

式中，$0\leqslant w_j\leqslant 1$ 是加权系数。这种方法保证多智能体作为一个整体来保持集群及集群活动的整体性，同时通过指定期望方向 $\vec{\boldsymbol{v}}_j^{\text{desired}}$ 和系数 $w_j(j=1,2,\cdots,m)$来实现控制。这种对模型解释的公式化表达方法是与 Levy(2016)合作完成的。

很明显，在所有智能体 $j=1,2,\cdots,m$ 的加权系数 $w_j=0$ 的同构集群中，智能体遵循列队规则，而不受期望方向 $\vec{\boldsymbol{v}}_j^{\text{desired}}$ 的影响。如果所有智能体 $j=1,2,\cdots,m$ 的加权系数 $w_j=1$，则智能体趋向于跟随期望方向 $\vec{\boldsymbol{v}}_j^{\text{desired}}$，同时将集群保持为几何聚合状态。

在具有领导智能体的异构集群中，领导智能体被定义为 $w_j>1$ 的知情智能体，相比之下一般智能体的 $w_j=0$。(Couzin et al. 2005)发现对于给定大小为 m 的集群，在期望方向上运动的准确性随着知情智能体数量的增加而增加。此外，对于具有较大数量 m 的智能体集群，可以在具有较小比例的知情智能体情况下，在期望方向上达到运动精度。换句话说，较小的集群需要较大比例的领导者以跟随预定义的方向，而较大的集群可以由少数领导者领导。

Cucker-Smale 和 Couzin 等人的模型解决了列队规则的问题，并相应地以由式(10-7)和式(10-11)定义的简单形式实现了它。关于方向的决策被简化为一种确定性关系，该确定性关系规定将每个智能体的速度与其邻居的速度相匹配，而不会有交流的可能性。在更复杂的模型中(如 10.1.1 节所述)，智能体能够决定是将其速度与其邻居的速度相匹配，还是遵循一些附加标准，并根据自己的偏好选择速度。特别地，这种附加标准是由分离和聚合规则规定的，即使在确定性的情况下，这也会强烈地影响智能体根据列队规则选择的方向。

被广泛接受的定义聚合和分离的方式是基于聚合势函数$\mathcal{U}_j^{\text{agr}}(j=1,2,\cdots,m)$的，该函数定义了智能体在长距离相互吸引时的力(这导致集群的集中)和在短距离相互排斥时的力(这保证了避免碰撞)。通常，这种聚合函数由两个独立的函数组合而成——吸引函数$\mathcal{U}_j^{\text{atr}}$和排斥函数$\mathcal{U}_j^{\text{rep}}$，它们规定如下(Gazi and Passino 2011)：

$$\mathcal{U}_j^{\text{agr}}(\vec{x}_j,t)=-r(\vec{x}_j,t)(\mathcal{U}_j^{\text{atr}}(r(\vec{x}_j,t))-\mathcal{U}_j^{\text{rep}}(r(\vec{x}_j,t))) \tag{10-12}$$

式中，$r(\vec{x}_j,t)=\sum_{i=1}^{m}\|\vec{x}_i(t)-\vec{x}_j(t)\|$是智能体 j 和其他智能体之间的距离。此外，对于函数$\mathcal{U}_j^{\text{atr}}$和$\mathcal{U}_j^{\text{rep}}$，假设对于每个智能体 $j=1,2,\cdots m$ 存在唯一的平衡距离 $r^*(\vec{x}_j,t)$使得：

$$\mathcal{U}_j^{\text{atr}}(r^*(\vec{x}_j,t))=\mathcal{U}_j^{\text{rep}}(r^*(\vec{x}_j,t))$$

则对于 $r(\vec{x}_j,t)>r^*(\vec{x}_j,t)$，总有$\mathcal{U}_j^{\text{atr}}(r(\vec{x}_j,t))>\mathcal{U}_j^{\text{rep}}(r(\vec{x}_j,t))$成立，

和对于 $r(\vec{x}_j,t)<r^*(\vec{x}_j,t)$，总有$\mathcal{U}_j^{\text{atr}}(r(\vec{x}_j,t))<\mathcal{U}_j^{\text{rep}}(r(\vec{x}_j,t))$成立。

在大多数情况下，吸引力和排斥力基于智能体之间的欧几里得距离，聚合势函数定义为：

$$\mathcal{U}_j^{\text{agr}}(\vec{x}_j,t)=-r(\vec{x}_j,t)\left(\alpha_{\text{a}}-\alpha_{\text{r}}\exp\left[-\frac{1}{\beta_{\text{r}}}[r(\vec{x}_j,t)]^2\right]\right) \tag{10-13}$$

这实现了长距离的吸引和短距离的排斥。这种聚合的平衡距离是 $r^*(\vec{x}_j,t)=\sqrt{\beta_{\text{r}}\ln\frac{\alpha_{\text{r}}}{\alpha_{\text{a}}}}$，$\alpha_{\text{a}}>0$。这种聚合函数在移动机器人集群中的实现基于声呐或类似的距离传感器，其应用方式与 Elfes 建图方案(Elfes 1987，1990)相同(见 8.2.1 节)。

在其他情况下(例如，在概率搜索问题中(Kagan and Ben-Gal 2013，2015))，可以使用其他的距离度量方式来定义聚合。这些距离度量方式表示智能体关于目标的知识，或者更一般地是关于集群任务的知识。具体来说，假设智能体以概率质量函数 p：$X\times[0,T)\rightarrow[0,1]$在网格域 $X=\{\vec{x}_1,\vec{x}_2,\cdots,\vec{x}_n\}\subset\mathbb{R}^2$ 中运动，其中，概率质量函数定义了时刻 t 在域 X 的点 $\vec{x}$ 中找到目标的概率，并且对于任何 $t\in[0,T)$时刻来说，总有 $\sum_{i=1}^{n}p(\vec{x}_i,t)=1$ 成立。那么对于每个智能体 $j(j=1,2,\cdots,m)$，在 t 时刻智能体位置的点 $\vec{x}_j$ 上，吸引势函数$\mathcal{U}_j^{\text{agr}}(\vec{x}_j,t)$被定义为正比于可获得智能体的概率：

$$\mathcal{U}_j^{\text{atr}}(\vec{x}_j,t)\sim\left|\sum\nolimits_{\vec{x}\in a_i(t)}p(\vec{x},t)-\sum\nolimits_{\vec{x}\in a_j(t)}p(\vec{x},t)\right| \tag{10-14}$$

式中，$a_i(t) \subset X$ 和 $a_j(t) \subset X$ 分别是智能体 i 和 j 在时刻 t 观察到的区域。这种类型的吸引方式将在集体搜索方法(见 11.3.1 节)和生物信号搜索(见 12.3.2 节)中实现。

这种吸引函数的一种实现基于信息距离的度量(Cover and Thomas 1991)，它应用了香农熵的概念。有关这种方法的详细内容，请参见 Kagan 和 Ben-Gal(2013，2015)的研究。特别地，令第 i 个和第 j 个(i，$j=1,2,\cdots,m$)智能体概率分布的定义如下：

$$p_i(\vec{x},t)\big|_{\vec{x}\in X}=\begin{cases}p(\vec{x},t) & 若\ \vec{x}\in a_i(t)\\ 0 & 其他\end{cases} 且\ p_j(\vec{x},t)\big|_{\vec{x}\in X}=\begin{cases}p(\vec{x},t) & 若\ \vec{x}\in a_j(t)\\ 0 & 其他\end{cases}$$

根据这些概率，在 t 时刻智能体 i 和 j 之间的库尔巴克-莱布勒(Kullback-Leibler)距离为：

$$D_i(\vec{x}_i,\vec{x}_j,t)=D(\vec{x}_i\,\|\,\vec{x}_j,t)=\sum_{\vec{x}\in X}p_i(\vec{x},t)\log\frac{p_i(\vec{x},t)}{p_j(\vec{x},t)}$$

在 t 时刻 j 和 i 之间的库尔巴克-莱布勒距离是：

$$D_j(\vec{x}_i,\vec{x}_j,t)=D(\vec{x}_j\,\|\,\vec{x}_i,t)=\sum_{\vec{x}\in X}p_j(\vec{x},t)\log\frac{p_j(\vec{x},t)}{p_i(\vec{x},t)}$$

然后，智能体 i 和 j 的吸引势函数的定义如下(这种方法是与 Levy(2016)合作提出的)：

$$\mathcal{U}_i^{\text{atr}}(\vec{x}_i,t)=\sum_{j=1,j\neq i}^{m}D_j(\vec{x}_i,\vec{x}_j,t)\ 且\ \mathcal{U}_j^{\text{atr}}(\vec{x}_j,t)=\sum_{i=1,i\neq j}^{m}D_i(\vec{x}_i,\vec{x}_j,t) \quad (10\text{-}15)$$

请注意，一般来说，$D_i(\vec{x}_i,\vec{x}_j,t)\neq D_j(\vec{x}_i,\vec{x}_j,t)$，因此，$\mathcal{U}_i^{\text{atr}}(\vec{x}_i,t)\neq\mathcal{U}_j^{\text{atr}}(\vec{x}_j,t)$。基于概率距离吸引和信息距离吸引的聚合(式(10-14)和式(10-15))间的差异由下面的例子来说明。

例 10.2 假设 $m=25$ 个智能体在大小为 $n=100\times100$ 的方形网格域 X 中运动，并规定了地形以及与地形相关的概率分布(Levy 2016)。网格域中的地形和概率分布分别显示在图 10-3a、b 中。智能体的初始位置如图 10-3c 所示，其中较低的区域(同样为概率较低的区域)用黑色表示；较高的区域(概率较高的区域)用白色表示。

在 $T=100$ 时间内，由地形信息和概率驱动的智能体轨迹和信息吸引势函数如图 10-4 所示。

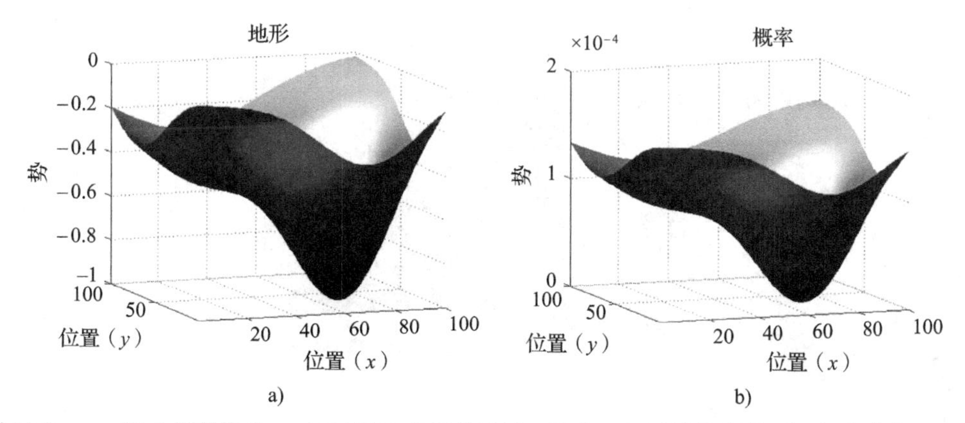

图 10-3 $m=25$ 个智能体在 $n=100\times100$ 的网格区域内运动。a) 区域的地形；b) 概率分布；c) 智能体的初始位置。高度较低的区域(概率较低的区域)用黑色表示，高度较高的区域(概率较高的区域)用白色表示

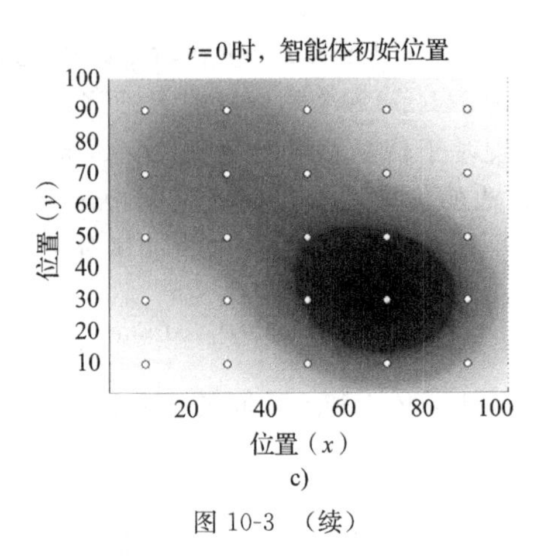

c)

图 10-3 （续）

可以看出，由于区域内地形起伏，智能体趋向于移动到较低的区域(见图 10-4a)，而跟随概率距离(见图 10-4b)和信息距离(见图 10-4c)吸引函数时，智能体趋向于移动到具有较高概率的区域；然而，这种运动趋势是不同的。正如所预料的那样，由于在本例中信息吸引函数的对数标度，相比概率吸引的情况智能体更快地向概率更高的区域移动。对于概率吸引的情况，运动速度是概率的线性函数。 ■

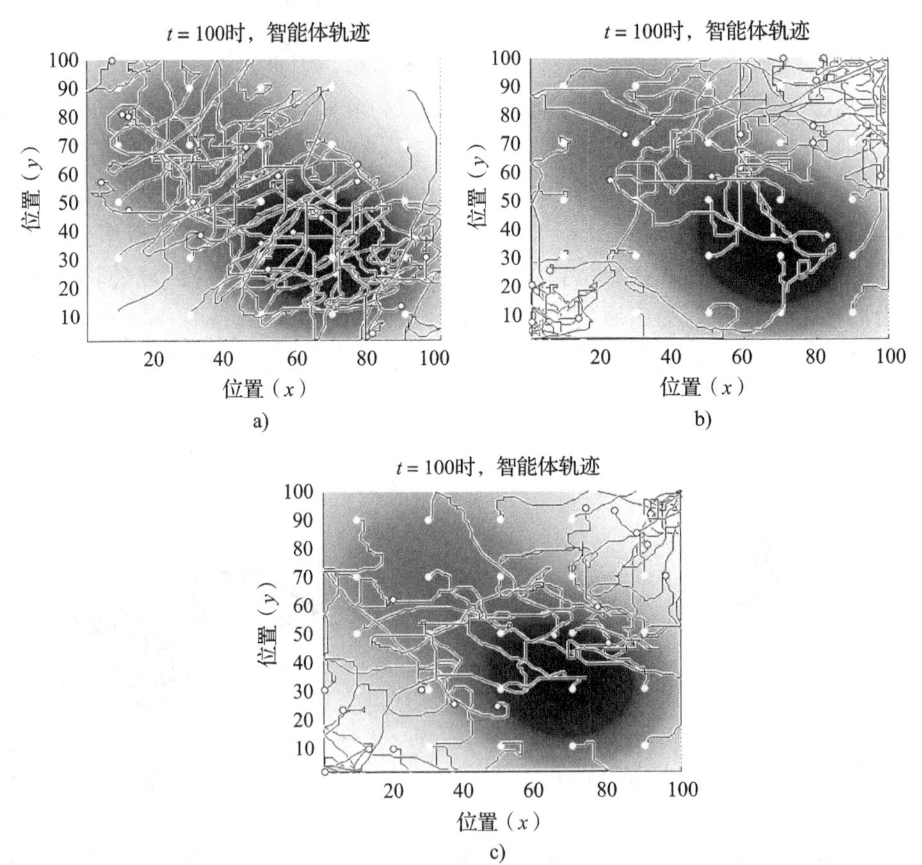

图 10-4 智能体在时间 $T=100$ 内的轨迹。a) 智能体按照区域的地形移动；b) 智能体被概率吸引势函数(见式(10-14))吸引；c) 智能体被信息吸引势函数(见式(10-15))吸引。白点表示智能体初始位置

由于库尔巴克-莱布勒距离不是一个公制度量单位，因此吸引势一般也不是对称的，更大的引力是由具有更大香农信息的智能体提供的，而香农信息是由观测区域的概率确定的。这种性质与 Couzin 等人的方法(Couzin et al. 2005)完全一致，在该方法中，领导者被定义为更有见识的智能体，具有领导智能体的异构集群的动力学模型可以采用信息距离来构建(Levy 2016)。

最后，与吸引相似，定义避碰的方法在很大程度上取决于智能体自身的性质。对于在某些信息网络中被规定作为计算单元的智能体，可以使用类似上述的信息论方法来避免碰撞。然而，对于在具有欧几里得度量的二维或三维空间中的移动机器人，避碰简化为保持机器人之间一定的物理距离，并由排斥函数实现。这种排斥函数定义了随着机器人间越来越接近，排斥力也越大。在式(10-12)中，这种排斥函数是以二次形式定义的，而在其他情况下，距离与排斥力之间的相关关系可以用类似于指数形式的吸引力来表示(Kagan and Ben-Gal 2015)。

10.2 智能体的控制与集群的定位

在前一节中，我们介绍了集群的主要原理及其基于吸引和排斥势函数的实现方法。吸引和排斥势函数定义了智能体之间的关系，并使智能体群体作为集群执行特定任务。然而，对任务进行定义以及对集群进行相应控制需要研究另外的技术，其中包括以下的内容(Fornara 2003)：

- 通过智能体的同步来管理智能体之间的关系，这个智能体执行不同的任务并使用其他智能体获得的结果。
- 管理时间、空间、资源和信息的全局约束，以获得集群的共同回报。
- 管理共享资源和信息，并将所需资源和信息从一个智能体传输到另一个智能体。

这些问题的实现在很大程度上取决于智能体之间的协调程度和集群控制的类型。Iocchi、Nardi 和 Salerno(Iocchi，Nardi and Salerno 2001)(另见 Kagan and Ben-Gal 2015)等人根据协调层次对多智能体系统进行了分类，如图 10-5 所示。

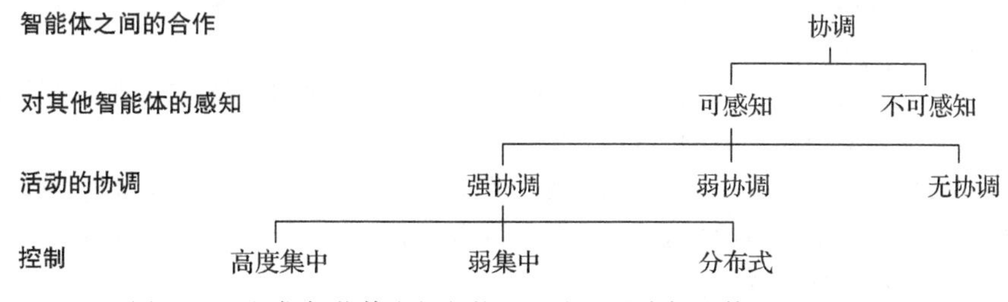

图 10-5 根据智能体之间的协调层次，对多智能体系统的分类

根据这种分类，在感知层次上，若智能体不知道集群中其他成员的存在，则它们的运动应分开考虑，并且集群被分成并行运动的独立智能体。

在协调层次上，假设智能体之间没有协调，它们仍能并行地执行任务，但是一个智能体的活动结果可以依赖于另一个智能体活动的影响。弱协调是指智能体并行执行任务，其动作会受其他智能体的影响，其他智能体仍然作为外部环境来考虑。相反，强协调意味着智能体考虑到了它们自己对其他智能体的影响，建立了协调的协议，并做出关于动作选择的决策。

最后，控制层次考虑了智能体在决策过程中的作用。在高度集中的系统中，决策是由单一固定的智能体制订的，它获得其他智能体的信息并规定它们的行为。弱集中也假设领导智能体控制着集群中所有智能体的活动，但允许在任务执行期间更换领导。相比之下，在分布式系统中，智能体根据其他智能体的活动自主地做出决策，因此，分布式决策和分散控制被认为是团队中自主智能体为了执行共同任务或达到共同目标而选择行动的方法。

当考虑由移动机器人组成的多智能体系统时，主要问题是机器人的导航问题，导航为集群提供了期望的运动。这个问题可以从不同的角度来考虑(Bouffanais 2016)。特别地，集群的期望运动可以作为机器人运动规划的结果。反过来，每个集群成员的运动是集群运动规划的结果。下面将使用集中控制和分散控制的例子来考虑两种可能，一种是将集群的集中控制视为动态系统，另一种是智能体具有最高级自主能力的分散控制，其个体决策遵循 10.1.1 节中的效用和前景理论以及社会选择技术。最后，给出了集群的一般概率模型和在 8.2.2 节中用于单个智能体导航的路径规划算法的相关扩展。

10.2.1 基于智能体的模型

在对移动机器人的研究中，机器人被认为是一个自主的计算机系统，它与环境相互作用，执行计算和物理上的动作和移动，目的是达到一个确定的目标。在最简单的情况下，机器人活动的目标是规划其从初始位置到静止或运动的目标位置之间的路径。而一般来说，这种目标在运动过程中会发生变化，机器人应对环境的变化做出反应。在 10.1.1 节中给出了关于机器人动作的判断和决策的基础；本节中的内容会将这种方法扩展到多智能体决策。

在这样的框架中，对机器人单独和在集群中的行动控制都分为两步：

1)定义机器人对环境变化的反应，包括由机器人自身、其他机器人和控制单元构成的人工环境。

2)通过机器人自身、其他机器人和控制单元改变人工环境，使得机器人和集群遵循确定的目标。

很明显，导航功能的使用(见第 4 章和第 10 章，分别考虑人工势场中个体和集体运动)已经实现了这种控制方案。

根据控制步骤的实现方式，机器人分为反应智能体、规划智能体和自主智能体。根据 Fornara 的分类(2003，P9～10)可知：

- 反应智能体……仅由一个程序组成，在智能体必须执行的相应动作中，该程序映射了每种可能的感知或感知序列。反应智能体需要一种*内化的知识*，这种知识明确地决定了它们的行为。
- 规划智能体……对可执行的操作集有更复杂的内化知识。这意味着它们具有一些先验知识，且它们的动作对环境有影响……[和]在它们所有可执行的动作中进行组合，以选择要执行的计划。
- 一个智能体在具有内化知识……且强大的学习能力时，会成为真正自主的人工智能体。这样的话，其行为实际上是由自己的经验决定的。

根据这种分类，本书中所讨论的大多数机器人要么是反应式的，要么是规划式的，而自主智能体通过移动机器人来呈现。它们在未知的环境中移动，并处理定位和地图绘制问题(见第 7 章)。

尽管上述智能体的“智能”各有不同，但反应、规划和自主智能体的共同属性是它们对环境状态、环境变化以及它们在环境状态中做出反应的能力。这种特性被认为是反馈控制。反馈控制的一般方案如图 10-6 所示(Aoki 1967)。

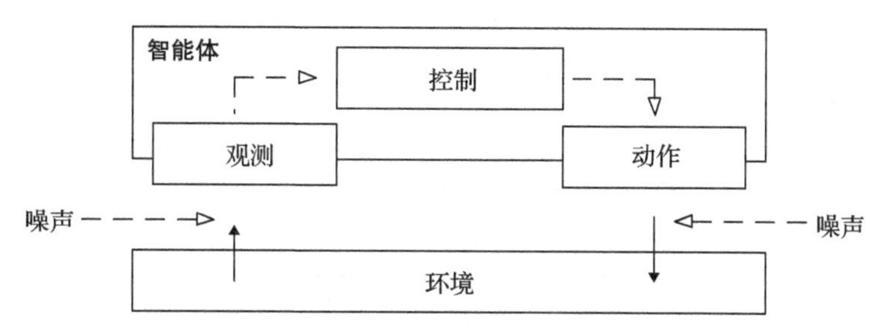

图 10-6　非理想观测和动作的反馈控制方案

根据这一方案，智能体观察环境状态，并通过改变其内部状态或环境状态的方式对所获得的信息做出反应。图 10-6 考虑了观测和动作都可能是非理想的情况(见 8.1 节)；在模型中，这种非理想性通常用附加噪声来描述。

移动机器人在某一地形中移动时，其所获得的信息包括机器人周围的物理状态、其他机器人的相对位置以及来自其他机器人和中央单元(如果存在)的数据和命令。在细节上，这种控制遵循图 8-4 所示的 Elfes 方案(Elfes 1987，1990)；在更一般的形式中，它显示在图 10-7 中(Siegwart，Nourbakhsh and Scaramuzza 2011；Kagan et al. 2014；请对照绪论中图 1-2 所示的机器人的体系结构)。

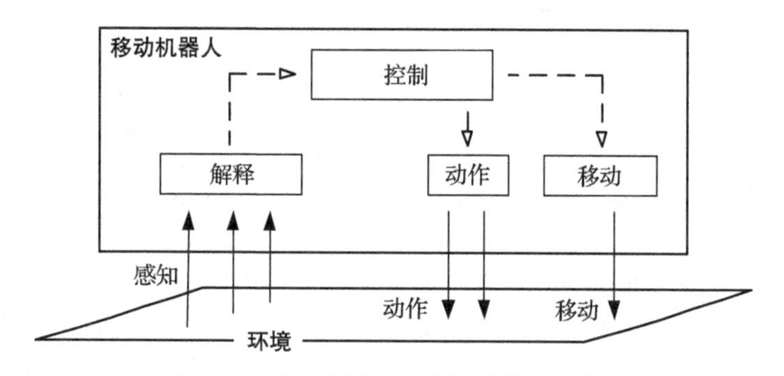

图 10-7　移动机器人反馈控制的总体方案

根据所提出的方案，移动机器人的动作被分成环境改变和机器人移动这两种。需要对机器人移动进行特定的控制，包括定位、路径规划和导航，并且机器人位置的变化结果和感知测量的数据变化组成了反馈控制的闭环。

对于有多个智能体的多智能体系统，反馈控制系统可以按照几个方案来构建。最简单的方案是间接通信方案(见 12.1.2 节)，智能体改变环境并通过感知环境的变化进行通信。在这种情况下，每个智能体的控制遵循图 10-6 和图 10-7 所示的一般反馈控制方案。而动作包含改变环境状态的选项，这使得对环境的改变可以被其他智能体认为是有意义的信号甚至是符号。然而，这种交流意味着智能体足够聪明，能够识别和解释这些符号。在更复杂的通信方案中，集群成员相互了解，并使用具有明确通信协议的特定网络进行通信。这种情况下的反馈控制方案如图 10-8 所示。

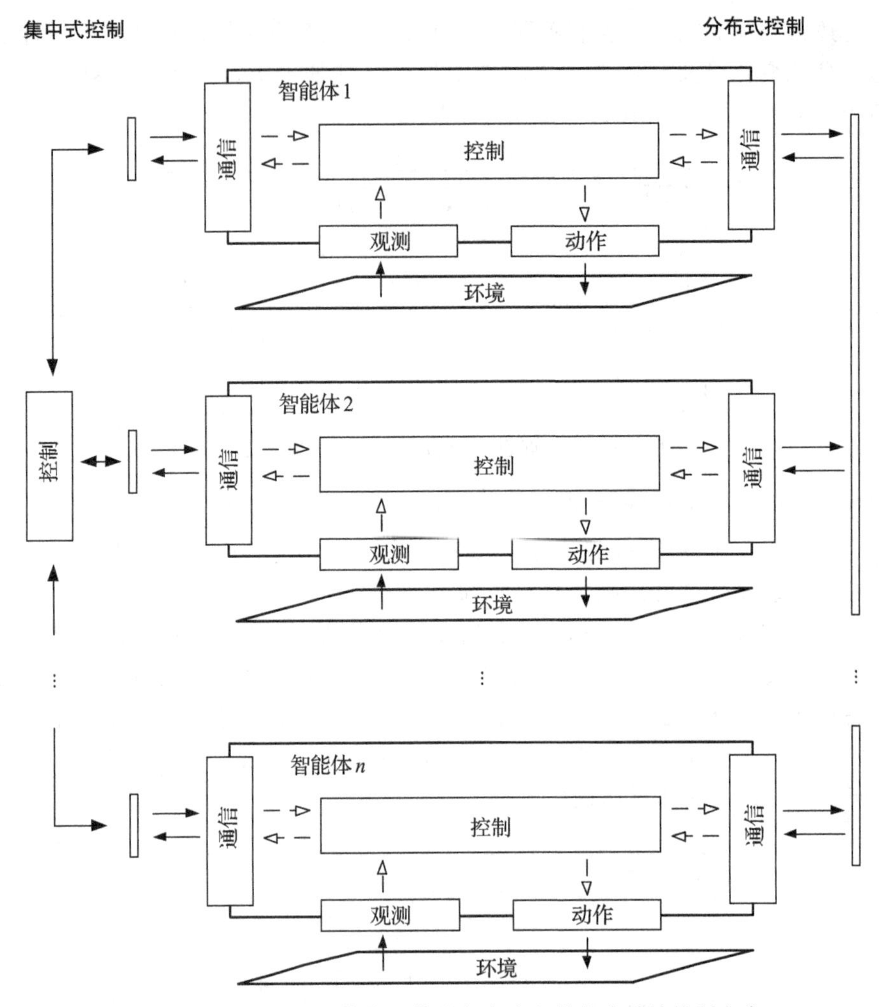

图 10-8　智能体之间直接通信的集中式和分布式反馈控制方案

当然，在由具有强大通信和计算能力的智慧智能体组成的多智能体系统中，可以实现上述两种通信方案，并且控制既与每个智能体相关，也和作为整体的智能体群体相关。在这种情况下，控制器负责每个智能体功能的稳定和协调智能体之间的控制。在复杂的自组织系统中，控制器是系统的组成部分。若一个智能体包括在反馈控制回路中，那么认为它是其他智能体的控制器，反之亦然(Giovanini 2007)。生物集群也是这种系统的例子，并且在许多情况下被用作人工系统和移动机器人团队的原型。在接下来的章节中，将介绍几个由移动机器人团队实现的示例。特别地，第 11 章将介绍环境信息共享的机器人运动的一般模型，第 12 章将介绍具有间接和直接通信的运动模型。下面介绍移动机器人团队的反馈控制方案的直接实现，它基于动力学系统控制的常规方法；这部分参考了 Cohen 和 Levy 在 2016 年的报告。

上面已经指出，多智能体系统的行为(特别是在不确定性下系统的行为)可以通过不同的方法来定义。例如，使用离散或连续的马尔可夫模型，对数据和控制流的规范形式化，或者使用动力学系统理论的方法。在最后一种情况下，系统的动力学以常微分方程或偏微分方程的形式来表示，这样它们的解就确定了智能体的轨迹或它们在状态空间域上的分布。

假设集群由 m 个智能体组成。那么，一般来说，每个智能体的状态 $j=1,2,\cdots m$ 被定义为一个参数向量，该向量明确指代了智能体相对于其先前位置和环境状态的位置。特别地，对于在欧几里得空间中运动的无量纲粒子系统，每个粒子的状态被定义为一对变量 $(\vec{\boldsymbol{x}}_j(t),\vec{\boldsymbol{v}}_j(t))(j=1,2,\cdots,m)$，其中，$\vec{\boldsymbol{x}}_j(t)$ 是 t 时刻的粒子坐标，$\vec{\boldsymbol{v}}_j(t)$ 是其速度。然后，第 j 个粒子的运动由常微分方程确定：

$$\begin{cases}\dfrac{\mathrm{d}}{\mathrm{d}t}\vec{\boldsymbol{x}}_j(t)=f(\vec{\boldsymbol{x}}_j,\vec{\boldsymbol{v}}_j,t,u(\vec{\boldsymbol{x}}_1,\cdots,\vec{\boldsymbol{x}}_m,\vec{\boldsymbol{v}}_1,\cdots,\vec{\boldsymbol{v}}_m))\\ \dfrac{\mathrm{d}}{\mathrm{d}t}\vec{\boldsymbol{v}}_j(t)=g(\vec{\boldsymbol{x}}_j,\vec{\boldsymbol{v}}_j,t,u(\vec{\boldsymbol{x}}_1,\cdots,\vec{\boldsymbol{x}}_m,\vec{\boldsymbol{v}}_1,\cdots,\vec{\boldsymbol{v}}_m))\end{cases} \tag{10-16}$$

式中，f 和 g 分别定义了粒子的位置和速度，以及由系统中所有粒子的位置和速度确定的控制函数 u 的值 $u(\vec{\boldsymbol{x}}_1,\cdots,\vec{\boldsymbol{x}}_m,\vec{\boldsymbol{v}}_1,\cdots,\vec{\boldsymbol{v}}_m)$。请注意，前述 Cucker-Smale 模型(式(10-6))和活动布朗粒子的 Langevin 模型(式(11-1))中每个智能体的运动都是由这类系统定义的。

定义每个智能体 $j=1,2,\cdots,m$ 的所有可能状态的集合称为相空间，智能体的行为由指定智能体状态随时间变化的相轨迹来表示。换句话说，智能体的行为是通过其相空间到自身的某种拓扑映射来定义的，这个映射关于时间的导数集构成了智能体所有可能轨迹的矢量场。矢量场示例如图 10-9 所示(参见图 5-4 所示的人工势场)。关于动力学系统理论背景下所述术语的详细解释，参见 Meiss(2007)和 Brin 与 Stick(2002)的著作；动力学系统领域的经典介绍在 Guckenheimer 和 Homes(2002)的书中。

按照 Ceccarelli et al. (2008)提出的方法，考虑由 m 个移动机器人组成的系统在平面上的运动，其中第 $j=1,2,\cdots,m$ 个机器人的速度矢量从机器人的当前位置开始。然后，将机器人的路径与某一动力学系统的相轨迹联系起来，将机器人集群的控制问题归结为由式(10-16)定义的动力学系统的控制问题。

根据规范的哈密尔顿形式论(Zaslavsky 2007)，对这种系统的控制定义如下：用 H 表示系统的哈密尔顿函数，坐标 $\vec{\boldsymbol{x}}_1,\cdots,\vec{\boldsymbol{x}}_m$ 和速度 $\vec{\boldsymbol{v}}_1,\cdots,\vec{\boldsymbol{v}}_m$ 定义了系统的总能量 $H(\vec{\boldsymbol{x}}_1,\cdots,\vec{\boldsymbol{x}}_m,\vec{\boldsymbol{v}}_1,\cdots,\vec{\boldsymbol{v}}_m)$，其中包括第 j 个机器人的控制量 $u_j=u(\vec{\boldsymbol{x}}_1,\cdots,\vec{\boldsymbol{x}}_m,\vec{\boldsymbol{v}}_1,\cdots,\vec{\boldsymbol{v}}_m)$。

系统的动力学定义如下：

$$\begin{cases}\dfrac{\mathrm{d}}{\mathrm{d}t}\vec{\boldsymbol{x}}_j(t)=\dfrac{\partial}{\partial\vec{\boldsymbol{v}}_j}H(\vec{\boldsymbol{x}}_1,\cdots,\vec{\boldsymbol{x}}_m,\vec{\boldsymbol{v}}_1,\cdots,\vec{\boldsymbol{v}}_m,u_j)\\ \dfrac{\mathrm{d}}{\mathrm{d}t}\vec{\boldsymbol{v}}_j(t)=-\dfrac{\partial}{\partial\vec{\boldsymbol{x}}_j}H(\vec{\boldsymbol{x}}_1,\cdots,\vec{\boldsymbol{x}}_m,\vec{\boldsymbol{v}}_1,\cdots,\vec{\boldsymbol{v}}_m,u_j)\end{cases} \tag{10-17}$$

对于有限的运动，智能体 j 的动作由下面的积分给出：

$$I_j=\frac{1}{2\pi}\oint\vec{\boldsymbol{v}}_j\,\mathrm{d}\vec{\boldsymbol{x}}_j \tag{10-18}$$

有限动作由下面的积分给出：

$$S_j=\oint^{\vec{\boldsymbol{x}}_j}\vec{\boldsymbol{v}}_j\,\mathrm{d}\vec{\boldsymbol{x}}_j \tag{10-19}$$

然后，智能体 j 的运动方向角由有限动作 S_j 对动作 I_j 的导数给出。

$$\theta_j=\frac{\partial}{\partial I_j}S_j \tag{10-20}$$

给定每个智能体 $j(j=1,2,\cdots m)$ 的动作 I_j 和运动角度 θ_j，m 个智能体系统的动力学可以在动作-角度坐标系中定义：

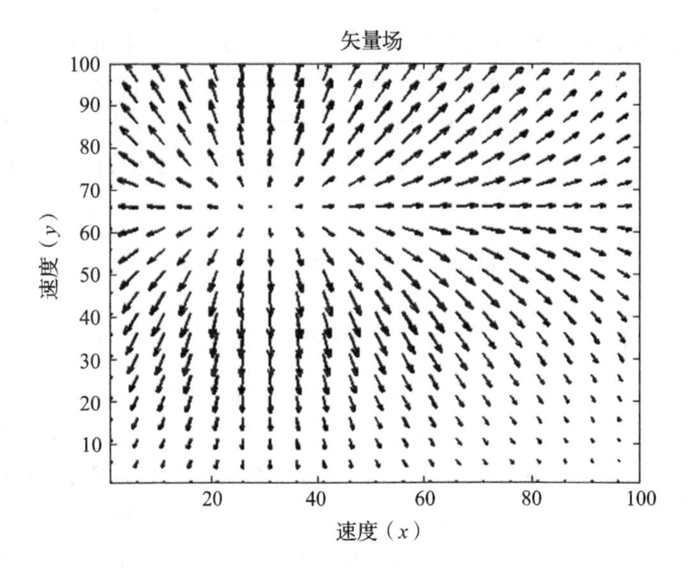

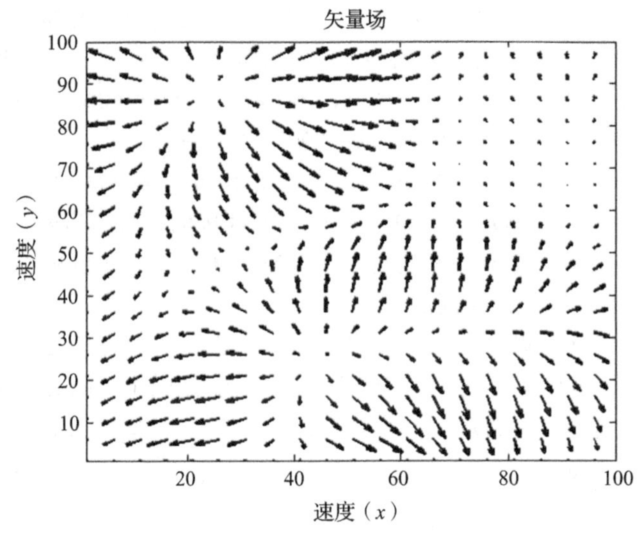

图 10-9　矢量场示例

$$\begin{cases} \dfrac{\mathrm{d}}{\mathrm{d}t}I_j(t) = -\dfrac{\partial}{\partial \theta_j}H(\vec{\boldsymbol{x}}_1,\cdots,\vec{\boldsymbol{x}}_\mathrm{m},\vec{\boldsymbol{v}}_1,\cdots,\vec{\boldsymbol{v}}_m,u_j) \\ \dfrac{\mathrm{d}}{\mathrm{d}t}\theta_j(t) = \dfrac{\partial}{\partial I_j}H(\vec{\boldsymbol{x}}_1,\cdots,\vec{\boldsymbol{x}}_m,\vec{\boldsymbol{v}}_1,\cdots,\vec{\boldsymbol{v}}_m,u_j) \end{cases} \tag{10-21}$$

这当然等价于式(10-17)所给出的系统，不过机器人定义的不是坐标和速度，而是它们的步长和方向。

假设机器人以恒定的速度移动，因此每次走的步数相等，并保存了能量。然后系统(式(10-21))被简化为(Ceccarelli et al. 2008)：

$$\begin{cases} \dfrac{\mathrm{d}}{\mathrm{d}t}I_j(t) = 0 \\ \dfrac{\mathrm{d}}{\mathrm{d}t}\theta_j(t) = u(\vec{\boldsymbol{x}}_1,\cdots,\vec{\boldsymbol{x}}_m,\vec{\boldsymbol{v}}_1,\cdots,\vec{\boldsymbol{v}}_m) \end{cases} \tag{10-22}$$

这表示集群中每个智能体的运动方向取决于其他智能体的位置和速度。很明显，除了智能体之间的相互依赖之外，集群还可能朝着某个目标前进，这时控制函数 u 所包含的项就代表了这样一个目标，并且通常定义了由矢量场确定的空间的拓扑。

另一方面，如果集群由中央单元控制，并且机器人之间没有交互，则机器人按照中央控制器中实现的动力学系统的相位图来运动。Benedettelli et al. (2010)(另见 Ceccarelli et al. 2008)为 Lego RCX 机器人实现了一个由二阶动力学系统控制的集群，该系统在极限环上收敛。图 10-10 显示了基于 Lego NXT 机器人的集群系统，该机器人具有蓝牙通信和 OpenCV 图像处理功能(遵循 Cohen 和 Levy 在 2016 年提出的方案)。

该系统由用 NXC 语言编程的 Lego NXT 机器人来实现(Benedettelli 2007；Hansen 2010)。通过蓝牙对机器人进行控制，并使用 NXT 机器人的 C/C++库进行编程(Monobrick 2012)。机器人的位置由 Microsoft 的数码相机捕捉，视频流使用处理图像的 OpenCV 库(OpenCV 2016)和 Hounslow(2013)的 OpenCV 对象跟踪库进行处理。除了位置，每帧中机器人的当前方向也被识别。

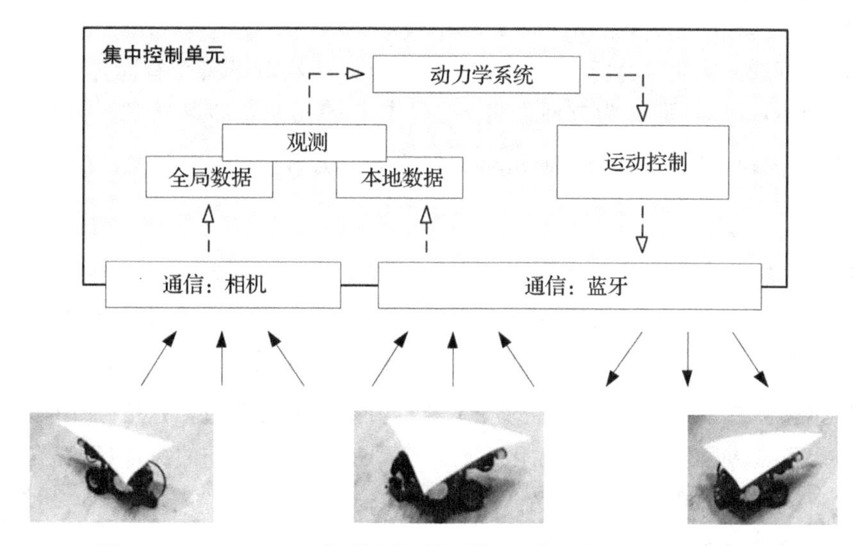

图 10-10　Lego NXT 机器人的多机器人系统中集中反馈控制方案

控制过程中，假设机器人每次都精确移动相等的步长，动力学系统在动作-角度坐标系中按照式(10-22)来定义。

在集中控制系统中，中央单元完全确定了所有机器人的运动，机器人沿着动力学系统的相轨迹移动，且没有独立决策的能力。相反，在分散多智能体系统中，智能体根据观察到的环境状态和从其他智能体处获得的信息做出独立的决策。然而，如果智能体具有关于彼此的完整信息，则可以使用它们的联合行动和智能体状态的相应联合概率分布来定义集群的行为(参见 10.1.1 节)。因此，这种集群控制也可以使用集中控制方案来进行，并且这是维持集群基本任务的很好的工具，可以用 Reynolds 规则(参见 10.1.2 节)来实现。为了通过自主分散式决策的方式进行联合行动并朝着联合目标前进，智能体需要其他协调行动的技术。一个众所周知的协调技术是*社会选择方法*。

协调的社会选择方法把可选方案和偏好扩展到 m 个智能体的集群上，并有如下定义(Shoham and Leyton-Brown 2008)。类似于 10.1.1 节，假设 $\mathcal{A}=\{a_1,a_2,\cdots,a_n\}$ 是一组可能的可选方案，这使得在当前步骤中每个智能体 j 根据其偏好来选择可选方案 $a \in \mathcal{A}$。请注意，这里假设所有的智能体都可以选择所有的可选方案，按照 MDP 方法(Dynkin and Yushkevich 1979；White 1993；Ross 2003)可以这样定义：第 $j=1,2,\cdots,m$ 个智能体从时变集合 $\mathcal{A}_j \subset \mathcal{A}$ 中选择其可选方案。

综上所述，假设来自 $\mathcal{A}$ 的可选方案是关于偏好关系 $\succcurlyeq$ 的偏序集合。因此在选择可选方案时，每个智能体 j 遵循各自的偏好。第 $j=1,2,\cdots,m$ 个智能体的偏好用 $\succcurlyeq_j$ 表示，它的无差异用 $\sim_j$ 表示。若有必要，还区分严格偏好 $\succ_j$ 和弱偏好 $\succcurlyeq_j$。类似于 10.1.1 节中定义的行动和策略组合，代表智能体群体偏好的偏好组合由 $\vec{\succcurlyeq}=(\succcurlyeq_1, \succcurlyeq_2, \cdots, \succcurlyeq_m)$ 表示。

当然，如 10.1.1 节所述，每个智能体 j 的偏好关系 $\succcurlyeq_j$ 可以单独考虑。特别是，假定对于第 j 个智能体，概率分布 p_j 或 $\mathcal{A}$ 上的彩票 $\ell_j=[p_j(a_1), p_j(a_2), \cdots, p_j(a_n)]$ 是可以定义的，并且假设关系 $\succcurlyeq_j$ 满足 10.1.1 节中指出的完备性、传递性、可分解性、单调性、连续性和可替代性这些公理。然后，根据定理 10-1 可知，由偏好关系 $\succcurlyeq_j$ 定义的可选方案集 $\mathcal{A}$ 的排序可以用智能体效用函数 u_j：$\mathcal{A} \to [0, 1]$ 来指定，这使得对于任何一对可选方案 a_i，$a_k \in \mathcal{A}$ 当且仅当 $u_j(a_i) \geqslant u_j(a_k)$ 时 $a_i \succcurlyeq a_k$ 成立。

用 $\mathcal{L}$ 表示可选方案集 $\mathcal{A}$ 的所有可能顺序的集合。既然对于每个智能体 j，它的偏好关系 $\succcurlyeq_j$ 明确了 $\mathcal{A}$ 的排序，那么为方便可将 $\succcurlyeq_j$ 写作 $\mathcal{L}$ 的元素，即 $\succcurlyeq_j \in \mathcal{L}$。类似地，对于 m 个智能体集群的偏好组合 $\vec{\succcurlyeq}$，为方便可将其写作 $\vec{\succcurlyeq} \in \mathcal{L}^m$，其中 $\mathcal{L}^m=\underbrace{\mathcal{L} \times \mathcal{L} \times \cdots \times \mathcal{L}}_{m\text{次}}$ 代表集合 $\mathcal{L}$ 的 m 个笛卡儿积。

社会选择方法旨在获得 m 个智能体群体的决策，协调各智能体根据自身偏好和效用所做出的决策，并形成一个整体的群体联合决策。换句话说，给定 m 个具有各自偏好 $\succcurlyeq_j$ 的智能体集群，在可选方案集 $\mathcal{A}$ 上，需要确定一个社会选择函数 c：$\mathcal{L}^m \to \mathcal{A}$，该函数选择与该群体偏好组合 $\vec{\succcurlyeq} \in \mathcal{L}^m$ 相关的可选方案 $a \in \mathcal{A}$。由于群体决策通常是按顺序确定的，因此该过程从一组可选方案开始并不断优化它们，直到获得一个单一的决策(若存在)。此外还定义了一个对应的值函数集 C：$\mathcal{L}^m \to 2^{\mathcal{A}}$(它称为社会选择函数集)，与函数 c 相反，它将返回一组可选方案 $A \subset \mathcal{A}$。

社会选择函数 c 和社会选择函数集 C 可以以不同的方式构建，使得在给定相同智能体偏好的情况下，它们提供不同的群体决策。然而，为了保证对集体的选择是不受监督的直觉认知，通常这些函数是基于投票方法来确定的，这样胜出的可选方案被认为是大多数智能体的选择。这种胜出的可选方案的定义称为 Condorcet 条件(Shoham and Leyton-Brown 2008)。该条件规定，如果对于任何可选方案 $a \in \mathcal{A}$ 来说，有 $(a^* \succ a) \geqslant (a \succ a^*)$ 成立，则可选方案 $a^* \in \mathcal{A}$ 是 Condorcet 胜出者，其中 $(a' \succ a'')$ 代表相比可选方案 a'' 更偏好可选方案 a' 的智能体数量。

尽管对 Condorcet 条件有了直观的了解，但仍存在某种偏好组合会使在给定的一组可选方案中不存在 Condorcet 胜出者。最简单的例子是 $m=2$ 个玩家在 $n=2$ 个相反选项的集合 $\mathcal{A}=\{a_1, a_2\}$ 上的对抗游戏。在这样的游戏中，有 $a_1 \succ_1 a_2$ 和 $a_2 \succ_2 a_1$，因此有 $\#(a_1 \succ a_2)=\#(a_2 \succ a_1)$，这样两个可选方案都是没有 Condorcet 胜出者的。无 Condorcet 胜出者的另一个例子(Shoham and LeytonBrown 2008)是对于有 3 个可选方案集合 $\mathcal{A}=\{a_1, a_2, a_3\}$ 和 $m=3$ 个智能体群体，它们的偏好关系定义如下：

$$a_1 \succ_1 a_2 \succ_1 a_3, a_2 \succ_2 a_3 \succ_2 a_1, a_3 \succ_3 a_1 \succ_3 a_2$$

因此，$\#(a_1 \succ a_2)=\#(a_2 \succ a_3)=\#(a_3 \succ a_1)=2$，Condorcet 胜出者也不存在。

为了解决这个问题，有人提出了几种不同的投票方法，在考虑智能体对可选方案偏好的情况下，选择胜出的可选方案。同时，证明了这些方法允许非一致性情况的存在，在这种情况下，最初由少数智能体偏好的可选方案被选为最终的胜出者。投票方法和相应问题的详细研究在 Shoham 和 Leyton-Brown(2008)和 Nurmi(1999，2002)等人的论著研究中有阐述。下面用著名的与奥曼定理(定理 10-3)密切相关的阿罗不可能定理来约束讨论。

给定可选方案集$\mathcal{A}$及其所有可能顺序的集合 $\mathcal{L}$，用函数 w：$\mathcal{L}^m \to \mathcal{L}$ 表示含有 m 个智能体群体的偏好组合$\vec{\succcurlyeq}$映射到集合$\mathcal{A}$的一个特定顺序。换句话说，函数 w 组合或聚集了智能体的偏好$\vec{\succcurlyeq}_j$(其中 $j=1,2,\cdots,m$)，并给出它们的联合偏好关系$\succcurlyeq_w$，它明确地规定了团队中智能体偏好的可选方案。这种函数称为社会福利函数。

显然，社会福利函数 w 可以用不同的方式构建，并且可以使用不同的方法对自主智能体群体进行集体决策。然而，与集中控制方法相反，它应满足至少 3 个要求，这些要求代表了分散且独立地选择可选方案的思想，其表述如下(Shoham and Leyton-Brown 2008)：

1)帕累托最优。令 $a_i, a_k \in \mathcal{A}$为一对可选方案(其中 $i,k=1,2,\cdots,n$)，$\vec{\succ} \in \mathcal{L}^m$ 是 m 个智能体群体的偏好组合。如果对于每个智能体 $j=1,2,\cdots,m$ 的偏好关系有$\succ_j \in \mathcal{L}$，若有 $a_i \succ_j a_k$ 成立，且总有 $a_i \succ_w a_k$ 成立，则 w 是帕累托最优的，其中 w 代表由偏好组合$\vec{\succ}$定义的社会福利函数。换句话说，如果所有 m 个智能体都同意可选方案 a_i 优于可选方案 a_j，那么根据集合了所有智能体偏好的社会福利函数 w，可选方案 a_i 也优于 a_j。

2)无关可选方案的独立性。令 a_i，$a_k \in \mathcal{A}$是任意一对可选方案(其中 i，$k=1,2,\cdots,n$)，$\vec{\succ}'$，$\vec{\succ}'' \in \mathcal{L}^m$ 是 m 个智能体群体的任意一对偏好组合。对于所有智能体 $j=1,2,\cdots,m$ 的偏好关系$\succ'_j$ 和$\succ''_j$，如果当且仅当 $a_i \succ''_j a_k$ 时，$a_i \succ'_j a_k$ 成立，这意味着当且仅当 $a_i \succ_{w''} a_k$ 时 $a_i \succ_{w'} a_k$ 成立，则 w'和 w''是无关可选方案独立的，其中 w'和 w''分别代表相对于偏好组合$\succ'$和$\succ''$定义的社会福利函数。这意味着由社会福利函数确定的可选方案顺序仅取决于由智能体确定的偏好顺序，而不取决于可选方案本身。

3)非独裁。令 a_i，$a_k \in \mathcal{A}$是一对可选方案(其中 i，$k=1,2,\cdots,n$)，$\vec{\succ} \in \mathcal{L}^m$ 是 m 个智能体群体的偏好组合。若群体中不存在具有偏好关系$\succ_{j^*}$的智能体 $j^* \in \{1,2,\cdots,m\}$，则使得由社会福利函数 w 确定的关于群体偏好组合$\vec{\succ}$的偏好 $a_i \succ_w a_k$ 必然遵循智能体 j^* 的偏好 $a_i \succ_{j^*} a_k$。换句话说，单一智能体的偏好无法决定群体的偏好。

第一个要求保证了个人和联合决策的一致性，第二个要求保证了外部选择决策的独立性，第三个要求保证了智能体的平等性。

尽管这些要求简单明了，但已证明不存在同时满足这三个要求的社会福利函数。更准确地说，在 1951 年，阿罗证明了下面著名的定理(参见定理 10-3)：

定理 10-4　对于任意数量 $m \geqslant 2$ 的智能体，如果可选方案数 $n \geqslant 3$，那么任何帕累托最优且无关可选方案独立的社会福利函数都是独裁的(Arrow 1951)。

人们提出了几种投票方案以克服这个定理的内在矛盾。然而，在 Muller 和 Satterhwaite 于 1977 年证明了即使是在较低的帕累托效率要求下也会导致独裁的社会福利函数之后，人们研究的注意力主要集中在实施不同等级的投票方案上，其中智能体及其子群联盟对群体的联合决策具有不同的影响。

特别地，在博弈论框架中，这种方案以加权投票博弈的形式来实现。接下来，考虑在移动机器人团队博弈中形成子群并导航集群向目标位置移动的实现。在基本公式中，加权投票博弈定义为如下的流程(Shoham and Leyton-Brown 2008；Cheng and Dashgupta 2010)。

用$\mathcal{J}=\{1,2,\cdots,m\}$表示由$m$个智能体组成的团队，设$u$：$2^{\mathcal{J}}\to\mathbb{R}$是一个效用函数，这样的话，对智能体的每个子群$J\subset\mathcal{J}$都会指定一个实值效用(或收益)$u(J)$。综上所述，对于单个智能体，这个效用由$u_j=u(\{j\})$表示。在博弈论框架下，子群$J\subset\mathcal{J}$称为联盟，并且假设若$u(J)=1$，则联盟$J$是胜出的；若$u(J)=0$，则联盟$J$是失败的。

加权投票博弈中联盟J的效用$u(J)$通常定义如下。设$w(j)\geqslant 0$为智能体j在博弈中贡献的实值，设$w^*>0$是某个阈值，那么有：

$$\begin{cases} u(J)=1, & \text{若} \sum\limits_{j\in J} w(j)>w^* \\ u(J)=0, & \text{否则} \end{cases} \tag{10-23}$$

智能体的权重和联盟的效用可以用不同的方式定义。特别是，被称为势博弈的博弈是利用势函数$\mathcal{P}$(或者更准确地说是加权势函数(Monderer and Shapley 1996))来定义的，对于智能体组$\mathcal{J}$的任何加权联盟博弈，它指定真实值$\mathcal{P}(\mathcal{J})$，使得(Petrosian，Zenkevich and Shevkoplias 2012)：

$$w(j\,|\,\mathcal{J})=\mathcal{P}(\mathcal{J})-\mathcal{P}(\mathcal{J}\{j\}),\sum_{j\in\mathcal{J}}w(j\,|\,\mathcal{J})=u(\mathcal{J}),\mathcal{P}(\emptyset)=0 \tag{10-24}$$

换句话说，这个函数定义了一种改变智能体的策略，从而导致联盟的胜出或失败。

根据这些定义，可以指定不同类型智能体的博弈。下一个例子演示了在随机环境中运行的 Tsetlin 自动机的博弈(Tsetlin 1973)。

例 10.3　令$\mathcal{J}=\{1,2,\cdots,m\}$是随机环境$C=\{c_1,c_2\}(|c_1|，|c_2|\leqslant 1)$中含有$m$个 Tsetlin 自动机的团队(Nikoy and Buskila 2017)。在时间$t=0,1,2,\cdots$内第j个自动机($j\in\mathcal{J}$)接收到输入值$\xi_j(t)\in\{0,1\}$的概率为：

$$p(t)=\Pr\{\xi_j(t)=0\}=\frac{1+c(t)}{2},\qquad q(t)=\Pr\{\xi_j(t)=1\}=\frac{1-c(t)}{2}$$

这是相对于观察到的环境状态$c(t)\in\{c_1,c_2\}$确定的。对于 Tsetlin 自动机，状态$S=\{0,1\}$的转移是由以下转换矩阵通过接收的输入值定义的：

$$\boldsymbol{\rho}(\xi_j(t)=0)=\begin{Vmatrix}1 & 0\\ 0 & 1\end{Vmatrix},\quad \boldsymbol{\rho}(\xi_j(t)=1)=\begin{Vmatrix}0 & 1\\ 1 & 0\end{Vmatrix}$$

最后，第j个自动机的输出$\xi_j(t)\in\{0，1\}$与其状态相等，即$\zeta_j(t)=s_j(t)$。

请注意，根据 Tsetlin 自动机的定义，如果第j个自动机接收到输入$\xi_j(t)=0$，则它保持当前状态；如果它接收到输入$\xi_j(t)=1$，则改变其状态。根据这个属性，在 Tsetlin 自动机博弈中，第j个自动机的效用$u(\{j\})$被定义为：

$$u(\{j\})=(1-\xi_j(t))$$

换句话说，如果第j个自动机的状态发生了改变，那么它的效用是$u(\{j\})=(1-\xi_j(t))=1-1=0$；如果它保持在当前状态，那么它的效用是$u(\{j\})=(1-\xi_j(t))=1-0=1$。

请注意，如果这一组仅包含一个自动机(即$\mathcal{J}=\{j\}$)，则有$w(j\,|\,\{j\})=\mathcal{P}(\{j\})-\mathcal{P}(\{j\}\{j\})=\mathcal{P}(\{j\})$和$u(\{j\})=w(j\,|\,\{j\})$成立。那么两个仅含有一个自动机的组$\mathcal{J}_1=\{1\}$和$\mathcal{J}_2=\{2\}$的效用是：

$$u(\mathcal{J}_1 \cup \mathcal{J}_2) = u(\{1\}) + u(\{2\}) = \mathcal{P}(\{1\}) + \mathcal{P}(\{2\})$$

然而，对于含有两个自动机的组$\mathcal{J}=\{1,2\}$，权重是：

$$w(1 \mid \{1,2\}) = \mathcal{P}(\{1,2\}) - \mathcal{P}(\{2\}), w(2 \mid \{1,2\}) = \mathcal{P}(\{1,2\}) - \mathcal{P}(\{1\})$$

组$\mathcal{J}=\{1,2\}$的效用$u(\{1,2\})$是：

$$u(\mathcal{J}) = u(\{1,2\}) = 2\,\mathcal{P}(\{1,2\}) - \mathcal{P}(\{1\}) - \mathcal{P}(\{2\})$$

即使在这样一个简单的博弈中，自动机也表现出一些基本的学习特性，以及对智慧智能体行为的模仿。特别地，在被随机分成 10 个联盟$\{J_1, J_2, \cdots, J_{10}\}$的 100 个自动机组$\mathcal{J}$中可以观察到，如果一半的联盟胜出，一半失败，则组$\mathcal{J}$的平均时间效用增加并偏离稳定值。然而，如果 20%的联盟是胜出的，而另外的联盟是失败的，那么按时间平均，$\mathcal{J}$组的效用偏离了它的初始低值。效用变化如图 10-11 所示。

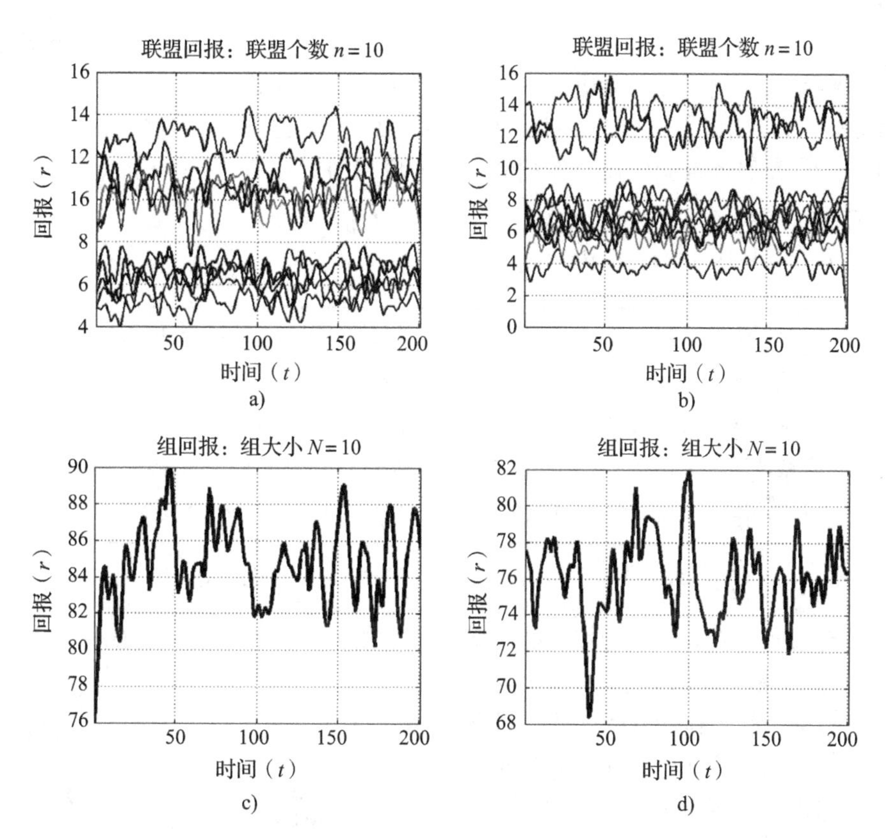

图 10-11　100 个 Tsetlin 自动机组成的组对于成功和失败联盟的不同百分比的效用变化。图 a)和 b)显示了分别具有 50%和 20%成功联盟的 10 个联盟的效用，图 c)和 d)显示了该组的相应效用

当然，所提出的博弈可以直接扩展到具有更广泛输入、输出和状态值集合，以及任意转移函数的一般有限自动机的博弈中。类似地，博弈不受已定义的效用函数的限制，并可以根据考虑的问题扩展为任何合理的效用函数和势函数。特别是，如果 Tsetlin 自动机用于控制机器人在 4 个确定方向(北、南、东、西)上的运动(见 12.3.1 节)，那么应该为控制器的两个自动机分别定义博弈。■

所考虑的一种模型是，智能体根据联合效用函数分组形成联盟。换句话说，智能体使用一些定义了它们偏好的外部标准以决定加入或不加入联盟。另一种选择是投票模型，其中可选方案与智能体本身相关联，这使得智能体通过投票决定是否邀请候选智能体加入联盟。

后一种方法规定如下形式。令$\mathcal{A}=\{a_1,a_2,\cdots,a_n\}$是一组可选方案，$\mathcal{J}=\{1,2,\cdots,m\}$为$m$个智能体的团队。第$j=1,2,\cdots,m$个智能体关于可选方案的偏好由其偏好关系定义，且代表$m_J\leqslant m$大小的联盟$J\subset\mathcal{J}$偏好的偏好组合由$\vec{\succcurlyeq}_J=(\succcurlyeq_1,\succcurlyeq_2,\cdots,\succcurlyeq_{m_J})$表示。

可选方案与智能体的关联意味着，当第j个智能体选择可选方案$a_i\in\mathcal{A}$时，事实上，是根据第j个智能体的偏好$\succcurlyeq_j$来优先选择智能体$i\in\mathcal{J}$加入联盟。为了方便起见，认为单个智能体是仅含有一个智能体的联盟，并且将智能体i包含在单个智能体j的联盟中，这意味着应构建含有两个智能体的联盟$J=\{i,j\}$。当然，在这里假设可选方案数n等于智能体数m。

最后，在满足偏好组合$\vec{\succcurlyeq}_J$的每个联盟$J\subset\mathcal{J}$中，通过指定胜出智能体的投票过程来共同确定是否将候选智能体加入联盟。下面的例子说明了这种方法。

例 10.4 假设团队$\mathcal{J}=\{1,2,\cdots,m\}$中有$m=10$个智能体，被随机分为$k=5$个联盟（包括空联盟），并假设智能体需要根据其偏好形成相同数量的$k=5$个联盟的新划分（Raybi and Levy 2017）。

智能体的偏好如图10-12所示。

智能体1:	9, 5, 8, 10, 4, 2, 6, 3, 1, 7.	智能体6:	6, 7, 4, 9, 8, 2, 5, 10, 1, 3.
智能体2:	10, 8, 2, 7, 9, 4, 3, 5, 1, 6.	智能体7:	6, 1, 9, 10, 3, 2, 5, 7, 8, 4.
智能体3:	2, 1, 9, 5, 7, 3, 10, 8, 4, 6.	智能体8:	7, 4, 10, 8, 1, 2, 9, 3, 6, 5.
智能体4:	3, 10, 2, 8, 4, 5, 6, 1, 9, 7.	智能体9:	8, 1, 5, 4, 7, 6, 10, 9, 3, 2.
智能体5:	9, 3, 2, 10, 5, 4, 1, 6, 7, 8.	智能体10:	10, 4, 1, 9, 5, 6, 3, 2, 7, 8.

图10-12 包含在联盟中的智能体($m=10$)的偏好

从图中可以看出，第1个智能体相比第5个智能体更偏好第9个智能体，相比第8个智能体它更偏好第5个智能体，以此类推。类似地，例如，第7个智能体相比第1个智能体更偏好第6个智能体，相比第9个智能体它更偏好第1个智能体，以此类推。请注意，智能体被认为是“客观的”，并不总是偏好自己。

此外，遵循联盟博弈的方向，假设智能体$j\in\mathcal{J}$对联盟的贡献由其权重$w(j)\geqslant 0$确定，并且联盟的效用由式(10-23)使用阈值$w^*>0$来定义。需要注意的是，智能体的偏好并不取决于权重，权重仅用于确定联盟的胜出。在下文中，权重是根据偏好随机且独立选择的。在所进行的仿真中，阈值权重是$w^*=1.25$。

$k=5$的初始划分是随机进行的，这种划分如图10-13所示。

联盟：1	联盟：3
$u=1$	$u=0$
智能体2: $w=0.62$	智能体3: $w=0.89$
智能体4: $w=0.24$	
智能体5: $w=0.33$	联盟：4
智能体8: $w=0.72$	$u=0$
联盟：2	联盟：5
$u=1$	$u=0$
智能体1: $w=0.24$	
智能体6: $w=0.59$	
智能体7: $w=0.07$	
智能体9: $w=0.38$	
智能体10: $w=0.92$	

图10-13 对$m=10$个智能体，$k=5$个联盟的初始划分

在最初的划分中，有两个胜出的联盟——联盟 $J_1=\{2,4,5,8\}$ 和 $J_2=\{1,6,7,9,10\}$，一个失败的联盟 $J_3=\{3\}$，还有两个空联盟(即 $J_4=\emptyset$ 和 $J_5=\emptyset$)。也就是说，一开始有 3 个非空联盟，其中两个为胜出的联盟。

在对智能体的偏好和联盟的偏好组合进行投票之后，智能体被重组并形成其他联盟。投票后的联盟如图 10-14 所示。

可以看出，在投票之后，智能体 2 离开了第一个联盟 J_1 并加入第三个联盟 J_3，J_3 成为胜出的联盟。尽管智能体 10 离开第二个联盟 J_2 并加入第一个联盟 J_1，但联盟 J_3 仍然胜出。除此之外，第二个联盟失去了两个智能体——智能体 1 和智能体 9——成为失败的联盟。这两个智能体加入了此前的空联盟，第五个联盟 J_5。然而，由于这些智能体的权重之和小于阈值权重，因此这个联盟是失败的。换句话说，投票结果是智能体分成 4 个非空的联盟，$J_1=\{4,5,8,10\}$、$J_2=\{6,7\}$、$J_3=\{2,3\}$ 和 $J_5=\{1,9\}$，其中两个胜出，两个失败。■

联盟：1
$u=1$
智能体4: $w=0.24$
智能体5: $w=0.33$
智能体8: $w=0.72$
智能体10: $w=0.92$

联盟：2
$u=0$
智能体6: $w=0.59$
智能体7: $w=0.07$

联盟：3
$u=1$
智能体2: $w=0.62$
智能体3: $w=0.89$

联盟：4
$u=0$

联盟：5
$u=0$
智能体1: $w=0.24$
智能体9: $w=0.38$

图 10-14 投票后 $m=10$ 个智能体，$k=5$ 个联盟的划分

很明显，所给出的例子并没有增强基于智能体模型的集群动力学的所有变化以及博弈论模型的所有可能实现，而是用于说明这种方法的主要思想。另一种方法应用 10.1.1 节中提到的概率模型和相应的优化技术，在下一节中，将详细考虑这些模型。

10.2.2 集群动力学的概率模型

对于确定的情况，当智能体在已知环境中行动时，集中控制的动作和选择仅和其他智能体的选择和执行的动作相关。相反，对于概率情况，集中控制只能应用概率分布方法。这类集中控制的一个可行方法是使用概率导航函数(Probability Navigation Function, PNF)。

在之前的研究中(Hacohen, Shoval and Shvalb 2017)，概率导航函数是针对单个机器人和单个目标在不确定动态环境中的运动规划来实现的。对于多智能体多目标(Multi-Agent Multi-Target, MAMT)问题，需要重建由目标距离和避碰函数组成的基本函数。

其中，避碰函数不变，并由下式给出：

$$\beta^j(x)=(\Delta_0-p_0(x))\prod_{i=0,i\neq j}^{N_a+N_o}(\Delta_i-p_i(x))$$

式中，Δ_i 和 $p_i(x)$ 分别是第 i 个对象的 Δ 和 $p_{tot}(x)$；N_a 和 N_o 分别是智能体和障碍物的数量，见图 10-15。Δ_0 和 $p_0(x)$ 的值限定了许可区域的边界。$p_0(x)$ 是几何函数在许可区域之外获得的单位值 $p_{tot}(x)$，仅通过当前智能体的概率密度函数计算得到。

另一方面，目标函数发生了两部分变化。首先，重心转移到找到目标的概率，而不是到目标的原始距离。其次，目标变为多个。下面将目标函数定义为：

$$\lambda(x)=\sum_{j=0}^{N_t}(1-p_j(x))$$

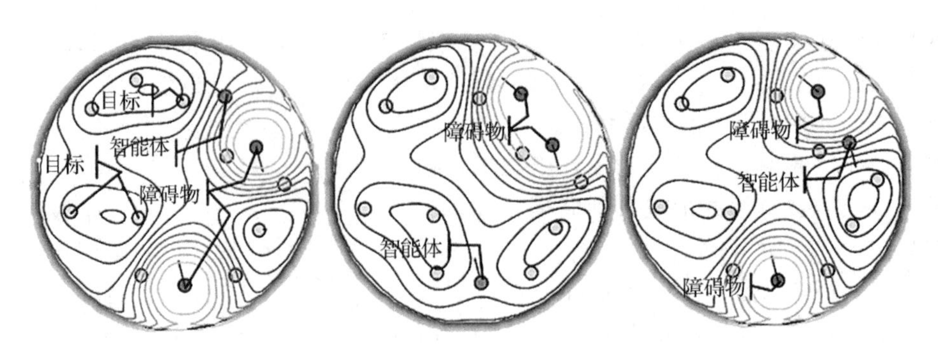

图 10-15 有3个智能体的场景：每个智能体计算自己的PNF，其他智能体被视为障碍

式中，N_t 是未插入目标的数量；$p_j(x)$是第 j 个目标的 $p_{tot}(x)$值。如果目标已被优先化，则一个优先值添加到相应的目标上。用 α_i 来标记第 i 个目标的优先值。那么，目标函数变成(见图 10-16)：

$$\lambda(x) = \sum_{j=0}^{N_t} (1 - p_j(x))^{\alpha_i}$$

智能体运动的方向由 PNF 的梯度下降给出：

$$\nabla\varphi(x) = \frac{\nabla\lambda\ (\lambda^K + \beta^j)^{\frac{1}{K}} - \dfrac{\lambda}{K}(K\ \nabla\lambda\lambda^{K-1} + \nabla\beta^j)\ (\lambda^K + \beta^j)^{\frac{1}{K}}}{(\lambda^K + \beta^j)^{2/K}}$$

现在我们考虑具有动态对象(例如，其他智能体、目标或障碍物)的多智能体多目标(MAMT)任务。主要原则如下(更多详细信息见 Hacohen，Shoval and Shvalb 2017)。在每一个时间步内，前一步 N_{fwd}的路径通过计算 $Q=\{q_1,q_2,\cdots,q_{N_{fwd}}\}$得到。从 q_k 到 q_{k+1}的转换根据 PNF(φ_k)计算得到，其中 PNF(φ_k)是使用合适的第 k 个对象的预测概率密度函数经过计算得到的。通过使用模拟环空法的优化过程来改进整个路径。优化过程的代价函数对应于路径当前节点的 PNF 值的总和，由下式给出：

$$E_0 = \sum_{k=1}^{N_{fwd}} \varphi_k(q_k)$$

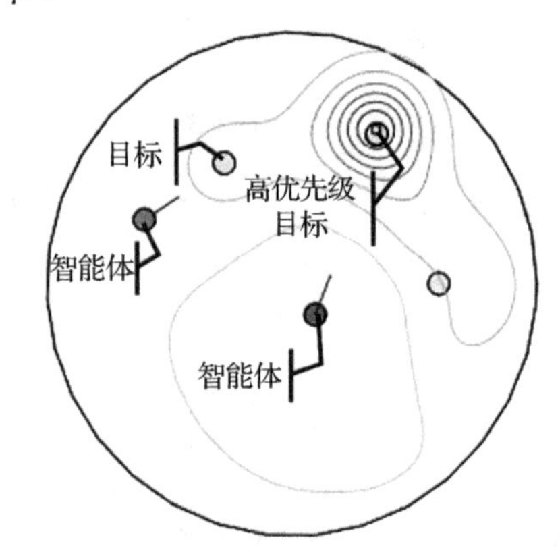

图 10-16 有两个智能体和三个目标的场景。中间目标的优先级是其他目标的3倍。虽然右方目标比中间目标更接近右方的智能体，但由于 PNF 梯度的影响，智能体驶向优先级更高的目标

由于不确定性在预测的每一步都在增加，而时间范围是有限的，因此在有限数量的时间步之后，在所有的 C 中找到一个对象的概率几乎是一致的。

最后，通过数值仿真来演示所提出的方法。在所有仿真场景中，取一个半径为两个单位长度的盘状物体。智能体的速度限制在每个时间步长为两个单位长度，目标和障碍物的速度为每个时间步长一个单位长度。多智能体任务实现的主要问题之一是团队成员之间的数据传输。在仿真中，智能体可唯一共享的数据是其当前位置的概率密度函数。所有其他数据(如其他智能体、目标和障碍物未来的运动)，都是未知的。这里的过程和测量噪声服

从正态分布，均值和方差均为一个单位长度。

一个公认的问题是，当考虑位置服从正态分布的目标时，离目标不远处位置的高斯函数的值可以忽略不计。这个值会使梯度为零，从而导致不确定的运动方向。为了避免这种情况，用常数 $c \ll 1$ 对高斯分布进行了扩展。

最后，梯度下降方程中的常数 K 对轨迹有显著影响，因为它设置了避免碰撞和到达目标之间的优先级。此外，应选择正确的 K 值以保证收敛性。在给定的仿真中，选择 $K=\frac{N_t}{4}$（N_t 是目标数目）。图 10-17 介绍了该方法。

在图中，需要 3 个智能体拦截 15 个目标，智能体之间不发生碰撞。类似任务分配算法的效果，智能体彼此保持“安全”的距离。在这种情况下，完成整个任务需要 115 个时间步。

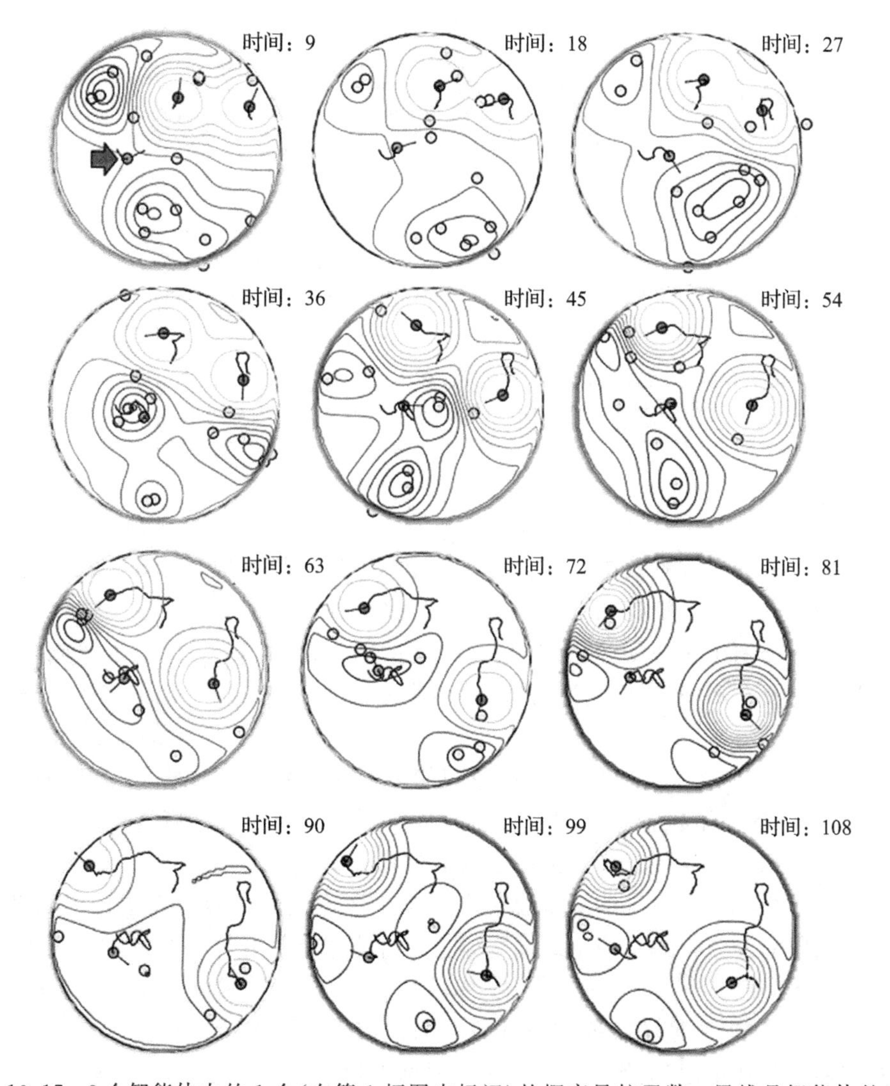

图 10-17　3 个智能体中的 1 个(在第 1 幅图中标记)的概率导航函数。黑线是智能体的运动，暗圆盘是智能体，亮圆盘是目标

最后，图10-18说明了目标优先级对单个智能体运动规划的影响。

在所呈现的场景中，智能体的初始位置到目标的距离相等。然而，函数梯度首先将智能体引向第三个目标，因为它具有更高的优先级。在拦截第三个目标后，智能体向第一个目标移动，因为到这个目标的距离比到第二个目标的距离小得多。

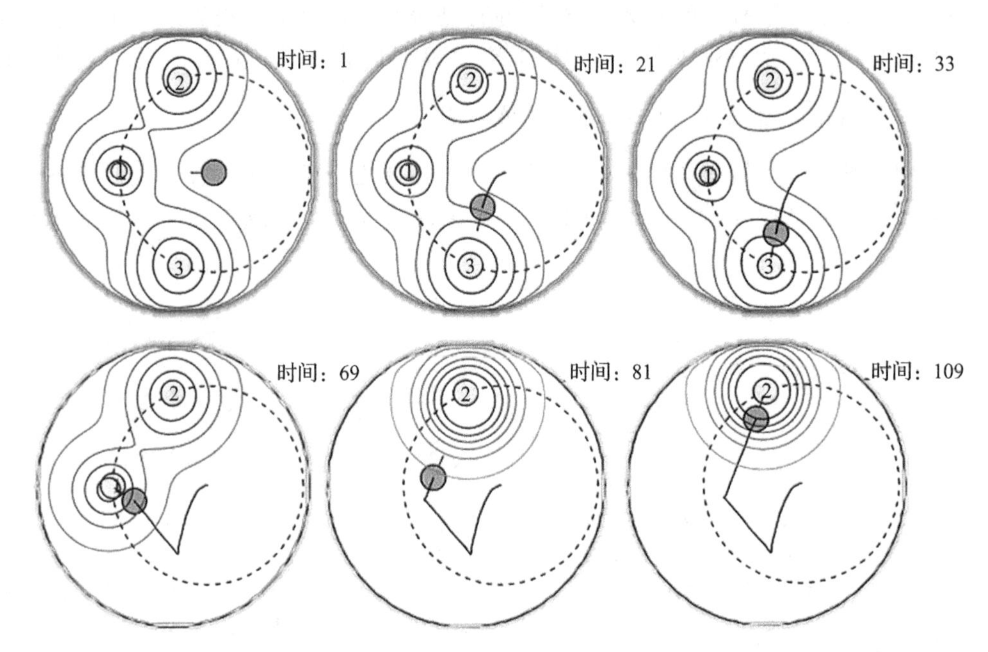

图10-18 根据优先级标记的一个智能体(暗盘)和三个目标(亮盘)的图示。概率导航函数使得智能体首先向第三个目标前进，尽管到它的距离和其他目标相等

10.3 小结

本章介绍了多机器人系统中集体行为的概念和方法。特别地，考虑了在多智能体系统研究中使用的基本思想、蜂拥和聚合的规则，以及避免碰撞的方法。主要内容如下：

1)本章首先介绍了多智能体系统的主要原理(见10.1.1节)，讨论了智能体与其偏好之间的关系，以及在不确定性条件下的理性和非理性决策的方法，包括投票程序和相应的博弈论知识。

2)用10.1.1节中考虑的方法处理抽象智能体群体，并假设这些群体已经存在。下一节(见10.1.2节)涵盖了在物理空间中行动的具体移动智能体，并阐述了群组形成的基本方法——蜂拥规则，以及聚合和避碰技术的形式化实现。

本书论述了多机器人系统的基本思想和哲学，更详细的内容将在下面的章节中讨论。作为对这一问题的介绍，本章的第二部分讨论了智能体及其群体的控制和定位方法。特别地，讨论了以下问题。

3)(见10.2.1节)验证了智能体及其群体的控制模型，包括反馈控制、智能体与邻域之间以及智能体与环境之间的关系。这种模型可以使用不同的技术来实现。在这一节中，考虑了它们在受控动力学系统和相互连接的Tsetlin自动机中的实现。

4)本章介绍了使用概率导航函数对移动机器人组进行概率控制的一些最新成果(见10.2.2

节）。这一考虑延续了第 5 章中的内容，并将概率导航功能的方法扩展到多机器人系统。

所讨论的模型和方法通过仿真示例进行了说明（例 10.1～例 10.4），这些示例涉及集群的集体行为和数值模拟方法，特别是 10.2.2 节中的示例考虑了通过概率导航函数对集群的控制。

参考文献

Aoki, M. (1967). *Optimization of Stochastic Systems*. New York: Academic Press.

Aumann, R.J. (1976). Agreeing to disagree. *Annals of Statistics* 4 (6): 1236–1239.

Arrow, K.J. (1951). *Social Choice and Individual Values*. (first edition) New York: Wiley.

Balch, T. and Parker, L.E. (eds.) (2002). *Robot Teams; From Diversity to Polymorphism*. Natick, MA: A K Peters.

Benedettelli, D. (2007, Jan). *NXC Bluetooth Library*. Retrieved from http://robotics/benedettelli.com/bt_nxc.htm (currently it is a part of the Lego firmware and supported by the bricxcc studio: http://bricxcc.sourceforge.net)

Benedettelli, D., Ceccarelli, N., Garulli, A., and Giannitrapani, A. (2010). Experimental validation of collective circular motion for nonholonomic multi-vehicle systems. *Robotics and Autonomous Systems* 58: 1028–1036.

Ben-Haim, S. and Elkayam, S. (2017). *The Cucker-Smale Model for the Swarm of Active Brownian Particles. B.Sc. Project*. Ariel: Ariel University.

Bouffanais, R. (2016). *Design and Control of Swarm Dynamics*. Singapore: Springer.

Brin, M. and Stuck, G. (2002). *Introduction to Dynamical Systems*. New York: Cambridge University Press.

Ceccarelli, N., Di Marco, M., Garulli, A., and Giannitrapani, A. (2008). Collective circular motion of multi-vehicle systems. *Automatica* 44: 3025–3035.

Cheng, K. and Dashgupta, P. (2010). Weighted voting game based on multi-robot team formation for distributed area coverage. In: *Proc. 3rd Int. Symp. Practical Cognitive Agents and Robots PCAR'10*, 9–15. Association for Computing Machinery (ACM Digital Library).

Cochrane, J.H. (2001). *Asset Pricing*. Princeton, NJ: Princeton University Press.

Cohen, S. and Levy, A. (2016). *Dynamical System Control of Collective Behavior. B.Sc. Project*. Ariel: Ariel University.

Couzin, I.D., Krause, J., Franks, N.R., and Levin, S.A. (2005). Effective leadership and decision-making in animal groups on the move. *Nature* 433: 513–516.

Cover, T.M. and Thomas, J.A. (1991). *Elements of Information Theory*. New York: Wiley.

Cucker, F. and Smale, S. (2007a). Emergent behavior of flocks. *IEEE Transactions on Automation and Control* 52: 852–862.

Cucker, F. and Smale, S. (2007b). On mathematics of emergence. *Japanese Journal of Mathematics* 2: 197–227.

Dynkin, E.B. and Yushkevich, A.A. (1979). *Controlled Markov Processes*. New York: Springer.

Elfes, A. (1987). Sonar-based real-world mapping and navigation. *IEEE Journal on Robotics and Automation* 3: 249–265.

Elfes, A. (1990). Occupancy grids: a stochastic spatial representation for active robot perception. In: *Proc. 6th Conference on Uncertainty in AI*, 60–70. New York, NY: Elsevier Science Inc.

Erban, R., Haskovec, J., and Sun, Y. (2016). A Cucker-Smale model with noise and delay. *SIAM Journal on Applied Mathematics* 76 (4): 1535–1557.

Fornara, N. (2003). *Interaction and Communication Among Autonomous Agents in Multiagent Systems*. Lugano, Switzerland: Universita della Svizzera italiano, IDSIA.

Friedman, M. and Savage, L.T. (1948). The utility analysis of choices involving risk. *Journal of Political Economy* 56 (4): 279–304.

Gazi, V. and Passino, K.M. (2011). *Swarm Stability and Optimization*. Berlin: Springer.

Giovanini, L. (2007). Cooperative-feedback control. *ISA Transactions* 46: 289–302.

Guckenheimer, J. and Homes, P.J. (2002). *Nonlinear Oscillations, Dynamical Systems, and Bifurcations of Vector Fields*. Berlin: Springer-Verlag.

Ha, S.-Y., Lee, K., and Levy, D. (2009). Emergence of time-asymptotic flocking in a stochastic Cucker-Smale system. *Communications in Mathematical Sciences* 7 (2): 453–469.

Hacohen, S., Shoval, S., and Shvalb, N. (2017). Applying probability navigation function in dynamic uncertain environments. *Robotics and Autonomous Systems* 87: 237–246.

Hansen, J. (2010, Oct 10). *Not eXactly C (NXC) Programmer's Guade*. Retrieved June 5, 2016, from http://bricxcc.sourceforge.net/nbc/nxcdoc/NXC_Guide.pdf

Hounslow, K. (2013). *OpenCV Object Tracking Library*. Retrieved from https://raw.githubusercontent.com/kylehounslow/opencv-tuts/master/object-tracking-tut/objecttrackingtut.cpp

Iocchi, L., Nardi, D., and Salerno, M. (2001). Reactivity and diliberation: a survey on multi-robot systems. In: *Balancing Reactivity and Social Diliberation in Multi-Agent Systems. From RoboCup to Real-World Applications* (ed. M. Hannebauer, J. Wendler and E. Pagello), 9–32. Berlin: Springer.

Kagan, E. and Ben-Gal, I. (2013). *Probabilistic Search for Tracking Targets*. Chichester: John Wiley & Sons.

Kagan, E. and Ben-Gal, I. (2015). *Search and Foraging. Individual Motion and Swarm Dynamics*. Boca Raton, FL: Chapman Hall/CRC/Taylor & Francis.

Kagan, E., Rybalov, A., Sela, A. et al. (2014). Probabilistic control and swarm dynamics of mobile robots and ants. In: *Biologically-Inspired Techniques for Knowledge Discovery and Data Mining* (ed. S. Alam), 11–47. Hershey, PA: IGI Global.

Kahneman, D. and Tversky, A. (1979). Prospect theory: an analysis of decision under risk. *Econometrica* 47 (2): 263–292.

Levy, O. (2016). *Model of Leadership in the Groups of Autonomous Mobile Agents. B.Sc. project*. Ariel: Ariel University.

Li, Z., & Ha, S.-Y. (2013, October 14). *Cucker-Smale flocking with alternating leaders*. Retrieved December 10, 2016, from arXiv:1310.3875v1.

Luce, R.D. and Raiffa, H. (1957). *Games and Decisions*. New York: John Wiley & Sons.

Meiss, J.D. (2007). *Differential Dynamical Systems*. Philadelphia, PA: SIAM.

Monahan, G.E. (1982). A survey of partially observable Markov decision processes: theory, models, and algorithms. *Management Science* 28 (1): 1–16.

Monderer, D. and Shapley, L.S. (1996). Potential games. *Games and Economic Behavior* 14: 124–143.

Monobrick. (2012). Retrieved June 5, 2016, from www.monobrick.dk

NASH, J. (1951). Non-cooperative games. *Annals of mathematics*, 286–295.

von Neumann, J. and Morgenstern, O. (1944). *Theory of Games and Economic Behavior*. Princeton: Princeton University Press.

Nikoy, L. and Buskila, M. (2017). *Potential Games of Stochastic Tsetlin Automata. B.Sc. project*. Ariel: Ariel University.

Nurmi, H. (1999). *Voting Paradoxes and How to Deal with Them*. New York: Springer Science & Business Media.

Nurmi, H. (2002). *Voting Procedures Under Uncertainty*. New York: Springer Science & Business Media.

OpenCV. (2016, May 19). Retrieved June 5, 2016, from http://www.opencv.org.

Osborne, M.J. and Rubinstein, A. (1994). *A Course in Game Theory*. Cambridge, MA: The MIT Press.

Petrosian, L.A., Zenkevich, N.A., and Shevkoplias, E.V. (2012). *The Games Theory*. Saint-Petersburg: BHV-Petersburg.

Qu, Z. (2009). *Cooperative Control of Dynamical Systems. Applications to Autonomous Vehicles*. London: Springer-Verlag.
Rabiner, L.R. (1989). A tutorial on hidden Markov models and selected applications in speech recognition. *Proceedings of the IEEE* 77 (2): 257–286.
Raybi, S. and Levy, R. (2017). *Social Choice and Decision Making in the Group of Flocking Agents. B.Sc. project*. Ariel: Ariel University.
Reynolds, C.W. (1987). Flocks, herds, and schools: a distributed behavioral model. In: *Computer Graphics (ACM SIGGRAPH'87 Conference Proceedings)*, vol. 21(4), 25–35. Association for Computing Machinery (ACM Digital Library).
Romanczuk, P., Bar, M., Ebeling, W. et al. (2012). Active Brownian particles. *The European Physical Journal Special Topics* 202: 1–162.
Ross, S.M. (2003). *Introduction to Probability Models*. San Diego, CA: Academic Press.
Rubin, E. and Shmilovitz, R. (2016). *Swarm Dynamics in Multi-Pursuer Pursuit-Evasion Game. B.Sc. Project*. Ariel: Ariel University.
Schweitzer, F. (2003). *Brownian Agents and Active Particles. Collective Dynamics in the Natural and Social Sciences*. Berlin: Springer.
Sery, N. and Feldman, E. (2016). *Collective Behavior with Decision-Making Driven by Irrational Judgments. B.Sc. Project*. Ariel: Ariel University.
Seuken, S. and Zilberstein, S. (2008). Formal models and algorithms for decentralized decision making under uncertainty. *Autonomous Agents and Multi-Agent Systems* 17 (2): 190–250.
Shen, J. (2007). Cucker-Smale flocking under hierarchical leadership. *SIAM Journal on Applied Mathematics* 68 (3): 694–719.
Shoham, Y. and Leyton-Brown, K. (2008). *Multiagent Systems. Algorithmic, Game-Theoretic, and Logical Foundations*. Cambridge, MA: Cambridge University Press.
Siegwart, R., Nourbakhsh, I.R., and Scaramuzza, D. (2011). *Introduction to Autonomous Mobile Robots*, 2e. Cambridge, MA: The MIT Press.
Smith, P. and Wickens, M. (2002). Asset pricing with observable stochastic discount factors. *Journal of Economic Surveys* 16 (3): 397–446.
Ton, T. V., Linh, N. T., and Yagi, A. (2015, August 27). *Flocking and non-flocking behavior in a stochastic Cucker-Smale system*. Retrieved December 10, 2016, from arXiv:1508.05649v2
Tsetlin, M.L. (1973). *Automaton Theory and Modeling of Biological Systems*. New York: Academic Press.
Weiss, G. (ed.) (1999). *Multiagent Systems. A Modern Approach to Distributed Artificial Intelligence*. Cambridge, MA: The MIT Press.
White, D.J. (1993). *Markov Decision Processes*. Chichester: John Wiley & Sons.
Wooldridge, M. (1999). Intelligent agents. In: *Multiagent Systems. A Modern Approach to Distributed Artificial Intelligence* (ed. G. Weiss), 27–78. Cambridge, MA: The MIT Press.
Wooldridge, M. (2009). *An Introduction to MultiAgent Systems*, 2e. Chichester, UK: John Wiley & Sons.
Zaslavsky, G.M. (2007). *The Physics of Chaos in Hamiltonian Systems*. London: Imperial College Press.

第 11 章

基于共享环境地图的协作运动

Eugene Kagan 和 Irad Ben-Gal

本章主要介绍机器人团队在常规环境地图中的运动，该地图由地形或者势场函数所定义，并强调了协作与集群动力学间的区别。此外，本章还介绍了有领导者和无领导者两种情况下的运动。这些论述均通过概率搜索算法和基于吸引/排斥势场的避碰/避障方法实现了例证。

11.1 基于共享信息的协作运动

在前一章中，我们介绍了集群动力学的一般原理，并指出了智能体的协作活动所需的不同类型的通信和信息传递。在最简单的情况下，智能体根据特定的通信协议进行通信，并且拥有完整的环境状态信息和组中每一个智能体的动作信息。事实上，这种情况是通过使用中央单元来实现的，中央单元会从每个智能体那里获取信息，并与其他智能体共享。在另一种情况下，智能体不使用中央单元，而是将本地环境信息传递给组中的其他智能体。然后，每个智能体计算出环境地图和相应的信息，并利用其进行运动规划。这两种情况如图 11-1 所示。

在第一种情况下，通信和计算主要集中在中央单元上进行，智能体根据接收到的信息执行决策任务；而在第二种情况下，每个智能体必须装配通信设备，且所装配的通信设备需要能够与组内所有智能体以及机载计算机进行信息交换，其中机载计算机的作用是利用从所有智能体那里获取的独立的本地信息计算出全局地图。

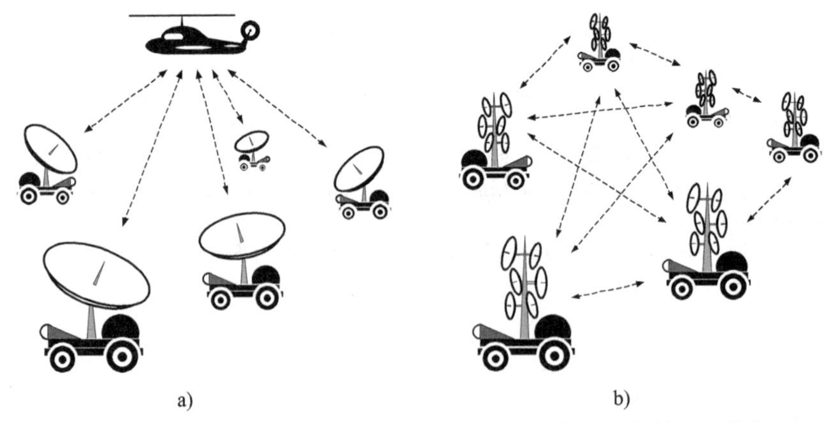

图 11-1　信息共享。a)使用中央单元；b)在智能体之间传输本地信息

显然，对于在复杂环境中工作的大智能体群体来说，实现这种通信和计算实际上是不现实的；对于小群体来说，是存在有效的集群动力学建模和控制方法的。接下来的两节将介绍利用环境势和相互作用势来实现这种控制。

11.1.1 公共势场中的运动

让我们从一组均有完整全局环境信息的智能体开始。假设环境中每一时刻的状态由一个抽象的势场来表示，且该势场会用于运动控制。信息传输通过中央单元进行，该单元能够接收来自每个智能体的信息，并在完成所需计算后将结果传输给所有智能体。这里认为计算和信息传递的时间比智能体反应和行动的时间要小得多，因此并没有将其考虑进去。

考虑 $m \geqslant 1$ 个智能体在二维区域 $X \subset \mathbb{R}^2$ 中的行动，坐标由 $\vec{x}=(x,y)$ 表示。在仿真和数值实例中，假定 X 是一个由 $n \in \mathbb{N}$ 个点组成的网格，每个点 $\vec{x}_i(i=1,2,\cdots,n)$ 定义为 (i_x,i_y)(其中 $i_x=1,2,\cdots,n_x,i_y=1,2,\cdots,n_y$)，因此 $n=n_x \times n_y$，$i=(i_x-1)n_x+i_y$。

遵循第 5 章提出的使用势场进行运动规划的一般方法(参见原始论文(Shahidi，Shayman，Krishnaprasad 1991；Rimon and Koditschek 1992))，假定智能体 j 的行动与它的势函数 $U_j: X \times [0,T] \to \mathbb{R}(j=1,2,\cdots,m)$ 有关。因此，将智能体 j 在 t 时刻观测到点 $\vec{x}$ 的势能记为 $U_j(\vec{x},t)$。与第 5 章相似，假设函数 U_j 的参数使其足够光滑，因此所有需要的导数都是存在的。

假设智能体都具有差分驱动。也就是说，在任何位置上，智能体都能够围绕它们的中心不断朝着选定的方向移动。另外，假设智能体的速度可以在一定范围内变化。也就是说，将智能体 $j(j=1,2,\cdots,m)$ 看作势场中运动的点状粒子，其中势场由函数 U_j 来定义。研究这类粒子的动力学和群集有几种方法。在这里，采用活动布朗运动(Schweitzer 2003；Romanczuk et al. 2012)的方法；另一种稍微不同的方法则是由 Gazi 和 Passino(2011)在所著的书中提出的。第 13 章详细讨论了这些方法及结果。

通常对于在势场 $U_j(.,.)$ 中的活动布朗粒子 j 来说，它们每一个 $j=1,2,\cdots,m$ 的随机运动可由郎之万方程(Schweitzer 2003)得到：

$$\frac{\mathrm{d}}{\mathrm{d}t}\vec{x}_j(t)=\vec{v}_j(t),\frac{\mathrm{d}}{\mathrm{d}t}\vec{v}_j(t)=-\gamma_j(\vec{x}_j,\vec{v}_j)\vec{v}_j(t)-\nabla U_j(\vec{x}_j,t)+\sqrt{2\sigma_j^2}G_{jt} \tag{11-1}$$

式中，$\vec{x}_j(t) \in X$ 是粒子在 t 时刻的位置；$\vec{v}_j(t)$ 是粒子在这一时刻的速度；$\gamma_j(\vec{x}_j,\vec{v}_j)$ 是摩擦系数，摩擦系数通常是坐标 $\vec{x}_j$ 和速度 $\vec{v}_j$ 的非线性函数。运动的随机因素用高斯白噪声 G_{jt} 表示，它的强度为 σ_j。对于活动粒子来说，摩擦函数 γ_j 定义了能量的耗散和注入，以及储存。而对于简单的布朗运动来说，摩擦是恒定的 $\gamma_j(\vec{x}_j,\vec{v}_j)=\gamma_{0j}>0$，并且粒子的运动只由势函数 U_j 定义。当势能在任意坐标处都是常数的情况下，梯度为 $\nabla U_j(\vec{x}_j,t)=0$，并且带有摩擦 γ_{0j} 的式(11-1)定义了简单的布朗运动。如果势能随坐标变化，那么梯度则为 $\nabla U_j(\vec{x}_j,t) \neq 0$，并且粒子的运动遵循势函数 $U_j(.,.)$。图 11-2 展示了常、变势能情况下，粒子在平方域 X 内具有恒定摩擦时的运动轨迹。

可以看出，在存在势场的情况下，会出现遵循势场的原始随机游走(见图 11-2a)，并且粒子被低势能区域所吸引(见图 11-2b)。这样的属性可以在两方面应用函数 $U_j(j=1,2,\cdots,m)$：一是详述用来运动规划和避障的外部势场(见第 5 章)；二是实现蜂拥规则(见 10.1.2 节)使得粒子聚合且避免碰撞。

假设智能体在无障碍同构环境中行动，且专注于集群和集群任务。在势函数方面，集群的聚合和分离规则通常由函数 U_j^{atr} 和 U_j^{rep} 表示，两者分别定义了吸引势和排斥势。通常，函数U_j^{atr}和U_j^{rep}一起被认为是聚合或吸引/排斥势函数U_j^{agr}，于是有(Gazi and Passino 2011；Romanczuk et al. 2012)：

$$U_j^{agr}(\vec{x}_j,t)=U_j^{atr}(\vec{x}_j,t)+U_j^{rep}(\vec{x}_j,t)$$

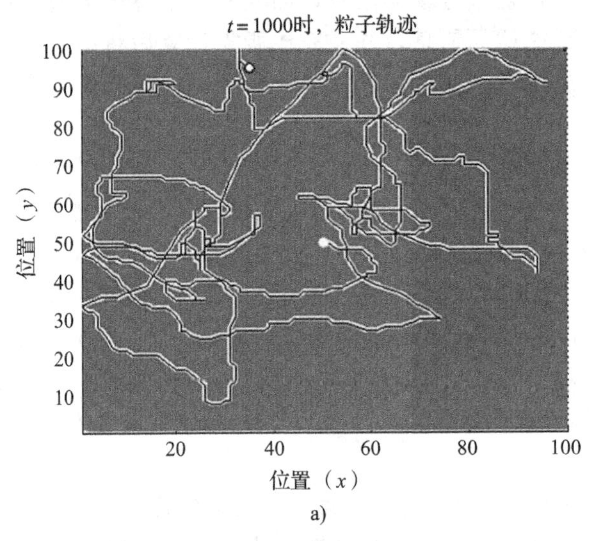

a)

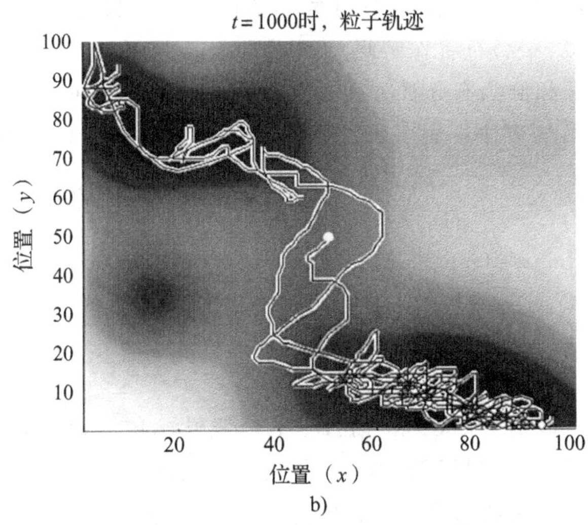

b)

图 11-2　粒子的轨迹。a)简单的布朗运动；b)势场中的布朗运动。白色区域代表高势能，黑色区域代表低势能。在$\gamma(\vec{x},\vec{v})=\gamma_0=0.1$，$\sigma=0.5$这两种情况中。域的大小为$100\times100$，粒子的起始点为$\vec{x}(0)=(50,50)$，运动时间为$t=0,1,\cdots,1000$

当然，对于所考虑的智能体，每一个指示的势能都可以用不同的形式定义。通常，这些定义遵循基于距离耦合的假设(Schweitzer 2003)，它规定了聚合取决于各智能体之间的距离，在长距离时，引力大于斥力；而在短距离时，斥力增加并超过引力(Gazi and Passino 2011)。

智能体i和$j(i,j=1,2,\cdots,m)$之间的距离用$r(\vec{x}_i,\vec{x}_j)=\|\vec{x}_i(t)-\vec{x}_j(t)\|$表示。然后，根据所提出的假设，一种可能的聚合是由具有二次引力和指数斥力的函数定义的(Gazi and Passino 2011)：

$$U_j^{agr}(\vec{x}_j,t)=\sum_{i=1,i\neq j}^{m}\left\{\frac{\alpha_a}{2}\left[r(\vec{x}_i(t),\vec{x}_j(t))\right]^2+\frac{\alpha_r}{2}\exp\left[-\frac{1}{\beta_r}\left[r(\vec{x}_i(t),\vec{x}_j(t))\right]^2\right]\right\} \quad (11\text{-}2)$$

式中，$\alpha_a>0$ 是引力的振幅；$\alpha_r>0$ 和 $\beta_r>0$ 分别是斥力的振幅和范围。这个集合的平衡距离是 $r^*=\sqrt{\beta_r \ln\frac{\alpha_r}{\alpha_a}}$，其中 $\alpha_r>\alpha_a$。另一个有用的聚合函数实现了指数吸引和指数排斥(Romanczuk et al. 2012)。

$$U_j^{agr}(\vec{x}_j,t)=\sum_{i=1,i\neq j}^{m}\left\{-\alpha_a\exp\left[-\frac{1}{\beta_a}r(\vec{x}_i(t),\vec{x}_j(t))\right]+\alpha_r\exp\left[-\frac{1}{\beta_r}r(\vec{x}_i(t),\vec{x}_j(t))\right]\right\} \quad (11\text{-}3)$$

式中，$\alpha_a>0$ 和 $\beta_a>0$ 分别是引力的振幅和范围；$\alpha_r>0$ 和 $\beta_r>0$ 分别是斥力的振幅和范围。这个聚合的平衡距离是 $r^*=\frac{\beta_r\beta_a}{\beta_r-\beta_a}\ln\frac{\beta_r\alpha_a}{\beta_a\alpha_r}$，其中 $\beta_r>\beta_a$ 并且 $\beta_r/\beta_a>\alpha_r/\alpha_a$。当然，这两个方程参数的值 α_a、β_a、α_r 和 β_r 在不同智能体上可以是不同的，同时在时间和空间上也可能是不同的。

共享信息的智能体的任务用函数$U_j^{act}(j=1,2,\cdots,m)$来定义，它定义了智能体的活动以及不同智能体的势场对彼此的影响。在公共信息的情况下，函数对于集群中所有智能体来说都是一样的。这种情况与上述使用中央单元的情况相对应，中央单元负责计算函数U_j^{act} 并分享给所有 m 个智能体(Kagan and Ben-Gal 2015)，所以对于所有 $j=1,2,\cdots,m$ 的来说$U_j^{act}=U^{act}$。

最后注意，除了聚合势之外，郎之万方程(式(11-1))通常还包含一个耗散力 F_j^{dis}，它直接指定了粒子速度的同步(Romanczuk et al. 2012)。在最简单的情况下，这个方程的定义如下(Kagan and Ben-Gal 2015)：

$$F_j^{dis}(\vec{x}_j,t)=-k_0^{diss}\sum_{i=1,i\neq j}^{m}\exp[-r(\vec{x}_i(t),\vec{x}_j(t))](\vec{v}_i(t)-\vec{v}_j(t)) \quad (11\text{-}4)$$

式中，系数 $k_0^{diss}\geqslant 0$ 定义了力 F_j^{dis} 的影响。这个方程也与非线性摩擦函数 $\gamma_j(\vec{x}_i)$有关，关系如下：

$$\gamma_j(\vec{x}_j,\vec{v}_j)\sim k_0^{diss}\sum_{i=1,i\neq j}^{m}\exp[-r(\vec{x}_i(t),\vec{x}_j(t))]\left(\frac{\vec{v}_i(t)}{\vec{v}_j(t)}-1\right)$$

它可用作方程的附加项。对于这个方程的影响，请参见 Romanczuk et al.(2012)的综述和 Kagan and Ben-Gal(2015)的著作。

下面的例子说明了一种受郎之万方程(式(11-1))控制的粒子状智能体的集群活动，其中势函数由聚合和任务势函数来定义：

$$U_j(\vec{x}_j,t)=U_j^{agr}(\vec{x}_j,t)+U_j^{act}(\vec{x}_j,t) \quad (11\text{-}5)$$

这适用于所有$\vec{x}_j\in X$ 和 $t\in[0,T]$的情况。该示例实现了两个不同的活动势函数U_j^{act}，分别对应于破坏性和非破坏性概率搜索(Viswanathan et al. 2011)。

例 11.1 假设 $m=25$ 个智能体在 $n=100\times 100$ 大小不可渗透边界的平方域 X 上行动。每个智能体 $j(j=1,2,\cdots,m)$的运动由郎之万方程(式(11-1))控制。类似于图 11-2 所示的运动，假设对每个智能体来说 $\gamma(\vec{x}_j,\vec{v}_j)=\gamma_0=0.1$ 且 $\sigma_j=0.5$。智能体的聚合由吸引/排斥势函数U_j^{agr} 控制，函数由式(11-3)指定，并且参数设置为 $\alpha_a=30$、$\beta_a=100$、$\alpha_r=3$ 和 $\beta_r=10$。

让我们再来考虑活动势函数U^{act}。活动势函数相当于概率搜索和觅食，并且对于所有智能体都有$U_j^{act}=U^{act}(j=1,2,\cdots,m)$。在这样的活动中，将势能定义为在智能体观测区域中未找到目标的概率。也就是说，如果 $p(\vec{x},t)$是目标在时刻 t、点 $\vec{x}\in X$ 处的概率，则时刻 t 这个点的势能为$U^{act}(\vec{x},t)=1-p(\vec{x},t)$，并且智能体被吸引到点 x 的概率与在x中找到目标的概率成正比。

关于智能体对目标位置概率的影响，它通常被认为是一个破坏性搜索。对于破坏性搜索来说，根据实现的检测函数，它假定观测区域的概率减少(分别用贝叶斯方法对其他区域的概率进行重归一化)；对于非破坏性搜索来说，观察区域的概率保持不变(Viswanathan et al. 2011；Kagan and Ben-Gal 2015)。这个例子假设，在破坏性搜索中每个智能体 j 应用以智能体位置$\vec{x}_j=(x_j,y_j)$为中心的高斯检测函数。从而，检测后剩余目标位置概率 $p(\vec{x},t)$如下所示：

$$p(\vec{x},t)=p(\vec{x},t)\frac{1}{2\pi s_x s_y}\exp\left[-\frac{(x-x_j)^2}{2s_r^2}-\frac{(y-y_j)^2}{2s_y^2}\right]$$

式中，方差 $s_x>0$ 和 $s_y>0$ 定义了在 x 和 y 轴上函数的形状。在下一时刻 $t+\mathrm{d}t$，概率 $p(\vec{x},t+\mathrm{d}t)$可由贝叶斯法则获得：

$$p(\vec{x},t+\mathrm{d}t)=\vec{p}(\vec{x},t)/\int_X\vec{p}(\vec{x},t)\mathrm{d}\vec{x}$$

有关概率搜索和觅食的更多信息请查阅最近由 Kagan and Ben-Gal(2013，2015)出版的书籍。

非破坏性和破坏性概率搜索对应的智能体轨迹如图 11-3 所示。在图中，$m=25$ 个智能体的出发点按网格顺序排列，步长为 10 个单位。注意非破坏性搜索对应的是只考虑聚合势下智能体的运动。对于破坏性搜索，检测函数的参数为 $s_x=s_y=5$。

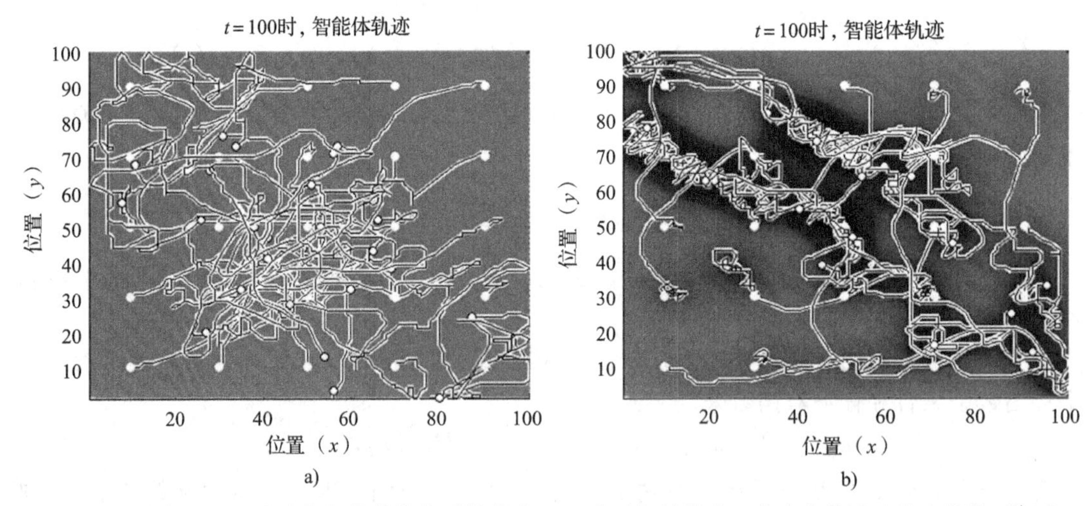

图 11-3　含有 $m=25$ 个布朗智能体的集群的轨迹。a) 非破坏性搜索，其中公共活动势为常数$U_j^{act}(\vec{x},t)=U^{act}(\vec{x},t)=$常数，智能体只按照聚合势$U_j^{agr}(\vec{x},t)=U^{agr}(\vec{x},t)(j=1,2,\cdots,m)$来移动；b) 破坏性搜索，其中智能体同时按照公共活动势$U_j^{act}(\vec{x},t)=U^{act}(\vec{x},t)$和公共聚合势$U_j^{agr}(\vec{x},t)=U^{agr}(\vec{x},t)(j=1,2,\cdots,m)$来移动；白色区域代表高势能，黑色区域代表低势能。在 $\gamma(\vec{x},\vec{v})=\gamma_0=0.1$ 以及 $\sigma=0.5$ 这两种情况中。域的大小为 100×100，粒子的起始点为 $\vec{x}(0)=(50,50)$，运动时间为 $t=0,1,\cdots,1000$

可以看出，在非破坏性搜索的情况下，具有恒定的活动势$U_j^{act}(\vec{x},t)=U_j(\vec{x},t)=$常数$(j=1,2,\cdots,m)$。智能体遵循共同的聚合势$U_j^{agr}(\vec{x},t)=U^{agr}(\vec{x},t)$，这导致它们集中在大部分智能体正在移动的区域的中心。相反，在破坏性搜索的情况下，这些因素改变了它们的公共活动势$U_j^{act}(\vec{x},t)=U^{act}(\vec{x},t)$，除了按照势能$U_j^{agr}(\vec{x},t)=U^{agr}(\vec{x},t)$进行聚合，也会被势能$U^{act}(\vec{x},t)$低的区域所吸引。 ■

本书所提供的模型展示了基于势场的运动规划和集群动力学的一般思想。由势函数(见第5章)控制的智能体运动与集群运动之间的主要区别是使用了聚合势函数，聚合势函数定义了协作运动的规则。注意在所考虑的模型中，智能体应用公共势能，这意味着信息传输和运算是通过中央单元(见图11-1a)实现的。因此，所有的智能体都应用相同的势能，并获取相等且完整的环境信息。相反，如果不使用中央单元，而是智能体之间进行交互，即每一个智能体获取自己的本地环境信息，并将其分享给与其相近的智能体。于是，不同的智能体会得到不同的环境信息，并通过部分完整信息和部分预测信息完成运动规划，这些信息包括环境状态信息与智能体的位置信息。下一节将从使用势场技术进行运动规划的角度来考虑这种情况。

11.1.2 共享本地环境信息的地形中的运动

上节考虑了$m\geqslant 1$个类粒子智能体在郎之万方程(式(11-1))控制下的运动，郎之万方程用到的势函数$U_j(j=1,2,\cdots,m)$包括了聚合势U_j^{agr}和活动势U_j^{act}两项(见式(11-5))。在中央单元提供完整信息的情况下，智能体应用相等的势函数作为公共活动势函数$U^{act}(\vec{x},t)=U_j^{act}(\vec{x},t)(j=1,2,\cdots,m)$。现在，在只与邻近智能体通信并分享本地信息的情况下，考虑智能体的协作行为。

假设智能体上传感器的灵敏度随距离呈指数下降，于是在点$\vec{x}\in X$处关于环境状态值$e(\vec{x})$的感知信号$z_j(\vec{x})$为：

$$z_j(\vec{x})=a_s\exp\left[-\frac{1}{\beta_s}r(\vec{x}_j(t),\vec{x})\right]e(\vec{x}) \tag{11-6}$$

式中，$\vec{x}_j(t)$是智能体j在时刻t的位置；$r(\vec{x}_j(t),\vec{x})$是智能体和点$\vec{x}$之间的距离。另外，假设智能体之间的通信受通信或信号半径r_{signal}^{max}约束，这定义了能够相互接收信息的智能体为邻近智能体。

然后，对于每个智能体j来说，活动势是U_j^{act}，它将感知到的信息与从邻近智能体获得的信息相结合。特别地，如果势能是可加的，那么在点$\vec{x}\in X$处，t时刻的智能体j在点$\vec{x}_j(t)$处的势能为：

$$U_j^{act}(\vec{x},t)=a_s\exp\left[-\frac{1}{\beta_s}r(\vec{x}_j(t),\vec{x})\right]e(\vec{x})+\sum_{i=1,i\neq j,r(\vec{x}_i(t),\vec{x}_j(t))\leqslant r_{signal}^{max}}^{m}U_i^{act}(\vec{x},t) \tag{11-7}$$

式中，第一项对应由智能体的传感器感知到的信息，第二项指从邻近智能体获得的环境信息。接下来的例子说明了使用这个活动势函数后智能体的运动。

例11.2 与之前的例子类似，考虑$m=25$个智能体在不可渗透边界的平方域X内行动，平方域大小为$n=100\times 100$。每个智能体$j(j=1,2,\cdots,m)$的运动由郎之万方程控制，方程参数设置为$\gamma(\vec{x}_j,\vec{v}_j)=\gamma_0=0.1$、$\sigma_j=0.5$，聚合函数$U_j^{agr}$由式(11-3)给出，参数设置为$\alpha_a=30$、$\beta_a=100$、$\alpha_r=3$和$\beta_r=10$。另外，假设智能体执行的任务与例11.1中的概率搜索方法执行的任务相同，并且将活动势定义为t时刻在点$\vec{x}$处用高斯检测函数未检测到目标的概率。

智能体用式(11-7)来实现活动势U_j^{act}，参数设置为$\alpha_s=10$和$\beta_s=100$。根据任务，环境状态被定义为$e(\vec{x})=1-p(\vec{x}, t)$，是$t$时刻在点$\vec{x}$处找到目标的概率。图 11-4 展示了在不同的信号半径r_{signal}^{max}下，破坏性搜索对应的智能体轨迹。

对于小信号半径来说，如图 11-4a($r_{signal}^{max}=10$)和图 11-4b($r_{signal}^{max}=30$)所示，这些智能体以群集的形式围绕其初始位置移动。然而对于更大的信号半径来说，如图 11-4c($r_{signal}^{max}=50$)和图 10-4d($r_{signal}^{max}=100$)所示，每个智能体会获取关于完整域的更多信息，并且在公共活动势函数的作用下，所有智能体的运动会变得相似(见图 11-3b)。 ■

例 11.2 展示了一组布朗智能体的运动，其中智能体会分享它们的本地环境信息。在这里考虑的是智能体在附近没有找到目标的概率。此外，该示例还强调了智能体的运动依赖于其他智能体获取的信息。

需要注意的是，在所考虑的模型中，每个智能体从其他智能体获取信息，并在不知道邻近智能体机动性的情况下，根据这些信息进行移动。然而，在假设所有智能体都相同的情况下，这种信息是可获得的：智能体的邻近智能体的反应和移动与其自身一致，并且智能体可以估计和预测它们的行为并进行相应的行动。关于预测方法的详细思考，可参见 8.2 节。

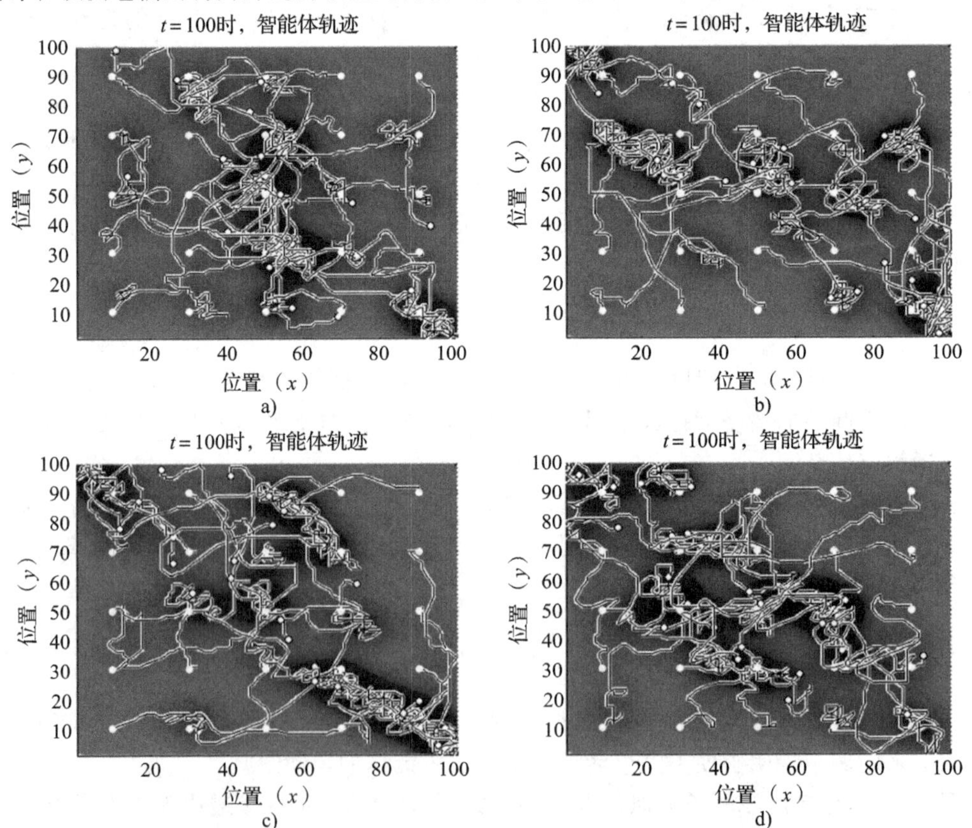

图 11-4 不同信号半径下布朗智能体集群的轨迹，其中智能体执行破坏性搜索并与邻近智能体共享本地环境信息：a) $r_{signal}^{max}=10$；b) $r_{signal}^{max}=30$；c) $r_{signal}^{max}=50$；d) $r_{signal}^{max}=100$。在图中，白色区域代表高势能，黑色代表低势能。在$\gamma(\vec{x},\vec{v})=\gamma_0=0.1$以及$\sigma=0.5$的情况中，定义信息共享的活动势的参数为$\alpha_s=10$和$\beta_s=100$。域大小为 100×100，运动时间为$t=0,1,\cdots,1000$

所考虑的模型描述了集群的行动，对于每一个点 $\vec{x}\in X$ 和时刻 $t\in[0,T]$来说，活动势$U^{act}(\vec{x},t)$由智能体自身定义，智能体的聚合势$U^{agr}(\vec{x},t)(j=1,2,\cdots,m)$并不依赖于环境状态。这种描述对应于无障碍同构环境中的运动，其中智能体的运动方向可能是任意的，并且它们之间的感知和通信不受环境条件约束。下一节中，这些模型会将运动拓展到异构环境中。

11.2 异构环境中的集群动力学

智能体在同构环境中的活动不受它们的行动、感知和通信能力的约束。与其相反的是，集群的行为在异构环境中会受环境状态的约束，这些约束可以加速或减慢智能体的移动，并且可能会有障碍约束智能体的移动。遵循基于活动布朗运动的集群动力学模型，第一种约束可以由非线性摩擦来表示，它的正负值可以根据环境地形获得；第二种约束可以由附加的外部势能来表示。

11.2.1 异构环境和外部势场下的基础集群

让我们回到郎之万方程(式(11-1))并考虑摩擦函数 γ_j，注意摩擦函数可以加速或减慢智能体的运动。为简单起见，假设智能体都是完全相同的，从而对所有智能体 $j=1,2,\cdots,m$ 都有 $\gamma_j=\gamma$。与之前考虑的具有恒定摩擦 $\gamma(\vec{x}_j,\vec{v}_j)=\gamma_0>0$ 的模型不同，这里假设函数会随智能体的位置和速度变化，而且它的值 $\gamma(\vec{x}_j,\vec{v}_j)$既可以是正的也可以是负的。在此，这些函数会用于建模智能体对环境地形的反应。

几个模型有非常数的摩擦函数 γ(Romanczuk et al. 2012)。特别地，Schienbein-Gruler 模型使用了如下的线性摩擦函数：

$$\gamma(\vec{x},\vec{v})=\gamma_0\left(\frac{|\vec{v}_0|}{|\vec{v}|}-1\right) \tag{11-8}$$

式中，$\gamma_0>0$ 是摩擦常数；$\vec{v}_0$ 是临界速度，且假设$|\vec{v}|>0$。相比之下，非线性的 Rayleigh-Helmholtz 模型则应用了二次摩擦函数：

$$\gamma(\vec{x},\vec{v})=\gamma_0(|\vec{v}|^2-|\vec{v}_0|^2) \tag{11-9}$$

式中，与 Schienbein-Gruler 模型一样$\vec{v}_0$ 是临界速度。在这两个模型中，如果智能体的速度 $\vec{v}$ 小于临界速度$\vec{v}_0$，那么摩擦将是负的，智能体会加速。相反，如果速度 $\vec{v}$ 比临界速度$\vec{v}_0$ 大，那么摩擦将是正的，智能体会减速。

最后，Schweitzer 模型(Schweitzer 2003)指出智能体能够从环境中获得能量并将其存储在内部仓库，然后用于自身的推进运动。在这个模型中，摩擦函数为：

$$\gamma(\vec{x},\vec{v})=\gamma_0\left(1-\frac{r_0c_0}{\gamma_e+c_0|\vec{v}|^2}\right) \tag{11-10}$$

式中，$c_0>0$ 是能量转换率；$r_0>0$ 是能量摄入率；$\gamma_e>0$ 是能量耗散率。

注意在所有模型中，摩擦都取决于智能体的速度 v，与它们的位置无关。另一方面，给定区域地形$\mathcal{T}$并假设函数$\mathcal{T}$是足够平滑的(参见第 5 章)，摩擦可以直接关于函数$\mathcal{T}$的梯度$\nabla\mathcal{T}$进行定义。在最简单的情况下，它被定义为如下形式：

$$\gamma(\vec{x},\vec{v})=\gamma_0+\alpha_f\nabla\mathcal{T} \tag{11-11}$$

式中，$\alpha_f>0$ 是归一化系数。如果$\nabla\mathcal{T}<0$，则智能体加速；如果$\nabla\mathcal{T}>0$，则智能体减速。

在有摩擦的情况下，由 Schweitzer 模型(式(11-10))控制的智能体的轨迹如图 11-5 所示，其中摩擦直接由地形(见式(11-11))定义。

可以看出在这两种情况中，智能体的轨迹都对应于变步长随机游走。然而，在智能体移动中，摩擦由 Schweitzer 模型(见图 11-5a)定义时，步长与地形的相关性较小；而摩擦由地形直接定义时，步长与地形的相关性很大：在梯度$\nabla\mathcal{T}$较大且为负的区域中，智能体的移动步长较长；而在梯度$\nabla\mathcal{T}$较大且为正的区域中，智能体的移动步长很短。

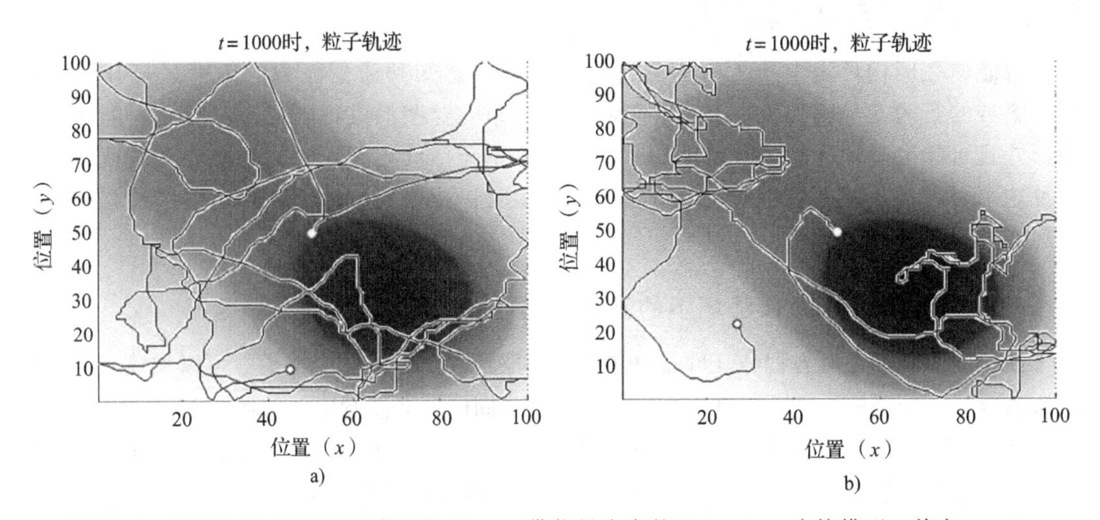

图 11-5　不同摩擦函数下智能体的轨迹。a) 带能量仓库的 Schweitzer 摩擦模型，其中 $c_0=1$、$r_0=1$ 和 $\gamma_e=0.1$；b) 由地形定义的摩擦，其中 $a_f=0.1$。在 $\gamma_0=0.1$，$\sigma=0.5$ 这两种情况中，域的大小为 100×100，粒子的起始点为 $\vec{x}(0)=(50,50)$，运动时间为 $t=0,1,\cdots,1000$

很明显，对于一组智能体来说，恰当的摩擦定义应该与聚合势U_j^{agr}和活动势U_j^{act}相结合($j=1,2,\cdots,m$)。如果需要的话，还可以加上外部附加势能U。下个例子将展示$m=25$个智能体有无聚合情况下带摩擦的运动，其中摩擦由地形决定。

例 11.3　假设 $m=25$ 个智能体在不可渗透边界的平方域 X 内行动，平方域大小为 $n=100\times100$，每一个智能体 $j(j=1,2,\cdots,m)$的运动由郎之万方程(式(11-1))控制，其中 $\sigma_j=0.5$，摩擦取决于地形，由式(11-11)定义，其中参数设置为 $\gamma_0=0.1$ 和 $\alpha_f=0.1$。聚合函数U_j^{agr} 由式(11-3)给出，参数设置为 $\alpha_a=30$、$\beta_a=100$、$\alpha_r=3$ 和 $\beta_r=10$。为了强调运动对聚合的依赖性，假设智能体不执行任何确定的任务，于是对于每个智能体 j 来说活动势$U_j^{act}=0$。智能体有无聚合的轨迹分别如图 11-6a、b 所示。

正如预期的那样，没有聚合时(见图 11-6a)智能体独立地运动。相反，有聚合时(见图 11-6b)，智能体则倾向于向域的中心部分聚合。步长由地形(参见图 11-5b)的梯度$\nabla\mathcal{T}$定义。再次注意在这两种情况中，地形都不影响智能体运动的方向。■

这里所介绍的模型描述了一组移动智能体的运动，给出的例子演示了这些模型在不同运动类型和不同环境依赖性下的实现过程。在特定任务中，运动可以由不同的聚合势、活动势和外部势函数来定义，并应用不同的摩擦模型。在下面的例子中，将演示一个上述模型对于一组移动机器人导航问题的实现过程。

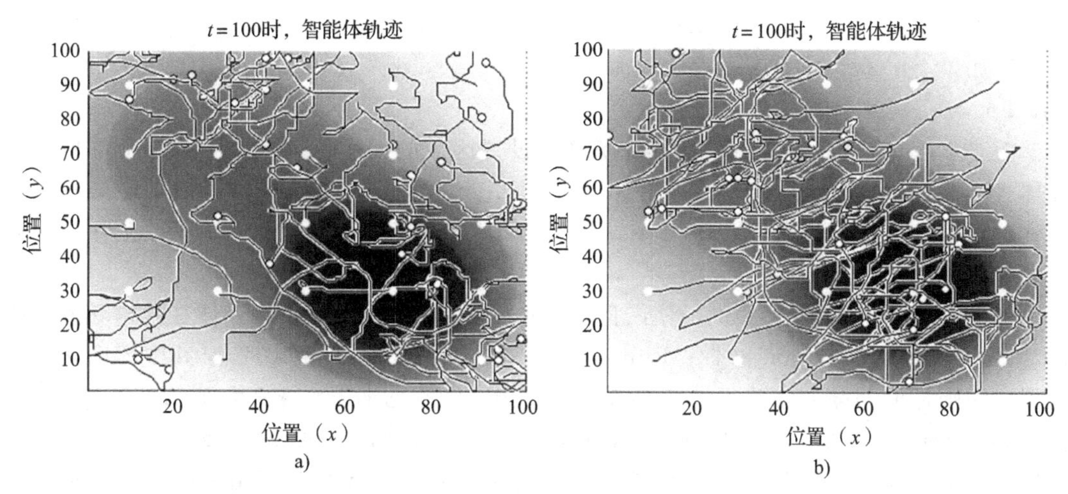

图 11-6 在由地形定义的摩擦下，$m=25$ 个布朗智能体集群的轨迹。a) 智能体没有聚合势；b) 智能体集群有聚合势，其中参数设置为 $\alpha_a=30$、$\beta_a=100$、$\alpha_r=3$ 和 $\beta_r=10$。在 $a_f=0.1$、$\gamma_0=0.1$ 以及 $\sigma=0.5$ 这两种情况中。域的大小为 100×100，运动时间为 $t=0,1,\cdots,1000$

例 11.4 （与 Eynat Rubin 和 Idan Hammer 的合作准备）让我们考虑智能体的仿真运动，仿真运动实现了聚合势函数并遵循环境状态。每个智能体的运动都由以下程序控制，这些程序的灵感来自 Rubenstein、Cornejo 和 Nagpal(2014)补充论文的伪代码。*follow_environment*(*previous_brightness*)：*current_brightness*

1)测量 *current_brightness*。

2)如果 *current_brightness*≥*previous_brightness*，则转向随机方向。

3)下一步。

4)测量 *current_brightness*。

这个例程建模了在外部势能中智能体的运动，并控制智能体离开亮的区域，跟随到暗的区域。注意在同构环境中，这个例程的结果是智能体进行简单的随机游走。

follow_neighbors (*previous_distance*)：*current_distance*

1)测量与所有邻近智能体的距离。

2)使 *current_distance*$=\min_{over\ all\ neighbors}$\{*measured_distances*\}

3)如果 *current_distance*＞*previous_distance* 或 *current_distance*＞*MAX_DISTANCE*，则转向随机方向。

4)如果 *current_distance*＜*MIN_DISTANCE*，则转向反方向。

5)下一步。

6)测量与所有邻近智能体的距离。

7)使 *current_distance*$=\min_{over\ all\ neighbors}$\{*measured_distances*\}。

根据这个例程，智能体倾向于与其邻近智能体一起移动。如果智能体离它的邻近智能体非常近，那么它会尝试避免碰撞和远离邻近智能体。最后，如果智能体离小组很远或远离了它的邻近智能体，那么该智能体会进行简单的随机游走。

智能体的仿真轨迹如图 11-7a 所示，仿真同时遵循了有关环境和邻近智能体的规则。在这个例子中，智能体同时实现了所提例程中出现的两个条件：

1)如果 $current\_distance < MIN\_DISTANCE$，则转向相反的方向。

2)如果 $current\_brightness \geq previous\_brightness$，且(或 $current\_distance > MAX\_DISTANCE$)，则转向随机方向。

关于 KBot 和使用场景的参数，在仿真中设置区域的大小为 $n=500\times500$ 个单位，智能体大小为 3×3 个单位，步长为 $l=10$。对应 KBot 的大小和通信能力，最小距离和最大距离分别为 $MIN\_DISTANCE=5$ 和 $MAX\_DISTANCE=10$。智能体的个数为 $m=9$，初始位置随机。

类似于第 10 章中所举的例子，该智能体利用一组 KBot 实现了智能体在异构环境中的运动(K-Team Corporation 2012；Rubenstein，Ahler and Nagpal 2012)，其中环境状态由机器人周围环境的亮度来表示。将简单的随机游走(参见 KBot 用户手册(Tharin 2013)，由 Rubenstein 和 K-Team S. A. 通过 K-Team 提供的示例程序 KilobotSkeleton. c)定义为机器人的基本运动。由于 KBot 的光电传感器的局限性，程序是基于用来区分明亮和黑暗的阈值来控制机器人运动的。所用到的程序是受 Kilobot 实验室网页上的程序 Movetolight. c 启发而编写的，而且使用通常的 C 语言为 KBot 编写且没有用到 kilolib(参见介绍页面)。下面给出了程序概述。注意在转弯时机器人绕着它的一条腿移动：左转时绕左腿，右转时绕右腿。这两个方向的转弯角大约都是 30°。

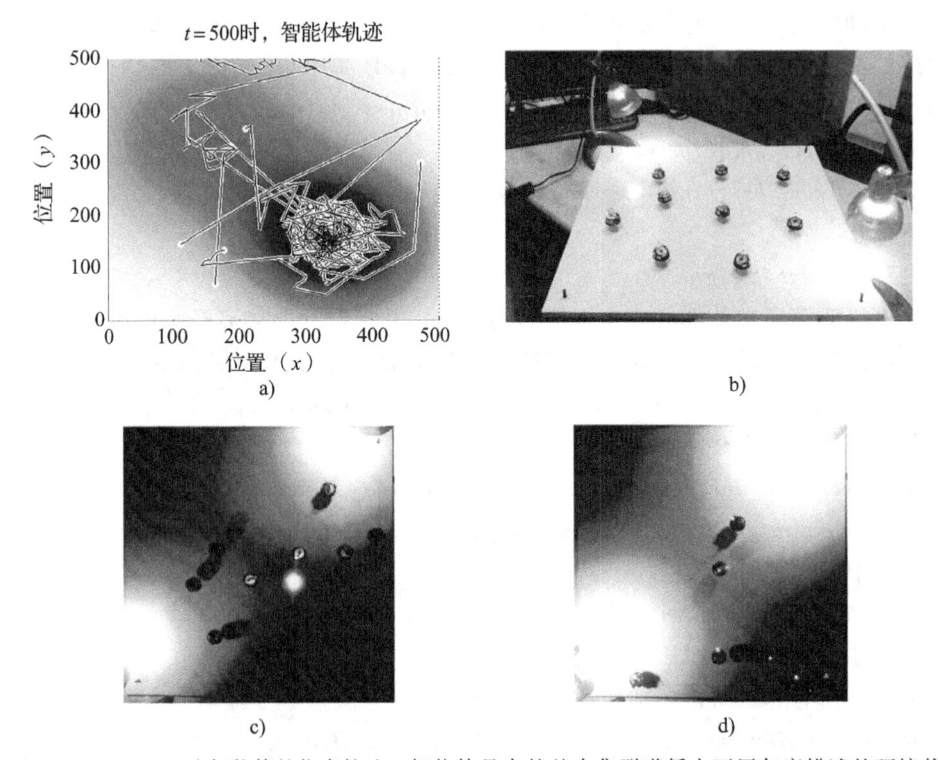

图 11-7　a) $m=9$ 个智能体的仿真轨迹，智能体具有的基本集群遵循由不用灰度描述的环境状态；b) 仿真实验设置为有 $m=9$ 个 KBot 在它们的出发点且在不同时刻 KBot 的位置；c) $t=3\text{min}$ 时 KBot 的位置；d) $t=15\text{min}$ 时 KBot 的位置。来源：E. Kagan 的图片

follow_darkness ()

1)左转并使 $current\_direction=LEFT$。

2)While(*true*)

3)测量 *current_brightness*。

4)如果 *current_direction*=*LEFT*，则

5)如果 *current_brightness*>*THRESHOLD*，则右转，并使 *current_direction*=*RIGHT*。

6)否则左转并使 *current_direction*=*LEFT*。

7)结束。

8)否则左转并使 *current_direction*=*LEFT*。

9)结束。

10)结束 While。

遵循这个例程，如果机器人朝向光源，它会朝光源移动，然后再转过身离开光源。相反，如果机器人背向光源，它会直接向更黑暗的区域移动。注意，这个例程已根据 KBot 的构造和光源传感器调整好。对于其他机器人来说，特别是对于有两个光电传感器的机器人(例如 Braitenberg 飞行器(见图 11-4))来说，例程需要根据机器人的运动和感知能力稍微进行修正。

仿真使用了 $m=9$ 个 KBot(每个 KBot 的半径为 33mm)，KBot 在大小为 530×530 的场景中移动。场景由两个灯具照明，这使得场景的亮度与数值仿真(见图 11-7a)中的环境状态相同。KBot 在初始位置的实验设置如图 11-7b 所示。机器人执行上面给出的程序并在 $t=15$min 后停止。在 $t=3$min 与 $t=15$min 时，机器人的位置分别如图 11-7c、d 所示；两幅图都展示了场景和机器人的俯视图。

可以看到，与上面势场中的运动例子类似，这些智能体遵循环境状态(在执行的仿真中——从较亮的区域到较暗的区域)，并在最暗的区域继续随机移动。遵循环境状态和邻近智能体的函数实现，说明了最简单的聚合以及对环境状态的依赖，在更复杂的任务中，这些函数可以是指数函数或任何其他适当的形式。KBot 中使用的例程是最简单的，可以根据机器人的限制进行调整；对于传感器更精确和移动能力更强的机器人来说，可以使用更复杂的控制。 ■

例 11.4 完成了在异构环境中对运动和集群模型的思考。在第 13 章中基于郎之万方程对模型进行了详细的理论分析，还有它对应的由适当的福克-普朗克方程定义的概率动力学。接下来的部分将描述所提出模型的某些应用。

11.2.2 基于公共概率地图的集群搜索

在本章所介绍的方法中，假设智能体会根据郎之万方程(有合适的势函数)进行随机移动，特别的，由活动势函数U_j^{act}($j=1,2,\cdots,m$)来指定智能体的任务。在例 11.1 中，这些函数使用了特定的检测函数来定义，其中检测函数用的是概率搜索算法(Stone 1975；Washburn 1989；Kagan and Ben-Gal 2013，2015)。当然，这种对活动势的定义并不是唯一的。

让我们考虑概率搜索。它在遵循了 8.3.1 节所提出的搜索算法的基础上，扩展为对多个智能体的搜索。这个算法意味着智能体使用中央单元来分享信息(见图 11-1a)并应用目标位置概率的公共地图；这样的模型对应于 11.1.1 节中考虑的公共势场中的移动。这个算法是与 Gal Goren(Kagan，Goren and Ben-Gal 2010)合作提出的，它遵循贝叶斯搜索和贝叶斯跟踪的一般方法，算法的前身在 8.3.1 节中已有叙述；Kagan 和 Ben-Gal 的新书

(2015)中有对该算法的详细描述。

假设智能体在域 $X\in\mathbb{R}^2$ 中使用具有目标位置概率 $p(\vec{x},t)$ 的地图对目标进行搜索，其中 $\vec{x}\in X$，$t\in[0,T]$。观测是使用无误差传感器进行的，于是，如果智能体在 t 时刻检查特定的观测区域 $a(t)\subset X$，那么它会得到 a 是否为目标的准确结果。如果有一个智能体检测到了目标，那么目标搜索任务就会停止；否则，遵循破坏性搜索智能体会将区域 $a(t)$ 的目标位置概率归零，并将概率归零后的地图传输给中央单元。中央单元从所有智能体那里获取地图，并用这些地图创建新的目标位置概率地图，新地图表示了概率为零的区域，而其他区域则按照贝叶斯法则进行归一化。然后，新地图会传输给所有智能体，并且智能体会按照新地图继续搜索。另外，假设智能体知道目标的移动能力。搜索算法的详细描述如下所示(11.3.1 节中有算法的详细描述)。

算法 11-1　(集体概率搜索，与 Gal Goren 合作提出)(Kagan and Ben-Gal 2015)。

给定域 X、初始化目标位置概率，$p(\vec{x},0)(\vec{x}\in X)$ 和目标运动规则，执行：

1)从 $t=0$ 开始并初始化目标位置概率 $p(\vec{x},0)(\vec{x}\in X)$。

2)For 每个智能体 $j(j=1,2,\cdots,m)$ 执行：

3)对智能体 j 定义概率地图 $p_j(\vec{x},t)=p(\vec{x},t)$。

4)选择可观测区域 a_j 以使至少有一个点 $\vec{x}\in a_j$ 的 $p_j(\vec{x},t)>0$。对 a_j 进行观测，并将点 $\vec{x}\in a_j$ 的概率降到零，这样可以使当前概率地图和观测后得到的地图(包括预期的目标运动)差异最大。

5)在第 4 行中，如果所有可观测区域中的所有点都是零概率而无法选择出一个点，那么就把基于目标运动规则的扩散进程应用到目标位置概率地图中。扩散进程的时间由智能体和目标位置概率分布中心的加权距离进行表示，其中权重通过对目标位置概率的未知程度来定义。在完成扩散进程后，回到第 4 行选择可观测区域。

6)移动到选择的区域 a_j，并检查目标是否在。

7)如果找到了目标，就返回区域 a_j。否则，将所有点 $\vec{x}\in a_j$ 的概率 $p_j(\vec{x},t)>0$ 降至零。

8)结束 for 循环。

9)如果有一个智能体检测到了目标，则停止搜索。否则，根据每一个智能体各自的概率 $p_j(\vec{x},t)$ $(j=1,2,\cdots,m)$ 来更新目标位置概率 $p(\vec{x},t)$ 的公共地图，然后增加时间 t 并继续从第 2 行开始执行。

如前文所述，所提出的算法扩展了算法 8-7。这两个算法的差别是，前者对于每个智能体使用了不同的概率地图，并且将这些地图结合成目标位置概率的公共地图。另外，注意与算法 8-7 相比较而言，这个算法假设目标也可以在域中根据特定的规则进行移动，但是这并没有改变算法的框架。

对在外部势场中的运动而言，这个搜索使用了公共外部势函数 $U^{ext}(\vec{x},t)=1-p(\vec{x},t)$ $(\vec{x}\in X)$ 和活动势函数 U_j^{act}。于是如果在观测区域 $a(t)$(包括 $\vec{x}$)中没有检测到目标，则 $U_j^{act}(\vec{x},t)=1$，否则 $U_j^{act}(\vec{x},t)=U^{ext}(\vec{x},t)$。如果观测区域是由智能体位置的无限小邻域定义的，那么对区域 a_j 的选择就等价于对概率地图梯度的选择，或等价于对外部势 U^{ext} 的选择。活动势 U_j^{act} 是由目标位置概率的减少来定义的。另外，如果避开了概率估计，并且使用了观测区域信息缺失(见算法第 5 行)的对应选择，那么算法定义的搜索过程与例 11.1 中的搜索过程相同，只是检测函数有了明显的改变，变为无差异检测函数。

注意，破坏性搜索的算法 11-1 不需要特定的斥力势来避免碰撞。这种属性基于的假设是在每一时刻智能体都在它目前观测区域的中心。因为观测区域的概率都降至为零了(见算法第7行)，所以当智能体在可以自动避免碰撞的区域内时，这些区域(遵循算法第4行和第5行的选择规则)不能被选择。当然，如果没有这个假设以及错误的检测，则应该用特定的斥力势或附加的概率地图来避免碰撞，这在含错误检测的搜索算法中得到了证明(Chernikhovsky et al. 2012；Kagan，Goren and Ben-Gal 2012；Kagan and Ben-Gal 2015)。11.3.1节中给出了一个数值实例来说明算法11-1的作用。

11.3 基于共享环境地图的集群动力学案例

上述所介绍的集体行为模型构成了几个算法的基础，这些算法指定了不同任务中智能体的活动。下面展示了这些任务的案例：首先介绍了算法11-1(离散域内多搜索器搜索)的详细实现，然后继续用仿真展示了例11.4，并且给出了一个使用KBot实现避障避碰的例子。

11.3.1 基于多搜索器的概率搜索

首先介绍算法11-1对于在线离散域搜索(Kagan and Ben-Gal 2015)的实现。该程序对静态目标和移动目标的搜索都是适用的，同时也适用于在搜索过程中改变目标运动模式的情况。

设 $X=\{\vec{x}_1,\vec{x}_2,\cdots,\vec{x}_n\}$ 是正方形栅格并假设有 $m\geqslant 1$ 个移动智能体在栅格 X 中搜索目标。智能体在时刻 $t=0,1,2,\cdots$ 所选的观测区域 $a_j(t)\subset X(j=1,2,\cdots,m)$ 中，直到检测到目标之前智能体都不知道目标的位置，但是它知道目标位置概率 $p(\vec{x}_i,t)(\vec{x}_i\in X)$，且这个概率是所有智能体都知道的。

智能体的运动由转移概率矩阵为 $\boldsymbol{\rho}=[\rho_{ik}]_{n\times n}$ 的马尔可夫过程控制，其中 ρ_{ik} 是给定目标点 $\vec{x}_i$ 后智能体走向点 $\vec{x}_k$ 的概率 $(i,k=1,2,\cdots,n)$，且对每个 $i=1,2,\cdots,n$ 有 $\sum_{k=1}^{n}\rho_{ik}=1$。在静态目标的情况下，转移概率矩阵是单位矩阵。假设所有智能体都已知转移概率矩阵 $\boldsymbol{\rho}$。

在栅格 X 中智能体的运动按如下定义。用 $\mathcal{D}$ 表示在单步中智能体所有可能移动的集合。在栅格中，这个集合由最多5种移动组成 $\mathcal{D}=\{\delta_1,\delta_2,\delta_3,\delta_4,\delta_5\}$，其中 δ_1 表示前进、δ_2 表示后退、δ_3 表示右移、δ_4 表示左移、δ_5 表示待在当前点。然后智能体的选择 $\delta_l\in\mathcal{D}$ 是基于在观测区域 $a_j(t)$ 中检测到目标的概率 $\varphi(a_j(t))=1$ 得到的。在无误差检测的情况下，若目标在区域 $a_j(t)$ 中，则 $\varphi(a_j(t))=1$，否则 $\varphi(a_j(t))=0$。当至少有一个智能体 $j=1,2,\cdots,m$ 检测到目标时停止搜索。

给定栅格 $X=\{\vec{x}_1,\vec{x}_2,\cdots,\vec{x}_n\}$、初始化目标位置概率 $p(\vec{x}_i,0)(i=1,2,\cdots,n)$、转移概率矩阵 $\boldsymbol{\rho}$、可能的移动策略集合 $\mathcal{D}$，以及检测函数 φ，实现算法11-1的程序如下所示(和Gal Goren合作提出)。

collective_probabilistic_search$((\{\vec{x}_1,\vec{x}_2,\cdots,\vec{x}_n\},\mathcal{D},\varphi,\boldsymbol{\rho},\{p(\vec{x}_1,0),\cdots,p(\vec{x}_n,0)\}))$

开始搜索

1)设 $t=0$。

2)设置智能体的初始位置以及对应的观测区域 $a_j(0)(j=1,2,\cdots,m)$。

继续搜索直到检测到目标

3)While 所有检测概率为 $\varphi(a_j(t))=0(j=1,2,\cdots,m)$，执行：

设置每个智能体当前观测的概率

4)For 每个智能体 $j=1,2,\cdots,m$ 执行：

5)设置$\{p(\vec{x}_1,0),\cdots,p(\vec{x}_n,0)\}=current_observed_probabilities(a_j(t),\{p(\vec{x}_1,0),\cdots,p(\vec{x}_n,0)\})$。

6)结束 for 循环。

计算下一位置概率的公共地图

7)设置$\{p(\vec{x}_1,t+1),\cdots,p(\vec{x}_n,t+1)\}=next_location_probabilities(\boldsymbol{\rho},\{p(\vec{x}_1,t),\cdots,p(\vec{x}_n,t)\})$。

每一个智能体选择下一个观测区域

8)For 每个智能体 $j=1,2,\cdots,m$ 执行：

9)设置 $a_j(t+1)=next\_observed\_area(\vec{x}_j(t),\mathcal{D},\boldsymbol{\rho},\{p(\vec{x}_1,t+1),\cdots,p(\vec{x}_n,t+1)\})$。

10)结束 for 循环。

增加时间

11)设置 $t=t+1$。

移动到下一位置并观测所选区域

12)For 每个智能体 $j=1,2,\cdots,m$ 执行：

13)设置关于区域 $a_j(t)$的位置$\vec{x}_j(t)$。

14)设置关于观测区域 $a_j(t)$的检测概率 $\varphi(a_j(t))$。

15)结束 for 循环。

16)结束 while 循环。

返回目标位置

17)返回检测概率为 $\varphi(a_j(t))=1(j=1,2,\cdots,m)$的区域 $a_j(t)$。

显然所提出的例程遵循了算法 8-7 中的步骤，因此使用相同的函数 *current_observed_probabilities*(…)、*next_location_probabilities*(…)和 *next_observed_area*(…)。注意，在这个例程中，智能体总会处理目标位置概率的公共地图，这只有在无误差检测的情况下才有可能。对于有误差检测的情况，集群运动则由指定序列选择和更新的过程来定义(Kagan and Ben-Gal 2015)。

智能体在搜索静态目标时，按照算法 11-1 和例程 *collective_probabilistic_search*(…)给出了行动的轨迹，如图 11-8 所示。为了对比，图 11-8a、b 描述的轨迹(用实线表示)由单个智能体例程创建(参见图 8-6b 所示轨迹)，图 11-8c、d 描述的轨迹(用虚线表示)是这些智能体与另外两个智能体协作的轨迹。域 X 的大小为 $n=100\times100$。在图 11-8a、b 中，智能体的起始点是$\vec{x}_1(0)=(15,1)$。在图 11-8c、d 中，智能体的起始点是$\vec{x}_1(0)=(15,1)$、$\vec{x}_2(0)=(85,1)$和$\vec{x}_3(0)=(50,99)$。目标位置随机指定，在图中目标用白色星星表示。域 X 中目标位置概率较高的地方用白色表示，而较低的地方则用黑色表示。类似于算法 8-7，假设在所有时间 $t=0,1,\cdots$内所有智能体 $j=1,2,3$ 的观测区域 $a_j(t)$都是智能体周围 3×3 的正方形区域。

第一个例子(见图 11-8a、b)强调了智能体单独行动和在小组中行动时轨迹的差别。可以看出在单独搜索中(见图 11-8a)，智能体在接近起始点的区域会花费少量时间进行搜索，然后移向更远的区域。相反，在集群搜索中(见图 11-8b)，这个智能体会集中搜索它自己的区域，而其他区域则由其他智能体搜索。

第二个例子(见图 11-8c、d)展示了避碰。可以看出在单独搜索中(见图 11-8c)没有出现避碰问题，智能体轨迹与自身有多个交叉点。相反，在集群搜索中(见图 11-8d)，不同智能体的轨迹很少有交叉点(在所考虑的情况中，第一个智能体与其他智能体的轨迹有两个交叉点)，而且只有当智能体之间相离较远的时候才能有效地避免碰撞。

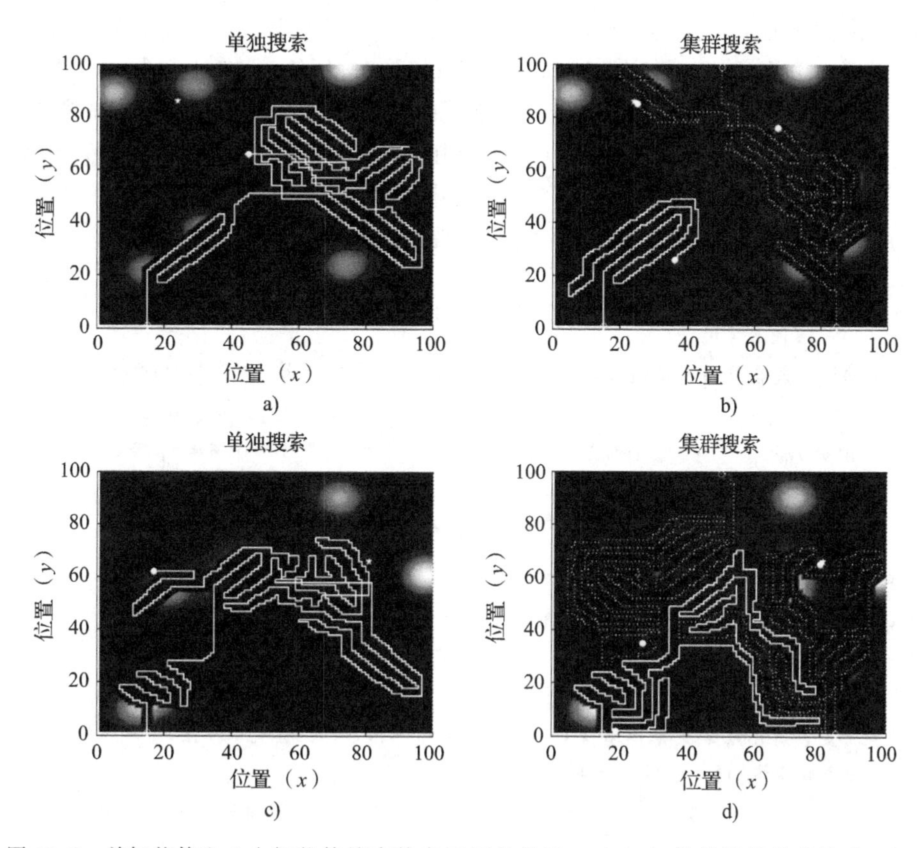

图 11-8 单智能体和 3 个智能体搜索静态目标的轨迹。a)、c) 是单智能体的轨迹；b)、d) 是同一智能体与另外两个智能体协作的轨迹。搜索直到找到目标或在 $t=1000$ 步后终止

再次注意，这个属性本质上是基于无误差检测这个假设的，因此智能体会将在观测区域内找到目标的概率设为零。在有误差检测中(Chernikhovsky et al. 2012；Kagan，Goren and Ben-Gal 2012；Kagan and Ben-Gal 2015)，避碰需要额外的方法。下一节将介绍这种方法的示例。

11.3.2 基于吸引/排斥势的避障、避碰

最后，介绍算法 11-1 对于实现避碰、避障功能进行的修改。这种修改的思想直接遵循了势函数方法(Rimon and Koditschek 1992)，在 Sosniki 等人的论文中则采用了稍有不同的方法。为简单起见，假设智能体从其初始位置移动到已知的目标位置，以及目标是给这个位置周围的集群定位。

回想一下，在算法 11-1 中，$m \geqslant 1$ 个智能体在域 $X \subset \mathbb{R}^2$ 行动，且根据目标位置概率 $p(\vec{x},\ t)(\vec{x} \in X、t \in [0,\ T])$地图来选择它们的移动。如果目标位置$\vec{x}_0=(x_0,y_0)$是已知的，那概率地图就可以直接定义为以点$\vec{x}_0$为中心、以$\sigma_{0x}$和$\sigma_{0y}$为 x 轴方差和 y 轴方差的双变量正态分布，且在每个点 $\vec{x} \neq \vec{x}_0$ 上目标位置概率 $p(\vec{x},0)$的梯度不为零。显然，这种定义对应于在有渗透边界的概率地图上应用扩散进程(即 $p(\vec{x},0)=1$ 和 $p(\vec{x},0)=0$、$\vec{x} \neq \vec{x}_0$)，直到 X 的所有边界点。除了可能的单点之外，其余的目标位置概率都大于零。

智能体之间吸收的定义类似于目标之间的吸引，目标的吸引定义为以智能体位置为中心的双变量正态分布 $p(\vec{x}_j,t),j=1,2,\cdots,m$。最后，按照算法 11-1 智能体会避开跟随概率为零的区域，在每个时刻 t，通过指定障碍和智能体所在点的概率为零来避障和避碰。如果需要的话，可以将障碍和智能体所在的周围区域的概率也指定为零(参见由式(11-2)和式(11-3)定义的聚合势)。注意与算法 11-1 中的破坏性搜索不同的是，在算法 11-2 中智能体执行的是非破坏性搜索，因此不需要将观测区域的概率降到零。

算法 11-2　在避障和避碰的条件下跟踪到已知的目标位置

给定域 X，初始化目标位置$\vec{x}_0 \in X$，初始化智能体的位置$\vec{x}_j \in X(j=1,2,\cdots,m)$和障碍区$\mathcal{O}_k \subset X$ $(k \geqslant 0)$，执行：

1)从 $t=0$ 开始并指定初始的目标位置概率 $p(\vec{x},0)=1$ 和 $p(\vec{x},0)=0(\vec{x} \neq \vec{x}_0,\vec{x} \in X)$。

2)在目标位置概率 $p(\vec{x},t)(\vec{x} \in X)$的地图上应用扩散进程，直到除了可能是单点的所有点 $\vec{x} \in X$ 的结果概率都大于零，并设置概率 $p(\vec{x},t)(\vec{x} \in X)$为扩散后的概率。

3)For 每个障碍区域$\mathcal{O}_k \subset X(k=1,2,\cdots)$执行：

4)设置点 $\vec{x} \in \mathcal{O}_k$ 中的概率 $p(\vec{x},t)$为零，并归一化目标位置概率地图。

5)结束 for 循环。

6)设置概率地图 $p'(\vec{x})=p(\vec{x},t)$，$\vec{x} \in X$。

7)设置智能体所在点 $\vec{x}$ 的概率 $p(\vec{x},\ t)$为零，并归一化目标位置概率地图。

8)For 每个智能体 $j(j=1,2,\cdots,m)$执行：

9)选择智能体 j 的新位置，使智能体所在区域中至少有一个点$\vec{x}_0$满足 $p(\vec{x},\ t)>0$，这样将智能体所在点的概率降至零后就可以使当前地图与减少概率后得到的地图差别最大。

10)移向所选位置并检查是否到达目标位置，也就是目标位置$\vec{x}_0$是否在智能体所占区域。

11)如果到达了目标位置，则停止智能体的运动。

12)结束 for 循环。

13)设置概率地图 $p(\vec{x},t)=p'(\vec{x}),\vec{x} \in X$。

14)如果所有智能体都结束了它们的运动，则停止程序。否则增加 t 并从第 7 行开始继续执行。

总之，以上算法遵循了算法 11-1 中使用的方法，也就是障碍区域和智能体所占区域都用目标位置概率为零表示。然而因为算法 11-2 使用了非破坏性搜索，所以与算法 11-1 相比，它并不意味着智能体在选择新位置时可能会失败，并不需要在决策期间进行目标位置概率的扩散。

算法 11-2 的实现是很清晰的，且在离散时间和网格空间内它使用了与例程 *collective_search*(…)相同的语句。下一个例子展示了算法的执行，其中设置与 11.3.1 节中的类似。

例 11.5　假设 $m=4$ 个智能体在大小为 $n=100 \times 100$ 的方形网格域 X 中行动，并在算法 11-2 的非破坏性搜索控制下跟随已知目标位置。智能体的起始点为$\vec{x}_1(0)=(15,1)$、$\vec{x}_2(0)=(85,1)$、$\vec{x}_3(0)=(15,99)$和$\vec{x}_4(0)=(85,99)$，然后跟随目标位置概率。假设域 X 包含 20 个方形和圆形障碍物，且障碍物位置在 X 中随机；在图 11-9 中障碍物用黑色表示，黑色对应着零目标位置概率，同时白色代表着更高的位置概率。

图 11-9a、b 展示了在两个设置下获取的智能体轨迹。在第一个设置中(见图 11-9a)，智能体在域的中心点$\vec{x}_0=(50,50)$，目标位置概率定义为中心点是$\vec{x}_0$、方差为 $\sigma_{0x}=50$ 和 $\sigma_{0y}=50$ 的双变量正态分布。在第二个设置中(见图 11-9b)，目标在点$\vec{x}_0(70,30)$处，目标位置概率定义为两个双变量正态分布，其中心点分别为 $\vec{x}=(30,70)$和$\vec{x}_0(70,30)$，方差分别为 $\sigma_{0x}=30$、$\sigma_{0y}=30$ 和 $\sigma_{0x}=20$、$\sigma_{0y}=20$(参见 11.2.1 节中的势函数)。

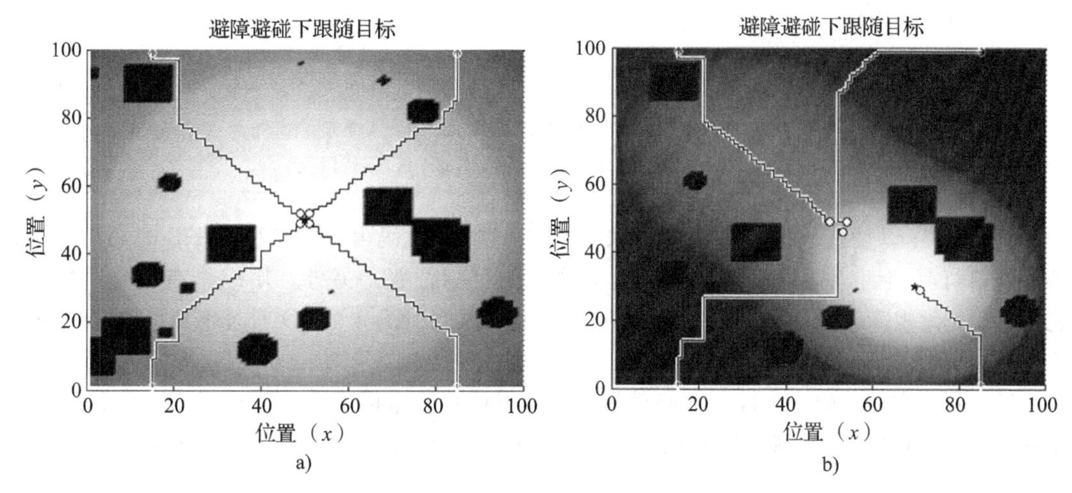

图 11-9 避障避碰下 $m=4$ 个智能体跟随已知目标位置的轨迹。a)目标位置概率函数是凸的，目标点位于最大点处；b) 目标位置概率函数在点 $x=(30,70)$处有局部最大值，在点 $x=(70,30)$处有全局最大值。在所有情况下，目标位置位于全局最大值的点，域的大小为 100×100，智能体的初始点为 $x_1(0)=(15,1)$、$x_2(0)=(85,1)$、$x_3(0)=(15,99)$和 $x_4(0)=(85,99)$。黑色表示方形和圆形障碍

可以看出两种情况下智能体都根据目标位置概率的最大梯度来躲避障碍。在第一个设置中，目标位置函数是凸函数(见图 11-9a)，智能体到达目标位置，但是因为要避障所以停在了目标位置的周围。在第二个设置中，目标位置概率函数有局部最大值和全局最大值，第一、三、四个智能体最初跟随目标位置概率函数的最小值来避障，距离目标位置较近的第二个智能体则直接到达目标位置，也就是目标位置概率函数的全局最大值。■

所考虑的避碰、避障的例子遵循势函数方法(见第 5 章)，势函数由目标位置概率定义。结合前面的例子，一方面说明了搜索与觅食问题之间的密切关系(Viswanathan et al. 2011；Kagan and Ben-Gal 2015)。另一方面，集群导航与控制方法(Hamann 2010；Gazi and Passino 2011)是基于活动布朗运动方法(Schweitzer 2003；Romanczuk et al. 2012)的，这使我们可以考虑遵循一般动力学系统框架的方法和任务。第 13 章详细描述了这个框架。

最后介绍使用一组 KBot(K-Team Corporation 2012；Rubenstein，Ahler and Nagpal 2012)实现避障、避碰的算法。由于 KBot 能力的限制，避障、避碰算法并没有使用式(11-2)或式(11-3)定义的指数吸引势和排斥势，而是使用了类似算法 11-2 的例 11.4 中用到的阈值方

法，KBot 需要跟踪用光源表示的目标位置。算法 11-2 的 KBot 版本如下所示。

算法 11-3　在避障和避碰的条件下跟踪到已知的目标位置：KBot 版本

给定有光源的场景且明确将 KBot 视为障碍，执行：

1)从机器人的初始位置开始。

2)While(true)

3)For 每个机器人 $j(j=1,2,\cdots,m)$，执行：

4)向光源移动。

5)如果与障碍物的距离大于阈值，则左转以避碰。

6)如果与其他智能体的距离大于阈值，则随机转向以避碰。

7)结束 for 循环。

8)结束 while 循环。

当然，所提出的算法是与 KBot 能力相吻合的算法 11-2 的明确版本。对于有先进感应能力的更复杂的机器人来说，该算法可以进行修改，可以不根据阈值来控制转弯，而是根据指数或其他形式的势来控制机器人转弯。下一个例子展示了算法 11-3 的实现(参见例 11.4)。

例 11.6　以伪代码的形式实现算法 11-3，这些伪代码可以直接用于 KBot。这里假设场景由单灯具照明，且将此灯具定义为机器人的目标位置。另外，用一个有明确 ID 且固定的 KBot 代表障碍，其他机器人应该避开这个 KBot。KBot 的 ID 通过 KBot 消息传输技术传递给其他机器人。

运行例程的第 10～16 行，它们模仿了 Kilobot 实验室网页上 Movetolight.c 中的代码(Kilobotics 2013)。实现避碰避障的第 3～9 行内容与例 11.4 仿真中的几行程序对应。例程如下：

***follow_light_avoid_collisions*()：**

1)左转并设置 *current_direction*=*LEFT*。

2)*While*(true)

3)测量 *obstacle_distance*(接收信息来代表障碍的 KBot)。

4)如果 *obstacle_distance*<*THRESHOLD_OBSTACLE*，

则左转并设置 *current_direction*=*LEFT*。

5)结束。

6)测量与所有邻近智能体的距离。

7)设置 $neighbor\_distance=min_{over\ all\ neighbors}\{measured\_distances\}$。

8)如果 *neighbor_distance*<*THRESHOLD_NEIGHBOR*，

则随机转向(左或右)并将 *current_direction* 设置为 *LEFT* 或 *RIGHT*。

9)结束。

10)测量 *current_brightness*。

11)如果 *current_direction*=*LEFT* 且 *current_brightness*<*THRESHOLD_LOW*，

则右转并设置 *current_direction*=*RIGHT*。

12)否则左转并设置 *current_direction*=*LEFT*。

13)结束。

14)如果 *current_direction*=*RIGHT* 且 *current_brightness*>*THRESHOLD_HIGH*，

则左转并设置 *current_direction*=*LEFT*。

15)否则左转并设置 *current_direction*=*LEFT*。

16)结束如果。

17)结束 while 循环。

遵循这个例程，机器人会走到障碍左边来避开障碍，通过随机转向来避开邻近智能体。注意，这种方法并不能完全保证避免碰撞。当然，它们减少了碰撞的次数。

控制机器人朝光的方向运动的过程如下所述。如果测量的亮度小于 *THRESHOLD _ LOW*，那么机器人就绕右腿转大约 30°。如果在右转之后，测量的亮度大于 *THRESHOLD _ HIGH*，则机器人绕左腿转大约 30°。这种转向可以基于光电传感器的位置以确保机器人朝光的方向移动。误差根据阈值之间的差 *THRESHOLD _ HIGH*－*THRESHOLD _ LOW*>0 进行修正，阈值根据光的强度定义。

提出的算法和例子展示了一些前面所考虑的方法，并可以作为未来将这些方法用于合适的移动机器人的基础。正如已经提到的，执行的例程是根据 KBot 机器人的结构、感知和运动能力编写的。对于更复杂的机器人而言，例程可以进行修改。第 12 章提供了额外的基于 Lego NXT 机器人的集群动力学的例子，它有更强的感知和通信能力。 ■

11.4 小结

本章介绍了平面中基于共享环境状态地图的一组移动机器人的运动。这种运动假设机器人要么与中央单元通信，要么与组内其他机器人通信。前者中的中央单元会获取关于智能体的运动和所观测环境的信息，并在处理之后将结果传送给组内的所有机器人，而后者中的信息处理则是由每个机器人自己进行控制。遵循信息交换和处理无错误的假设，本章研究了 3 种基于共享信息的集群动力学的一般情况。

1)基于公共势场的运动，指的是机器人有关于环境的完全信息，信息获取自中央单元或组内其他机器人(见 11.1.1 节)。这种情况下，集群运动由外部势场控制，如果需要的话，可以和用集群任务定义的公共活动势场相结合。

2)基于共享本地环境信息的运动，本地信息可以通过中央单元从邻近机器人处获取或直接从邻近机器人处获取(见 11.1.2 节)。这种运动意味着，机器人的传输距离至少要达到与其他机器人之间的距离，并根据与其他机器人的距离进行运动修正。这种情况将使用吸引和排斥势进行建模。

3)在异构环境中，机器人会遵循特定的势场并通过某些环境参数改变其运动特性，其中参数指的是非线性摩擦或地形函数中的参数(见 11.2.1 节)。这种运动结合了前两种情况，并附加了对集群行动所在地形的运动依赖。

所考虑的集群动力学模型是基于具有相应势能的郎之万方程的，且通过一些数值实例展示了模型(见 11.1 节和 11.2.1 节)。这些模型的原则是基于最简单的移动机器人(KBot)集群来实现的(见例 11.4 和例 11.6)。通过一组使用公共概率地图的机器人概率搜索过程(见 11.2.2 节和 11.3.1 节)、避障避碰方法的数值实现及 KBot 机器人集群，对算法的解决方案进行了说明。

参考文献

Chernikhovsky, G., Kagan, E., Goren, G., and Ben-Gal, I. (2012). Path planning for sea vessel search using wideband sonar. In: *Proc. 27-th IEEE Conv. EEEI.* https://doi.org/10.1109/EEEI.2012.6377122. Institute of Electrical and Electronics Engineers (IEEE).

Gazi, V. and Passino, K.M. (2011). *Swarm Stability and Optimization*. Berlin: Springer.

Hamann, H. (2010). *Space-Time Continuous Models of Swarm Robotic Systems: Supporting Global-to-Local Programming*. Berlin: Springer.

Kagan, E. and Ben-Gal, I. (2013). *Probabilistic Search for Tracking Targets*. Chichester: Wiley.

Kagan, E. and Ben-Gal, I. (2015). *Search and Foraging. Individual Motion and Swarm Dynamics*. Boca Raton, FL: Chapman Hall/CRC/Taylor & Francis.

Kagan, E., Goren, G., and Ben-Gal, I. (2010). Probabilistic double-distance algorithm of search after static or moving target by autonomous mobile agent. In: *Proc. 26-th IEEE Conv. EEEI*, 160–164.

Kagan, E., Goren, G., and Ben-Gal, I. (2012). Algorithm of search for static or moving target by autonomous mobile agent with erroneous sensor. In: *Proc. 27-th IEEE Conv. EEEI.* https://doi.org/10.1109/EEEI.2012.6377124.

K-Team Corporation. (2012). Kilobot. http://www.k-team.com/mobile-robotics-products/kilobot.

Kilobotics. (2013). Kilobot labs. http://www.kilobotics.com/labs.

Rimon, R. and Koditschek, D.E. (1992). Exact robot navigation using artificial potential functions. *IEEE Transactions of Robotics and Automation* 8: 501–518.

Romanczuk, P., Bar, M., Ebeling, W. et al. (2012). Active Brownian particles. *The European Physical Journal Special Topics* 202: 1–162.

Rubenstein, M., Ahler, C., and Nagpal, R. (2012). Kilobot: a low cost scalable robot system for collective behaviors. In: *IEEE International Conference on Robotics and Automation*, 3293–3298. Saint Paul, MN. Institute of Electrical and Electronics Engineers (IEEE).

Rubenstein, M., Cornejo, A., and Nagpal, R. (2014). Programmable self-assembly in a thousand-robot swarm. *Science* 345 (6198): 795–799.

Schweitzer, F. (2003). *Brownian Agents and Active Particles. Collective Dynamics in the Natural and Social Sciences*. Berlin: Springer.

Shahidi, R., Shayman, M., and Krishnaprasad, P.S. (1991). Mobile robot navigation using potential functions. In: *IEEE International Conference on Robotics and Automation*, 2047–2053. Sacramento, California. Institute of Electrical and Electronics Engineers (IEEE).

Sosnicki, T., Turek, W., Cetnarowicz, K., and Zabinska, M. (2013). Dynamic assignment of tasks to mobile robots in presence of obstacles. In: *18th International Conference on Methods and Models in Automation and Robotics (MMAR'13)*, 538–543. Miedzyzdroje, Institute of Electrical and Electronics Engineers (IEEE).

Stone, L.D. (1975). *Theory of Optimal Search*. New York: Academic Press.

Stone, L.D., Barlow, C.A., and Corwin, T.L. (1999). *Bayesian Multiple Target Tracking*. Boston: Artech House Inc.

Tharin, J. (2013). *Kilobot User Manual*. Vallorbe, Switzerland: K-Team S.A.

Viswanathan, G.M., da Luz, M.G., Raposo, E.P., and Stanley, H.E. (2011). *The Physics of Foraging*. Cambridge: Cambridge University Press.

Washburn, A.R. (1989). *Search and Detection*. Arlington, VA: ORSA Books.

直接与间接通信下的协作运动

Eugene kagan 和 Irad Ben-Gal

本章介绍两种机器人间的通信策略(基于确定通信协议的直接通信和利用环境变换的间接通信),从而实现多机器人系统的共识主动性。通过机器人间歇策略的运动以及信息素机器人可说明上述通信类型与机器人集群动力学系统之间的关系。

12.1 组内移动机器人间的通信

如第10章和第11章所示,移动机器人之间有多种通信方式,根据机器人的能力和任务,可以采用不同的方式和手段进行信息传递。特别地,在第11章中提出机器人传输信息要么通过直接通信或者应用环境状态的变化(例如在第11章的11.2.2节所示和11.3.1节所示示例中,通过破坏性搜索得到了确定的目标位置信息,从而降低了目标位置的概率)。第二种通信方式称为间接通信。直接和间接通信方案如图12-1所示。

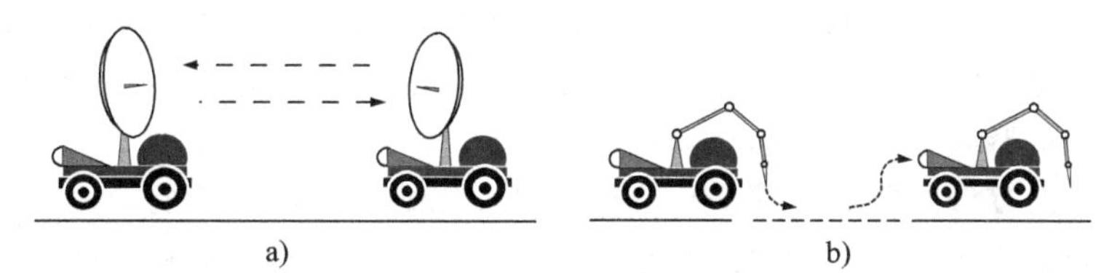

图12-1 移动机器人间的通信类型。a) 采用确定通信协议的直接通信;b) 应用环境状态变化的间接通信

通常来说,移动机器人间的直接通信遵循计算机网络中信息传输的一般原则,以及某些"点到点"协议或者广播协议(Weiss 1999)。另外针对一些简单的移动机器人,这种通信方式模仿动物种群中可以被观测到的信号。值得注意的是,在这种情况下传递的信号并不会保留在环境信息中,且只在通信阶段才能够被获取。

相比之下,间接通信假设智能体可以通过环境进行交互。可以将环境看作组内的公共内存,一些公共信息存储在其中,并在一定时间段内对所有智能体开放。采用间接通信的机器人组由此产生的行为通常被称为"共识主动性"(Hamann 2010; Sumpter 2010)。最终,在智能体通信能力框架下,通过某些传感器(例如摄像头或者超声测距仪)可直接获取智能体间的相对距离,这种方式被认为是基于传感器通信的。当然,在真实的多机器人系统中,智能体通常采用不同类型的通信,并将所获信息组合后用于集群中的个体运动规划和协作决策。在下一节中,将讨论所给出的通信类型的一般性原则以及它们对集群动力学的推论。

下面研究一下智能体之间的间接通信的细节问题。如上文所述,间接通信是利用环境状态的变化进行的,并且假设机器人配备了合适的驱动机构和传感器(Balch and Arkin 1994)。在该情况下,环境被认为是存储与提供有关群体内智能体个体工作进程与决策的公共共享内存。通常来说,这种"共享内存"的环境设定被认为具有涉身性(embodiment)

(Clark 1997，2003)或者渗透性作用(percolation)(De Gennes 1976)，在集群动力学中观察到的相关现象称为共识主动性(详见(Trianni 2008；Hamann 2010))。

Beckers，Holland和Deneubourg(1994，p.181)描述，如下所示：

> 共识主动性的本质是由法国生物学家P.P.Grasse(Grasse 1959)在研究白蚁筑巢过程中发现并定义的。共识主动性(stigmergy)是由词根“stigma”与“ergon”衍生而来的，从而赋予其“由工作产物刺激工作”的含义。其本质就是智能体的行为主体在先前行为对于局部环境的影响下产生的某种行为。

觅食的蚂蚁通过部署信息素形成路径，从而别的蚂蚁也可以得以应用，这个例子是最有名的集群使用间接通信进行活动的范例(Gordon 2010；Sumpter 2010)。这种机制形成了一种被广泛称为信息素机器人的方法的基础。在这种方法中，移动机器人组的内部通信模拟了蚂蚁之间基于信息素的通信。

实际上，这种方法是使用“点到点”的直接通信和某种调度方案来实现的。该调度方案允许消息的分发从一个机器人通过其他作为中间发射器的机器人发送给另一个机器人(Payton et al.2001；Rubenstein，Cornejo and Nagpal 2014)。然后，在Payton等人的实现中，当其中一个机器人检测到目标或到达所需位置后，它开始向最近的相邻机器人传递信息(其中包括信息素浓度)这些相邻的机器人再将接收到的信息素浓度稍微降低后发送给其他相邻的机器人，以此类推。信息素浓度的降低是根据机器人之间的距离来确定的，同时也模拟了真实信息素的干燥时间。在Rubenstein等人构造的智能体集群中，部分机器人负责进行连续的传播，其他机器人只传输接收到的消息。信息接收的方向、信息素浓度的大小决定了信息素的梯度(Payton et al.)或势场的梯度(Rubenstein et al.)。然后在给定梯度的情况下，机器人对下一步的行动做出决定。

信息素机器人方法的附加属性是集群对环境变化的反应，而环境变化是由环境本身的动态变化引起的。这种反应一般被认为是机器人对感知信息素轨迹和这些轨迹在时间上的变化所做出的反应。结合第9节中考虑的集群活动的一般原则，这两个特性——信息素的部署和对环境变化的感知与反应——构成了著名的集群智能(Swarm Intelligence，SI)方法的基础(Bonabeau，Dorigo and Theraulaz 1999)。

术语集群智能是Beni和Wang于1990年在集群机器人的背景下提出的(参见第4节，并在那里提到了Beni的工作(Beni 2005))。它的非正式定义如下(White 1997)：

> 集群智能(SI)是一个系统的属性，在这个系统中，与环境进行局部交互的(较为简单的)智能体的协作行为会引起功能一致的全局模式的出现。SI提供了一种基本原则，通过这种基本原则可以探求协作(或分布式)问题在无集中控制或全局模型的条件下得到解决的方法。

为了更精确地描述集群智能，通常有5个原则：

1)*距离原则*。这个群应该能够进行基本的空间和时间的计算。这种计算可理解为对环境刺激的直接行为反应，在某种意义上它最大化了在某些类型活动中组作为整体的效用。

2)*质量原则*。群不仅能对时间和空间方面的注意事项做出反应，而且还要对质量因素做出反应，例如对“食物”的质量或地点做出反应。

3)*多元反应原则*。群应寻求以多种方式分配其资源，以防止任何一种方式由于环境波动而突然改变。

4)*稳定性原则*。群不应该随着环境的波动从一种模式转向另一种模式。因为这种变化需要能量，而且可能不会为这种“投资”带来有价值的回报。

5)适应性原则。当改变一种行为模式的回报很可能值得在能源上投资时，组应该转换行为模式。最好的情况就是在完全有序和完全混乱之间取得平衡，因此，组的随机性是一个重要因素。

显然，与基于计算机多智能体系统的人工智能相比(Weiss 1999)，集群智能存在的必要条件是环境的变化只通过多机器人系统实现，不能建立在完全无机器人智能体的基础上(必要特性的讨论见文献第 1 节)。此外，间接交流和共识主动性本身并不意味着集群中智能体在空间或时间排序上的自组织(Bonabeau et al. 1997；Bonabeau，Dorigo and Theraulaz 1999)。应对这种现象，也需要一定的集群能力(见 10.1.2 节)或长距离通信(Theraulaz et al. 2003)。Trianni(2008)对机器人系统的共识主动性现象和相关推论进行了详细的回顾和分析；Hamann(2010)、Gazi 和 Passino(2011)，以及 Kagan 和 Ben-Gal(2015)最近出版的书中提出了更多的研究和仿真。

共识主动性现象如图 12-2 所示。在图中，假设 $m=50$ 个机器人(零维粒子)在尺寸为 100×100 的区域 X 上移动。单个智能体的基本运动是步长 $l=3$ 的随机游走。在运动过程中，每个智能体都部署了信息素，跟踪并感知其他所有智能体部署的信息素。信息素路径的宽度为 $w=1$。此外，智能体感知所有智能体共有的环境状态。每个智能体的感知半径

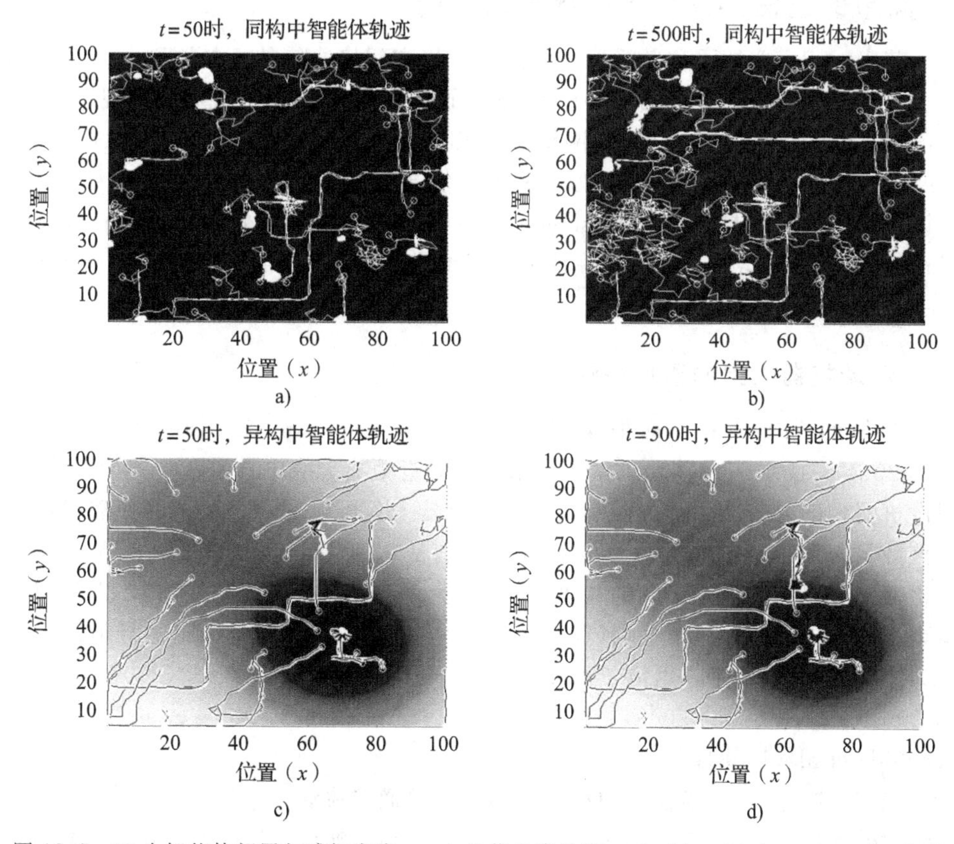

图 12-2 50 个智能体部署与感知宽度 $w=1$ 的信息素轨迹。a)、b)$t=50$ 与 $t=500$ 时，智能体在同构中的运动轨迹；c、d)$t=50$ 与 $t=500$ 时，智能体在异构中的运动轨迹。在不同情况下，智能体都是在 100×100 的区域内进行步长 $l=3$ 与感知半径 $r_{sense}=3$ 的随机游走运动

与其探索步长相等($r_{sense}=3$)。智能体根据信息素的最大数量和周围环境状态的最大值来选择下一步的方向。图12-2a和b为各智能体在同构环境中$t=50$和$t=500$时刻的轨迹，图12-2c和d为各智能体在异构环境中同一时刻的轨迹。图中白色区域为较好的区域。

可以看出，这些智能体对信息素的轨迹极为敏感，在相对较少的步数后得到的运动状态结果基本没有变化，并且在信息素干燥之前停留了很长时间。在异构环境下，智能体既遵循环境状态又遵循信息素部署。特别是，智能体会向更好的白色区域移动，但如果某个智能体遇到了信息素路径，它就会跟随信息素运动，即使它会将该智能体带到较差的区域。

上述例子说明了局部通信和共识主动性效应在最简单的随机运动粒子中的作用。然而，除了一些基本的现象外，它还表明，在实际应用中基于信息素路径通信的运动依赖于智能体的大小和感知半径。特别是，如果步长l和感知半径r_{sense}是相等的，并且这些智能体能够感知到自己部署的信息素，那么它们就会沿着其本身部署的路径，并在它们的初始位置前后移动。综上所述，在参考范例中，每个智能体只感知所有其他智能体部署的信息素，使运动成为可能。在12.3.1节中，我们将回到信息素机器人方法，并考虑具有一定几何尺寸和一定感知能力的类蚂蚁的智能体运动。

12.2 简单的通信协议与协作行为的示例

前一节中，我们介绍了移动机器人组内的直接和间接通信的一般原则，以及在不同的通信类型下产生的现象。本节给出了一个简单的通信协议示例，该协议实现了两个Lego NXT机器人之间通信的移动自组织网络(Mobile Ad Hoc Networking，MANET's)原则，并对PAN中的异步通信协议稍做修改，从而使其支持集群并让机器人保持为一个组。该基本协议与软件设计是与Jennie Steshenko合作开发的，协议的修改和相关软件设计是与Mor Kaizer和Sharon Makmal合作完成的，最终的实现是与Amir Ron和Elad Mizrahi共同合作完成的。

12.2.1 移动机器人组的通信协议示例

通常遵循的MANET一般框架(Frodigh，Johansson and Larsson 2000；Conti and Giordano 2014)，需要假设移动机器人使用蓝牙等近距离无线电技术进行通信。除此之外，还需假设机器人的通信能力受到限制，即每个机器人只可以与一定数量的相邻机器人进行通信，该数量必须小于组内机器人的数量。特别是在使用Lego NXT机器人实现的示例中，主机最多可以与3个预设定的从机通信(每次通信仅连接一个智能体)，而从机每次只能与单个智能体(即主机)进行通信(Demin 2008)。而针对移动机器人组的导航问题，也提出过MANET原则的其他应用情景和实现方法，例如，Aguero et al.(2007)、Das et al.(2002，2005)、Jung et al.(2009)、Niculescu and Nath(2004)、Wang et al.(2003，2005)，以及Yoshida et al.(1998)。

12.2.1.1 Lego NXT机器人中模拟一对一简单通信协议

在集群模型和相应的移动网络模型中，智能体必须能够动态地改变连接，并且允许智能体之间的任意连接。Lego NXT机器人可使用的网络模型和期望的网络模型分别如图12-3a和b所示。

下面给出的简单协议和相应的调度方案表明，采用Huhns和Stephens(1999)提出的方法可能解决上述问题。该协议的描述遵循 Steshenko，Kagan 和 Ben-Gal(2011)的论文；这些图片改编自 Steshenko(2011)的报告。

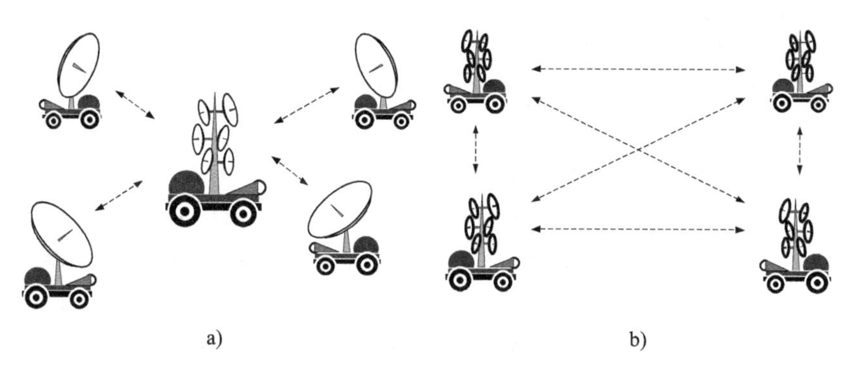

图 12-3　a)Lego NXT 机器适用的网络；b)目标网络

所提出的协议遵循地址和路由参数区(Address and Routing Parameter Area，ARPA)文本消息系列标准(Crocker 1982)，该标准适用于上述问题提出的通信方案和要求。该协议采用星形无线网络，即主机由普通 PC 实现，从机由 Lego NXT 机器人实现。主机和从机之间的通信采用标准的蓝牙技术(Martone 2010)，并且从机之间无法直接通信。按照该协议，主机依次向从机发送查询信息，从机要么发送特定的消息给其他智能体，要么发送信息指令给主机。

在协议中，消息被定义为 ASCII 字符串，其中包括帧头部分和数据部分。由于 Lego NXT 基础机器人支持的蓝牙技术使用的是有信息量限制的消息(最多 58 字节)，并且机器人的控制器计算能力较弱，因此在开发协议期间需要满足以下一般限制：

- 考虑到一些技术要求，传输消息的帧头的大小必须尽可能小。
- 传输消息必须包含定义下一个通信阶段的所有所需信息，这样就不需要从机存储通信记录了。
- 传输消息需要具有统一的结构，以便为帧头部分和数据部分指定统一的信息处理流程。

一般情况下，消息的结构定义如下。帧头是传输消息的前 9 个字符，它由 3 个固定字段组成：消息类型、发送方和接收方。其余字符是消息的数据段。字段由分隔符“:”(冒号)分隔，消息的结构是：

```
<msgtype> :<src> :<dst> :<body>
```

上述消息的字段定义如下。

<msgtype> 是双字符的标识符，用来表示消息类型。

IR——信息请求

SV——传感器数值

EC——执行命令

MT——消息传输

该标识符的两个字符都遵循这种设定，因此它们在单个消息类型和所有消息类型之间都是不同的，这尽可能减少了智能体和用户之间的混淆。

<src> 是双字符的标识符，用来表示与发送方的相关性信息。

00——主机标识符

XY——从机标识符，其中 X 与 Y 分别是定义为字符类型 0～9 的数字

<dst> 是双字符的标识符，用于将以下信息传输给接收方。

00——主机标识符

XY——从机标识符，X、Y 的定义同上

AL——所有智能体标识符，包括主机和从机智能体

GR——所有预设定智能体标识符

<body> 是数据段，它可以包含任意数量的字符，最多为 49 个。数据段的第一部分可以包括关于通信或特定命令和数据的某些信息。特别是在应答消息中，数据段以明确的双字符标识符<replytype> 开始，该标识符指定应答消息的类型。<replytype> 标识符应获得以下值：

NU——缺少消息或请求不可用的标识符

AK——接收到消息的确认标识符

NK——消息处理未完成的标识符

消息 IR(信息请求)作为对信息的初始请求由主机发送给某个从机，并初始化一个会话。消息的结构如下：

IR:<src> :<dst> :<infotype>

其中<infotype> 是信息要求的双字符标识符。

消息 EC (执行命令)由主机发送给某个从机或一组从机，以便命令它执行消息指定的操作。消息的结构如下：

EC:<src> :<dst> :<commandtype> <:args>

其中<commandtype> 是要执行的命令的两个字符标识符，<:args> 是非必需的特定命令参数字符串。不带参数<:args> 的标识符<commandtype> 的值如下：

RM——删除消息。接收到消息后，主机通知从机从堆栈中删除消息

MW——写入消息。主机收到来自从机的“MT”应答消息后，主机通知从机写入必须转发给其他从机的消息

消息 MT(消息传输)由一个智能体(主机或从机)发送到另一个智能体(从机或主机)，以便传输指定的信息。消息结构如下：

MT:<src> :<dst> :<messageinfo>

其中<messageinfo> 是一个包含长达 49 个字符的有效数据的字符串。在接收到 MT 消息后，从机通过确认消息回复主机。

MT:<src> :<dst> AK

其中<dst> 是表示主机的标识符“00”。

消息 SV(传感器数值)由主机发送给某个从机，用来从从机的指定传感器中获取当前数据。消息结构如下：

SV:<src> :<dst> :<sensortype>

其中，<sensortype> 是表示传感器类型的双字符标识符，必须写入数值。

根据所提协议，每一个通信会话都是由主机发起的，因为它是在主从模式产生的。下面，我们将展示消息序列范例。主机的标识符是 00，从机的标识符是 XX 和 YY。

会话由带有 SQ 后缀的 IR(信息请求)消息发起(发送询问)，由主机 00 发送给某个从机 XX。从机以后缀 NU(表示信息的缺失)或后缀 MT(表示从机有消息等待传输)来回复 IR

消息。会话内容如下：

- 主机 00 发给从机 XX:IR:00:XX:SQ
- 从机 XX 回复主机 00:IR:XX:00:SQ:NU 或 IR:XX:00:SQ:MT

从机的第一个应答将结束会话，第二个应答将继续会话，主机将处理 MT 消息(参见下面的内容)。IR 消息的数据流如图 12-4 所示。

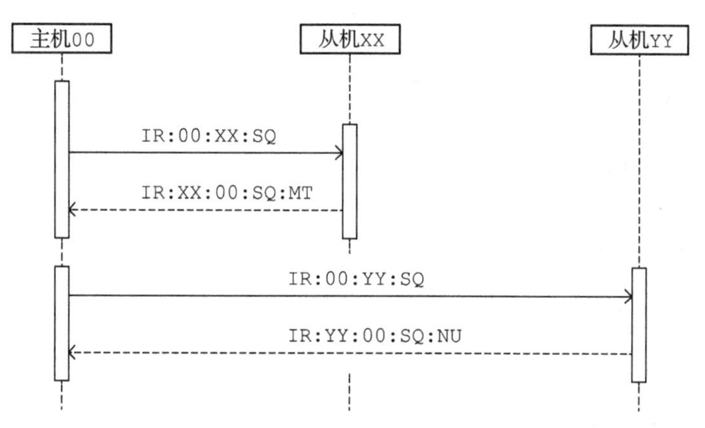

图 12-4 采用 IR(信息请求)指令的主-从协商数据流

EC 消息有两种处理方式。当主机发送带有 TN 或 GO 后缀的消息时，会话启动，从机执行相应的命令，使用确认 AK 进行应答，然后会话结束。下面的例子展示了这种会话。

会话任务(要求顺时针转 45°)：

- 主机 00 发给从机 XX:EC:00:XX:TN:+ 045
- 从机 XX 回复主机 00:EC:XX:00:TN:AK

会话任务(前行 10cm 并且逆时针旋转 45°)：

- 主机 00 发给从机 XX:EC:00:XX:GO:+ 010:- 045
- 从机 XX 回复主机 00:EC:XX:00:GO:AK

带有 TN 和 GO 后缀的 EC 消息的数据流如图 12-5 所示。

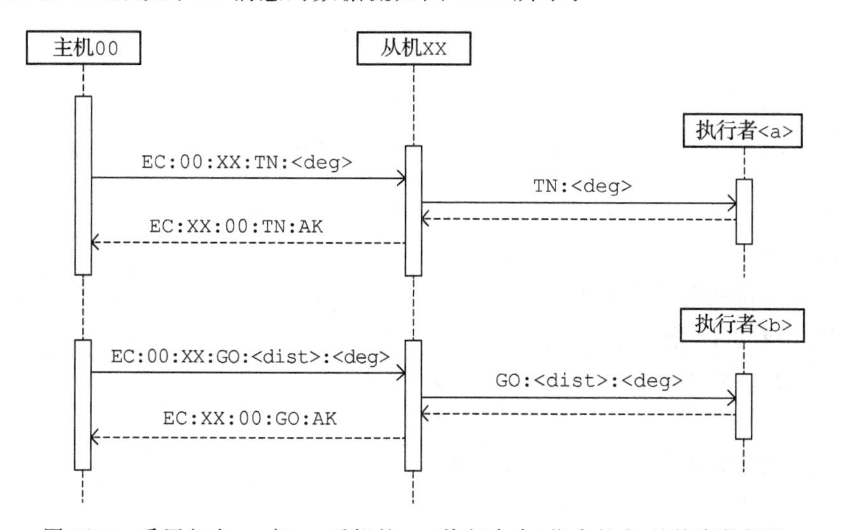

图 12-5 采用包含 TN 与 GO 后缀的 EC(执行命令)指令的主-从协商数据流

在图中，执行者<a> 和<b> 表示执行所需命令的设备。请注意，带有 RM 或 MW 后缀的 EC 消息是使用 MT 指令进行通信会话的一部分，并且是在从机与主机协商期间进行处理的。

SV 消息的处理方式类似于带有 TN 或 GO 后缀的 EC 消息。当主机将此消息发送给从机时，会话将启动。当主机查询的传感器存在时，从机将回传所请求的传感器的值；如果查询的传感器不存在，从机将用后缀为 NU 的消息进行应答。在从机应答之后，会话结束。上述会话范例如下：

查询距离值(通常由超声波传感器提供，如 30cm)，若未安装超声波传感器则用 NU 回复。

- 主机 00 发给从机 XX：SV:00:XX:VD
- 从机 XX 回复主机 00：SV:XX:00:VD:+030 或 SV:XX:00:VD:NU

在这两种情况下，会话都会在应答之后结束。上述查询距离值流程的数据流如图 12-6 所示。假设机器人支持不同类型的传感器。特别是 Lego NXT 机器人，使用了以下传感器和相应的后缀。

VD——距离传感器

VL——光电传感器

VC——色彩传感器

VA——加速度计

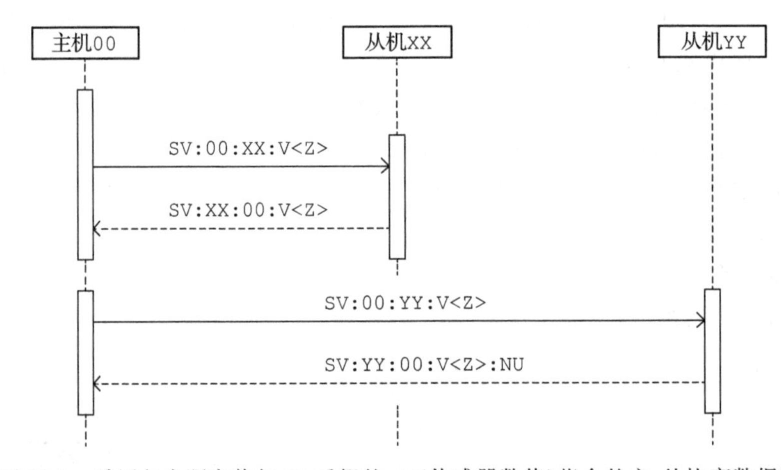

图 12-6　采用包含距离值与 NU 后缀的 SV(传感器数值)指令的主-从协商数据流

如果机器人配备了其他传感器，则可以分别添加 V< Z> 格式的对应后缀，其中 Z 表示传感器的单个字符。

最后，我们讨论通过主机将消息从一个从机传输到另一个从机的会话范例。当从机以如下消息格式应答 IR 指令时，会话开始(见图 12-4)。

- 从机 XX 回复主机 00：IR:XX:00:SQ:MT

接收来自从机 XX 的应答，主机 00 回复后缀为 MW 的 EC 指令。

- 主机 00 发给从机 XX：EC:00:XX:MW

接下来从机会回复以下内容：

- 从机 XX 发给主机 00：MT:XX:YY:<message>

该语句表示需要将<message> 从从机 XX 转发给从机 YY。

- 主机 00 发给从机 XX：EC:00:XX:RM

该语句表示确认<message> 的接收，并要求从消息队列中删除此<message> 。

- 主机 00 发给从机 YY：MT:XX:YY:<messgea>
- 从机 YY 回复主机 00：MT:XX:YY:AK

该语句表示确认接收信息，并结束会话。

会话中，对于每条消息，执行消息出现错误或处理过程未完成都将生成以 NK 为后缀的应答。

上述会话流程的数据流如图 12-7 所示。

该通信协议完全定义了网络中智能体之间的对话过程，并包含了主机用来控制从机的消息指令。在下一节中，将展示针对集群任务对该协议的修缮。

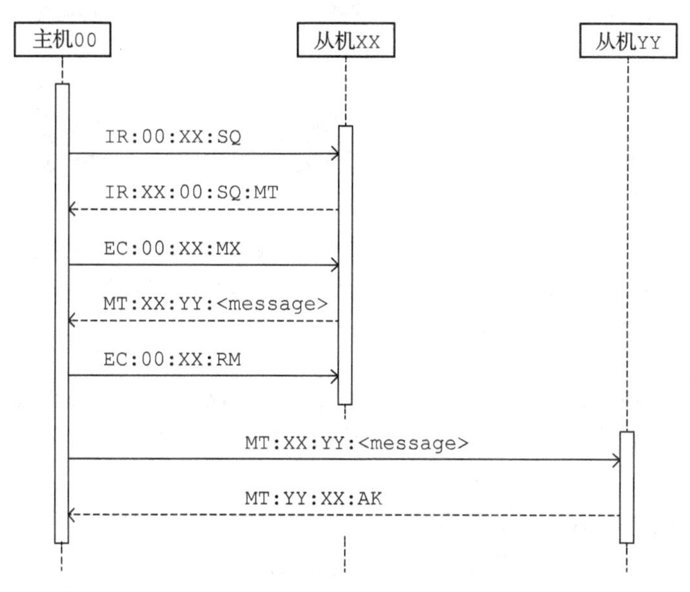

图 12-7　消息传输会话的数据流

12.2.1.2　机器人群体的集群与集群保持运动

上述协议为后续协议和相应软件的开发奠定了基础，以更好地支持移动机器人群体的集群和保持。该方案遵循了 Kaizer 和 Makmal(2015)的报告。

假设移动机器人组构成了一个移动自组织网络，它具有明确的中央单元，并且各智能体、机器人以及机器人与中央单元之间都通过蓝牙技术进行通信。各单元间的最大通信距离小于蓝牙支持的最大距离。也就是说，假设机器人之间始终保持无线电通信。另外，假设机器人配备了一些距离传感器(如超声波传感器)。该传感器可以测量机器人之间、机器人与障碍物之间的距离，但不能区分具体是什么物体间的距离。

根据任务需求，机器人在有障碍物的未知环境中移动。如果每个机器人与至少一个机器人之间的距离小于距离传感器的最大测量距离，则代表它们保持在一个组内。否则，表示该群体是解散的。若一个或多个机器人无法被组内的其余机器人探测到，则认定为丢失状态，且需要将该情况告知给中央单元。因为各机器人和中央单元都无法访问全局系统，所以机器人的绝对位置是未知的。对于由 3 个机器人组成的组，机器人之间距离的可能结构如图 12-8a、b 所示。相比之下，图 12-8c 描述了这样一种情况，机器人测量得到相距障碍物的距离，由于传感器无法区分机器人和障碍物，因此机器人也错误地识别出组的存在。

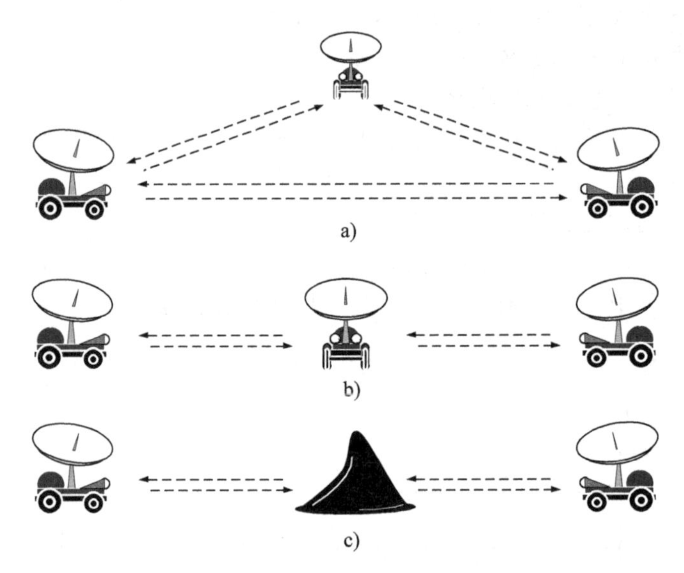

图 12-8　a)三角形组，所有机器人之间的距离均小于距离传感器支持的测量上限；b)线性组，其中每对机器人之间的距离小于最大可测距离；c)误判组，其中两个机器人都将某个障碍物视为第三个机器人

支持指定任务的协议遵循 12.2.1.1 节中提出的协议方法，并主要基于 3 种类型的消息——IR 消息、SV 消息和 EC 消息。消息的格式如下：

IR 消息为 IR: <src> :<dst> :<arg>

其中<arg> 表示控制会话属性的参数。

- 如果 arg 为空，则机器人通过 SV 消息进行应答。
- 如果 arg 等于 dst 字段中出现的有两个字符的字符串，则智能体回复以下确认消息：IR:<dst> :<src> :AK
- 如果 arg 为 AK，则结束会话。

SV 消息为 SV:<src> :<dst> :<$distance_1$> :<$distance_2$> :…:<$distance_n$>

其中，每个<$distance_i$> (i= 1,2,…,n)是一个双字符数值，表示机器人间或机器人与障碍物间的距离。这个数据的个数表示了传感器测量到的物体数量。但值得注意的是，因为 Lego NXT 机器人中消息体的总长度为 49 个字符，所以检测到的对象的最大数量限制为 16 个。另外注意，测量的距离值不能超过 Lego NXT 超声波传感器的测量上限，其最大感知距离为 40cm。另外，因为此消息只支持距离传感器，所以 SV 消息不包含<sensortype> 字段。如果需要，也可以自主添加此字段。IR 和 SV 消息的数据流如图 12-9 所示。

由于考虑到该协议仅适用于保持机器人组的任务，因此图 12-9 所示的数据流结合了图 12-4 和图 12-6 所示的基本协议的相应数据流。

执行命令消息：

EC:<src> :<dst> :<commandtype> :<arg>

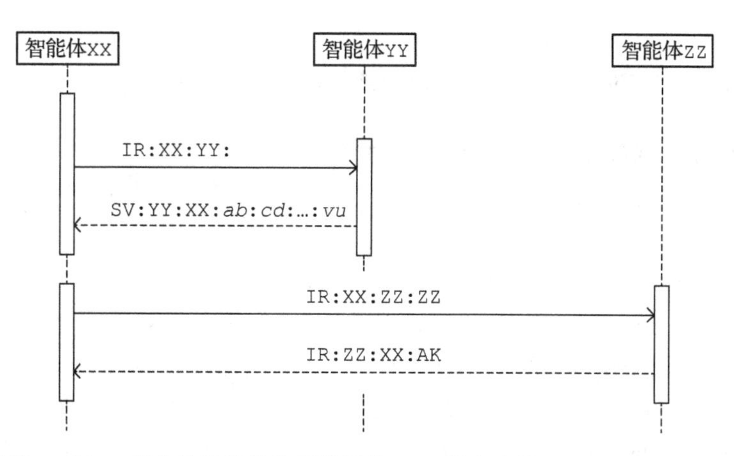

图 12-9 采用 IR 与 SV 指令的智能体协商数据流。SV 指令中的<ab> ,<cd> ,…,<vu> 表示双字符的距离值

其中，<commandtype> 和<arg> 字段的可能值如下。

GO——开始执行常规任务：移动、发送消息以及扫描环境等

GO: <ZZ> ——向中央单元发送带有<ZZ> 标识符的丢失信息

ST——停止当前智能体正在执行的任务

AK——确认已完成 EC 指令要求完成的任务

如果中央单元是一个可以执行寻找丢失机器人的智能体，例如直升机或任何具有明确搜寻任务的机器人，那么中央单元发送消息 GO:<ZZ> 开始寻找丢失的机器人<ZZ> 。因此，<commandtype> 等同于 ST，即要求停止搜寻任务并返回基地；<commandtype> 字段将会发送给组中任何其他机器人，要求其停止当前运动。EC 消息指令的数据流如图 12-10 所示。

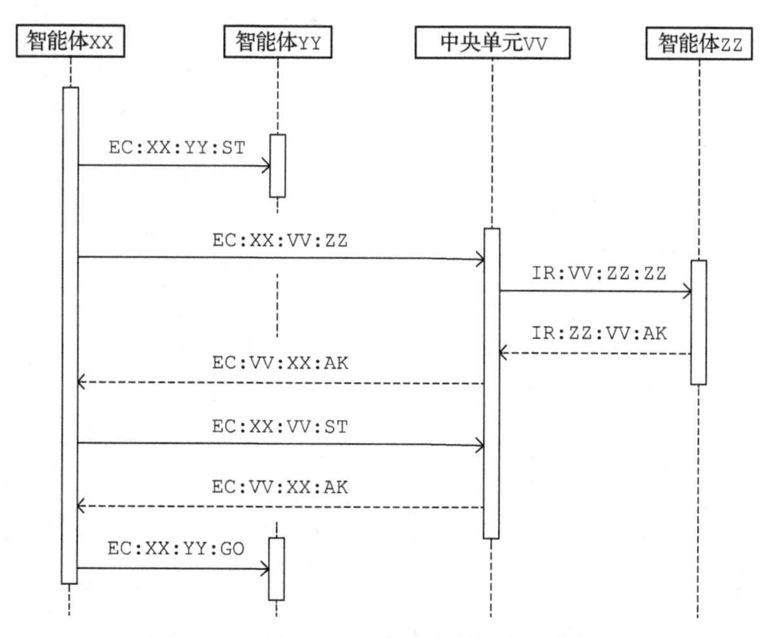

图 12-10 采用 EC 指令的智能体协商的数据流

综上所述，所提出的协议主要用于支持保持多机器人集群的单一任务。然而，按照

12.2.1.1 节中提出的基本协议的大体思路，该协议可以扩展为支持一些额外的任务，该任务暗示了机器人的移动控制，并需要在智能体之间进行信息传输。

12.2.2　协议的实现和移动机器人协作行为的示例

上述协议可以使用支持蓝牙甚至红外通信的任何类型的移动机器人来实现。下面将描述基于蓝牙技术的 Lego NXT 机器人组通信协议的实现。

12.2.2.1　Lego NXT 机器人组内部一对一通信与集中控制

如前文所述，12.2.1.1 节中提出的协议是建立在主机 PC 和移动机器人已构成星形无线网络(主机位于网络中心)的假设条件上的。主机用于传输信息和调度消息，而从机(即 Lego NXT 机器人)与主机通信，根据接收到的消息和感知到的环境状态在环境中移动，并使用可用的设备执行其他操作。系统的总体结构和部分功能如图 12-11 所示。

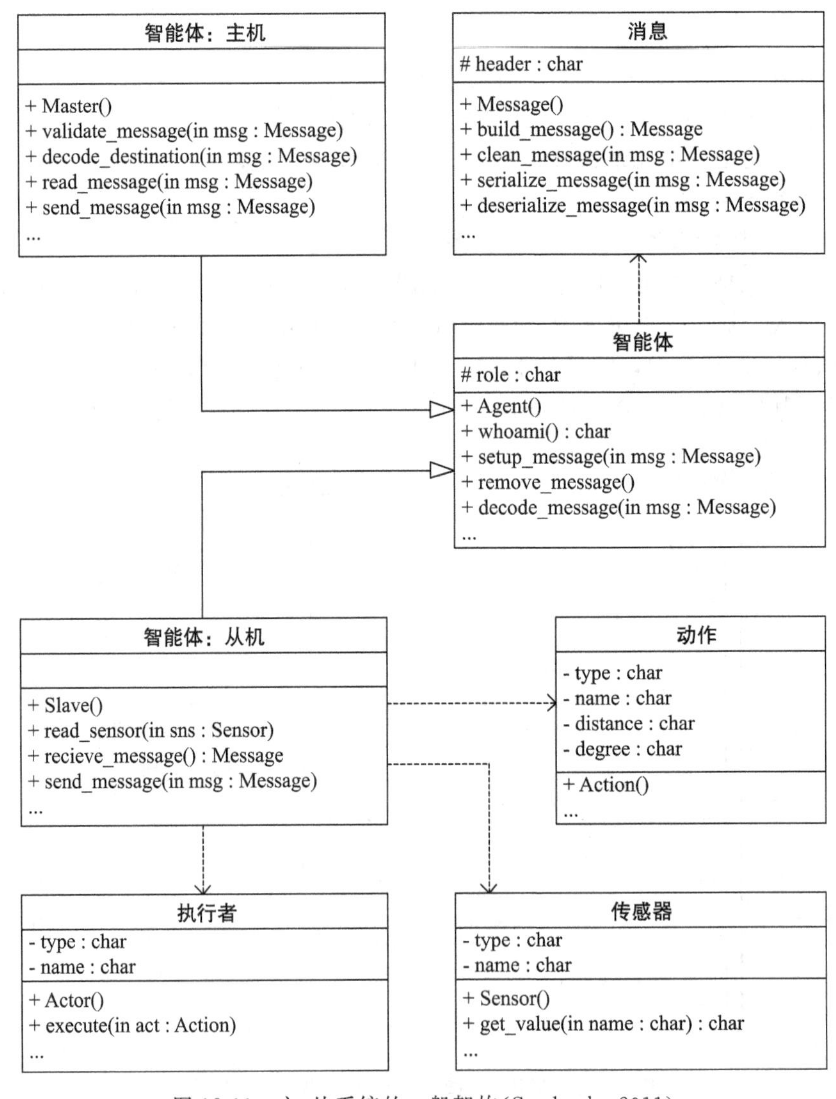

图 12-11　主-从系统的一般架构(Steshenko 2011)

注意，图中所示的关系图主要包括用于实现协议的函数；而定义机器人运动的函数包含在对象中，对象是通过类“Actor”及其后继类创建的。由于 Lego NXC 机器人不支持 C++数据结构，因此机器人实现的代码使用 C 语言编写，但是系统的架构仍然是相同的。

协议的实现方面，软件模块可在基于 MS Windows 操作系统(Windows NXT 或者更高版本)的个人计算机端运行。软件程序基于 Borg 于 2009 年推出的 C++通信库编写。而 Lego NXT 模块上的程序是基于 Benedettelli 提出的 NXC 通信库 BTLib 编写的(2007)。

为了阐明机器人组的运动模式，首先考虑以下的简单任务(Steshenko 2011)。假设有 3 个 Lego NXT 机器人，其中第一个机器人(GRP)配备了夹具和超声波距离传感器，第二个机器人(COL)配备了颜色传感器，第三个机器人(DST)配备了超声波距离传感器。此外，所有的机器人都配备了测量路径长度的里程计，以及用来实现精准转向的地磁传感器。为了能够直接获得机器人状态的某种表示，机器人还配备了三色 LED 灯(红、绿、蓝)，这是 Lego NXT 颜色传感器的一部分。机器人的任务定义如下：

1)GRP 机器人打开夹具，并向其他机器人发送初始信息。

2)所有机器人收到信息并确认后，打开 LED 灯，表示准备执行任务。

3)GRP 机器人移动到障碍物处，用夹具抓住障碍物，移开障碍物后回到初始位置。在 GRP 移动到初始位置后，发送消息告知其他机器人(COL 和 DST)初始位置与障碍物之间的距离。

4)收到信息后，机器人 COL 和 DST 开始向障碍物移动。COL 机器人通过颜色传感器感知障碍物，DST 机器人通过距离传感器感知障碍物。

5)当接触到障碍物时，COL 机器人识别障碍物的颜色，并向其他机器人(GRP 和 DST)发送相应的信息。

6)所有机器人在接收到障碍物颜色的信息后，打开相应颜色的 LED，之后向后移动，移动距离等于第 3 步测量的 GRP 机器人与障碍物之间的初始距离。

7)当机器人完成动作后，任务完成并终止。

为了简化实现流程，在给出的 EC 消息(执行命令)和 MT 消息(消息传输)中使用了以下拓展方法。消息中第四个双字符的标记作为有效数据段的第一组标记，定义为 GM(game)，以便指出需要被解析出任务需求的消息字段。如果成功解析了消息数据段的其余部分，则向智能体(从或主)传递一个正向应答，并根据消息的内容来执行。否则，该消息将被标记为无效，智能体将使用带有 NK 后缀的相应消息进行响应。

举例说明，如下是一段主机发送给所有从机的任务初始化指令。

```
EC:00:AL:GM:GAMEINIT
```

预期接收到的来自从机 XX 的应答应该是：

```
MT:XX:00:GM:INITDONE
```

类似地，命令 CLEAROBSTACLE、GOTOBARRIER 和 IDENTIFYCOLOR 对应的正确应答是 OBSTACLECLEARED、BARRIERREACHED 和 COLOR<u>，其中<u> 的值是 R(红色)、G(绿色)或 B(蓝色)。

移动机器人在任务不同阶段的状态(见上文步骤 3～6)和主机 PC 屏幕如图 12-12 所示。

通过研究移动机器人运动的实例证明了所提出的简单通信协议的有效性，该协议可作为定义集群中机器人协商的工具，并且可以使用常规设备甚至玩具 Lego NXT 机器人来构建移动机器人网络。当然，为了丰富机器人的协调能力，解决更多更复杂的任务，通信协议可以添加附加消息和参数。但仍需注意，对于特定任务，系统只能完成部分消息和相应的编码过程，具体操作类同12.2.1.2节中讨论的协议和任务。下一节将介绍实现该协议和任务的机器人系统。

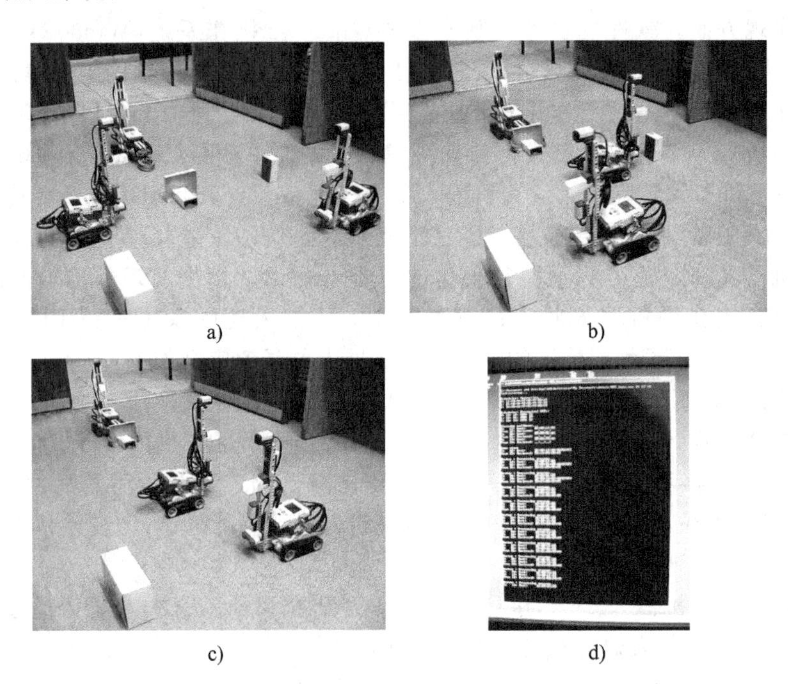

图12-12　移动机器人组的协作行为实例。a)机器人初始位置和障碍物；b)带夹具机器人移开障碍物，其他机器人开始运动；c)机器人识别障碍物的颜色并通知其他机器人，其他机器人打开对应颜色的灯；d)会话开始时的主机(PC)屏幕。来源：E. Kagan 和 J. Steshenko 的照片

12.2.2.2　Lego NXT 机器人集体性集群与保持运动

最后，介绍一组 Lego NXT 机器人。其任务是一起移动并保持为一个组。采用12.2.1.2节提出的机器人协商的协议，该协议用于一般任务和变种中。该机器人系统采用主从通信方案的星形网络。在该网络中，一个机器人被定义为主机，其余机器人被定义为从机。假设所有的机器人都配备了超声波测距仪和里程计，可以左右转动90°，以及周身旋转360°。Lego NXT 模块上的程序是使用由 Benedettelli(2007)提供的 NXC 通信库 BTLib 编写完成的，并且参照12.2.2.1节中介绍的系统执行流程。

根据任务需求，机器人在组中需按照以下流程执行动作：

1)机器人转身检查它们是否在一个团队里。

2)如果多机器人在一组，那么

- 每个机器人向前移动10cm。
- 如果某个机器人在运动过程中识别出障碍物，则该机器人向左或向右旋转90°(随机选择方向)，并向其他机器人发送该机器人转弯信息。
- 如果机器人收到关于另一个机器人转弯的消息，则这个机器人根据消息向左或向右转90°。

3)否则，机器人终止运动，并通知中央单元具有某个 ID 的机器人已丢失连接，机器人组已解散。

根据任务要求(见 12.2.1.2 节)，检查所有参与任务流程步骤 1 的机器人是否为一个整体。检查步骤按照如下例程执行。

```
check_group(): check_resul
```

1)旋转 360°并创建到所测物体的距离阵列。当距离小于某一阈值(如 12.2.1.2 节所示，Lego NTX 超声波传感器为 40cm)时，将该距离纳入阵列。

2)根据组内其他机器人的 IR 请求，通过 SV 消息将所创建的距离阵列发送给组内其他机器人(见图 12-9)。

3)发送 IR 请求，通过 SV 消息接收组内其他机器人的距离阵列(见图 12-9)。接收到的阵列由接收阵列的机器人 ID 表示。

4)按如下操作(见图 12-13)对比包括自主生成的阵列在内的所有阵列。

如果不同机器人的阵列包含相等的距离(由于传感误差，“相等”等价于距离误差在相同的较小值区间内)，则判定该机器人在机器人组中；否则判定该组已解散。

5)返回对比的结果。

上述步骤 4 定义的距离阵列的比较结果如图 12-13 所示。

在第一种机器人组构型中(见图 12-13a)、c)，每个机器人的距离阵列都包含一个与其他距离阵列中距离数值相等的数值，这种现象被解释为机器人之间保持可感知到的连接。相比之下，在第二种构型中(见图 12-13b)、d)，机器人 07 的距离阵列中包含了一个其余距离阵列都没有出现的数值，表示该机器人没有被其他机器人感知到，因此机器人 07 丢失了。

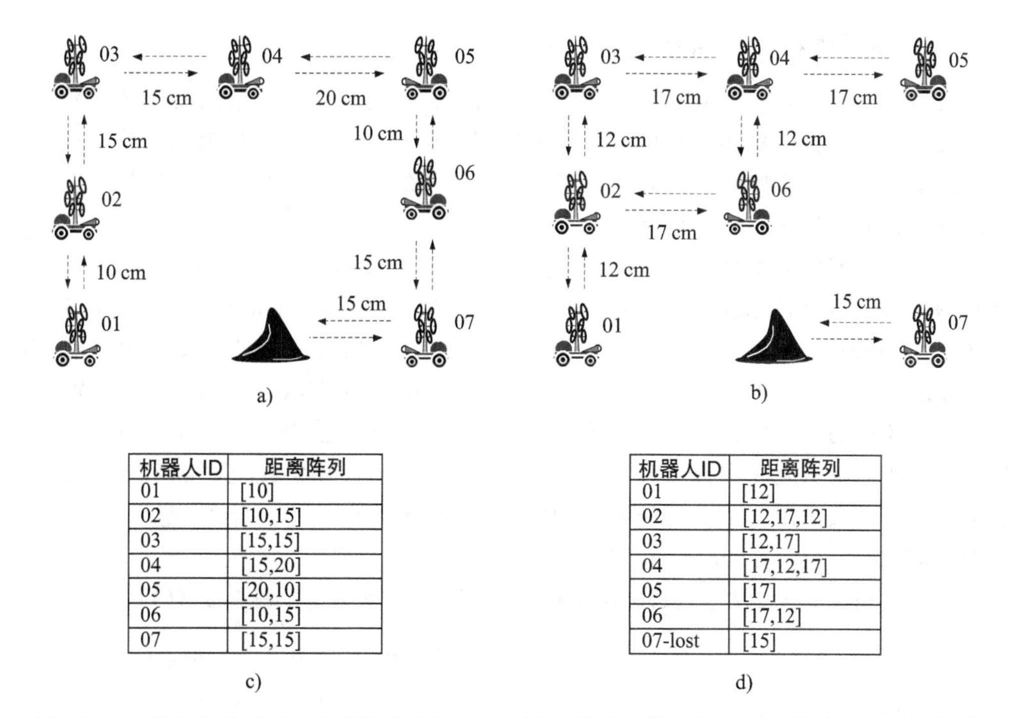

机器人ID	距离阵列
01	[10]
02	[10,15]
03	[15,15]
04	[15,20]
05	[20,10]
06	[10,15]
07	[15,15]

机器人ID	距离阵列
01	[12]
02	[12,17,12]
03	[12,17]
04	[17,12,17]
05	[17]
06	[17,12]
07-lost	[15]

图 12-13　组内自检例程的距离阵列比较。a)、b)为带有机器人编号的机器人组构型，并附有距离值；c)、d)为机器人(ID 07)丢失后各机器人的距离阵列

很明显，由于假定机器人的距离传感器无法区分彼此的 ID，同时一般也无法区分机器人与障碍物，因此获得的距离阵列可以理解为对几种不同构型的描述，同时也有将障碍物理解为邻居机器人的错误情况(见图 12-8c)。然而，由于机器人之间测量的距离完全相等的概率极小，因此根据距离阵列判别出现模棱两可的组构型和错误结果的概率也极小。

上述示例也标志着针对基于直接通信的机器人组的协作运动的讨论暂告一段落。如前文所述，这种通信方式遵循了普遍的移动自组织网络。该网络下的机器人性能、运动能力以及对交互与传感的要求都存在一定的限制。然而，由于移动机器人是在环境与环境状态下工作的，环境变化在单个机器人和机器人组的导航和路径规划中都起到重要的作用。因此它们常常被认为是机器人之间额外的甚至是单一的通信途径(见 12.1.2 节)。在下一节中，将展示机器人在组中通过环境变化进行间接通信以及包含直接与间接两种通信的行为示例。

12.3 间接通信与复合通信的示例

在组中移动机器人之间的间接通信意味着机器人改变了环境状态，并根据这些变化采取了相应的行动。在复合通信的情况下，机器人既可以直接按照某种协议进行通信，也可以通过环境变化进行间接通信。本节给出了两个使用间接和复合通信的移动机器人协作行为的例子。第一个例子通过模拟蚂蚁的协作运动来解决信息素机器人系统(与 Alex Rybalov，Jennie Steshenko，Hava Siegelmann 和 Alon Sela 合作开发完成；与 Rakia Cohen 和 Harel Mashiah 合作编写了基于 Lego NXT 机器人的仿真程序)，第二个例子考虑了生物信号模型(与 Hava Siegelmann 合作开发)。

12.3.1 蚂蚁运动模型与信息素机器人系统仿真

根据信息素机器人的一般工作原理，一些机器人在运动的同时会改变环境的状态。而其他的机器人可以将这种环境变化作为一种标记，从而生成对应的决策和动作。由于该方法的灵感来源于觅食蚂蚁通过释放信息素来标记路径的行为，因此实例给出蚂蚁模型在群体内的运动行为和相应的仿真范例。

首先，介绍如何对蚂蚁的集体行为进行建模(Kagan et al. 2014；Kagan and Ben-Gal 2015)。有一种是根据蚂蚁的行程和前进策略进行建模的(Wohlgemuth，Ronacher and Wehner 2001；Wittlinger，Wehner and wolf 2006，2007)，假设蚂蚁的运动是由左右腿的连续动作实现的。此外，该模型还假设传感器位于蚂蚁前端左侧以及右侧的固定位置。

对蚂蚁模型的控制方法采用简易的 Braitenberg 车辆的控制方法(Braitenberg 1984)，即传感器和驱动机构之间进行交叉连接(参见图 12-4b)从而使蚂蚁能跟随目标。在考虑的范例中，控制函数采用基于正切的统一模$\oplus_\theta$ 和吸收范数$\otimes_\vartheta$，二者对任意 $a,b\in(0,1)$都定义为(Rybalov，Kagan and Yager 2012)：

$$a\oplus_\theta b=g^{-1}(g_\theta(a)+g_\theta(b))\text{ 和 }a\otimes_\vartheta b=g^{-1}(g_\vartheta(a)\times g_\vartheta(b))$$

其中 $g(a)=\tan\left(\pi\left(a^\beta-\frac{1}{2}\right)\right)$，$a\in(0,1)$，$\beta>0$。参数 θ，$\vartheta\in[0,1]$分别表示中性与吸收的项。代入得到：

$$a\oplus_\theta b=\frac{1}{2}+\frac{1}{\pi}\arctan\left(\tan\left[\pi\left(a^\beta-\frac{1}{2}\right)\right]+\tan\left[\pi\left(b^\beta-\frac{1}{2}\right)\right]\right)\qquad(12\text{-}1)$$

$$a \otimes_{\vartheta} b = \frac{1}{2} + \frac{1}{\pi}\arctan\left(\tan\left[\pi\left(a^{\beta} - \frac{1}{2}\right)\right] \times \tan\left[\pi\left(b^{\beta} - \frac{1}{2}\right)\right]\right) \tag{12-2}$$

其中，$\theta = \vartheta = (1/2)^{1/\beta}$。注意，当 $\theta = \vartheta = 1/2$ 时，g^{-1} 函数与中位数 $m=1$ 以及参数 $k=1$ 的柯西分布 $\mathcal{F}_{m,a}(\xi) = \frac{1}{2} + \frac{1}{\pi}\arctan\left(\frac{\xi - m}{k}\right)$ 的形式完全相同。有关基于概率的统一模以及吸收范数聚合器可参考 Kagan et al.（2013）。在后续仿真中，将中性与吸收项分别设为 $\theta = 1/2 + \varepsilon_{\theta}$ 和 $\vartheta = 1/2 + \varepsilon_{\vartheta}$，其中 ε_{θ} 和 ε_{ϑ} 为在[－0.1,0.1]区间上随机均匀分布的采样值。

用统一模 $\oplus_{\theta}$ 与吸收范数 $\otimes_{\vartheta}$ 聚合器定义了位于左右两侧的传感器与驱动机构的输入、转移函数以及输出函数(Kagan et al. 2014；Kagan and Ben-Gal 2015)：

1)输入函数，定义了 t 时刻蚂蚁左右两侧传感器回传的信息素标记 $z_{\text{left}}^{\text{phm}}(t)$ 和 $z_{\text{right}}^{\text{phm}}(t)$ 与所测环境状态 $z_{\text{left}}^{\text{env}}(t)$ 和 $z_{\text{right}}^{\text{env}}(t)$ 的融合。

$$z_{\text{left}}(t) = z_{\text{left}}^{\text{env}}(t) \oplus_{\theta} z_{\text{left}}^{\text{phm}}(t), z_{\text{right}}(t) = z_{\text{right}}^{\text{env}}(t) \oplus_{\theta} z_{\text{right}}^{\text{phm}}(t) \tag{12-3}$$

2)状态转移函数，定义了在给定输入 $\mathcal{S}_{\text{left}}(t)$、$\mathcal{S}_{\text{right}}(t)$ 后左右控制器在 t 时刻的状态 $\mathcal{S}_{\text{left}}(t)$ 和 $\mathcal{S}_{\text{right}}(t)$，与上一时刻状态 $\mathcal{S}_{\text{left}}(t-1)\mathcal{S}_{\text{right}}(t-1)$：

$$\mathcal{S}_{\text{left}}(t) = z_{\text{right}}(t) \otimes_{\vartheta} \mathcal{S}_{\text{left}}(t-1), \mathcal{S}_{\text{right}}(t) = z_{\text{left}}(t) \otimes_{\vartheta} \mathcal{S}_{\text{right}}(t-1) \tag{12-4}$$

3)输出函数，定义了在给定当前时刻和上一时刻的控制器状态后，当前左右控制器的输出 $\mathcal{Y}_{\text{left}}(t)$、$\mathcal{Y}_{\text{right}}(t)$：

$$\mathcal{Y}_{\text{left}}(t) = \mathcal{S}_{\text{left}}(t) \otimes_{\vartheta} \mathcal{S}_{\text{left}}(t-1), \mathcal{Y}_{\text{right}}(t) = \mathcal{S}_{\text{right}}(t) \otimes_{\vartheta} \mathcal{S}_{\text{right}}(t-1) \tag{12-5}$$

最终，蚂蚁左右腿的步进步长与输出值成正比关系：

$$l_{\text{left}}^{\text{step}}(t) \sim \mathcal{Y}_{\text{left}}(t), l_{\text{right}}^{\text{step}}(t) \sim \mathcal{Y}_{\text{right}}(t) \tag{12-6}$$

且该比值的大小与蚂蚁的大小有关。

图 12-14a 展示了 5 只蚂蚁模型在离散时间 $t=1,2,\cdots,1000$ 内的运动。如图所示，假设这些蚂蚁从大小为 500×500 的区域 X 中心点 $\vec{x}=(250,250)$处出发。实验中较优的区域显示为白色，较差区域用黑色表示，而中立区域用灰色表示；信息素轨迹用白色点状虚线表示。作为对照，图 12-14b 展示了蚂蚁模型在没有感知信息素的条件下在图 12-14a 所示相同构型空间内的运动结果。

可以看到，感受到信息素释放的蚂蚁遵循环境状态开始向随机的方向移动。然而，当蚂蚁探测到信息素的踪迹时，它们更倾向于跟随这条轨迹。相比之下，在没有信息素的情况下，蚂蚁开始向随机的方向移动，然后根据环境状态继续移动。这个例子展示了采用信息素机器人方法进行间接通信的人工智能体的最简单运动模式(Payton et al. 2001)(见 12.1.2 节)。在 Kagan et al.(2014)的著作和 Kagan 与 Ben-Gal(2015)的著作中，还展示了其他的运动例子，在这些示例中，智能体能够感知到邻近的事物，并按照一般群集规则的要求跟随群体。

下一个例子展示了使用 Lego NXT 机器人实现信息素引导的运动。组中的每个机器人都配备了超声波距离传感器，传感器安装于机器人的前端，且可测量到障碍物的最大距离为 40 cm。机器人前端还安装了两个光电传感器，机器人在光电传感器引导下能够跟随白色区域上的黑色曲线。机器人的尾端还安装了一只可上下移动的笔，由此机器人可根据需求在白色区域内画出黑色曲线来记录蚂蚁的信息素分布，从而得到的曲线模拟了信息素轨迹曲线。

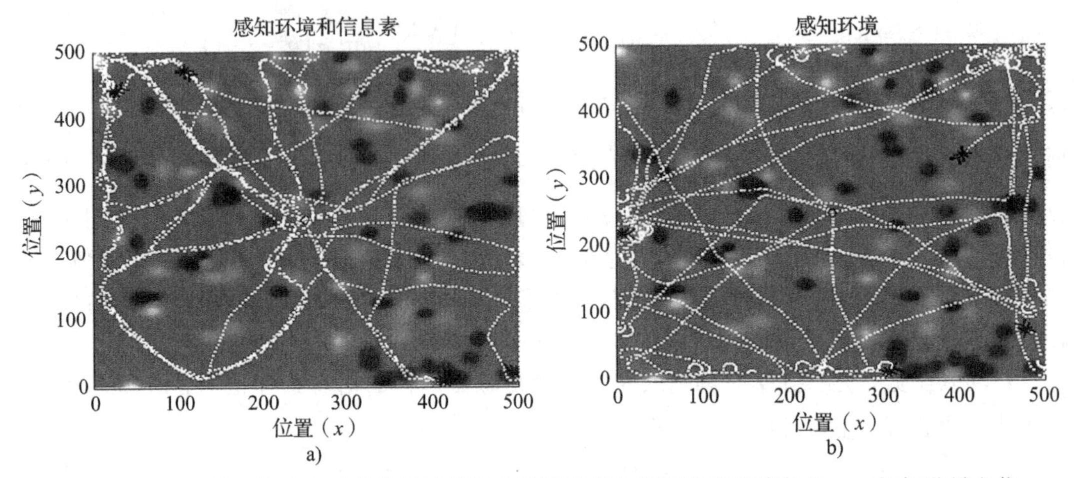

图 12-14　5只从区域中心出发的蚂蚁模型在随机环境中留下的信息素轨迹。a)蚂蚁遵循由信息素与环境状态变化生成的轨迹；b)蚂蚁仅跟随环境状态而未感知到由信息素生成的运动轨迹。较优的环境状态用白色表示，较差的状态用黑色表示，中立的状态用灰色表示。蚂蚁的踪迹用白色虚线表示

在该任务中，机器人需要在一个区域内搜索来寻找“食物”。在找到食物后，机器人用“信息素”来标记到达“食物”的路径。在仿真中，机器人在一个由墙壁包围的封闭场地中活动，“食物”由位于场地中心的相对较小的一个物体来模拟。任务概述如下(由 R. Cohen and H. Mashiah 提议)。

1)机器人群体在场地内先随意运动，检查机器人之间、机器人与障碍物之间的距离。

2)如果机器人检测到某个物体，它会判断是否为墙壁、其余机器人或者“食物”。判断流程如下：

- 如果检测到物体边缘处仍然是某一物体，则表示该物体为墙壁；
- 如果检测到物体边缘处没有其他的物体但是在检测结束时该物体消失了，则表明该物体为其余机器人；
- 如果检测到物体边缘处没有其他的物体并且在检测结束时该物体仍然在最初位置，则判断该物体为“食物”。

3)如果机器人检测到“食物”，则该机器人将转向后方并放下笔，然后向前运动画出当前位置到墙壁的路径。

4)其他情况下，机器人转向后方并继续随机运动。

两个机器人运动的仿真截图如图 12-15 所示(由于光电传感器的灵敏度较差，因此加重了“信息素”轨迹的记录曲线)。在图 12-15a 中，一个机器人正在画出从“食物”处起始的“信息素”路径(前面的路径被加重了)，第二个机器人在随机移动(朝向“食物”)。在图 12-15b 中，一个机器人沿着指向“食物”的“信息素”轨迹运动。在该示例中，机器人的控制方法都是使用的最简单的巡线算法。机器人检测出到物体的距离阈值为 10cm。整个探索场地的大小为 117cm×86.5cm。

很明显，信息素机器人示例离实际应用还相差甚远。然而，对一般信息素机器人方法的研究可以为开发动物集群行为的数学模型和理解生物群落中的共识主动性和自组织现象带来有成效的分析。同时，如 Payton 等人建议的，使用红外和近距离无线通信技术(如蓝

牙技术)以及通过集群内的消息传播可模仿真实的信息素方法。如 Payton 等人所建议的(2001)(见 12.1.2 节)，可以并已经实现了(Rubenstein，Cornejo and Nagpal 2014)有效的集群导航和控制技术。

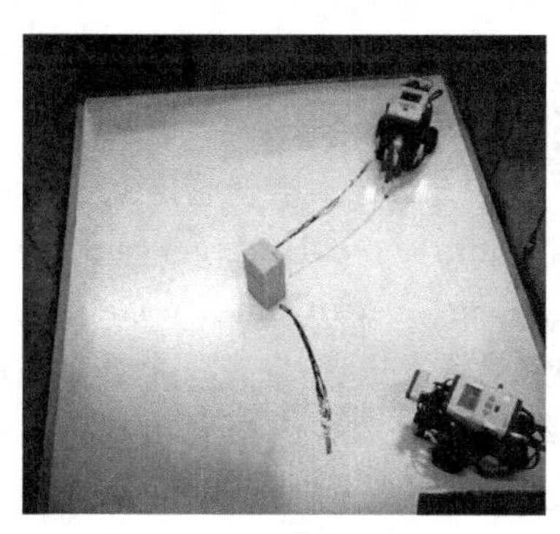
a)

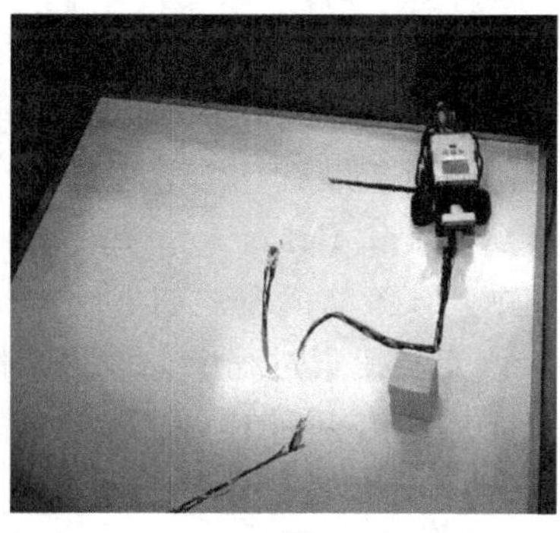
b)

图 12-15 信息素引导的机器人搜寻“食物”仿真。a) 一个机器人从绘制“信息素”轨迹处的食物处开始移动，接着第二个机器人开始随机移动；b)该机器人遵循“信息素”轨迹。白色的场地被墙壁包围，食物由场地内的物体模拟。信息素轨迹由机器人绘制的黑色曲线模拟。资料来源：R. Cohen 和 H. Mashiah 拍摄，并得到其许可

与使用信息素轨迹的通信方式相比，真实机器人系统既要使用间接通信，也需使用直接通信。特别是在搜索任务中，间接通信表现为在某些观测区域内发现目标的概率的变化(见 11.2 节和 11.3 节)，而直接通信则用于通知组内其他机器人关于当前决策和观察到的环境状态。下一节将介绍通过这种复合通信实现一种称为生物信号方法的示例。

12.3.2 用于移动机器人组的生物信号方法与破坏性搜索

上一小节的例子展示了通过直接通信的移动智能体的协作运动，它实现了一种被广泛称为生物信号的协议(Smith 1991；Johnstone and Grafen 1992；Bergstrom and Lachmann 1997，1998a，b)。同时也展示了由破坏性搜索方法提供的间接通信(见第 8 章和第 11 章)，这好比让搜寻机器人扮演“捕猎者”角色来搜捕目标并且“吃掉”目标。最终提出的结论遵循了 Siegelmann，Kagan 和 Ben-Gal(2014)的论文，以及 Kagan 和 Ben-Gal(2015)的著作。

在形式上，生物信号被定义为两个玩家之间大量的单阶段游戏；在该协议框架中，这种游戏被称为菲利普爵士悉尼赛。在该游戏中，第一个玩家(即“信号发送者”)决定是否发送一个成本较高的请求来增加自己的利益，第二个玩家(可称为“援助者”)根据接收到的请求决定是否提供资源给发送者。一旦提供，就会使自己的利益减损。在概率设置中，假设在游戏开始时，信号发送者需要请求获取资源的概率为 p，而有 $1-p$ 的概率不需要获取资源。

游戏中的参数设置如下。如果“信号发送者”确实需要请求资源，那么除去获得的资源它的总利益为 $1-a$；如果“信号发送者”实际不需要这笔资源，那么除去资源它的总利益为 $1-b$。只要“信号发送者”发送请求给“援助者”，那么它就要消耗的成本为 c。如果“援助者”提供了这个资源，那么“援助者”的利益就会直接减少 d，其总利益变为 $1-d$。另外，两个玩家间的关联度由超参数 k 定义。假设所有参数都取自区间 $[0,1]$，并且“信号发送者”与“援助者”都知晓这些参数。

由于参数设定的不同，菲利普爵士悉尼赛允许 4 种平衡状态（Bergstrom and Lachmann 1997；Hutteger and Zollman 2009）：

1）当 $d>k(pa+(1-p)b)$时，称为“新请求”/“新援助”

2）当 $d<k(pa+(1-p)b)$时，称为“一致请求”/“新援助”

3）当 $a\geqslant d/k\geqslant b$ 以及 $a\geqslant kd-c\geqslant b$ 时，称为“需求时请求”/“无请求时援助”

4）当 $a\geqslant d/k\geqslant b$ 以及 $a\geqslant kd+c\geqslant b$ 时，称为“需求时请求”/“有请求时援助”

所考虑的范例涉及了最后一个平衡情况，也称为信号平衡。它定义了动物之间最自然的交流情景（Smith 1991；Bergstrom and Lachmann 1997；Hutteger and Zollman 2009）。

在搜索案例中，该策略的概述如下（Siegelmann，Kagan and Ben-Gal 2014；Kagan and Ben-Gal 2015）。假定在搜索过程中，该智能体（信号发送者）发现一个具有一定数量猎物的区域。然后该智能体会有两种抉择：要么它继续在该区域内搜索（但将消耗非常多的时间），要么告知其他智能体发现猎物的消息并请求它们来帮助搜索（这种情况下的搜索将消耗较少时间）。如果该请求已发送出去，那么接收到请求的每个智能体（援助者）同样有两个抉择：要么前往“信号发送者”提供的区域，要么忽略该消息并继续在当前所在区域的搜索工作。

与第 8 章和第 11 章所述相似，假设智能体在有界二维离散域 $X=\{\vec{x}_1,\vec{x}_2,\cdots,\vec{x}_n,\}\subset\mathbb{R}^2$ 上运动，也定义了域 X 与目标位置概率分布 $p(\vec{x},t)(\vec{x}\in X,t\in[0,T])$的映射关系。智能体使用高精度传感器进行探测，这样在 t 时刻，智能体可以检测特定的区域 $a(t)\subset X$。在破坏性搜索场景之后，将目标在区域 $a(t)$内的位置概率置零。另外，用 $A(t)\subset X$ 表示一块区域，这个区域可以被智能体感知到，但是不能被即时观察到。讨论 t 时刻智能体处于某点 $\vec{x}(t)\in X$ 的感知能力，观测区域定义为 $a(t)=\{\vec{x}:\|\vec{x}(t)-\vec{x}\|\leqslant r_{\text{vis}}\}$，其中 $r_{\text{vis}}>0$ 表示能见度半径；检测到的区域定义为 $A(t)=\{\vec{x}:\|\vec{x}(t)-\vec{x}\|\leqslant r_{\text{sense}}\}$，其中 $r_{\text{sense}}\geqslant r_{\text{vis}}$表示感知半径，因此 $a(t)\subseteq A(t)$。

假定在 t 时刻，“信号发送者”位于点$\vec{x}_{\text{s}}(t)$，其他可能作为“援助者”的智能体位于点$\vec{x}_{\text{d}}(t)$。那么，游戏在 t 时刻的参数将根据目标位置概率 $p(\vec{x},t)$以及“信号发送者”与潜在“援助者”之间的距离设定：

$$a(t)\sim\sum\nolimits_{\vec{x}\in A_{\text{s}}(t)}p(\vec{x},t),d(t)\sim\sum\nolimits_{\vec{x}\in A_{\text{d}}(t)}p(\vec{x},t),c\sim r_{\text{sense}},k(t)\sim\|\vec{x}_{\text{s}}(t)-\vec{x}_{\text{d}}(t)\| \tag{12-7}$$

根据“信号发送者”的需求度为 b，这里假设如果“信号发送者”不需要资源，则其需求度被设定为 $b\ll 1$。

最后，用 $r_{\text{signal}}^{\max}>0$ 表示最小距离，用 $r_{\text{signal}}^{\max}>r_{\text{signal}}^{\min}$表示最大距离。搜索者可以分别向其发送求助请求。这些值限制了智能体的通信能力，并指定“信号发送者”只能将请求转发给离它当前位置不太近也不太远的相邻智能体。很明显，这些限制与第 11 章所考虑的引力势与斥力势的作用相同。通过这些设定的参数，菲利普爵士悉尼赛的请求与援助场景应用在概率搜索问题中的概述如下（Kagan and Ben-Gal 2015）。

发送请求($\vec{x}_{\text{s}}(t)$)

1）给定智能体位置坐标$\vec{x}_{\text{s}}(t)$，根据感知距离得到机器人区域 $A_{\text{s}}(t)$，并根据式(12-7)计算需求度 $a(t)$与成本 c。

2）向准许距离 $r_{\text{signal}}^{\max}$、$r_{\text{signal}}^{\min}$范围内的所有相邻智能体发出请求，内容包括位置坐标

$\vec{x}_s(t)$、需求度 $a(t)$、成本 c。

援助资源($\vec{x}_d(t)$)：决策

1)已知“援助者”的当前位置$\vec{x}_d(t)$与“信号发送者”的当前位置$\vec{x}_s(t)$、需求度 $a(t)$和成本 c，求解由感知距离 r_{sense}定义的区域 $A_s(t)$与式(12-10)计算的利益损耗 $d(t)$和相关系数 $k(t)$(利用式(12-10))。

2)如果发送的请求满足平衡条件 $a(t) \geqslant d(t)/k(t) \geqslant b$ 以及 $a(t) \geqslant k(t)d(t)+c \geqslant b$（参见平衡条件 4)，“援助者”做出援助决策。形如，设置 $decision = donate$；否则将不援助，设置 $decision = not\ donate$。

注意，由于“信号发送者”没有关于其他智能体正在处理的那个区域的信息，因此在发送请求(…)过程中，假设信号发送者持续向邻域智能体发送请求。相比之下，在援助过程(…) 中，“援助者”掌握了做出援助与否这个决策的必要信息。

通过上述确定的过程，智能体采用生物信号的直接通信方式进行破坏性概率搜索的流程概述如下(Kagan and Ben-Gal 2015)。

1)每个智能体按照某种搜索算法遍历整个区域，并将探测过的区域的目标位置概率置零。

2)在搜索期间，坐标位于 $\vec{x}(t)$处的智能体执行以下动作：

- 作为“发送请求者”，按照发送请求流程($\vec{x}_s(t)$)进行求助。
- 作为潜在“援助者”，时刻等待接收来自其他智能体的求助。一旦接收到请求信号，立即根据援助流程($\vec{x}_d(t)$)抉择是否做出援助行为。

3)如果决策是进行援助，那么该智能体停止对当前区域的搜索，并作为一个“援助者”以最大运行速度前往“发送请求者”的坐标位置。

4)到达“发送请求者”区域后，“援助者”智能体转换为普通状态并按照步骤 1 继续进行搜索。

本书提出的任务遵循基于生物信号的破坏性搜索的一般流程(Siegelmann, Kagan and Ben-Gal 2014；Kagan and Ben-Gal 2015)并解释了复合通信的主要原则。步骤 1 指示的搜索可以按照不同的方法实现，这些方法肯定会影响智能体的运动和执行任务的效率。

图 12-16a 展示了 10 台具备生物信号通信能力的智能体活动(与 Hava Siegelmann 共同开发出一个范例)。如图所示，假定智能体在一个大小为 100×100 的有界网格区域内运动，同时它们对区域内的“猎物”进行布朗式破坏性搜索。较白的区域包含了更高的目标位置概率，而黑色区域表示该区域目标概率为零。进行布朗运动的智能体步进长度 $l=3$，可视半径与检测半径分别为 $r_{vis}=1$ 和 $r_{sense}=5$，并且设置最小和最大的发送请求距离分别为 $r_{signal}^{min}=10$ 与 $r_{signal}^{max}=25$，运动测试时间为 $t=1,\cdots,100$。作为对比，图 12-16b 展示了智能体从与图 12-16a 所示相同的随机位置出发，在没有请求通信的情况下在目标位置概率相同的区域上的运动轨迹。

可以看出，与图 12-16b 所示的无请求通信的布朗搜索不同，有请求通信的搜索结果中包含了“援助者”智能体到“信号发送者”行动区域的长距离移动轨迹。因此，这些智能体集中在“猎物”数量相对较多的区域，这必然会带来更有效的搜索。关于请求通信的概率搜索及其与不同移动模型的对应关系的详细信息，请参阅 Siegelmann、Kagan 和 Ben-Gal (2014)的指导性论文以及 Kagan 和 Ben-Gal(2015)的著作。

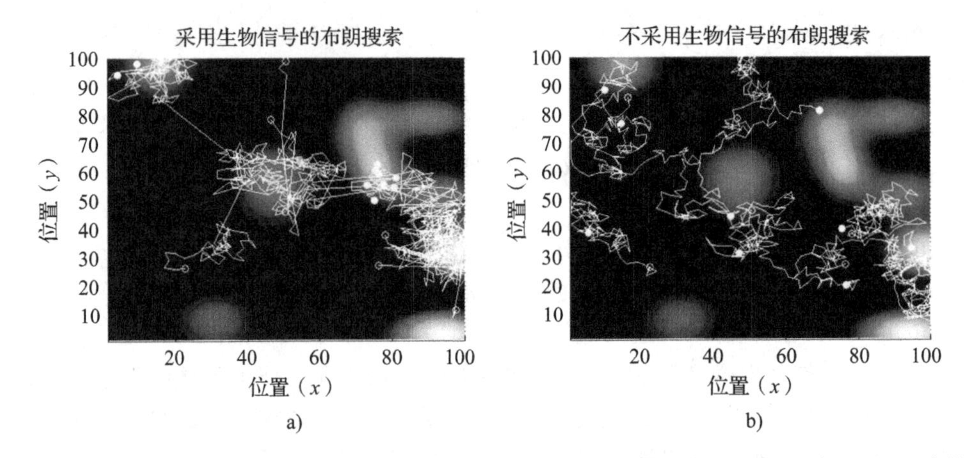

图 12-16 10个智能体布朗搜索的轨迹图，其中图a采用生物信号方法图b不采用。图a中设定参数 $r_{vis}=1$ 和 $r_{sense}=5$、$r_{signal}^{min}=10$ 与 $r_{signal}^{max}=25$。智能体运动域大小为100×100。白色区域对应较大的目标位置概率，黑色区域对应零概率。智能体的基本运动为步长 $l=3$ 的布朗漫步，运动时间为 $t=1,\cdots,100$

该节的示例完善了对具有不同通信类型的移动智能体的协作行为的研究。当然，所提出的论述并没有穷尽这种通信方式中更为广泛和可能的定义，只包括已实现的一般技术，但是这些技术可以作为不同应用的基础。总结本章内容后，将讨论该领域内更进一步的研究方向。

12.4 小结

本章介绍了具有直接和间接通信以及复合通信的移动机器人组的运动。在第一种情况下，假定机器人可以根据某种确定的通信协议直接从一个机器人传递信息到另一个机器人，其中可能会经过某个中央单元。而在第二种情况下，信息是通过环境状态的变化来传递的。环境被认为是机器人的一种共享内存。在复合通信中，机器人同时实现了直接通信和间接通信。当然，这种遵循移动自组织网络且用于移动机器人组的一般通信方法通常都会受到机器人计算能力和通信能力的限制，而机器人的移动性能和集群的动态性能更多是与导航算法与集群技术有关。

针对机器人组通信与网络技术之间的相关性，本章首先简要回顾了通信技术和间接通信中的主动共识性的信息素(参阅12.1节)，并讨论了机器人的通信协议以及直接通信、间接通信与复合通信3种通信协议下的协作运动，其概述如下：

1)使用具有简单通信协议的直接通信方案的移动机器人的协作运动基于蓝牙短距离无线电技术。所提出的一种协议(见12.2.1节)允许对机器人所执行的任务进行分布式和集中式控制，并支持基本的集群技术使机器人保持为群体。12.2.2节给出了实现上述协议的移动机器人的协作运动示例。

2)采用信息素机器人方法，模拟蚂蚁的协作行为(见12.3节)，最终通过间接通信实现群体的运动。在该运动模式下，智能体对环境进行标记(示例中表示为绘制机器人的轨迹)，以便其他智能体根据这些标记做出下一步决策。

3)多智能体的复合通信运动。在这种运动模式中，多智能体间传递一定的信息，改变影响智能体决策的环境状态。在12.3.2节中，通过具有生物信号的破坏性概率搜索演示了这种运动模式，它模拟了动物觅食行为。

所提模型通过众多经典示例进行了演示(12.3.1节中蚂蚁的运动模态与12.3.2节中的生物信号搜索)以及Lego NXT机器人的协作运动(12.2.2节中的直接通信与群体保持以及12.3.1节中的信息素机器人)。

参考文献

Aguero, C., Canas, J.M., and Ortuno, M. (2007). Design and implementation of an ad-hoc routing protocol for mobile robots. *Turkish Journal of Electrical Engineering & Computer Sciences* 15 (2): 307–320.

Balch, T. and Arkin, R.C. (1994). Communication in reactive multiagent robotic systems. *Autonomous Robots* 1 (1): 27–52.

Beckers, R., Holland, O.E., and Deneubourg, J.L. (1994). From local actions to global tasks: stigmergy and collective robotics. In: *Artificial Life IV* (ed. R.A. Brooks and P. Maes), 181–189. Cambridge, Masachussetts: MIT Press.

Benedettelli, D. (2007, Jan). *NXC Bluetooth Library*. Retrieved from http://robotics/benedettelli.com/bt_nxc.htm (currently it is a part of the Lego firmware and supported by the bricxcc studio: http://bricxcc.sourceforge.net)

Beni, G. (2005). From swarm intelligence to swarm robotics. In: *Swarm Robotics. Lecture Notes in Computer Science*, vol. 3342 (ed. E. Sahin and W.M. Spears), 1–9. Berlin: Springer.

Beni, G. and Wang, J. (1990). Self-organizing sensory systems. In: *Proc. NATO Advanced Workshop on Highly Redundant Sensing in Robotic Systems, Il Cioco, Italy (June 1988)*, 251–262. Berlin: Springer.

Bergstrom, C.T. and Lachmann, M. (1997). Signaling among relatives I. Is signaling too costly? *Philosophical Transactions of the Royal Society of London, Series B: Biological Sciences* 352: 609–617.

Bergstrom, C.T. and Lachmann, M. (1998a). Signaling among relatives II. Beyond the tower of Babel. *Theoretical Population Biology* 54: 146–160.

Bergstrom, C.T. and Lachmann, M. (1998b). Signaling among relatives III. Talk is cheap. *Proceedings of the National Academy of Sciences of the United States of America* 95: 5100–5105.

Bonabeau, E., Theraulaz, G., Deneubourg, J.-L. et al. (1997). Self-organization in social insects. *Trends in Ecology and Evolution* 12 (5): 188–193.

Bonabeau, E., Dorigo, M., and Theraulaz, G. (1999). *Swarm Intelligence: From Natural to Artificial Systems*. New York: Oxford University Press.

Borg, A. (2009, Apr 6). *The C++ Communication Library*. Retrieved from http://www.norgesgade14.dk/bluetoothlibrary.php (currently the C# version is available at http://www.monobrick.dk/software/monobrick; accessed at Aug 23 2015)

Braitenberg, V. (1984). *Vehicles: Experiments in Synthetic Psychology*. Cambridge, Massachusetts: The MIT Press.

Clark, A. (1997). *Being There: Putting Brain, Body and World Together Again*. Cambridge, Massachusetts: The MIT Press.

Clark, A. (2003). *Natural-Born Cyborgs – Minds, Technologies, and the Future of Human Intelligence*. Oxford: Oxford University Press.

Conti, M. and Giordano, S. (2014). Mobile ad hoc networking: milestones, challenges, and new research directions. *IEEE Communications Magazine* 52 (1): 85–96.

Crocker, D. H. (1982, Aug 13). *RFC 822 - standard for the format of ARPA internet text messages*. http://www.w3.org/protocols/rfc822

Das, A., Spletzer, J., Kumar, V., and Taylor, C. (2002). Ad hoc networks for localization and control. In: *Proc. 41-th IEEE Conf. Decision and Control*, 2978–2983. Las Vegas, CA.

Das, S.M., Hu, Y.C., Lee, G.C., and Lu, Y.-H. (2005). An efficient group communication protocol for mobile robots. In: *Proc. IEEE Conf. Robotics and Automation*, 88–93. Barcelona, Spain.

De Gennes, P.G. (1976). La percolation: un concept unificateur. *La Recherche* 7: 919–927.

Demin, A. (2008, Feb 1). *NXT Brick remote control over Bluetooth*. Retrieved Aug 18, 2015, from http://demin.ws/nxt/bluetooth

Frodigh, M., Johansson, P., and Larsson, P. (2000). Wireless ad hoc networking - the art of networking without a network. *Ericsson Review* 4: 248–263.

Gazi, V. and Passino, K.M. (2011). *Swarm Stability and Optimization*. Berlin: Springer.

Gordon, D.M. (2010). *Ant Encounters: Interaction Networks and Colony Behavior*. Princeton: Princeton University Press.

Grasse, P.-P. (1959). La reconstruction du nid et less coordinations interindividuelles chez bellicositermes natalensis et cubitermes sp. la theorie de la stigmergie: essai d'interpretation du comportement des termites constructeurs. *Insectes Sociaux* 6: 41–83.

Hamann, H. (2010). *Space-Time Continuous Models of Swarm Robotic Systems: Supporting Global-to-Local Programming*. Berlin: Springer.

Huhns, M.N. and Stephens, L.M. (1999). Multiagent systems and societies of agents. In: *Multiagent Systems. A Modern Approach to Distributed Artificial Intelligence* (ed. G. Weiss), 79–120. Cambridge, Massachusetts: The MIT Press.

Hutteger, S.M. and Zollman, K.J. (2009). Dynamic stability and basins of attraction in the Sir Philip Sydney game. *Proceedings of the Royal Society of London Series B* 277 (1689): 1915–1922.

Johnstone, R.A. and Grafen, A. (1992). The continuous Sir Philips Sydney game: a simple model of biological signaling. *Journal of Theoretical Biology* 156: 215–234.

Jung, T., Ahmadi, M., and Stone, P. (2009). Connectivity-based localization in robot networks. In: *Proc. Int. Workshop Robotic Sensor Networks (IEEE DCOSS' 09)*. Marina Del Rey, CA.

Kagan, E. and Ben-Gal, I. (2015). *Search and Foraging. Individual Motion and Swarm Dynamics*. Boca Raton, FL: Chapman Hall/CRC/Taylor & Francis.

Kagan, E., Rybalov, A., Siegelmann, H., and Yager, R. (2013). Probability-generated aggregators. *International Journal of Intelligent Systems* 28 (7): 709–727.

Kagan, E., Rybalov, A., Sela, A. et al. (2014). Probabilistic control and swarm dynamics of mobile robots and ants. In: *Biologically-Inspired Techniques for Knowledge Discovery and Data Mining* (ed. S. Alam), 11–47. Hershey, PA: IGI Global.

Kaizer, M. and Makmal, S. (2015). *Information Transfer in the Network of Mobile Agents for Preserving the Swarm Activity. B.Sc. Project*. Ariel: Ariel University.

Martone, A. (2010). *NXT to NXT communication using PC programs*. http://www.alfonsomartone.itb.it/yepuji.html

Millonas, M.M. (1994). Swarms, phase transitions, and collective intelligence. In: *Artificial Life III* (ed. C. Langton), 417–445. Santa Fe: Perseus Books.

Niculescu, D. and Nath, B. (2004). Position and orientation in ad hoc networks. *Ad Hoc Networks* 2 (2): 133–151.

Payton, G.H., Daily, M., Estowski, R. et al. (2001). Pheromone robotics. *Autonomous Robots* 11: 319–324.

Rubenstein, M., Cornejo, A., and Nagpal, R. (2014). Programmable self-assembly in a thousand-robot swarm. *Science* 345 (6198): 795–799.

Rybalov, A., Kagan, E., and Yager, R. (2012). Parameterized uninorm and absorbing norm and their application for logic design. In: *Proc. 27-th IEEE Conv. EEEI*. https://doi.org/10.1109/EEEI.2012.6377125.

Siegelmann, H., Kagan, E., and Ben-Gal, I. (2014). Honest signaling in the cooperative foraging in heterogeneous environment by a group of Levy fliers.

Smith, J.M. (1991). Honest signaling: the Philip Sydney game. *Animal Behavior* 42: 1034–1035.

Steshenko, J. (2011). *Centralized Control of Cooperative Behavior of NXT Robots via Bluetooth. B.Sc. Thesis*. Tel-Aviv: Tel-Aviv University.

Steshenko, J., Kagan, E., and Ben-Gal, I. (2011). A simple protocol for a society of NXT robots communicating via Bluetooth. In: *Proc. IEEE 53-rd Symp. ELMAR*, 381–384.

Sumpter, D.J. (2010). *Collective Animal Behaviour*. Princeton: Princeton University Press.

Theraulaz, G., Gautrais, J., Camazine, S., and Deneubourg, J.L. (2003). The formation of spatial patterns in social insects: from simple behaviours to complex structures. *Philosophical Transactions of the Royal Society of London, Series A: Mathematical, Physical and Engineering Sciences* 361: 1263–1282.

Trianni, V. (2008). *Evolutionary Swarm Robotics: Evolving Self-Organising Behaviors in Groups of Autonomous Robots*. Berlin: Springer-Verlag.

Viswanathan, G.M., da Luz, M.G., Raposo, E.P., and Stanley, H.E. (2011). *The Physics of Foraging*. Cambridge: Cambridge University Press.

Wang, Z., Zhou, M., and Ansari, N. (2003). Ad-hoc robot wireless communication. In: *Proc. IEEE Conference on Systems, Man and Cybernetics*, vol. 4, 4045–4050.

Wang, Z., Liu, L., and Zhou, M. (2005). Protocols and applications of ad-hoc robot wireless communication networks: an overview. *International Journal of Intelligent Control and Systems* 10 (4): 296–303.

Weiss, G. (ed.) (1999). *Multiagent Systems. A Modern Approach to Distributed Artificial Intelligence*. Cambridge, Massachusetts: The MIT Press.

White, T. (1997). *Swarm Intelligence*. Retrieved Oct 4, 2015, from Network Management and Artificial Intelligence Laboratory: www.sce.carleton.ca/netmanage/tony/swarm.html

Wittlinger, M., Wehner, R., and Wolf, H. (2006). The ant odometer: stepping on stilts and stumps. *Science* 312: 1965–1967.

Wittlinger, M., Wehner, R., and Wolf, H. (2007). The desert ant odometer: a stride integrator that accounts for stride length and walking speed. *Journal of Experimental Biology* 210: 198–207.

Wohlgemuth, S., Ronacher, B., and Wehner, R. (2001). Ant odometry in the third dimension. *Nature* 411: 795–798.

Yoshida, E., Arai, T., and Yamamoto, M.O. (1998). Local communication of multiple mobile robots: design of optimal communication area for cooperative tasks. *Journal of Robotic Systems* 15 (7): 407–419.

第 13 章

Autonomous Mobile Robots and Multi-Robot Systems

布朗运动与集群动力学

Eugene Khmelnitsky

13.1 郎之万和福克-普朗克形式体系

环境和布朗粒子的相互作用产生 3 种作用于布朗粒子上的力：阻尼力、与外力场相关的力以及波动力。这些力共同影响布朗粒子的位置和速度，可以用一维郎之万方程来描述：

$$\begin{aligned}\dot{x} &= v \\ \dot{v} &= -\gamma(x,v)v + F(x,t) + \xi(t)\end{aligned} \tag{13-1}$$

式中，$\xi(t)$表示高斯噪声，即任何时刻$\xi(t)$的值都是独立随机分布的，可以表示为$\xi(t) \sim N(0,\sigma^2)$；与之不相关的$F(x,t)$则表示附加力(Sjögren 2015，Schimansky-Geier et al. 2005)。

动力学具有随机性，我们更感兴趣采用概率密度$p(x,v,t)$来寻找在t时刻区间$(x,x+\mathrm{d}x)$和$(v,v+\mathrm{d}v)$上的布朗粒子。动力学方程对$p(x,v,t)$的导数又称福克-普朗克方程(Fokker-Planck equation)，这可由两步推导得到。第一步推导概率密度$\rho(x,v,t)$的运动学方程实现随机力$\xi(t)$。第二步通过多种实现结果平均化概率密度：

$$p(x,v,t) = E[\rho(x,v,t)]$$

为了简化处理，我们假设在没有外力影响下(即$F(x,t)=0$)，推导福克-普朗克方程。

布朗粒子分布在状态空间(x,v)的区域$\mathrm{d}x\mathrm{d}v$中，其中状态空间的概率为$\rho(x,v,t)\mathrm{d}x\mathrm{d}v$。因为这些粒子一定存在于状态空间的某一区域，所以对于任意t都有：

$$\int_{-\infty}^{\infty}\int_{-\infty}^{\infty}\rho(x,v,t)\mathrm{d}v\mathrm{d}x = 1$$

考虑状态空间中的有限体积V。有限体积V内的概率变化取决于包围体积V的表面S的连续不断的概率。

$$\frac{\mathrm{d}}{\mathrm{d}t}\iint_V \rho(x,v,t)\mathrm{d}x\mathrm{d}v = -\int_V \rho(x,v,t)(\dot{x},\dot{v})\mathrm{d}\vec{\boldsymbol{S}}$$

利用高斯定理将曲面积分转变为对矢量场$\rho(x,\ v,\ t)(\dot{x},\ \dot{v})$内的体积分：

$$\iint_V (\nabla\cdot(\rho(x,v,t)(\dot{x},\dot{v})))\mathrm{d}V = \int_V (\rho(x,v,t)(\dot{x},\dot{v})\mathrm{d}\vec{\boldsymbol{S}})$$

同时可得：

$$\iint_V \frac{\partial}{\partial t}\rho(x,v,t)\mathrm{d}x\mathrm{d}v = -\iint_V (\nabla\cdot(\rho(x,v,t)(\dot{x},\dot{v})))\mathrm{d}V$$

因为V为任意体积，所以利用上式可以推导出关于$\rho(x,\ v,\ t)$的偏微分方程：

$$\frac{\partial}{\partial t}\rho(x,v,t) = -\nabla\cdot(\rho(x,v,t)(\dot{x},\dot{v})) = -\frac{\partial}{\partial x}(\rho\dot{x}) - \frac{\partial}{\partial v}(\rho\dot{v}) \tag{13-2}$$

这样就得到了用来表示概率守恒的通用公式。为了更好地描述布朗粒子，将由郎之万方程定义的动力学方程(见式(13-1))代入式(13-2)可得：

$$\frac{\partial}{\partial t}\rho(x,v,t)=-\frac{\partial}{\partial x}(\rho v)+\frac{\partial}{\partial v}(\rho\gamma(x,v)v)-\frac{\partial}{\partial v}(\rho\xi(t)) \tag{13-3}$$

引入运算符

$$A=v\frac{\partial}{\partial x}-\frac{\partial}{\partial v}(\gamma(x,v)v)-\gamma(x,v)v\frac{\partial}{\partial v},B=\xi(t)\frac{\partial}{\partial v}$$

式(13-2)又可以表示为：

$$\frac{\partial}{\partial t}\rho(x,v,t)=-A\rho-B\rho \tag{13-4}$$

通过引入变量

$$\varphi(x,v,t)=\exp(At)\rho(x,v,t)$$

微分方程式(13-4)可以进一步写成：

$$\frac{\partial}{\partial t}\varphi(x,v,t)=-D(t)\varphi(t) \tag{13-5}$$

式中：

$$D(t)=\exp(At)B\exp(-At)$$

由此可得式(13-5)的解：

$$\varphi(x,v,t)=C\cdot\exp\left(-\int_0^t D(\tau)\mathrm{d}\tau\right) \tag{13-6}$$

式中，常数 C 由边界条件决定。同时也确定了 $\rho(x,\ v,\ t)$的动力学方程。

既然我们检测了一个实际的布朗粒子，便可以观察随机作用力的平均效果。计算 $\varphi(x,v,t)$ 的均值时首先需要得到 $\int_0^t D(\tau)\mathrm{d}\tau$ 的期望和方差。因为对于任意时刻 t，$D(t)$都正比于 $\xi(t)$，所以可得 $\int_0^t D(\tau)\mathrm{d}\tau$ 服从 $E\left[\int_0^t D(\tau)\mathrm{d}\tau\right]=0$ 的高斯分布，同时满足：

$$\begin{aligned}\mathrm{Var}\left[\int_0^t D(\tau)\mathrm{d}\tau\right]&=E\left[\left(\int_0^t D(\tau)\mathrm{d}\tau\right)^2\right]=\int_0^t\int_0^t E[D(\tau_1)D(\tau_2)]\mathrm{d}\tau_1\mathrm{d}\tau_2\\&=\sigma^2\int_0^t\exp(At)\frac{\partial}{\partial v}\exp(-A\tau)\exp(A\tau)\frac{\partial}{\partial v}\exp(-A\tau)\mathrm{d}\tau\\&=\sigma^2\int_0^t\exp(A\tau)\frac{\partial^2}{\partial v^2}\exp(-A\tau)\mathrm{d}\tau\end{aligned}$$

对式(13-6)等式两边同时取期望，可得：

$$\begin{aligned}E[\varphi(t)]&=C\cdot E\left[\exp\left(-\int_0^t D(\tau)\mathrm{d}\tau\right)\right]=C\cdot\exp\left(\frac{1}{2}\mathrm{Var}\left[\int_0^t D(\tau)\mathrm{d}\tau\right]\right)\\&=C\cdot\exp\left(\frac{\sigma^2}{2}\int_0^t\exp(A\tau)\frac{\partial^2}{\partial v^2}\exp(-A\tau)\mathrm{d}\tau\right)\end{aligned}$$

用初始变量 $p(x,\ v,\ t)$进行替换，可得：

$$\frac{\partial}{\partial t}p(x,v,t)=-Ap(x,v,t)+\frac{\sigma^2}{2}\frac{\partial^2}{\partial v^2}p(x,v,t) \tag{13-7}$$

13.2 实例

例 13.1 考虑存在一个自由运动的、不受外界干扰的粒子，即对于 $\forall x,v$，始终满足 $(x,v)=0$。此时福克-普朗克方程(式(13-7))可以简化为：

$$\frac{\partial}{\partial t}p(x,v,t) = -v\frac{\partial}{\partial x}p(x,v,t) + \frac{\sigma^2}{2}\frac{\partial^2}{\partial v^2}p(x,v,t) \tag{13-8}$$

假设粒子的初始位置和初始速度分别为 x_0 和 v_0，可得式(13-8)的解(详见 Tanski 2004)：

$$p(x,v,t) = \frac{\sqrt{3}}{\pi\sigma^2 t^2}\exp\left(-\frac{6\hat{x}^2 - 6\hat{x}\hat{v}t + 2\hat{v}^2t^2}{\sigma^2 t^3}\right) \tag{13-9}$$

式中，$\hat{x} = x - x_0 - v_0 t$，$\hat{v} = v - v_0$。

将式(13-9)关于 x 取积分，可以得到速度的分布，即在不考虑布朗粒子位置的情况下其速度的概率密度。

$$p(v,t) = \frac{1}{\sqrt{2\pi t}\sigma}\exp\left(-\frac{\hat{v}^2}{2\sigma^2 t}\right) \tag{13-10}$$

同样，将式(13-9)关于 v 取积分，可得在不考虑布朗粒子速度的情况下其位置的概率密度。

$$p(x,t) = \frac{\sqrt{3}}{\sqrt{2\pi t^3}\,\sigma}\exp\left(-\frac{3\hat{x}^2}{2\sigma^2 t^3}\right) \tag{13-11}$$

可以看出布朗粒子的速度和位置都服从正态分布，其期望和方差可以表示为：

$$E(v) = v_0,\ \mathrm{Var}(v) = \sigma^2 t,\ E(x) = x_0 + v_0 t,\ \mathrm{Var}(x) = \sigma^2 t^3/3$$

速度动力学满足布朗运动，并与时间呈线性关系。而位置的方差增长更快，与时间的三次方相关。图13-1描述了给定参数集下 $p(v,t)$ 和 $p(x,t)$ 的分布。■

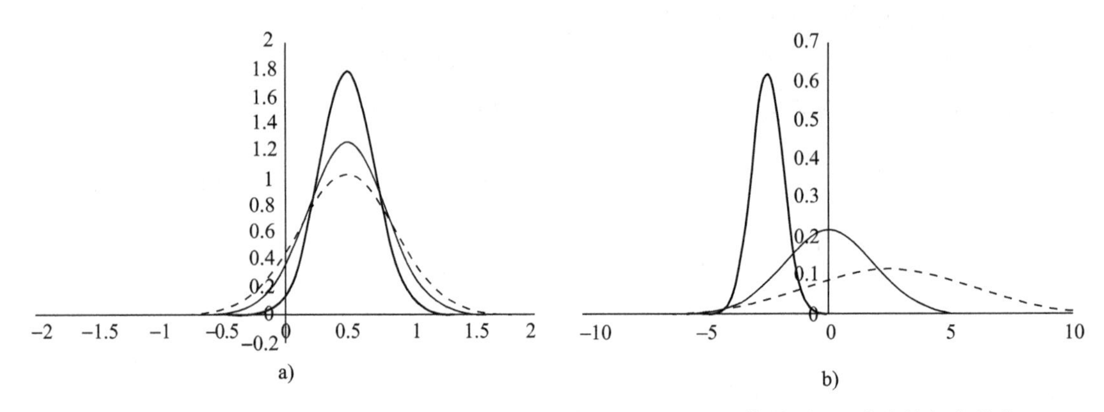

图13-1　对于 $x_0=-5$、$v_0=0.5$、$\sigma=0.1$，在时间 $t=5$，10，15 情况下：a)速度的概率分布；b)位置的概率分布

例13.2　在原来的基础上，这个范例增加了一个和速度成正比的阻尼力，对于 $\forall x$，v，始终存在常系数满足 $(x,v)=\gamma$。此时福克-普朗克方程(式(13-7))可简化为：

$$\frac{\partial}{\partial t}p(x,v,t) = \left(-v\frac{\partial}{\partial x} + \gamma + \gamma v\frac{\partial}{\partial v} + \frac{\sigma^2}{2}\frac{\partial^2}{\partial v^2}\right)p(x,v,t) \tag{13-12}$$

同样假设粒子的初始位置和初始速度分别为 x_0 和 v_0，可得式(13-12)的解：

$$p(x,v,t) = \frac{1}{2\pi\sigma^2\sqrt{c_1(t)}}\exp\left(-\frac{c_2(t)\hat{x}^2 + 2c_3(t)\hat{x}\hat{v} + c_4(t)\hat{v}^2}{2\sigma^2 c_1(t)}\right) \tag{13-13}$$

式中：

$$\hat{x} = x - x_0 - \frac{v_0}{\gamma}(1 - \mathrm{e}^{-\gamma t}),\ \hat{v} = v - v_0\mathrm{e}^{-\gamma t}$$

$$c_1(t)=\frac{1}{2\gamma^4}(\gamma t(1-\mathrm{e}^{-2\gamma t})-2(1-\mathrm{e}^{-\gamma t})^2),c_2(t)=\frac{1}{2\gamma}(1-\mathrm{e}^{-2\gamma t})$$

$$c_3(t)=\frac{1}{2\gamma^2}(1-\mathrm{e}^{-2\gamma t})-\frac{1}{\gamma^2}(1-\mathrm{e}^{-\gamma t})$$

$$c_4(t)=\frac{t}{\gamma^2}+\frac{1}{2\gamma^3}(1-\mathrm{e}^{-2\gamma t})-\frac{2}{\gamma^3}(1-\mathrm{e}^{-\gamma t})$$

对式(13-13)中的 x 进行积分，可知在忽略粒子位置情况下布朗粒子的速度概率呈正态分布：

$$E(v)=v_0\mathrm{e}^{-\gamma t},\mathrm{Var}(v)=\frac{\sigma^2}{2\gamma}(1-\mathrm{e}^{-2\gamma t})$$

同样对式(13-13)中的 v 进行积分，可以得到在忽略粒子速度情况下布朗粒子的位置概率呈正态分布：

$$E(x)=x_0+\frac{v_0}{\gamma}(1-\mathrm{e}^{-\gamma t}),\mathrm{Var}(x)=\frac{\sigma^2}{2\gamma^3}(2\gamma t-3+4\mathrm{e}^{-\gamma t}-\mathrm{e}^{-2\gamma t})$$

图 13-2 描述了给定参数集下 $p(v,t)$ 和 $p(x,t)$ 的分布。在稳态下，随着 t 趋于无穷，粒子的速度收敛于稳定的高斯分布：

$$E(v)=0,\mathrm{Var}(v)=\frac{\sigma^2}{2\gamma}$$

粒子的位置分布收敛于布朗运动：

$$E(x)\to x_0+\frac{v_0}{\gamma},\mathrm{Var}(x)\to\frac{\sigma^2}{\gamma^2}t$$ ■

实例 13.1 和例 13.2 表明，阻尼力的存在阻碍了粒子的运动，使粒子位置的方差从三次方关系下降到线性关系，同时速度方差和时间无关。

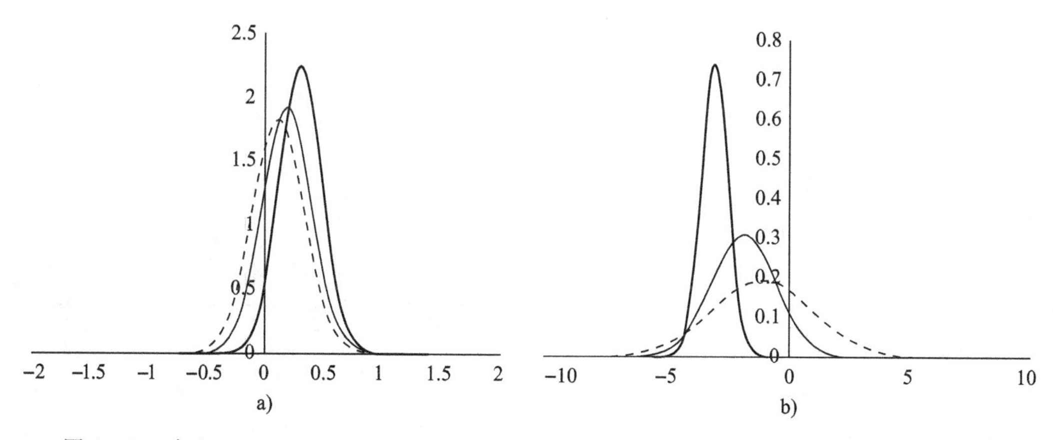

图 13-2 对于 $x_0=-5$、$v_0=0.5$、$\sigma=0.1$、$\gamma=0.1$，在时间 $t=5$，10，15 情况下：a)速度的概率分布；b)位置的概率分布

例 13.3 假设粒子进入到固定一致的外场中，g 表示这个外场中存在的常力。此时福克-普朗克方程可以表示为：

$$\frac{\partial}{\partial t}p(x,v,t)=\left(-v\frac{\partial}{\partial x}+\gamma+(\gamma v+g)\frac{\partial}{\partial v}+\frac{\sigma^2}{2}\frac{\partial^2}{\partial v^2}\right)p(x,v,t) \tag{13-14}$$

这个外场的存在导致粒子的速度趋于均值非零分布，也导致了粒子位置分布存在常值

漂移。图 13-3 描绘了式(13-14)中数值计算的近似值。 ■

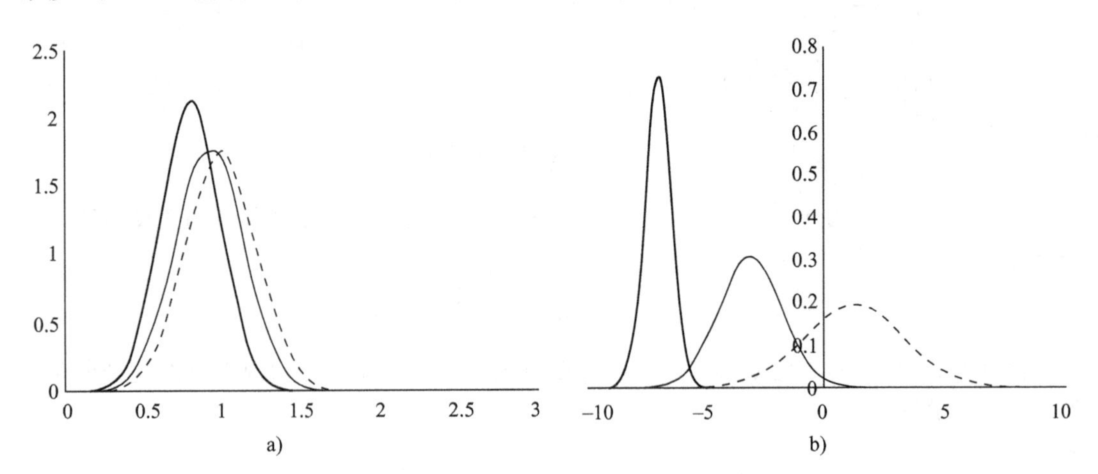

图 13-3 对于 $x_0=-10$、$v_0=0.5$、$\sigma=0.1$、$\gamma=0.1$、$g=0.1$，在时间 $t=5$，10，15 情况下：a)速度的概率分布；b)位置的概率分布

例 13.4 存在两个粒子，$j=1,2$。两个粒子产生相同的场，其大小随距离 x 的变化为：

$$U(x)=\frac{d-|x|}{ax^2}$$

式中，给定 $d>0$，$a>0$。距离为 x 处力的大小为：

$$F(x)=-\frac{\mathrm{d}}{\mathrm{d}x}U(x)=\frac{2d-|x|}{ax^3}$$

图 13-4 绘制了场的大小 $U(x)$ 以及场中的受力 $F(x)$。

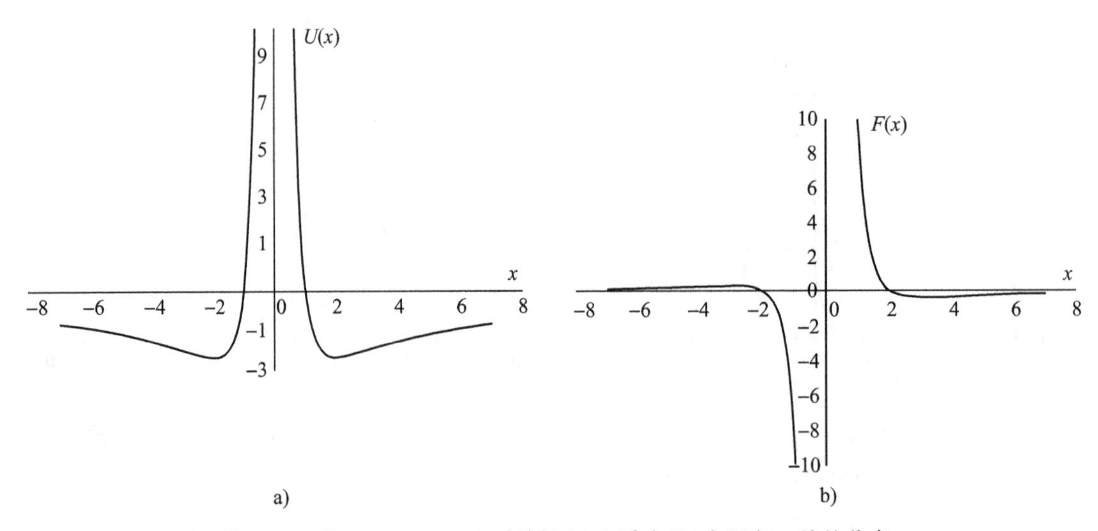

图 13-4 当 $d=1$、$a=0.1$ 时外场(a)和受力(b)在距离 x 处的分布

距离较远时，两个粒子相互吸引。当距离 $x=2d$ 时力的符号发生改变，当距离小于 $2d$ 时两个粒子相互排斥。

图 13-5 描绘了当给定参数 $x_0=\pm7$、$v_0=0$、$\sigma=0.1$、$\gamma=0.1$、$d=1$、$a=1$ 时，在时

间 $t=5,10,15,20$ 情况下两个粒子速度和位置的分布。图 13-6 则表示参数 a 和 d 在不同距离下产生的影响。可以看出 a 和 d 越小，两个粒子越接近。 ■

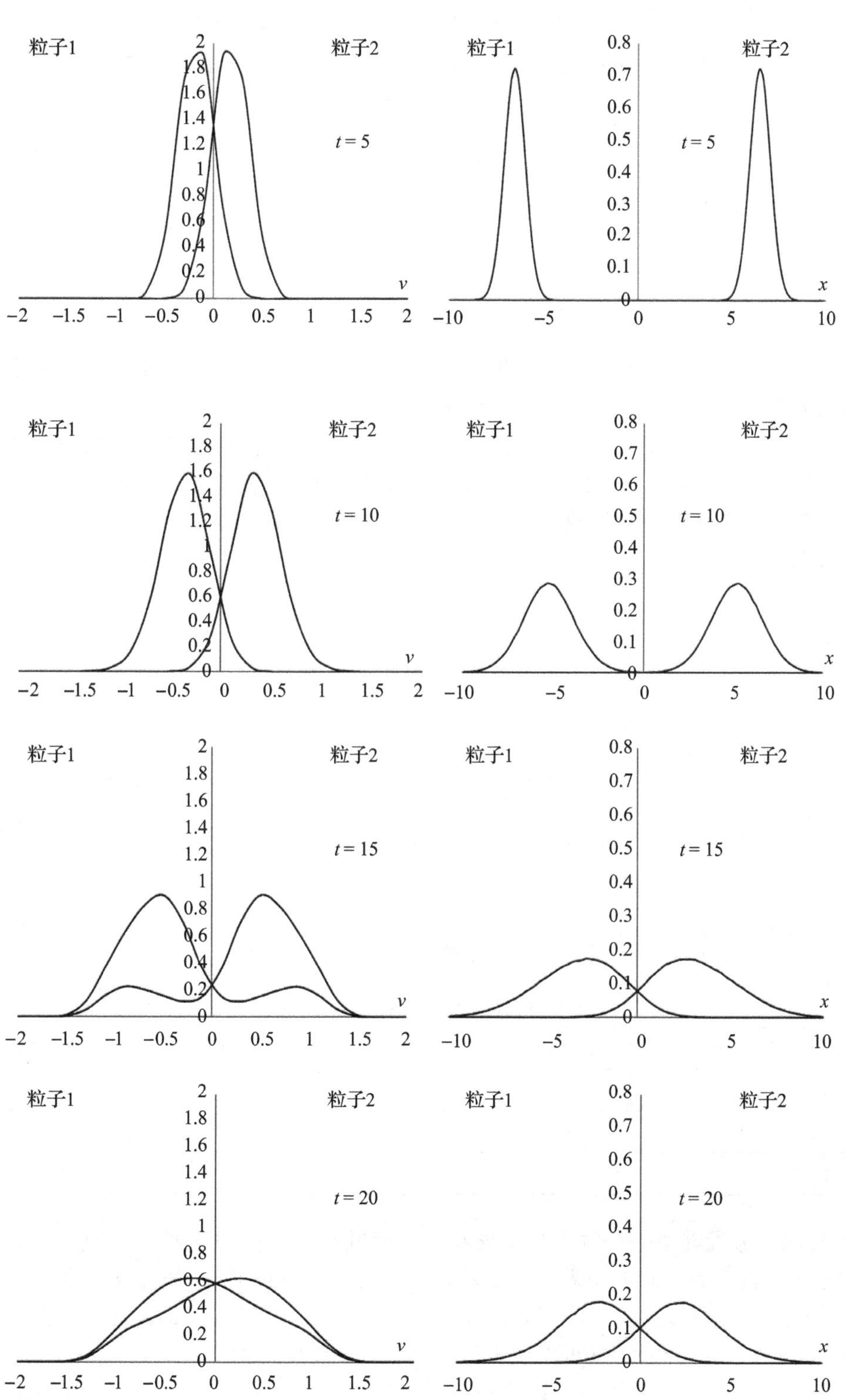

图 13-5　当 $t=5$，10，15，20 时速度(左)和位置(右)的概率分布

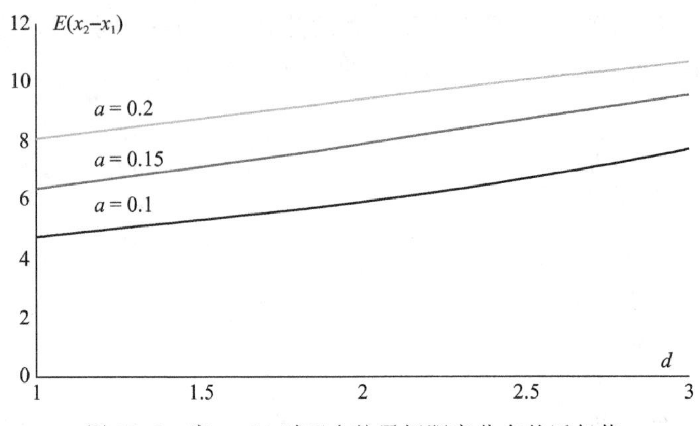

图 13-6　当 $t=20$ 时两个粒子间距离分布的近似值

现在考虑一组粒子，每一对粒子依据给定的机制相互作用。下一个实例给出了从给定的初始位置开始运动后粒子最终的稳定位置。

例 13.5　图 13-7 显示了 3 个粒子(黑点)的初始位置，同时这些粒子的初始速度都为 0。粒子的终止位置在蓝点附近波动，其标准差用图示蓝色椭圆表示。表 13-1 记录了粒子的初始位置、期望终止位置以及标准差。这个例子给定参数如下：$\sigma=0.01$，$\gamma=0.1$，$d=2$，$a=0.1$。■

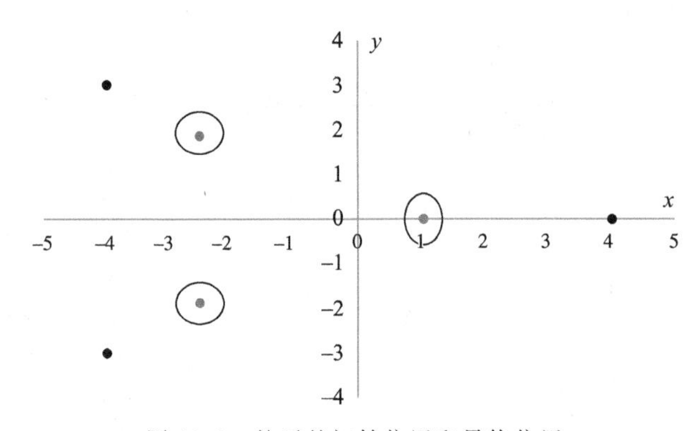

图 13-7　粒子的初始位置和最终位置

表 13-1　粒子的初始位置和终止位置

粒子	初始位置(x,y)	终止位置(x,y)	标准差 Std(x,y)
1	(−4,−3)	(−2.52,−1.86)	(0.47,0.39)
2	(−4,3)	(−2.52,1.86)	(0.47,0.39)
3	(4,0)	(1.02,0.00)	(0.35,0.50)

例 13.6　假设其中一个粒子是领导粒子，而其余粒子是跟随粒子。与例 13.3 类似，领导粒子产生的常力 g 使它沿着 x 轴运动，这个力对其他粒子不产生影响。另外，领导粒子和跟随粒子产生的场如例 13.4 和例 13.5 所示。然而，领导粒子的场相比于其他跟随粒子更强(即其参数 a 更小)，这可以让跟随粒子不至于离得太远。

图 13-8 显示了领导粒子(蓝点)的初始位置以及 5 个跟随粒子(黑点)的初始位置，同时这些粒子的初始速度都为 0。$T=25$ 时粒子的位置如图 13-8 所示，其标准差用图示蓝色

椭圆表示。表 13-2 则记录了粒子的初始位置、期望终止位置以及标准差。在这个例子中，给定参数如下：$\sigma=0.01$、$\gamma=0.1$、$g=0.1$，跟随粒子的参数 $a=0.1$，而领导粒子的参数 $a=0.02$。■

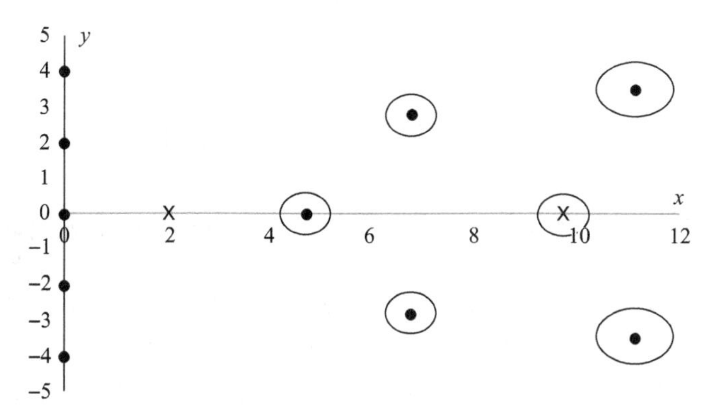

图 13-8 粒子的初始位置和最终位置

表 13-2 粒子的初始位置和终止位置

粒子	初始位置(x,y)	$T=25$ 时刻的位置(x,y)	$T=25$ 时刻的标准差 Std(x,y)
1	(0, −4)	(11.13, −3.47)	(1.24, 0.96)
2	(0, −2)	(6.77, −2.79)	(0.58, 0.52)
3	(0, 0)	(4.73, 0.00)	(0.29, 0.35)
4	(0, 2)	(6.77, 2.79)	(0.58, 0.52)
5	(0, 4)	(11.13, 3.47)	(1.24, 0.96)
6	(2, 0)	(9.72, 0.00)	(0.44, 0.22)

13.3 小结

本章利用郎之万方程和福克-普朗克方程介绍了集群动力学模型。借助这些方程，可以利用统计物理学的方式描述集群动力学。文中提出的方法并不是最终成熟的方法，只是介绍了一种基本的理念和方案，后续还需深入研究活动布朗运动以便进一步改进方案。

参考文献

Schimansky-Geier, L., Ebeling, W., and Erdmann, U. (2005). Stationary distribution densities of active Brownian particles. *Acta Physica Polonica B* 36 (5): 1757–1769.

Sjögren, L. (2015). *Lecture notes on Stochastic Processes*. Sweden: University of Gothenburg.

Tanski, I. A. (2004). *Fundamental solution of Fokker-Planck equation*. Retrieved from arXiv: http://arxiv.org/pdf/nlin/0407007.pdf.

第 14 章

结　　论

Nir Shvalb，Eugene Kagan 和 Irad Ben-Gal

近些年，随着逐渐成为各种自主运载器的基础，自主移动机器人引起了学术和工业领域的广泛兴趣。相比于有人操控的车辆，它们拥有更高的安全性、机动性以及长期续航能力。同时，自主机器人能为商业领域产生更重要的经济价值，如基础设施检验、自主运载系统及自主安全系统。得益于以下技术的重大进展，这些应用实现成为可能。

1)各式各样的传感系统(第 3 章)、免费使用的全局定位系统(第 6 章)、各种估计和预测方法，以及更多环境建图的新方法(第 4 章、第 7 章和第 11 章)。

2)一些机械系统(例如全向轮型移动机器人和空中四旋翼(第 4 章))，使亲自递送和更多新型的运输方式成为可能。

3)随着面向环境、传感系统、执行系统等不确定性情况下的关于运动规划的概率机器人技术(第 5 章、第 7 章和第 8 章)的发展，运动规划领域(第 2 章、第 5 章和第 7 章)技术的相对成熟指日可待。

4)新能源以及节约能量消耗的方法(第 9 章)。

本书中作者旨在通过介绍机器人设计的各个方面，覆盖以上主要研究点。本书同样提到了与多智能体相关的问题。相较于单一智能体，多智能体的优势如下：

1)拥有更高的容错性，显著增强了系统的鲁棒性。

2)减小了地图构建的时间。

3)通过多点观测获取信息，降低不确定性。

4)更关注感兴趣的区域，减少事件检测的时间。

5)可以设计特殊智能体，以满足复杂任务需求。

6)利用多智能体处理环境并完成针对单一目标的运输任务，这样的多智能体系统的实现也是近些年的新趋势。

更多的科技投入并应用到集群合作领域。第 10～13 章关注多智能体的相互协作问题。普遍认为空中机器人在不同地形下的着陆和起飞问题以及针对地上机器人的稳定性问题都需要每个智能体具有独自解决的能力。同时，也亟待解决以下硬件问题：

1)对于不同的应用领域，需要设计不同的新平台。一个典型的例子就是为了满足室内的可操纵性，空中智能体必须满足小型化的需求，这也限制了空中智能体期望的载荷。

2)专用小型传感器更需集成化，同时与其他传感器实现信息交融。最新研究表明室内定位很快将会实现。因此，为了更好地实现这些相关传感器信息的综合利用，传统的估计和分析方法需要不断更新。

因此，这些技术难题在一定程度上限制了智能体搭载的传感器数量以及通信范围。

正如本书中所介绍的一样，作者认为分布式运动规划方法非常重要。与需要有任务分配阶段的系统或者多智能体或系统的之间的全局通信相比，这些分布式运动规划技术可以提供更好的集群可拓展性，同时为系统提供更优的稳定性，这些系统由领导者、人工控制中心或中央控制系统来控制。

术 语 表

A

Ackermann steering：阿克曼转向

aircrafts：飞行器

aircraft principal axes：飞行器主轴，见 roll，pitch and yaw alignment of agents

Al-Jazari：加扎利

altitude：高度

ambiguous recognition：模糊识别

Archytas of Tarentum：阿尔希塔斯

Arrow's impossibility theorem：阿罗不可能定理

artificial potential field：人工势场

Asimov，Isaac：艾萨克·阿西莫夫

Aumann's theorem：奥曼定理

B

Babbage，Charles：查尔斯·巴贝奇

balloon：气球

barometric pressure：气压

battery：电池

battery discharge：电池放电

Bayesian filter：贝叶斯滤波器

belief space：信念空间

biosignaling：生物信号

bi-wheeled vehicle：双轮车

blimps：软式飞艇

Bluetooth：蓝牙技术

Braitenberg vehicle：Braitenberg 车辆

Brownian motion：布朗运动

bug algorithm：bug 算法

bumper switch：安全保险杆

C

car-like vehicles：汽车型运载工具

cellular robot：蜂窝机器人

Clepsydra：漏壶

close-range radio：近距离无线电，见 Bluetooth

cohesion of agents：智能体内的聚力

collision avoidance：避碰

communication：通信

configuration space：构型空间

convolution：卷积

cost function：代价函数

CPRM algorithm：CPRM 算法

Ctesibius：特西比乌斯

D

damping force：阻尼力

dead reckoning：航位推算

decentralized control：分散控制

dilution of precision：精度因子

distance sensor：距离传感器

Doppler effect：多普勒效应

drift：漂移

E

encoder：编码器

energy consumption：能量消耗

energy source，see battery：能量来源，见电池

estimation：估计

Euclidean space：欧几里得空间

F

flip-flop：触发器

flocking：集群

forward kinematics：正向运动学

friction model：摩擦模型

front drive：前轮驱动

G

GALILEO global positioning system：GALILEO 全球定位系统

Gaussian noise：高斯噪声

Global Navigation Satellite System（GNSS）：全球导航卫星系统

GLONASS global positioning system：全球位置测定系统

GNSS（Global Navigation Satellite System）：全球导航卫星系统

attack：攻击
gradient descent：梯度下降
grid-based algorithms：基于网格的算法

H

half-bridge：半桥
Hessian：海森
heterogeneous swarms：异构群
Hilare-type vehicles：Hilare 型运载工具
hysteresis phenomenon：迟滞现象

I

IMU (inertial measurement unit)：惯性测量单元
inertial navigation：惯性导航
internal combustion engine：内燃机
ionospheric delay：电离层时延

K

Kalman filter：卡尔曼滤波器
kinematic pair：运动副
Kullback-Leibler distance：库尔巴克·莱布勒距离

L

Lagrange multipliers method：拉格朗日乘子法
Langevin and Fokker-Plank Formalism：郎之万和福克-普朗克形式主义
Langevin equation：郎之万方程
Laplace equation：拉普拉斯方程
latitude：纬度
line of sight (LOS)：视线
local minima：局部极小
location probabilities：位置概率
longitude：经度

M

manipulator：机械臂
map matching：地图匹配
mapping and SLAM：建图，即时定位与地图构建
Markovian systems：马尔可夫系统
Markov decision process：马尔可夫决策过程
Markov localization：马尔可夫定位
Markov process：马尔可夫过程
master agent：主智能体，主机
metric maps：度量地图
Minkowski sum：闵可夫斯基和
mobile ad hoc networking：移动自组织网络
mobile robots：移动机器人
Morse function：莫尔斯函数
motion planning：运动规划
multi-agent：多智能体，另见 swarm
multipaths：多路径
multi-target：多目标

N

navigation function：导航函数，另见 probabilistic navigation function
networking：联网
Newton method：牛顿法

O

odometry：里程计
omni-wheeled vehicles：全向轮型车辆
optic flow：光流
optimal path：最优路径
optocoupler：光耦合器

P

Pareto efficiency：帕累托效率
particle filter：粒子滤波器
peer-to-peer communication：点对点通信
phase shift range finder：相移测距仪
pheromone：信息素
photosensor：感光器
piano mover problem：搬钢琴问题
potential-field：势场
prediction：预测
principle of adaptability：适应性原则
principle of diverse response：多元反应原则
principle of quality：质量原则
principle of stability：稳定性原则
probabilistic navigation function：概率导航函数，另见 navigation function
probabilistic roadmap：随机路标
probabilistic search：概率搜索
propellers：螺旋桨
proximity principle：就近原则
pseudorange：伪距，虚拟距离

Q

Quadrotor Dynamic Model：四旋翼动力学模型
Quadrotors：四旋翼
quality principle：质量原则

R

reactive motion planning：被动运动规划
rear drive：后轮驱动
robot arm：机械手臂
roll, pitch and yaw：横滚，俯仰，偏航

rolling resistance：横摇阻力
rotors-based aircrafts：旋翼飞机

S

sampling-based algorithms：基于采样的算法
sampling-based trajectory planning：基于采样的轨迹规划
Schienbein-Gruler model：Schienbein-Gruler 模型
Schmidt trigger：施密特触发器
Schweitzer model of friction：Schweitzer 摩擦模型
Sensors：传感器
separation of agents：智能体分离
serial robot：串联机器人
shortest path：最短路径
Sir Philips Sydney game：菲利普爵士悉尼赛
SLAM：即时定位与地图构建
slave agent：从机
social choice method：社会选择方法
spoofing：电子欺骗
state transition matrix：状态转移矩阵
step counting：计算步数
stochastic interactions：随机相互作用
survivability：生命力
swarm：集群
swarm intelligence：集群智能
switch bounce：开关弹跳

T

terrain：地形
Tesla，Nikola：尼古拉，特斯拉
time-of-flight：飞行时间
topography：地形学，拓扑学
topological maps：拓扑地图
tracked vehicles：履带车辆
transition probabilities：转移概率
Triangulation Range Finder：三角测距仪
Tsetlin automata：Tsetlin 自动机

U

UAV (unmanned aerial vehicle)：无人机
ultrasonic range finder：超声波测距仪
uncertainty(ies)：不确定性
Unimation robot：可编程移机
unmanned ground vehicles：无人地面车
UTM (Universal Transverse Mercator)：通用横轴墨卡托

W

weight function，权重函数，见 cost-function
Workspace：工作空间

Z

zeppelin：齐柏林飞艇